职业教育餐饮类专业教材系列

面点工艺

（修订版）

黄　剑　鲁永超　主　编

巩桂花　丁玉勇　王　宏　王宝刚　张　北　副主编

鲁永超　主　审

科学出版社

北　京

内 容 简 介

本书全面、系统介绍了中国面点的风味流派，面点的一般制作程序，中国面点的技术特点；简单介绍了面点设备与工具，面点原料的运用，面点基本功；重点介绍了面团调制工艺，馅心制作工艺，面点成形与装饰工艺，熟制工艺。采用工艺步骤图例清楚地介绍了不同面团制作面点的实例，详尽地介绍了各地特色面点制作实例。阐明了面点的创新与开发，客观上帮助学者掌握和提高面点工艺制作。

本书内容实用、易学，基于面点的创新与开发，力求反映行业最新动态，突出面点专业职业培训与实用教学特点，增强教材的生动性，以提高学生的学习兴趣。

本书可作为本科院校、高等专科院校、成人高等院校、高职教育餐旅专业学生的学习用书，亦可供酒店、餐饮业员工培训参考。

图书在版编目（CIP）数据

面点工艺/黄剑，鲁永超主编. —北京：科学出版社，2010.9
（职业教育餐饮类专业教材系列）
ISBN 978-7-03-028927-8

Ⅰ. ①面… Ⅱ. ①黄… ②鲁… Ⅲ. ①面点－制作－中国－高等学校：技术学校－教材 Ⅳ. ①TS972. 116

中国版本图书馆 CIP 数据核字（2010）第 174933 号

责任编辑：沈力匀 / 责任校对：王万红
责任印制：吕春珉 / 封面设计：耕者设计工作室

科学出版社 出版
北京东黄城根北街 16 号
邮政编码：100717
http://www.sciencep.com
三河市骏杰印刷有限公司印刷
科学出版社发行 各地新华书店经销
*
2010 年 9 月第 一 版 开本：787×1092 1/16
2020 年 8 月修 订 版 印张：20 2/1
2021 年 8 月第四次印刷 字数：489 000

定价：60.00 元

（如有印装质量问题，我社负责调换〈骏杰〉）
销售部电话 010-62136131 编辑部电话 010-62135235（VP04）

序　言

近年来，高等职业教育受到世界各国的普遍重视，我国的经济建设也越来越凸显出对技术应用型和高技能人才的需求。为此，我国将发展高等职业教育作为实现我国优化人才结构、促进人才合理分布、推动经济建设的战略措施。为满足社会对技术应用型和高技能人才的需求，我国的高等职业教育近几年实现了跨越式发展，办学规模不断扩大，办学思路日益明确，办学形式日趋多样化，取得了显著的办学效益和社会效益。

中国的高等职业餐旅管理与服务类专业教育，一方面，尽管在20世纪80年代才形成规模发展，但积累了许多成功的经验。但另一方面，由于起步晚、基础差，在发展中还存在不少问题，主要集中在四个方面：第一，培养目标不够明确；第二，课程体系不够科学；第三，教学方式比较落后；第四，教学设施明显不足。

中国高等职业餐旅管理与服务教育要实现可持续发展，需要树立以市场为导向的新思维，实现观念上的四大结合：第一，实现服务社会与结合市场的结合；第二，实现学科建设与市场的结合；第三，实现追求规模与追求规格的结合；第四，实现政府供给与社会供求的结合。以实现在优化人才培养机制、优化专业和课程设置、优化教学内容和教学过程、改革教学管理等方面有所创新。

教材建设是优化教学内容和教学过程、提高高等职业餐旅管理与服务类专业教育教学质量的重要环节，而如何打破传统的教学内容和教学方法，使之适合高等职业教育的特点，更是迫切需要进行深入研究和实践的。

“高职高专餐旅管理与服务类专业”系列教材是2006～2010年教育部高等学校高职高专餐旅管理与服务类专业教学指导委员会组织一批双师型的教师，在对当前高职高专餐旅管理与服务类专业的教材和教学方法、教学内容进行充分调查研究、深入分析研究的基础上编写的。本套教材以理论知识为主体，以应用型职业岗位需求为中心，以素质教育、创新教育为基础，以学生能力培养为本位，力求突出以下特色：

（1）理念创新：秉承“教学改革与学科创新引路，科技进步与教材创新同步”的理念，根据新时代对高等职业教育人才的需求，体现教学改革的最新理念，使本套教材内容领先、思路创新、突出实训、成系配套。

（2）方法创新：摒弃“借用教材、压缩内容”的滞后方法，专门开发符合高职特点的“对口教材”。在对职业岗位所需求的专业知识和专项能力进行科学分析的基础上，引进国外先进的课程开发方法，以确保符合职业教育的特色。

（3）特色创新：加大实训教材的开发力度，填补空白，突出热点。对于部分教材，提供“课件”、“教学资源支持库”等立体化的教学支持，方便教师教学与学生学习。对于部分专业，组织编写“双证教材”，注意将教材内容与职业资格、技能证书进行衔接。

（4）内容创新：在教材的编写过程中，力求反映知识更新和科技发展的最新动态。将新知识、新技术、新内容、新工艺、新案例及时反映到教材中来，更能体现高职教育专业设置紧密联系生产、建设、服务、管理一线的实际要求。

我们相信在2006～2010年教育部高等学校高职高专餐旅管理与服务类专业教学指导委员会专家的指导下，在广大教师的积极参与下，这套餐饮管理与服务类专业系列教材，一定能为我国餐饮服务与管理行业培养出适用的新型人才。

2006～2010年教育部高等学校高职高专
餐旅管理与服务类专业教学指导委员会
科学出版社

前　言

“面点工艺”是面点制作技术中的一门专业课程，是烹饪技术的一个重要组成部分，它是我国劳动人民辛勤劳动的经验积累和智慧的结晶，是在长期的生产实践中，不断发展起来的一门科学技术。“面点工艺”遵循着原料选择、面团和馅心的调制、成品坯型的定形以及熟制的基本路线，面点成形与装饰工艺、面点的创新与开发，同样需要进一步研究。

本书是在教育部高等学校高职高专餐旅管理与服务类专业教学指导委员会的指导下，根据近年来面点工艺的发展情况而编写的。本书紧密结合高职高专餐旅管理与服务类专业人才培养目标，着重对面点主要操作技能进行介绍，在面点的创新与开发中兼顾前沿知识的传授。

在编写中，采用学习目标、案例导入、课前思考题、内容叙述、练习题、实训测试等启发式编写体例，引导读者的提高学习兴趣，帮助其了解面点的制作特点，课前思考题有助于启发学生的思维，使学生能带着问题积极、主动地进入课程学习。内容叙述以介绍面点原料选择运用、面点基本功、面团和馅心的调制、成品坯型的定形以及熟制为主线，每章节以案例、分析与讨论，加深对内容的理解和掌握。重点介绍名点的制作和京、苏、广三大风味流派。

在实例制作部分，强调不同面团制作面点的实例、各地特色面点制作实例。课前思考题，带着问题学习；课中分析，了解品种简介，认识原料组配，掌握制作程序，熟悉成品特点；工艺教程图解，直观教学让学生在实践中增强模仿性，逐渐缩小与品种正宗风味的距离；课后讨论，深化学习效果；课后作业，以加强对该品种内容的熟悉和掌握，达到循序渐进的学习效果。

本书聚集了河南、江苏、吉林、武汉、广东湛江等七个高职院校中优秀的一线教师编写此教材，有针对性，理实一体，学以致用，以满足专业岗位对职业能力的需求。为了便于学生掌握重点，提高记忆，每章前言编成口诀，加深理解。

本书由武汉商业服务学院黄剑对全书进行总纂修改。由武汉商业服务学院鲁永超主审全书。武汉商业服务学院黄剑、鲁永超担任主编，吉林工商学院巩桂花、江苏食品职业技术学院丁玉勇、湛江师范学院王宏、河南信阳农业高等专科学校王宝刚、河南职业技术学院张北担任副主编。参编人员有武汉商业服务学院严涛、武汉商业服务学院王益铭、河南信阳农业高等专科学校周枫、武汉商业服务学院方元法、武汉商业服务学院高道勤、华中农业大学周三保、武汉商业服务学院帅业义、武汉商业服务学院胡必荣、湛江师范学院曾斌瑜。

本书共十一个章节，具体分工为：第一章由黄剑、王益铭编写；第二章由严涛编写；第三章由周枫编写；第四章由张北编写；第五章由王宝刚编写；第六章由丁玉勇编

写；第七章由黄剑、高道勤、张北编写；第八章由鲁永超、周三保、胡必荣编写；第九章由黄剑、方元法、王宏编写；第十章由巩桂花编写；第十一章由曾斌瑜、帅业义、巩桂花、王宏编写。

本书在编写过程中曾得到北京联合大学旅游学院副院长王美萍副教授、桂林旅游高等专科学校教育处处长林伯明副教授、四川烹饪高等专科学校教务处副处长袁新宇教授的关心和支持。武汉市安通机动车安全技术检测有限公司的张莹对全书插图进行了艺术处理，在此一并表示感谢！

在本书的编写过程中，参阅了许多相关的文献资料以及一些相关企业和网页的资料，在此一并向相关作者表示最诚挚的谢意！

由于作者水平和经验有限，书中难免存在不妥之处，恳请读者批评指正。

目　　录

第一章　绪　　论

中国面食竞奇艳，三大流派京广苏。
南米北面系风俗，东辣西酸品滋味。
北咸南甜鲜为贵，南味北味皆风味。

学习目标

通过本章的学习，了解面点的概念、面点种类以及中国面点的风味流派，懂得面点的一般制作程序，熟悉中国面点的技术特点，认识面点在日常生活中的地位和作用，从而达到掌握面点的制作技术的目的。

必备知识

(1) 面点的概念、面点种类。
(2) 面点的一般制作程序。
(3) 面点品种的制作工艺。

选修知识

(1) 面点原料的品质鉴别。
(2) 面点成品标准鉴定。
(3) 餐饮组织与管理。

课前思考

(1) 什么是面点？面点在日常生活中有哪些作用？

(2) 中国面点流派的分类及其特色是怎样的？

(3) 中国面点有哪些技术特点？

第一节 面点概述

中国自古就有俗语道："民以食为天，食以面为先"。这里所说的"面"并非狭义的北方面饼和南方汤面，而是指与面粉、米粉有关联的所有甜咸面点产品，包括主食、小吃、点心和糕点。我国长江南北、黄河两岸，从古至今，从宫廷到民间，华夏民族均以面食为主，面点有着最基本的消费群体和最广泛的市场生命力。

一、面点的概念

面点，因其所用原料主要是白色的面粉和米粉，所以在行业中俗称"白案"，即正餐以外的小分量食品，它有广义与狭义之分。广义的面点，是指用各种粮食做坯皮，配以多种馅心制作的主食、小吃和点心；包括主食、小吃、点心和糕点；狭义的面点，是指用面粉、米粉和杂粮为主料，以油、糖和蛋为调辅料，以蔬菜、肉品、水产品、果品等为馅料，经过调制面团、制馅（或无馅）、成形和熟制工艺，制成的具有一定色、香、味、形、质的各种主食、小吃和点心。面点工艺，是制作面点食品的操作技巧，就是面点制作技术。

中国面点制作源远流长，具体品种成百上千，丰富多彩，且都具有不同的地方特色。这些制品按完成后的形态分，常常可分为饭、粥、糕、团、饼、粉、条、包、饺、羹、冻等，其中，大多数面点品种形状简洁朴实，少部分为花色面点，具有多彩多姿的造型。面点制作技术，是烹饪技术的一个重要组成部分，它是我国劳动人民辛勤劳动的经验积累和智慧的结晶，是在长期的生产实践中，不断发展起来的比较丰富的一门科学技术。

从面点演变规律看，是先有主食、小吃，后有点心、糕点；从主食进化到面点，需要一段发展过程。

从制作形态发展来看，则先有一般的糕、团、饼、面之类，然后才有多种花色面点。

从面点制作的目的看，它是把生的食物原料，通过加工制成熟的面点食品，以供人们食用，使其味美鲜香、形巧典雅、增加食欲，且合乎卫生要求，易于人体的消化吸收，提高营养和药膳的食疗作用，不断改善和丰富人民的日常生活，增加花色品种，提高企业的社会效益和经济效益。因此，学好面点制作技术，具有非常重要而深远的意义。

二、中国面点的风味流派

我国疆域辽阔，各地物产不同，饮食习惯各异，逐渐形成了南米北面的特点，我国面点技术在长期发展中，在历代厨师不断实践和广泛交流中，创作了品类繁多、口味丰富、形色俱佳的面点制品，在国内外均享有很高的声誉。各地气候、物产、人民生活习惯的不同，面点制作在选料上、口味上、制法上，形成了不同的风格和浓厚的地方特色。根据这些特点，人们常把我国的面点分为京式、广式、苏式三大流派，其余的小流派更是多得不计其数，如扬州的扬式面点、山西的晋式面点、四川的川式面点、山东的鲁式面点等。所有的流派在选料、口味和制作方法上均体现了本地区的独特风格。

目前，人们习惯把我国面点分为“南味”、“北味”两大风味，具体又分为“广式”、“苏式”、“京式”三大特色（表 1.1）。

表 1.1 中国面点风味流派特点

面点流派	京式面点	苏式面点	广式面点
范围	指黄河以北的大部分地区（包括山东、华北、东北等）所制作的面点，以北京为代表，故称京式面点	指长江下游江浙一带地区所制作的面点，以江苏为代表，故称苏式面点 苏式面点，因处在富庶鱼米之乡，物产极其丰富，为制作多种多样面点创造了良好条件，制品具有色香味俱佳的特点	指珠江流域及南部沿海地区所制作的面点，以广东为代表，故称广式面点。富有南国风味，自成一格。近百年来，吸取了部分西点制作技术，品种更为丰富多彩
特点	主要以面粉为原料，特别擅长制作面食，具有独特之处，被称为四大面食的抻面、削面、小刀面、拨鱼面，不但制作技术精湛，而且口味爽滑、劲道，受到广大人民的喜爱	苏式面点重调味，口味厚、色泽深、略带甜头，形成独特的风味。讲究形态，苏州船点常见的有飞禽走兽、鱼虾昆虫、瓜果花卉等，色泽鲜艳、形象逼真、栩栩如生，被誉为食品中精美的艺术品	以讲究形态、花色、色泽著称，使用油、糖、蛋多，馅心多样、晶莹，制作工艺精细，味道清淡鲜滑，特别是善于利用荸荠、土豆、芋头、山药及鱼虾等作坯料，制作出多种多样美点
代表品种	一品烧饼、清油饼、北京都一处的烧卖、天津狗不理包子以及清宫仿膳肉末烧饼、千层糕、艾窝窝、豌豆黄等	苏州船点、淮安文楼汤包、扬州富春茶社的三丁包子翡翠烧卖	富有代表性的品种有叉烧包、虾饺、莲蓉甘露酥、蛋泡蟹肉包、马蹄糕、娥姐粉果、沙河粉等

（一）京式面点

京式面点，泛指黄河以北的大部分地区（包括山东、华北、东北等）所制作的面点，以北京为代表，故称京式面点。

1. 形成

京式面点，最早源于华北、东北地区的农村以及满、蒙、回等少数民族地区，进而在北京形成了一个独特的流派。京式面点的形成与北京悠久的历史条件及古老的文化有紧密联系，亦与继承和发展本地民间小吃分不开。北京是六朝古都，其面点品种是京式面点的主要代表作。早在2400年前的战国时代，这里就是燕国的都城；后来又成为辽的陪都和金的中都；在元、明、清三个封建皇朝的600多年统治中，北京一直是帝王将相和大商贾、封建官僚等的养尊处优之所。因此，北京不但集中了四面八方的美食原料，还汇集了全国各地的烹制高手。居住在北京的许多少数民族，均有自己的饮食习惯和风味食品。虽然各民族长期杂居，但由于语言、风俗习惯的迥异，因此很少有来往，使得流传下来的面点品种越来越多。京式面点形成兼收各地风格、各民族面点风味和宫廷面点而形成的。又由于北方盛产小麦和杂粮，便逐渐形成了京式面点的独特风格。

2. 发展

京式面点主要以面粉为原料，特别擅长制作面食，具有独特之处，被誉为四大面食的抻面、刀削面、小刀面、拨鱼面，不但制作技术精湛，而且口味爽滑、劲道，受到广大人民的喜爱。京式的面点，丰富多彩。北方面点除了四大面食之外，还有一品烧饼、清油饼、艾窝窝、豌豆黄等，北京“都一处”的烧卖、天津狗不理包子以及清宫仿膳肉末烧饼、千层糕等，都享有声誉。这些北方面点无不风味独特，地方色彩浓厚，不但深受北方人民的欢迎，而且成了招揽中外游客的一张美食名片。

3. 特点

京式面点具有以下特点：用料广，以麦面为主；花样齐全，品种繁多；制作精湛，技艺高超；馅制独特，肉馅多用“水打馅”，佐以葱姜黄酱味精芝麻油等，口感鲜咸而香，柔软松嫩，具有北方地区独特的风味。

（二）广式面点

广式面点，泛指珠江流域及南部沿海地区所制作的面点，以广东为代表，故称广式面点。

1. 形成

在我国珠江流域及南部沿海地区，由于地理、气候、物产等自然条件的不同，使得当地人民在饮食习惯上与北方中原地区存在着明显的差异。例如，岭南地区，交通不便，与中原地区交流困难，面点和饮食很粗糙。直到汉代与中原开始相互沟通，岭南地区的饮食文化才有了较大的发展，并逐渐形成了独特的地方风格。广式面点，最早以民间食品为主，原料多以大米为主料，如伦教糕、萝卜糕、炒米饼、糯米饼、年糕、油炸糖环等。清皇朝建国后，南北交流增多，面粉制品的品种才逐渐有所增加，出现了酥饼类面点。如清乾隆23年（1758年）的《广州府志》中已有白饼、黄饼、鸡仔饼等面点的记载了。

2. 发展

广州一直是我国南方的政治、经济和文化中心，并且是我国较早的对外通商口岸，经济繁荣、贸易发达，外国商贾来往较多。在唐代，广州已与海外通商。因此，广州面点制作者有机会吸取西点制作技术，丰富了广式面点品种。

例如，擘酥是参考西点清酥面团特点而制作，清酥面团是采用面粉和黄油和成面团，经过擀叠、冷冻，即用料中式化、制法西式化。特别是善于利用荸荠、土豆、芋头、山药及鱼虾等作坯料，制作出多种多样美点。例如，叉烧包是用叉烧肉作馅心主料，用蚝油及其他配料用辅料调制成馅心，以面粉作坯皮包制，蒸制而成。此包具有光滑柔软、富有弹性、颜色洁白、汁多味浓等特点。薄皮虾饺以澄面作皮，鲜虾肉拌竹笋丝、猪肉丝作馅心，特点是皮薄透明、色调美观、鲜美爽口。莲蓉甘露酥是用面点作皮，莲蓉作馅心，经烤制而成，色泽金黄、油润、香滑松化可口。马蹄糕是用去皮马蹄为主料，加以其他配料搅成生熟浆，蒸熟成块，再用油将两面煎成金黄色而成。

广式面点经过长期的实践与发展，品种已达上千种。典型品种有叉烧包、虾饺、莲蓉甘露酥、马蹄糕、娥姐粉果等。按大类可分为长期面点、星期面点、节日面点、旅行面点、晨点、中西面点、招牌面点等。广式面点应时迭出。如春季供应人们喜爱的浓淡相宜的娥姐粉果、玫瑰云霄果等；夏季应市的有生磨马蹄糕、东皮鸭水饭、西瓜汁糕等；秋季是蟹黄灌汤饺、荔浦秋芽角等；冬季则有腊肠糯米饭等。

3. 特色

广式面点在博采众长之外，又吸取了西点的长处，因此形成了自己的独特风格。在面点制作中，使用糖、油、蛋较多，味道清爽甜香，营养价值较高。色彩艳丽，形态繁多。形式有包、饺、饼、团、条、果等，形态美观，诱人食欲。馅心用料广，馅心用料包括肉类、海鲜、水产、杂粮、蔬菜、水果、干果以及果实、果仁等。例如，叉烧馅心，除调制使其具有独特风味外，制馅心方法也使用面捞芡拌和法，别具一格。裱花类蛋糕更是尽显西式面点制作的优点。吸取西点中的布丁、挞等的做法，具有中西合璧之美，如沙河粉、虾饺、荸荠糕、南瓜饼、叉烧包、莲蓉甘露酥等面点，无不具有浓郁的南国特色。

（三）苏式面点

苏式面点，泛指长江下游江浙一带地区所制作的面点，它起源于淮扬、苏州，发展于江苏、上海等地，以江苏为代表，故称苏式面点。

1. 形成

我国江浙一带，经济繁荣，饮食文化发达，是苏式面点的发源地。苏式面点中有苏州派和扬州派两帮，可细分为宁沪、苏州、镇扬、淮扬等流派，各有不同的特色。江苏自古以来就是饮食文化的发达地区，据许多史料记载，苏式面点早在战国时代即已颇负盛名。到唐代时，苏州点心已闻名全国，白居易、皮日休等诗人曾在诗词中屡屡提及苏州的“粽子”等点心。大运河通航后，扬州市曾以“十里长街市井连”而闻名全国，扬州点心日益崭露头角。宋代，苏州每一节日都有“节食”。明代，苏州人韩奕《易牙遗意》中就收取了20多种江南名点。《随园食单》、《清嘉录》中记载的面点，不但品种繁多，而且制作精湛。

在中国的烹饪史上，苏式面点占有相当重要的地位。苏州为“古今繁华地”，襟江临湖，盛产稻米和水产，市井繁荣，商贾云集，游人如织，文人荟萃；古城扬州，则是官僚政客、巨商大贾和文人墨客的汇聚之地。这些都为苏式面点的创制和发展提供了客观条件。长期以来，那里的劳动人民为苏式面点不断谱写着新的篇章，并形成了苏式面点品种繁多、应时迭出、风味独特的风格。《吴中食谱》载：“苏城点心，随时令不同。汤包与京酵为冬令食品，春日汤面饺，夏日为烧卖，秋日有蟹粉馒头”。此外，书中还记述了岁首的“酒酿饼”，春日的“定胜糕”，冬至的“松子黄千糕”。至于“山楂糕”、“炒面”、“酒酿圆子”、“粽子”等则更为普遍了。《吴中食谱》中还明确指出：“太湖船菜，驰名遐迩。妙在各有其味，而尤以点心为最佳。”太湖船菜，主要指苏州及无锡两地之菜肴和点心。

2. 发展

新中国成立后，尤其是近20多年来，在一批面点名师的推动下，淮扬面点、苏州点心、南京夫子庙小吃在继承、创新两方面均取得骄人业绩。目前，淮扬点心以嫩酵面、温水面团、油酥（含酥面皮酥）为主；品种以点心及面条为主；包子、饺子等点心以皮薄馅大、皮馅相宜、馅多变、制作精细、突出时令而擅长；面条柔韧，或以“白汤面”著称，或以浇头丰而扬名；苏州观赏点心发端于祭点、席点、船点，以设计精巧、色彩雅丽、栩栩如生而闻名遐迩。

3. 特色

苏式面点，制品具有色香味俱佳的特点。品种繁多，包括有苏扬风味、淮扬风味、宁沪风味、浙江风味等。由于物产丰富，原料充足，加上面点师的高超技艺，同一种面团可制作出不同造型、不同色彩、不同口味的面点，面点品种更加丰富。苏式面点重调味，口味厚、色泽深、略带甜头，形成独特的风味。馅心重视掺冻，汁多肥嫩，味道鲜美，如淮安文楼汤包、扬州富春茶社的三丁包子、翡翠烧卖就驰名全国。制作形态上，讲究制作精细、形态美观，既可品尝，又可观赏；甜咸具备，以甜为主，色、香、味、形俱佳的特点。其代表点心除了淮安文楼汤包、扬州富春茶社三丁包子、翡翠烧卖之外，还有黄桥烧饼、镇江蟹黄汤包、苏州糕团、船点，无锡小笼、扬州春卷，上海南翔馒头、苏式月饼、八宝饭、苏式汤包、枣泥麻饼、猪油年糕、船点等，苏州船点，形态甚多常见的有飞禽走兽、鱼虾昆虫、瓜果花卉等，色泽鲜艳、形象逼真、栩栩如生，被誉为食品中精美的艺术品。

综观我国各大面点的形成、发展及特色，我们可以看出，各地区的风味面点，一般都源于民间，再经过历代厨师的不断改进和提高，逐渐形成了各自的风格。此外，漫长的封建社会，长期自给自足的自然经济等因素，也是我国面点流派形成的重要原因。

三、面点在餐饮业中的地位与作用

（一）面点在餐饮业中的地位

在中国的烹饪界，面点占有非常重要的地位，这是因为：首先，中国烹饪有两大组成部分：一是菜肴，在饮食行业上称为红案；二是面点，饮食行业上称为白案。其次，红案要依附于面点及美酒、饮料才能得以体现其色香味美，换言之，没有面点、美酒及饮料，中国菜肴就不能独立生存。再次，面点不仅可以与菜肴紧密配合，同时，也可以独立存在，如各地的包子店、烧饼店、饺子店等，人们的日常生活时刻离不开的就是面点，俗语说得好，开门七件事：柴、米、油、盐、酱、醋、茶，其大意是人们过日子首要问题是面点问题，解决不了面点问题，其他问题就摆不上桌面。因此，可以这么说，面点问题是有史以来各级政府首要解决的问题，例如，早饭、各宴席上要有点心，还要有夜宵、小吃、零食等，随着人们生活水平的提高，各大商场、超市销售大量的方便食品、营养食品等，这些充分说明了面点在人们的日常生活中及在餐饮业的重要地位。

面点工艺在餐饮业中的地位：

（1）面点是烹饪专业的重要组成部分。菜肴配制、烹调和面点制作构成餐饮行业的生产业务。这两个工种相互配合，既有密切的关联，又具有相对独立性，并且能单独经营。

（2）面点可调剂饮食，增加营养。面点品种繁多、色泽鲜艳、口味丰富、形态多样，为世人称道。面点价廉物美、小巧精致、食用方便、颇有营养，已成为人们日常生活中不可或缺的饮食，具有供应面广、销售量大、服务人次多等特点，深受大众喜欢。

（3）面点能丰富市场，增添节日气氛。面点既是主食，让人能吃饱，又能上桌配套增添花色，不仅在饭前饭后作为品味的食品，而且能作探亲访友表达心意的礼品，尤其是逢年过节，成为丰富生活、活跃气氛的重要内容。

（二）面点工艺的特点及其在餐饮业中的作用

学习面点的面点师，一定要了解面点的主要作用是什么，只有这样，才能更好地为人民服务。民以食为天，让人们吃好，吃得有营养，膳食结构更合理，这是面点制作的主要作用和最终目的。

面点工艺具有以下特点：

（1）面点制作与菜肴烹调两者密切关联，互相配合，密不可分。

（2）面点制作具有相对的独立性，它可以离开菜肴烹调单独经营。

（3）面点制品具有食用方便、易于携带的特点。

（4）面点制品一般具有经济实惠、营养丰富、应时适口、体积可大可小的特点。

面点在日常生活中具有以下作用：

（1）面点丰富了人民生活，方便了群众，增加了就业，促进了社会的发展。

（2）面点提供了人们所必需的能量及营养。

（3）面点平衡了膳食结构，使人们的饮食更加合理。

（4）促使中国烹饪文化的多样性，满足不同层次消费者的需求。

第二节　面点的分类和一般制作程序

一、面点的分类

面点制品品种繁多，花色复杂。分类方法较多。主要的分类方法有：

（1）按原料分类，可分为：麦类制品、米类制品、杂粮类和其他制品。

（2）按熟制方法分类，可分为：蒸、炸、煮、烙、烤、煎以及综合熟制法的制品。

（3）按形态分类，可分为：饭、粥、糕、饼、团、粉、条、包、饺及羹、冻等。

（4）按馅心分类，可分为：荤馅、素馅两大类制品。

（5）按口味分类，可分为：甜、咸和甜咸味制品等。

中式面点的基本分类方法：

（1）根据面点原料分类：麦类制品、米类制品、杂粮类和其他制品。

（2）根据熟制方法分类：蒸、炸、煮、烙、烤、煎以及综合熟制法的制品。

（3）根据形状分类：饭、粥、糕、饼、团、粉、条、包、卷、饺及羹、冻等。

（4）根据成品口味分类：甜、咸、甜咸味的制品。

（5）根据地方特色分类：京式、苏式、广式、晋式、川式、鄂式等。

（6）根据面坯的性质分类：水调面团、膨松面团、油酥面团、米及米粉类制品、杂粮及其他制品等，具体见表 1.2 所示

表 1.2　面点制作分类表

面点分类	面团/制品		面点品种
麦类制品	水调面团	冷水面团制品	面条、水饺、馄饨、烙饼等
		热水面团制品	蒸饺、烧卖、锅贴、薄饼等
		温水面团制品	各种花色蒸饺
	膨松面团	生物膨松法面团制品	馒头、花卷、蒸饼、包子、银丝卷等
		物理膨松法面团制品	甘露酥、松酥、拿酥、锚沙、各色蛋糕
		化学膨松法面团制品	油条、油饼、麻花等制品，松泡、酥脆
	油酥面团	混酥	单酥（不起层酥）等各种花色酥点
		包酥	明酥、暗酥、半暗酥（起层酥）等各种花色酥点
		擘酥	酥合、酥饺、酥饼和各种花色酥点等（起层酥）

续表

面点分类	面团/制品		面点品种
米类制品	米制品		饭、粥、粽子、八宝饭、粢饭糕等
	米粉制品		① 糕类粉团制成的松糕、黏制糕等 ② 团类粉面制作的各种汤团、圆子等 ③ 发酵粉团制作的棉花糕等 ④ 用粉直接制成“米线”（即米粉面条）等 品种丰富，如苏州“船点”、广州“沙河粉”、湖南“汤粉”、云南“过桥米线”等
杂粮和其他原料制品	杂粮、豆类和薯类以及芋头、山药、荸荠、果类、鱼虾等		果羹、果冻、绿豆糕、山药糕、芋角、马蹄糕、鱼蓉角、虾角等

(一) 麦类制品

麦类制品是面点中制法最多、比重最大、花色繁多、口味丰富的大类制品，在面点中占有重要地位。特别在盛产麦类的北方地区，尤其显著。

所谓麦类制品，就是用麦类（主要是小麦）作原料做成的面点。但麦类制品必须先把麦子磨成粉状（通称面粉），掺入各种物料，主要是水、油、蛋和添加料，调制成为面团，配以各种馅心（有的无馅），再经过各道加工工序制成。因掺入物料和添加料不同，形成了多种多样的面团制品，各有风味和特色。主要有以下几种：

（1）水调面团：即用水与面粉调制的面团。因水温不同，又可分为冷水面团（水温在30℃以下）、温水面团（水温在50℃左右）、热水面团（水温在60～100℃，又叫沸水面团或烫面面团）三种。

（2）膨松面团：分为两种情况，一种是在水调面中，加入酵母和化学膨松剂，调制成为面团；一种是把鸡蛋抽打成泡，再与面粉调成糊状面团。这两种面团制成成品的共同特点是，体积膨胀、松泡多孔、质感暄软、酥香可口、营养丰富。

（3）油酥面团：即用油脂与面粉调制的面团。这种面团分为起层酥、油炸酥和单酥（不起层酥）等。制品的共同特色是色泽美观、入口酥化、品种繁多，常用来制作精致美点。

除上述主要面团外，还有全蛋面团、水油蛋面团、油糖蛋面团等，如蛋黄酥等，就是油糖蛋面团制成的。

(二) 米类制品

米类制品也是我国面点中的一个大类。产米地区的米制品，其品种花色之多，与麦类制品不相上下。

米类制品大体可分两类：一类即直接用粳米、籼米、糯米制成的饭、粥、粽子、八宝饭、粢饭糕等。一类是把米磨成粉，调制成团，在制成各色成品。主要有糕类粉团制成的松糕、黏制糕等；团类粉面制作的各种汤团、圆子等；发酵粉团制作的棉花糕等，

还有用粉直接制成“米线”（即米粉面条）等。品种丰富多彩，既有大众化的品种，也有精致的花色品种。如苏州“船点”、广州“沙河粉”、湖南“汤粉”、云南“过桥米线”等，都是全国著名的米粉美点。

（三）杂粮和其他原料制品

凡是用杂粮、豆类和薯类以及芋头、山药、荸荠、果类、鱼虾等作为坯料制成的点心，都属于此类。由于这些原料有的富含淀粉、蛋白质和角质蛋白等，与面粉的成分和性质有显著区别。因此制作时工艺过程也较为复杂，必须先经过一定的初步加工处理。例如，用鲜薯制作食品时，必须先经过去皮、抽筋、蒸熟、擦泥等过程。用这类原料制成的食品大都具有特殊的风味，配料也比较讲究，制作上也比较精细。如果羹、果冻、绿豆糕、山药糕、芋角、马蹄糕、鱼蓉角、虾角等。

二、一般面点制作程序

一般面点的制作程序如图 1.1 所示。

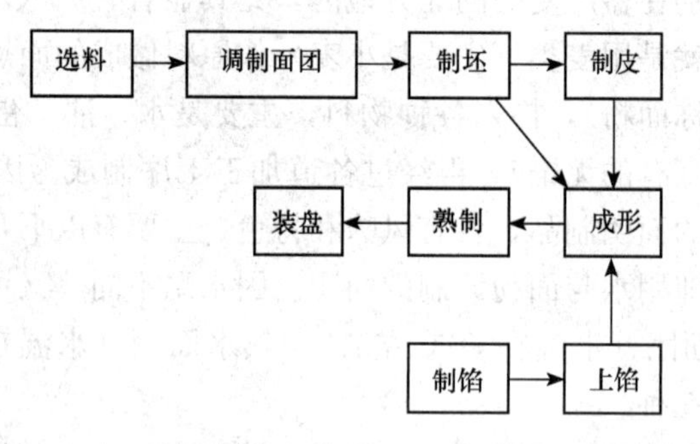

图 1.1　一般面点的制作程序

第三节　中国面点的技术特点

一、选料精细，花样繁多

由于我国幅员辽阔，物产丰富，这就为面点制作提供了丰富的原料，再加上人口众多，各地气候条件不一，人们生活习惯差异也很大，因而决定了多种面点选料取向。

面点的选料精细，具体体现在以下三个方面：

（1）按原料品种、加工处理方法选择。例如，制作兰州拉面宜选用高筋面粉，制作汤圆宜选用质地细腻的水磨糯米粉。只有将原料选择好了，才能制出高质量的面点。

（2）按原料产地、部位选择。例如，制作蜂巢荔芋角宜选用质地松粉的广西荔蒲芋头；制作鲜肉馅心时宜选用猪的前胛肉。这样才能保证馅心吃水量较多。

（3）按品质及卫生要求选择。选择品质优良的原料，既可保证制品的质量，又可保证卫生，防止一些传染病和食物中毒。例如，米类宜选用粒形均匀、整齐、具有新鲜米味、光泽等优质米产品，不选用生虫、夹杂物含量较多、失去新鲜米味的劣质品；干果宜选用肉厚、体干、质净有光泽的产品。

面点的花样繁多，具体体现在以下三个方面：

(1) 用料变化。因用料不同，而形成品种多样化。例如，麦类制品中有面条、蒸饺、锅贴、馒头、花卷、银丝卷等，米粉制品中的糕类粉团有凉糕、年糕、发糕、炸糕等品种。

(2) 馅心变化。因馅心不同，而形成品种多样化。例如，包子有鲜肉包、菜肉包、叉烧包、豆沙包、水晶包，水饺有三鲜水饺、高汤水饺、猪肉水饺、鱼肉水饺等。

(3) 成形方法变化。因成形不同方法，而形成品种多样化。例如，包法上的差异，可形成小花包、烧卖、粽子等，捏法上的差异，可形成鸳鸯饺、四喜饺、蝴蝶饺等，抻法上的差异，可形成龙须面、空心面等。

二、讲究馅料，重视调味

馅心的好坏对制品的色、香、味、形、质有很大的影响。面点讲究馅心，具体体现在以下三个方面：

(1) 馅心用料广泛。中式面点和西式面点在馅心上的最大区别之一。即是西点馅心原料主要用果酱、奶油、牛奶、巧克力等，而中点馅心的取料非常广泛，禽肉、鱼、虾、杂粮、蔬果、水果、蜜饯等都能用于制馅，这为中式面点种类繁多、各具特色的馅心提供了原料基础。

(2) 精选用料，精心制作。馅心的原料选择非常讲究，所用的主料、配料一般都应选择最好的部位和品质。制作时，注意调味、成形、成熟的要求，考虑成品在色、香、味、形、质各方面的配合。例如，制鸡肉馅选鸡脯肉，制虾仁先选对虾。根据成形和成熟的要求，常将原料加工成丁、粒、蓉等形状，以利于包捏成形和成熟。

(3) 中点注重口味，则源于各地不同的饮食生活习惯。在口味上，我国自古就有“南甜、北咸、东辣、西酸”之说。因而在中点馅心上体现出来的地方风味特色就显得特别浓郁。例如，京式面点的馅心注重咸鲜浓厚的特点；广式面点的馅心多具有口味清淡、鲜嫩滑爽等特点；苏式面点的馅心则讲究口味浓醇、卤多味美。在这方面，天津狗不理包子、广式的蚝油叉烧包、苏式的淮安汤包等驰名中外的中华名点，均是以特色馅心而著称于世的。

三、成形技法多样，造型美观

面点成形是面点制作中一项技术要求高、艺术性强的重要工序。归纳起来，大致有18种成形技法，即包、捏、卷、按、擀、叠、切、摊、剪、搓、抻、削、拨、钳花、滚黏、镶嵌、模具、挤注等。通过各种技法，形成各种各样的形态。通过形态的变化，丰富了面点的花色品种。面点的造型美观逼真，例如，在包的技法中，有形似鸡冠的蒸饺、形似石榴的烧卖、形似蝴蝶的馄饨等造型；捏的技法中，有形似秋叶的包子；卷的技法中，可形成蝴蝶形、菊花形等造型。运用多种成形技法达到品种繁多的目的，例如，包、捏的技法中，可形成冠顶饺；包、切的技法中，可形成荷花酥。苏州的船点就是通过多种成形技法，再加上色彩的配置，捏塑成鸡、兔、天鹅、孔雀、南瓜、猪、青蛙等，这些象形物，具有色彩鲜艳、千姿百态、形象逼真、栩栩如生的特点。

本章小结

中国面点有着悠久的历史，本章介绍了中国面点流派京广苏的形成、发展及特色，概括了面点制作技术，是烹饪技术的一个重要组成部分，它是我国劳动人民辛勤劳动的经验积累和智慧的结晶，是在长期的生产实践中，不断发展起来的较为丰富的一门科学技术。阐述了面点制作的目的，它是把生的食物原料，通过加工制成熟的面点食品，以供人们食用，使其味美鲜香、形巧典雅、增加食欲，且合乎卫生要求，易于人体的消化吸收，提高营养和药膳的食疗作用，不断改善和丰富人民的日常生活，增加花色品种，提高企业的社会效益和经济效益。中国面点风味流派有南味、北味之分，中国面点的技术具有选料精细、花样繁多讲究馅料、重视调味成形技法多样、造型美观的特点，最后阐明了中国面点发展趋势。因此，学好面点制作技术，具有非常重要而深远的意义。

练习题

(1) 中国面点有哪些风味流派?

(2) 面点一般制作程序是怎样的?

第二章　面点制作常用设备与工具

面点制作显手艺，制作不可无工具。
设备机器来助阵，省时省力高效率。

学习目标

通过本章的学习，了解面点厨房常用的机械设备；熟悉面点的成熟设备，掌握面点制作设备的特点和用途。熟练使用制作面点常用工具，能够初步判断制作设备常见故障的原因，并能对面点设备进行养护。

必备知识

(1) 面点制作设备的特点和用途。
(2) 熟练使用面点常用工具。
(3) 能够初步判断制作设备常见故障的原因。
(4) 面点制作主要设备与器具的维护。

选修知识

(1) 面点的制作设备养护。
(2) 面点的成熟设备养护。
(3) 餐饮组织与管理。

课前思考

(1) 常见的面点加工机械有哪些，各有什么特点和用途？

(2) 常用的面点厨房机械设备有哪些？

(3) 常用的面点的成熟设备有哪些？

(4) 面点机械中烤箱有什么作用？

(5) 常用的面点制作设备有哪些？

(6) 常用的面点制作工具有哪些？

第一节　面点厨房机械设备

从面点的发展历史看，面点技术的每一次进步与发展都与面点厨房设备与器具的产生、发展和改良密不可分。面点的工具由简单的擀面杖、蒸笼、烘炉发展到现在工业化生产的机械自动化设备。面点制作机械设备随着科学技术的发展日益增多，有些过去不可想象的制作设备，现在已日益成熟。特别是日本、德国等是食品机械的主要生产国。我国的台湾省也是食品机械的主要生产地，面点制作设备达几十种，如全自动包子机、全自动汤圆机、全自动饺子机、全自动烧卖机、全自动春卷机等，都达到了相当先进的水平。目前由于市场竞争日益激烈，一些企业相继引进了相关设备，提高市场占有率，提高产出比和利润。随着我国经济的发展，劳动力成本的逐渐提高更需要降低费用、提高利润空间，这些设备价值会得到更好地体现。本章简单介绍面点制作的机械设备、炉灶、蒸灶及烤箱及手工制作的小工具、面点操作间的布局等。

一、和面设备（和面机）

和面机在面点制作中已普遍使用。和面机有两种类型：立式和面机与卧式和面机。

和面机以标准化生产。和面机的和面标准中对面团的和制质量有具体要求，和面机在规定的作业时间内与规定的含水量进行工作时和制的面团应达到的标准是：将和好的面团从任意方向切开，断面不得有干面粉；不得有食油、食糖和食品添加剂分布不均匀现象；面团不允许含水不均。

立式和面机，又称碗式和面机。与卧式和面机比较（图 2.1），立式和面机运行平稳，操作安全，搅拌时作用力均匀，和面均匀，料缸易清洗，但一次和面数量不多，且和面时间较长。卧式和面机结构简单，一般大容量的和面机均采用卧式。卧式和面机清洗较难，操作时易注意安全。

图 2.1　卧式和面机

二、面点的制皮设备（压面机）

压面机是压制饺皮、馄饨皮等片状面制品的主要机械设备。一般由滚筒、切面刀、传动机构及滚筒与滚筒间隙调整机构组成。该设备采用圆柱滚压成形原理，使用时先启动电动机，待机器运行正常后，将和好的面（每 500g 面粉只能加入 125～150g 冷水）放入面料斗，经压面滚筒反复挤压即成面皮。面皮可作饺皮、馄饨皮。压面机压出来的面皮还可被加工成各种粗细、宽窄不同的面条，故压面机又称面条机。压面机一般与和面机配套使用（图 2.2）。

图 2.2　压面机

制作馒头、面包等发酵面团的面点也需要压面机压制面团，使面团的面筋质压制均匀。

制春卷皮机市场也有售，但不适合饭馆、酒楼，而适合于食品企业。春卷皮机只需要将拌好的面糊放入指定的入口处，开机后便可自动制造春卷皮。每小时可制 400～1200 张。皮厚度为1～1.5mm。

三、面点的制馅设备

绞肉机为制作肉馅的主要设备，多为卧式圆柱形，用电动机带动，也有用手摇动的，主要由进料斗、铸铁机壳、螺旋绞龙、刀片、莲蓬头圆孔板、机架、电动机等组成（图 2.3）。使用时将洗净并切好的小块肉缓缓放入进料斗，螺旋绞龙在电动机的带动下运转，并将进入料斗的肉块向前推进，在刀片的作用下对肉块进行挤压、切削，最后肉糜从莲蓬头圆孔板的孔中挤出。若依次绞制的肉糜颗粒过粗，除可调换圆孔板外，还可重复上述操作来达到所要求的肉糜。

图 2.3　绞肉机

在制作素馅时，需将蔬菜切成丁、粒、末等，这就用到了切菜机。切菜机一般由机座、刀盘、进料口、出料口、电动机、涡轮涡杆减速机构和圆柱齿轮的变速机构等组成。使用时可将洗净的瓜果蔬菜投入进料口，在高速运转的圆刀盘的切削作用下通过变换刀盘和改变操作程序，可将萝卜、土豆、瓜果等根茎类或韭菜、青菜、大白菜等叶菜类蔬菜切削成丁、粒、末等形状。

还有一种结构简单的切菜机，是将所切原料放入进料槽，传动部分将原料缓慢推进，而刀具做上下运动，当原料进入刀具下方时，即被切碎。

四、面点的成形设备

1. 面条机

面条机（即压面机）采用滚压方法进行面条加工。搅面机搅好的面团从料斗喂入一组由两个对向滚动的压面轴棍，滚出的面片经面片导向装置，依次输入第二、第三、第四组压面轴棍，滚压四次后的面团，自动经切面刀被切成面条，面条长度可由操作人员按需要掌控，面条的厚度也可调节。

2. 馒头机

馒头机应达到如下技术标准：馒头重量的相对误差不超过3%；馒头表面应光滑；表面有小尾、凸起、凹陷和螺旋纹理等缺陷总计不得超过一处。馒头机的使用方法是：机器启动后，将拌好的面团（每500g面粉加入清水150～175g）均匀地投入送料器中，同时注意面团要靠近拨面叶，保证连续供料以及馒头生坯重量的均匀。馒头生坯重量可按说明书用调节手柄来适当的控制。

3. 饺子机

我国生产饺子机有30多年的历史。饺子机型号由五组字母和数字组成。第一组字母J，代表饺子机；第二组字母G，代表饺子机的特征是灌肠式；第三组字母表示字母T或L，分别表示其机型是台式或落地式；第四组的数字表示饺子机生产的规格，即每分钟生产饺子的个数；最后一组是在第四位代号之后加一短横线，在短横线后面是数字，表示改进设计的序号。如JGTL20－2代表灌肠式饺子机，台式，每分钟生产120个饺子，第二次设计。

饺子机主要性能是饺子规格每16只重量不得少于280g（以每千克面粉加水400g，充馅1400g计算）；饺子的面皮温度不得超过40℃，包合饺子的外形美观，表面光滑，煮熟冷却后不得有裂缝；饺子内部不得有双层皮后面结块等缺陷；包合饺子的破损率不得大于4%；饺子机适应包合全肉馅和菜肉混合馅的饺子；面皮的厚度在0.9～1.5mm范围内，可以调整并保证面皮厚度均匀；饺子重量的相对误差不大于8%。

饺子机由成形模、干面斗、面绞龙、面斗、馅绞龙、馅斗、微调节器机构、电动机、冷却水管等组成。使用时先将和好的面团放入面斗，再将调制好的馅心放入馅料斗，开动机器，通过面绞龙将馅送到管状面皮内形成灌肠状，再经成形模滚压成饺子形。干面斗中的面刷不断旋转，将面粉均匀地撒在面管上，可防止饺子粘模。

使用饺子机前，应对面团质量进行检查，面团中不得混有线头、小的颗粒等杂质，否则会破坏面管的成形。馅料应搅拌均匀且不得有连接成串的肉筋，以防影响饺子的压合质量。饺子机工作时，先投入馅料，投入后按饺子的规格调整控制馅量的手柄，调整合适时再断开离合器手柄，使输馅螺旋杆暂停工作。接着投入面团，试包几个空馅饺子，以查看饺子的压合效果并调整螺杆送面量的大小，调整合适后上输馅螺杆的离合器，即可开始正常工作。

4. 元宵机

元宵机又称撮圆机，分有馅、无馅两种。有馅的元宵机是仿民间叠元宵的方法设计的，又称摇元宵机。一般由元宵摇盘、从动曲拐轴、主动曲拐轴、齿轮传动系统、皮带传动系统、电动机等组成。采用皮带、齿轮两级传送，通过让偏心轴旋转使摇盘水平反复摇动。先将馅心加工成大小相同的球形，沾水后倒入有米粉的摇盘内，开机使摇盘摇动，待馅心粘满米粉后，停机喷水到元宵上，再开机摇摇盘，经数次停机，喷水，摇动，可使元宵达到规定大小。

第二节　面点的成熟设备

一、电烤箱

电烤箱是一种既卫生又方便的常用烹饪器具。它所使用的发热器表面温度较高，热量直接辐射到被烘烤的食物上，因此成熟后的面点色、香、味俱佳。目前使用较多的为远红外线电烤箱，其规格是以其耗用功率多少来表示。电烤箱有恒温和定时控制等自动装置，温度可自动控制，有多档温度调节。最先进的电烤箱为均匀温度场电烤箱，即在其烤箱腔体内的任何一点温度都是相同的，避免了一般电烤箱腔体内，靠近电炉丝、电热管附近温度高，而距离电炉丝、电热管远，温度就低，从而使面点制品受热不均匀的现象（图 2.4）。

图 2.4　电烤箱

二、蒸柜

蒸柜是利用蒸汽传导热能将食品加热至熟的一种熟制设备。具有操作方便使用安全、劳动强度低、清洁卫生等优点。蒸柜上在导入蒸汽管部分安装有控制汽量的阀门和显示蒸柜里面温度的气压表。在它的底部设有排气排水口，不仅保证凝水的排出，而且能使冷空气排出。使用方法是将生坯摆屉后推入柜内，将门关闭好，打开蒸汽阀门，等待所放的食物蒸熟后关闭蒸汽阀，待内外压力一致，开启柜门取食物。

蒸柜规格大小多样，与旧式蒸笼相比，现代蒸柜具有明显的优越性。蒸汽柜有柴油蒸汽柜和锅炉蒸柜。柴油蒸汽柜是在酒店厨房中应用比较多的一种设备，占地面积不大，功能比较强，蒸汽柜控制自如、干净美观，一般都采用不锈钢材料制成，清洁卫生度高，在热量运用上采用电、煤气、蒸汽多种能源，特别是煤气式蒸柜和柴油式蒸柜性能更优越，它的热能回收率达 80%。蒸柜一方面节省能源，另一方面适用范围广泛，除能蒸面点、饭、米糕等点心制品，还能用来蒸餐具、毛巾，并且它的热度分布均匀，没有死角，容量大，蒸制品层层排列，不浪费空间，不生水滴，蒸制品表皮不泡松、变

形，是蒸制面点的理想成熟设备。一般蒸柜灶由进气管、控制角阀、灶体、排水管道等组成。

三、煤气灶

煤气灶分为液化石油气煤气灶（图 2.5）、人工煤气灶和天然气煤气灶。一种型号灶具只能适用于一种气源燃料，如使用管道人工煤气的灶具，就不能用来作为液化石油气为燃料的灶具。

图 2.5 煤气灶

煤气灶具有燃烧稳定性好，调节火焰大小自如、卫生条件好、噪声小、燃烧中有害物质少等优点。

由于煤气灶的成本较高，一些宾馆、饭店、酒楼，普遍使用柴油灶。柴油灶是通过压力将柴油雾化学点燃燃烧。柴油灶必须具备供电系统，如果停电就没法使用。

四、电饼铛

电饼铛是烙饼时采用的成熟设备，可制千层饼，又称千层饼炉，做出的产品美味可口，老少皆宜。烙饼炉项目占地面积小，环保无污染。适合各饭店、宾馆、休闲店、酒店、集贸市场、学校、幼儿园、生活小区、商场内部等繁华地段加工经营。

千层饼炉是电子点火，上下火烘烤食品，极大地方便了用户的使用环境。发热盘均采用一次压铸成形、密度高强度大，不变形，受热均匀。

注意事项：

（1）该机不得用水直接冲洗。

（2）电饼铛不宜长时间空烧，电饼铛连续工作时间不得超过 24h。

（3）电饼铛在使用中操作人员不可远离，不要让未成年的儿童接近使用中的电饼铛。

（4）不要在易燃、易爆的物品周围及潮湿的场所使用电饼铛。严禁在露天或淋雨的状态下使用。

第三节 面点制作设备

一、案台

1. 木案

面点制作一般在案板上完成，优点在于制作产品时不会滑。案板以质地紧密、不易变形的木制品为佳，常以枣木制成。厚度为 4～5cm，长与宽尺寸规格视需要而定，一般有 90cm×180cm 的规格。面板要求光洁、平整、无缝隙，案板搁置高度距地面约为 60cm。

2. 大理石案板

大理石做面点操作案板也是比较理想，其规格、大小与木制案板相同。表面光滑、平整，易于清洗。

3. 不锈钢案板

金属不锈钢案板不利于面点制作，但比较卫生与安全。表面光滑平整，易于清洁消毒，也常用来作备用工作台，方便面点生产制作半成品和成品的制作。

二、蒸笼

蒸笼又称笼屉，适用于蒸制面点制品。一般有竹制（图 2.6）、木制、金属制（图 2.7），形状有圆形和矩形两种。圆形蒸笼规格：直径 10～80cm。下有笼座，防止沸水浸渍制品，上有笼盖。笼盖以圆锥形为宜，防止冷凝水滴在制品表面，影响制品表观。中间重叠放置若干圆形蒸屉。屉底衬有屉布或席草编制的笼垫。矩形笼屉如桌子抽屉，有若干抽屉，分若干格子放进蒸柜内。蒸笼以密封不走汽者为佳。

图 2.6　竹蒸笼

图 2.7　不锈钢蒸笼

三、铁锅（煎烙平锅；蒸煮锅）

1. 蒸煮锅

蒸煮锅又称水锅，有生铁制、熟铁制两类，规格不一。蒸制一般都用宽沿生铁锅。煮制一般采用无沿锅，适合于煮饺子、面条，炒制、熬制馅心，如豆沙馅、枣泥馅、芝麻馅等（图 2.8）。

2. 高沿平锅

高沿平锅又叫高沿饼铛，规格不一，一般直径为 40cm，平底有边，边高约 5cm。有平反沿，便于端拿，配有锅盖。可用来煎锅贴，做生煎包子、烙饼等。近来有一种烙米饼的平锅，其中心部位凹下呈碗状，直径约 10cm，可盛水，通过加热产生蒸汽，使米饼成熟加快。

3. 平底煎锅

现在平底锅表层有不粘涂料，锅表面是由一种合成材料制成，圆形、深沿、平底另外有防烫手柄易于操作煎制、烙等产品。特点是煎制食物受热均匀且不粘底，在使用过程中，不能用金属铲翻动锅中食物，而要用木铲翻动，防止不粘层破坏从而影响锅的使用效果（图 2.9）。

图 2.8　蒸煮锅

图 2.9　平底煎锅

4. 炸锅

炸锅一般是半圆形铁锅，大小均有，按需要定，主要是用于炸制各种面点。

5. 蒸汽夹层锅

蒸汽夹层锅在面点制作中有很多优势，煮馄饨、面条、水饺相当方便。煮豆、熬馅不易焦糊，操作也极其简单。操作时将夹层中的冷凝水放尽，再旋阀门，打开蒸汽阀，蒸汽夹层锅就可加热升温。随着压力的增大，锅壁温度可超过 100℃。一般蒸汽夹层锅需经压力容器检测部门检测方能使用。蒸汽夹层锅有两种形式，一种是固定式，另一种为可倾式，一般是大型的夹层锅（图 2.10）。

四、储物设备

1. 不锈钢储物柜

用于储藏面点原料等物品，可防鼠、防蝇（图 2.11）。

图 2.10　蒸汽夹层锅

图 2.11　不锈钢储物柜

2. 盆

不锈钢盆用于盛装各种物料及其盛装馅料（图 2.12）。

3. 存物槽

方形可存放面粉、淀粉以及糖等调料，卫生方便，为了使用方便可加上标贴容易区分选用（图 2.13）。

图 2.12　不锈钢盆

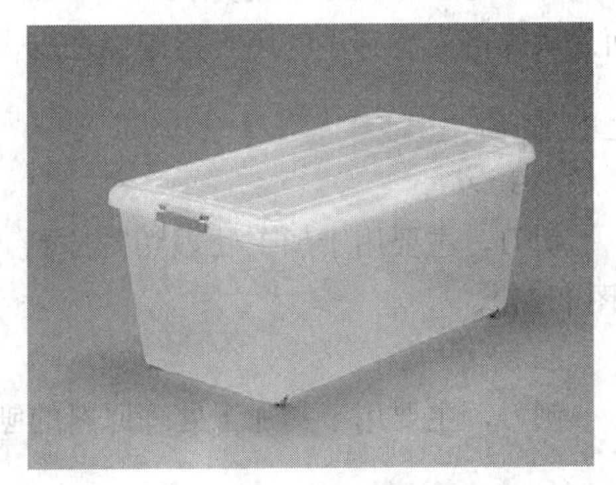

图 2.13　存物槽

第四节　面点制作工具

一、制皮工具

1. 擀面杖

擀面杖用途不同，规格、形状也各异，现分别介绍：擀面杖是面点制皮、擀制生坯的一种工具，一般要求光滑、结实、耐磨、笔直，材料以檀木或枣木等不易变形的木材为佳。有大、中、小三种。大的长约 80～120cm，用来擀制大块面皮；中的长约 60cm，主要用来擀制中等面皮；小的长约 30cm，主要用来擀制成型的饼坯、包子皮、饺子皮及小包酥等。

2. 单手杖

单手杖为一根木棍经过车床加工后长约 30cm，粗为 2.5cm 的一根圆柱形长木棒（图 2.14）。

3. 橄榄杖

橄榄杖，又称小双擀或双擀，中间粗、两头细，形似橄榄，长度约 15cm 左右，主要用于擀制水饺皮、蒸饺皮及烧麦皮，使用它能提高工作效率，但初学者使用起来不易掌握，因此要求使用者具有扎实的基本功（图 2.15）。

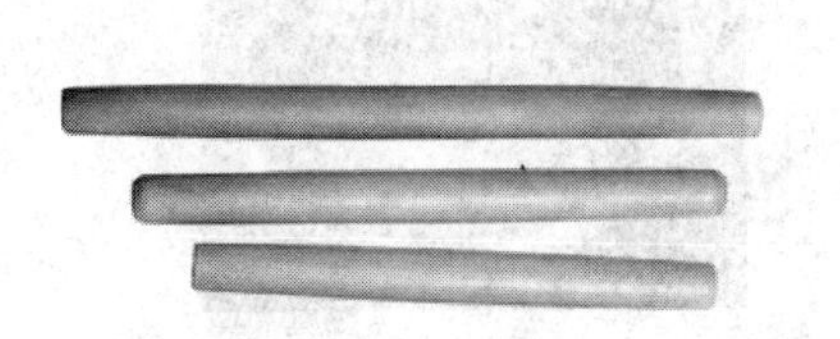

图 2.14　单手杖

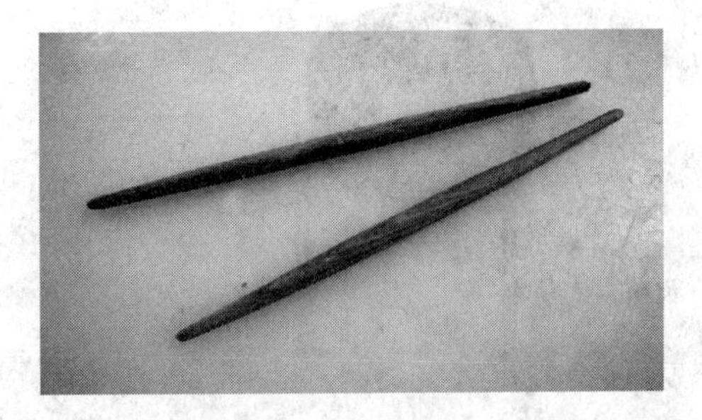

图 2.15　橄榄杖

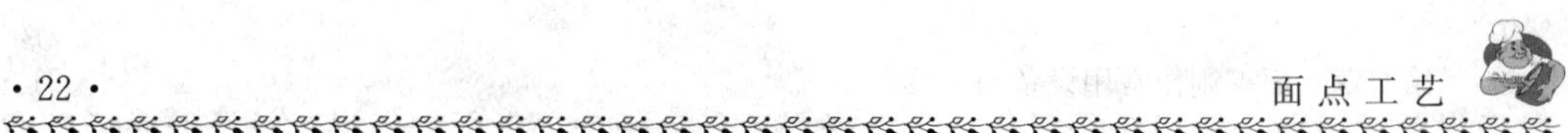

4. 通心槌

通心槌，又称走槌，是一个卧式圆柱形通心木辘，长约 30cm，直径为 8cm 左右，中心部位配上一支比木辘身长约 1 倍的圆形木棒作为活动轴心，可两手在两端握推擀面。从规格上看有小的用于擀制烧麦皮，开酥或压制熟芝麻等（图 2.16）。

二、制馅工具

1. 切刀

切刀，主要用于加工处理切割原料，以及面点加工中切割面坯和制馅中切剁原料（图 2.17）。

2. 刨刀

刨刀，主要用于初加工处理原料的刨皮（图 2.18）。

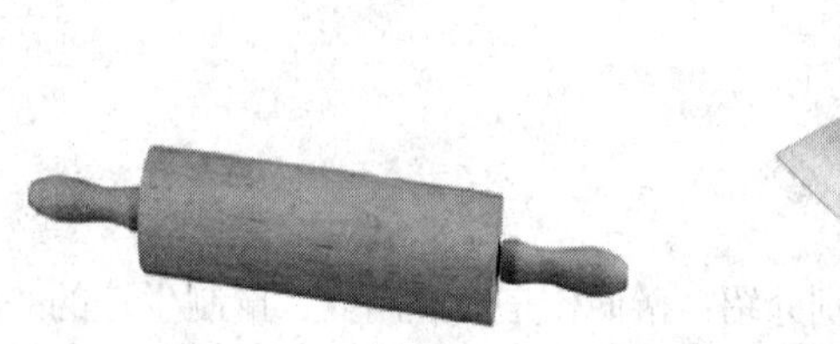

图 2.16 通心槌

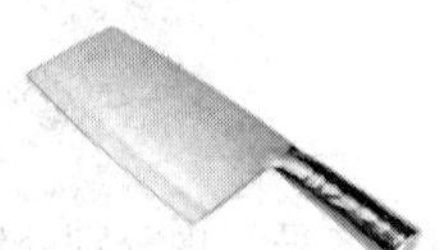

图 2.17 切刀

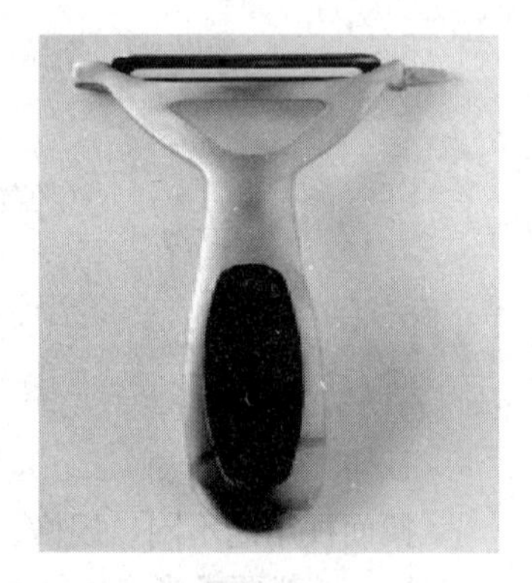

图 2.18 刨刀

3. 砧板

砧板，主要用于切割原料的菜板（图 2.19）。

4. 打蛋帚

打蛋帚，主要用于搅打蛋液使蛋液发泡。

5. 馅盆

馅盆，主要用于制馅时拌料和盛装馅料（图 2.20）。

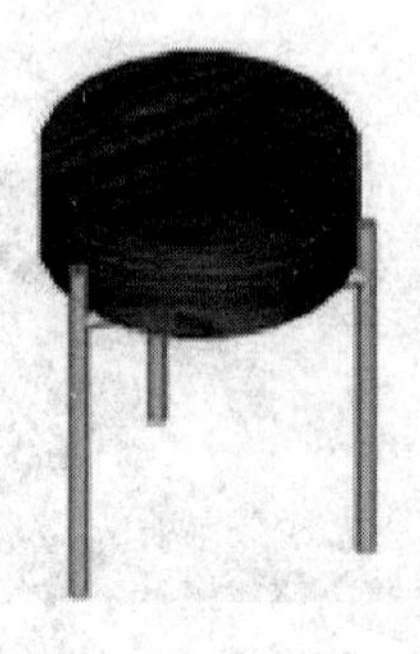

图 2.19 砧板

图 2.20 馅盆

三、成形工具

1. 木印模

木印模，是刻有花纹、文字的木截，木制材料，其形状方、扁、长，底部表面刻有各种花纹图案。坯料通过印模成型，可形成规格一致、具有相应图案的面点制品，既可在馒头及糕点表面盖印图案用，又可在面点成型工艺中使用，例如，用于制作月饼、芝麻糕、绿豆糕等花色点心中及糕团品种（图 2.21）。

2. 金属套模

金属套模，又称卡模、花戳子，是以金属材料制成的一种两面镂空，有立体模孔的模具。形状有圆形、梅花形、心形、方形等。使用时，将已经滚压成一定厚度的片状坯料铺在案板上，一手持套模的上端，用力向面皮压下再提起，使其与整个面皮分离，就可得到一块具有套模内腔形状的坯子，也可在擀平面片上逐一印出饼坯，常用于制作酥皮类面点及小饼干等（图 2.22、图 2.23）。

图 2.21　木印模

图 2.22　金属套模

图 2.23　金属印模

3. 花钳

花钳，一般用不锈钢皮、铜片制成，主要是在制作各种花色面食时钳花用。

4. 铜花夹

铜花夹，又叫花车，铜花夹长约 12cm，一头夹一圆波浪铜片，可滚动，用于滚切，使坯边带有锯齿状花纹。另一头形似镊，方头内有齿纹用于饺边、水波浪纹。

5. 小剪刀

小剪刀，主要用来修剪花样点心用。如剪花包的花瓣，苏州船点中的小鸡、小鸭、小鹅的翅膀剪制。

6. 小木梳

小木梳，梳齿有细密之分，一般是木质或塑料制品，用来揿制各种花纹、花叶。

图 2.24 裱花嘴

7. 裱花嘴

裱花嘴，一般用不锈钢皮、铜皮制作，有圆头、尖齿头、尖舌头、鸭嘴头等形状。一套数件，用于裱花蛋糕的制作（图 2.24）。

四、着色装饰工具

1. 排笔

排笔，主要用于面团、半成品或成品抹油，也用于点心生坯的抹饴糖及抹蛋液（图 2.25）。

2. 着色刷

着色刷，主要用于做面点时的上色使用，一般用一个新的牙刷来做此工作。如做"寿桃"包，要将色水均匀地撒在寿包上面做成形似，就必须用到它来着色。

3. 喷壶

喷壶，主要用于面包发酵中增加其水分起到增加湿度的作用。

五、其他工具

1. 面刮板

面刮板，有铜制的，也有白铁皮、不锈钢材料制的，是一块长约 12cm，宽约 8cm 的薄板，薄板的一面反卷便于手握，主要用来刮粉、切面剂、清铲案板（图 2.26）。

图 2.25 排笔

图 2.26 面刮板

2. 粉帚

粉帚，又称笤帚，前端秫秸蓬松，后端作把，用于清洁案板上粉料。

3. 筷子

筷子，有铁制或竹制，用于翻动油炸半成品或夹取成品。

4. 秤

秤，是一种称量工具。

(1) 盘秤。盘称用于称料和称量成品规格分量（图 2.27）。

(2) 小型磅秤。小型磅秤用途同盘秤相同。

(3) 电子秤。现在，盘秤、小磅秤或弹簧秤已被电子秤取代，后者既方便又准确（图 2.28）。

5. 面筛

面筛亦称筛箩，有竹筐，底边嵌上细绢棕、马尾、铜丝、铁丝等，现在用的主要由不锈钢材料制成的，主要用来过滤各种粉料，以达到卫生标准和提高制品质量为目的。粉筛大小规格不同，筛眼粗细不等，可根据实际情况选购，一般制作松糕、擦豆沙馅用粗眼筛，而制作细糕点则用细眼筛（图 2.29）。

图 2.27　盘秤

图 2.28　电子秤

图 2.29　不锈钢面筛

本章小结

本文介绍了面点制作所需要的面点厨房机械设备：和面设备、面点的制皮设备、面点的制馅设备、面点的成形设备。面点的成熟设备：电烤箱、蒸柜、煤气灶。面点制作设备：案台、蒸笼与蒸柜、铁锅（煎烙平锅，蒸煮锅）、储物设备。面点制作工具：制皮工具、制馅工具、成形工具、着色装饰工具、设备及其工具，并分别阐明了这些工具在面点生产中的用途和作用。

练习题

(1) 请列举 2～3 例面点厨房机械设备。

(2) 请列举 2～3 例面点的成熟设备。

(3) 请列举 2～3 例面点制作设备。

(4) 请列举 2～3 例面点制作工具。

第三章　面点原料的运用

皮是外衣馅是魂，调味呈鲜少不了。
制皮制馅调味料，原料每项皆重要。
多种原料巧搭配，风味面点质量好。

学习目标

通过本章的学习，了解面点原料的种类、化学组成和特点，熟悉面点原料性质、品质鉴别方法和选用要求；掌握常用原料初加工方法，重点掌握皮坯原料与辅助原料的工艺性能、用途及在面点中的运用，为今后的实际操作奠定坚实的理论基础。

必备知识

(1) 面点品种的制作工艺。
(2) 面点原料的品质鉴别。
(3) 原料初加工方法。

选修知识

(1) 面点原料学知识。
(2) 食品原料质量标准。
(3) 面点主要设备与器具的使用方法与维护。

课前思考

(1) 为什么说要保证面点的质量，首要因素是必须保证原材料的质量？
(2) 食用纤维和活性多糖的保健功能是什么？
(3) 面粉的质量鉴定有哪些方法？
(4) 大米有哪几种？各有什么特点？
(5) 面点制作中常用的杂粮各有哪些品种？

我国用以制作面点的原料非常广泛，几乎所有的主食、杂粮以及大部分可食用的动植物、水产品等原料都可以使用。要保证面点的质量，首要因素是必须保证原材料的质量，其原因有四：一是面点之所以有众多品种和不同的特色风味，除了加工方法不同外，选用原料上各不相同，也是重要原因；二是各种原料的营养成分不同，若要制成一定营养要求的面点，取决于面点原料；三是各类面点制品分别具有松软、软糯、酥松、有劲等质地特点，也取决于原料。四是面点的保健功能，更取决于原料。由此可见，面点原料优质与否，直接关系到面点质量，换言之，面点质量的首要因素取决于原材料质量。

面点原料的运用是决定面点制品质量好坏、档次高低的重要因素，原料选择和合理使用需要有很强专业性，要求面点制作者具有广泛的原料知识，并能运用这些知识融入制作中，制出众多的花色品种，丰富市场，满足广大百姓日常饮食的需求。

第一节　原料选择和合理使用

一、熟悉皮坯原料的性质和用途

不同类型的原料有其不同的特点。面点制作要求选择合适的原料，做出既价廉物美又富有营养的成品。在所用原料中，麦类、米类原料都含有蛋白质、淀粉和脂肪等，成熟后都有松、软、黏、韧等特性，但其性质又有一定差别。麦类制品有较好的延伸性和可塑性，发酵后能使成品疏松、柔软有弹性。这是因为面粉中所含的蛋白质主要是麦胶蛋白和麦麸蛋白，构成了“面筋”的主要成分。米粉面团则因含的蛋白质是谷蛋白和谷胶蛋白，不能生成“面筋”，淀粉含量较多，不具备上述面粉性能，从而在制作品种时就会受到很大限制，但却以口感细腻、黏糯见长，形成另一风格。由于粮食的种类很多，每一种类的品种又有不少，它们的性质特点也各有不同，制作方法也随之而异。如不熟悉原料性质而使用不当，不但会严重影响成品质

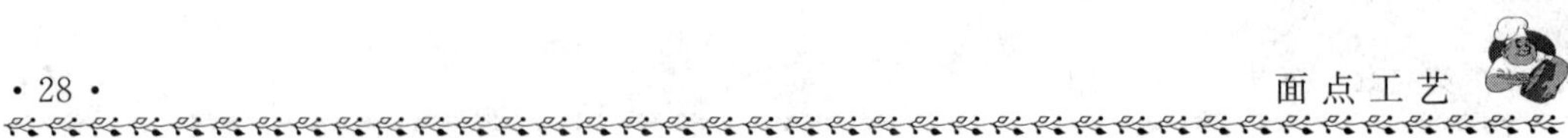

量，而且容易造成浪费。

二、根据面点的要求选用馅料

馅心的制作是面点制作中具有较高要求的一项工艺操作，包括面点的口味、形态、特色、花色品种等都与馅心密切相关，否则会影响成品的规格与质量。在制作馅心时，无论甜、咸馅心所用原料，一般都要选择其新鲜的最适合的部位，才能符合要求。如选用蔬菜时，以鲜、嫩、脆、质地好的为佳。对于干鲜果类，既要选质净、肉厚、色泽光亮的，还要注意其干燥程度等。总之，选用原料，要根据面点品种的要求，按部位、品质选择，才能保证成品质量。

所以，对于馅心的作用必须有充分的认识。其作用主要可归纳为以下几点：

（一）馅心决定面点的口味

包馅面点的口味，主要是以馅心来体现的。

（1）包馅面点制品，馅心占较大的比重，一般是坯皮料占 50%，馅心占 50%。有的品种如烧卖、锅贴、春卷、水饺等，则是馅心多于坯皮料。包馅多达 60%～80%。

（2）人们往往以馅心的质量作为衡量包馅面点制品质量的重要标准，日常形容包馅面点的口味都用“鲜、香、油、滑”等加以表达，可见馅心对包馅面点的口味起着决定性的作用。

（二）影响面点的形态

馅心与包馅面点制品的形态也有着密切的关系。馅心调制适当与否，对制品成熟后的形态能否保持“不走样”、“不塌形”有着很大的影响。一般情况下，制作花色面点品种，馅心应稍硬些，这样能使制品在成熟后撑住坯皮，保持形态不变。再如，有些制品，由于馅料的装饰，可使形态优美。如在制作各种花色蒸饺时，在生坯做成后，又在空洞内配以火腿、虾仁、青菜、蟹黄、蛋白蛋黄末、香菇末等馅心，使形态更加美观。所以，制作馅心还必须根据面点的成形特点做不同的处理。

（三）形成面点的特色

各种包馅面点的特色，虽与所用坯料、成形加工和熟制方法等有关，但所用馅心也往往起着决定性的作用，馅心体现风味特色。例如，广式面点，馅味清淡，具有“鲜、滑、爽、嫩、香”的特点；苏式面点，馅浓色深，多掺皮冻，具有皮薄馅足、卤多味美的特色；京式面点，注重口味，常用葱姜、京酱、香油等为调辅料，肉馅多用水打馅，具有薄皮大馅、非常松嫩的风味。这些都是以馅心来说明制品特色的。

（四）增加面点花色品种

由于馅心用料广泛，制成的馅心多种多样，从而增加了面点的花色品种。同样一个包子，因为馅心的不同，就可以产生不同的口味，形成不同的花式。例如，蟹粉包、鸡肉包、鲜肉包、菜肉包、水晶包、百果包、苹果包、蒸饺、春卷、烧卖、汤团等，无不如此，可见馅心的多种多样，可增加面点的花色品种。

一般来说，凡可烹制馅心的原料，均可作为馅心、面臊原料。馅心种类繁多，有荤有素，有甜有咸，全国各地又有各自的风味。因此，馅心、面臊的原料多种多样。在选择馅心原料时，必须根据原料的特点和品种的要求合理选择。

常见的馅心分类见表 3.1。

表 3.1　馅心分类表

<table>
<tr><th rowspan="2">口味</th><th rowspan="2">生熟</th><th colspan="2">种　类</th></tr>
<tr><th>类别</th><th>举例</th></tr>
<tr><td rowspan="10">咸味</td><td rowspan="5">生咸馅</td><td>畜肉类</td><td>鲜肉馅、火腿馅</td></tr>
<tr><td>禽肉类</td><td>汤包馅</td></tr>
<tr><td>水产类</td><td>虾肉馅、鱼蓉馅</td></tr>
<tr><td>果品干货蔬菜类</td><td>干菜馅、西葫芦馅</td></tr>
<tr><td>其他</td><td>三丁馅、菜肉馅、三鲜馅</td></tr>
<tr><td rowspan="5">熟咸馅</td><td>畜肉类</td><td>叉烧馅</td></tr>
<tr><td>禽肉类</td><td>鸡丝馅</td></tr>
<tr><td>水产类</td><td>蟹粉馅</td></tr>
<tr><td>果品干货蔬菜类</td><td>海参丁馅、素什锦馅</td></tr>
<tr><td>其他</td><td>五丁馅、韭黄肉馅</td></tr>
<tr><td rowspan="7">甜味</td><td rowspan="4">生甜酱</td><td>粮油类</td><td>水晶馅、麻蓉馅、红糖馅</td></tr>
<tr><td>干果蜜饯类</td><td>五仁馅、枣馅</td></tr>
<tr><td>豆类</td><td>豆蓉馅</td></tr>
<tr><td>其他</td><td>脯乳馅</td></tr>
<tr><td rowspan="3">熟甜馅</td><td>干果蜜饯类</td><td>枣泥馅、莲蓉馅</td></tr>
<tr><td>豆类</td><td>豆沙馅</td></tr>
<tr><td>其他</td><td>五仁馅、冬蓉馅</td></tr>
<tr><td rowspan="2">甜咸馅</td><td colspan="2">生甜咸馅</td><td>玫瑰椒盐馅</td></tr>
<tr><td colspan="2">熟甜咸馅</td><td>奶油蛋黄馅</td></tr>
</table>

三、熟悉调味料和辅助料的性质和使用方法

调味料和辅助料是为面点的制作增加风味、突出花色、提高质量的。因此，必须掌握它们的独特性质和使用方法。如调味料，既可用于制馅，又可直接用于调制面团或其他坯料。它的主要作用是去除其原料中某些不良异味，并增加其色泽、香气和滋味，从而达到味美适口的要求，如糖、盐、酱、油、醋、酒、味精、葱、姜、茴香、花椒等都可分别起到某些作用。各种辅助料亦可提高面点的品质，增加

体积，改变制品的色、香、味。如油脂、酵母、化学膨松剂等，主要用来改善面团性质，使制品形成酥松多孔、柔软体大的特色。有的调味料如糖、盐等兼具调味和调节面团性质的双重作用。只有掌握这些特性，才能更好地使用。此外，使用糖精、香精、色素、矾、碱等，更要弄清其性质、使用方法和使用量，否则，不但影响成品质量，还对人体有害，如使用过量的糖精、色素，均会危及人体的健康，需特别注意。

调味原料的品种很多，但每一个品种都含有区别于其他品种的特殊呈味成分，这是调味品的共同特点。调味品的主要作用是使面点制品解除其原料中的某些不良异味，调和并突出正常的口味，增加其色泽、香气和滋味，以达到味美可口的要求。调味原料可增加食品的营养成分，提高食品的营养价值，并能杀菌消毒，保护营养。如能有效地发挥调味品的作用，可使其在成品的色、香、味及营养卫生等方面达到良好的效果，从而可以诱人食欲，并促进人体对食物的消化吸收。

四、注意各种原料的质量特点和配制方法

要使制作出的面点味美适口、达到质量标准、保持成品的特色，必须注意各种原料的质量特点，选用恰当的原料并熟悉配料比例。在选用和调配原料时，必须严格认真，否则将会影响成品的规格和质量。对腐烂、发霉、变味以及虫蛀、鼠咬、带有病菌、含有毒素的原料都不能选用。制作馅心时，虽然用于制作菜肴的原料多可利用，但要选择适当的部位和品质。如制作猪肉馅时，宜选用吸水量大的夹心肉；作鸡肉馅则宜选用鸡脯肉。在调配原料中，如炸油条，在和面、下碱、加矾时，必须按照一定的比例适当调配，否则易出现不起、不酥等现象。在制作中注意选料和配料的品质，会稳定和提高成品的质量。

制作面点的原料非常丰富广泛，农作物中的麦、米、杂粮，可供食用的动物、植物，都是制作面点的好原料。随着国民经济的迅速发展，用以制作面点的原料将不断得到发展和利用。面点师们要制作出符合产品规格质量要求的面点制品，就必须熟悉了解原料的性质、特点、营养成分以及它们的用途和用法。

面点制作使用的原料，一般分为三类，即皮坯原料（主要原料）、制馅原料、调味辅助原料，见图 3.1。

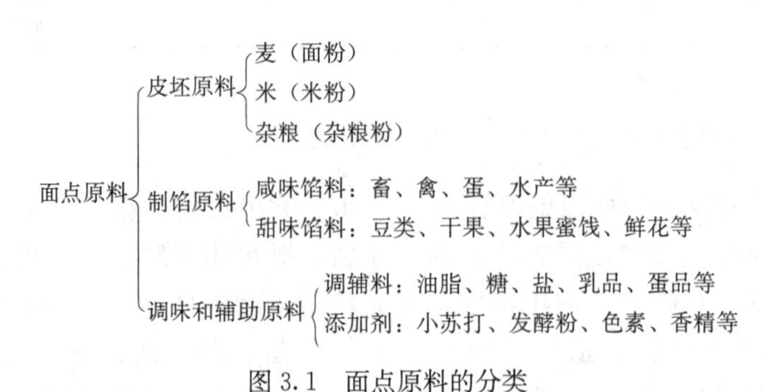

图 3.1　面点原料的分类

五、了解原料加工和处理方法

制作面点所用的原料，大部分在制作前均有初步加工和处理的过程。而制作不同的面点，其原料的加工、处理方法也不同。如使用米类和麦类制作食品时，除米饭品种外，一般均须磨成粉后才能调制。由于原料品种不同和加工方法不同，粉的粗细程度也不同。如米粉制品，有的适宜用粗粉制作，也有的适宜用细粉调制。米粉因磨制的方法和过程不同，又可分为干磨粉、湿磨粉、水磨粉等。由于加工方法不同，在使用上就有所差别，制作的品种也有所不同。又如，面粉在调制过程中，因水温不同，调制成的面团即有差别。

第二节　坯皮原料

一、面粉

面粉是制作面点常用的皮坯原料。它是由小麦加工磨制面成的粉料。

目前，我国市场上供应的面粉，一般分为精粉、标准粉及普通粉等。近年来，一些加工粉不断问世，为面点制作带来了许多方便。我国旅游饭店用的面粉品种较多，有的从国外进口面粉。根据面粉筋质的多少，可分为低筋粉、中筋粉、高筋粉等。小麦面粉的主要营养成分有蛋白质、糖类（碳水化合物）、水三大类，还有脂肪、矿物质、纤维素等。各种成分的含量及性质随小麦的品种和产地而变。

1. 蛋白质

面粉中的含量随小麦品种、地区的不同而异。硬小麦蛋白质含量高于软小麦，春小麦蛋白质含量高于冬小麦；北方地区小麦蛋白质含量高于南方地区。

蛋白质具有以下重要性质：

（1）精度：蛋白质分子的体积很大，而且由于水化作用而使蛋白质分子表面带有水化层，这更增加了分子的体积，使得蛋白质溶液的液体流动阻力很大，黏度比一般小分子液体大得多。

（2）渗透压：出于蛋白质的相对分子质量很大，因此蛋白质溶液的摩尔浓度很小，所以蛋白质溶液的渗透压很低。

（3）pH：蛋白质的许多性质与等电点有关，一般说来，在等电点 pH 下，蛋白质的渗透压、溶胀能力、黏度和溶解度都降到最低点。

（4）水化作用：蛋白质分子表面有许多亲水基团，由于这些亲水基团和水有高度的亲和力，据测定每 1g 蛋白质能结合 0.3～0.5g 水，使水溶液中的蛋白质分子成为高度水化的分子。直接吸附在蛋白质分子表面的水分子同蛋白质结合得最牢面，常称做束缚水或结合水。

（5）变性作用：当蛋白质受热或受其他处理时，它的物理和化学性质会发生变

化，这个过程称为变性作用。在面点生产中蛋白质变性主要是热变性，蛋白质的热变性在面点制作工艺中具有重要的意义，如热水面团利用水温使面粉中的蛋白质变性，减少面筋的形成，甜馅制作中利用炒或蒸的办法使面粉中蛋白质变性，从而增加蛋白质的黏度。

2. 碳水化合物

它是面粉的主要组成部分，约占面粉总量的 75%以上包括可溶性糖和淀粉，此外还有纤维素等。

（1）可溶性糖。面粉中约含有 1%～1.5%的可溶性糖，包括蔗糖、麦芽糖、葡萄糖和果糖，其中蔗糖含量最多。在麦粒中，胚乳中心含糖量为 0.89%，麦皮和胚乳外层的糖量为 2.85%。因此，出粉率高的标准粉的含糖量比特制粉多。面粉中含有一定量的可溶性糖，可供发酵面团中酵母直接利用，是酵母生长发育的营养源之一，能促进面团的发酵速度。

（2）纤维素。纤维素是构成麦皮的主要成分。特制粉中麦皮含量少，低级面粉中麦皮含量多。面粉中的纤维素多少，直接影响制品的色泽和口味。纤维素少，色白，口味好；纤维素多，则色黄，口味差。

（3）淀粉。面粉中约含有 70%左右的淀粉 *D*-葡萄糖高分子组成。其分子式为 $(C_6H_{10}O_5)_n$，n 为一个不定数，表示淀粉分子是由许多个葡萄糖单元组成。

淀粉有两种结构：直链淀粉和支链淀粉。面粉中直链淀粉占淀粉量的 24%，支链淀粉占淀粉量的 76%。直链淀粉是由葡萄糖通过 α-1,4 糖苷连接起来的卷曲盘旋呈螺旋状的高分子化合物。

支链淀粉的分子较直链淀粉大，分子形状如高粱穗，小分支极多，交叉部位由 α-1,6 糖苷键连接，其余部分由 β-1,4 糖苷键连接。

淀粉的物理性质。淀粉粒的相对密度为 1.5，不溶于冷水。直链淀粉易溶于热水中，生成的胶体溶液黏性不大，也不易凝固；支链淀粉加热后可溶于水中，所生成的溶液黏性很大。淀粉与面团调制和制品质量有关的物理性质，主要是淀粉的糊化及淀粉糊的沉凝作用。

淀粉的糊化作用是指将淀粉在水中加热到一定温度时，淀粉粒突然膨胀，由于膨胀后的体积达到原来体积的数百倍之大，所以形成黏稠的肢体溶液，这一现象称为淀粉的糊化。淀粉粒突然膨胀的温度称为糊化温度，又称糊化开始温度。因各淀粉粒的大小不一样，待所有淀粉粒全部膨胀又需要有一个糊化过程，所以糊化温度有一个范围。小麦淀粉粒糊化开始温度是 65℃，糊化温度范围是 65～67.5℃。

淀粉的稀溶液，在低温下静置一定时间后，溶液变混浊，溶解度降低，而沉淀析出。如果淀粉溶液的浓度比较大，则沉淀物可以形成硬块面不再溶解，这种现象称为淀粉的凝沉作用，也称为老化作用。淀粉的凝沉作用，在固体状态下也会发生，如冷却的馒头、面包或米饭，在储存和放置期间会失去原来的柔软性而变硬，也是由于其中的淀粉发生了凝沉作用，因此，淀粉的凝沉对面点制品的质量有很大影响，控制淀粉的凝沉具有重要意义。

3. 矿物质

面粉中的矿物质以出粉率高低而定，面粉加工程度越高矿物质含量越低，反之加工粉料所含矿物质较高。

4. 水分

一般面粉中的含水量在12%～14.5%之间。面粉含水量高时，使面粉中所含各种酶的活性增强，对面粉贮藏不利，容易发热变酸。因此调制面团时，也应首先考虑面粉中的含水量。

二、米类

（一）大米的种类、特点及用途

大米是面点的皮胚原料之一，有粳米、籼米、糯米等种类。在盛产米的南方地区，大米应用十分广泛。米类一般是经加工磨成粉后使用。

1. 粳米（北方称为大米）

粳米品种主要分为薄稻、上白粳、中白粳等。薄稻黏性强，富有香味，磨成水磨粉可制作年糕等，糯而爽滑，别具特色；上白粳色白，黏性较重；中白粳色次，黏性也较差。粳米主要产于东北、华北、江苏等地。

用纯粳米粉调制的粉团，一般不能发酵使用，必须掺入麦类面粉方可制作发酵制品。

2. 籼米（北方称为机米）

籼米主要产于四川、湖南、广东等地。籼米（除红斑釉等品种外）一般可磨成粉，制作水塔糕、水晶糕等。籼米粉调成粉团后，因其质硬面松，能够发酵使用。

3. 糯米（北方称为江米）

糯米的品种主要有三类，即白糯米、阴糯米和籼糯米，其中以白、阴糯米品质为佳，糯米质硬，不易煮烂。糯米除了可直接制作八宝饭、团子、粽子外，还可以磨成粉与其他米粉掺和使用。粳米、籼米、糯米的特点及物理性质见表3.2。

表3.2　粳米、籼米、糯米的特点及物理性质。

品种	形状	色泽	透明	黏性	相对密度	硬度	腹白	胀性
粳米	短圆	蜡白	透明、不透明	中等	大	高	少	中
籼米	细长	灰暗	半透明	小	小	中	多	大
糯米	长圆	乳白	不透明	大	小	低	—	小

（二）大米的化学成分

大米所含的蛋白质、淀粉和脂肪等营养成分与小麦基本相同，但是两者的蛋白质和淀粉的性质却不相同。从蛋白质看，面粉所含蛋白质是能吸水生成面筋的麦谷蛋白和麦胶蛋白；而米粉所含的蛋白质，则是不能生成面筋的谷蛋白和谷胶蛋白。从淀粉看，米粉所含的淀粉多是支链淀粉（即胶淀粉）。当然，由于米的种类不同，情况有所不同，糯米所含的几乎都是胶淀粉，粳米也含有较多的胶淀粉，籼米所含的胶淀粉则较少。这就是籼米还可以用来发酵的原因。面粉和米粉中直链淀粉和文链淀粉的含量见表 3.3。

表 3.3 面粉和米粉中直链淀粉和支链淀粉含量 单位：%

种类	品种			
	面粉	糯米	粳米	籼米
直链淀粉	24	0	18	25
支链淀粉	76	100	82	18

三、杂粮

杂粮通常作为主粮的补充，有些地区也被用来作为人们的主食。杂粮可分为三类：谷类杂粮、豆类、薯类，主要包括玉米、高粱、小米、大麦、荞麦、大豆、红小豆、绿豆、黍子、青稞、红薯等十几种。

（一）玉米

按其颜色不同，可分为黄玉米、白玉米和杂色玉米；按籽粒外部形态和内部结构不同，可分为硬粒型、马齿型、半马齿型、粉质型、糯质型、甜质型、爆裂型等。玉米的胚乳含有大量的淀粉和蛋白质，还含有胡萝卜和维生素，特别是在胚乳乳熟时黄色鲜玉米中，维生素含量更多，营养丰富。中医认为其味甘、性平、开胃，益肺宁心，且有健胃利尿之功。玉米可加工成玉米糁、玉米粉。前者为菱型小粒，可用以煮饭、熬粥，也可以和大米一同熬稀饭；后者也称苞谷面、棒子面，可直接煮糊食用，也可以制作饼、窝头、发糕、馍馍等主食以及冷点中的白粉冻与面粉掺和后则可以做各式发酵点心，又可以制成卷团、面鱼，供凉拌、煎炒或烩食。

玉米，亦称玉蜀黍、苞米、珍珠米、棒子等。玉米具有较好的保健功能：玉米营养成分极为丰富，除富含蛋白质、碳水化合物以及钙、磷、铁、胡萝卜素、维生素 B_1、维生素 B_2 和烟酸外，还含有健脑益智、抗衰老、抗癌防癌的有效成分。玉米含的脂肪为精米的 4～5 倍，尤其可贵的是富含对人脑有益的不饱和脂防酸、卵磷脂、维生素 E，具有延缓人脑功能退化和细胞衰老的健脑益智作用，还能降低血清胆固醇，对高血压、动脉硬化、冠心病、心肌梗死的发生有防治功能。

（二）小米

小米，为粟的种子加工去皮后的成品。我国各地都有栽培，主要集中在华北、西北和东北各地。小米在碾制过程中碾去外壳，营养成分损失较少，特别是硫胺素与核黄素含量比大米和面粉高几倍，其蛋白质、脂肪、钙、磷等含量比大米多，并含有少量胡萝卜素。小米劲小，滑硬，色黄，可单独制成小米干饭、小米稀粥，磨成粉后可单独或与其他粉掺和做饼、窝头、发糕等。糯性小米还可制作糕点及酿酒、制糖、酿醋等。

小米的保健功能：小米是健脑补脑的佳品。因其富含造血功能的铁和营养神经功能

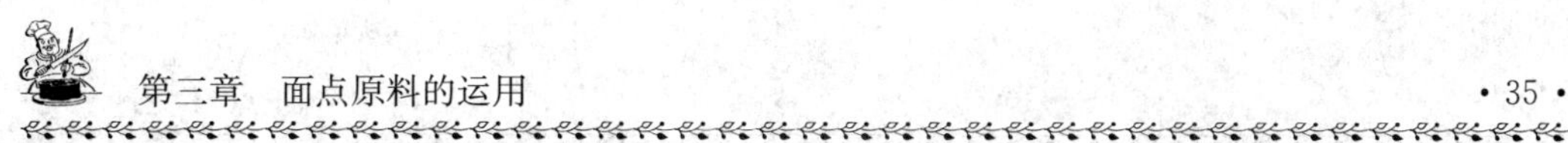

的维生素 B_1，不仅对孕妇身脑健康有益，而且对胎儿乳儿体格强健、脑神经功能的健全、智力发展极有好处，同时有安神利眠的作用。小米含有丰富的色氨酸，在谷物食品中名列前茅。色氨酸进入人体，能促进大脑神经细胞分泌出一种使人欲睡的物质，使人的大脑思维活动受到暂时的抑制，产生困倦感而安神入睡。

（三）高粱

高粱，属禾本科草本植物蜀黍的种子，全国广泛分布，主产于东北三省。高粱分为粮用、糖用、帚用三类。粮用高粱按皮色分为红、黄、白等若干种，按粒质分为梗高粱和糯高粱两种。

高粱由皮层、胚乳和胚构成。高粱的皮层较厚，约占籽粒总量的13%，含有大量的粗纤维和各种色素及单宁。单宁带有苦涩味，影响人体对食物的消化吸收，引起便秘。高粱中矿物质铁的含量较高，但蛋白质中赖氨酸含量较低。

高粱在面点制作中，既可做成高粱饭或粥，又可加工成粉，与其他杂粮相配合使用。磨粉时为了消除单宁对制品品质的影响，尽可能除去皮层。糯高粱制成粉后，可制作糕团、饼等食品。

（四）荞麦

荞麦，又叫乌麦，在我国种植分布范围很广，西北、东北、华北及云、贵、川一带的高寒山区种植较多，分为甜荞和苦荞两类。荞麦籽粒营养价值高，富含蛋白质、淀粉、脂肪、矿物质及维生素，还含有其他谷类粮食没有的芦丁。其中，蛋白质不仅有八种人体必需的氨基酸，还有老人和儿童必需的组氨酸和精氨酸；脂肪富含油酸、亚油酸等不饱和脂肪酸，芦丁中的黄酮类物质有扩张冠状血管和降低血管脆性作用，在降低血管胆固醇、防治心脑血管疾病及高血压症方面有较好的效果，具有重要医用价值。

荞麦通常磨成粉后加以食用，可以单独用来制作各种面点，也可掺加其他粉料制成各式食品。比较有名的荞麦品种有荞麦面条、荞面凉粉、荞麦凉糕等。

（五）豆类

皮坯原料中常用的豆类有绿豆、赤豆等。

绿豆品种很多，以色浓绿、富有光泽、粒大整齐的品质最好。用绿豆粉可直接制作绿豆糕、豆皮等面点；也可以与其他粉掺合使用，如与熟籼米粉掺合（称标豆粉）制作豆蓉等馅心和一般饼类；与黄豆粉、熟籼米粉掺合（称上豆粉），可做一般点心。

绿豆，是我国人民喜爱的药食兼用食物。绿豆可促进机体吞噬细胞数量增加或吞噬功能增强等，长期使用可减肥、养颜、增强人体细胞活性，促进人体新陈代谢，亦可预防心血管等疾病的发生。

赤豆，又名小豆。其性质软糯，沙性大，可做赤豆沙，熟后可制作豆泥、赤豆冻、豆沙、小豆羹等。它是面点中甜馅的主要原料之一。

四、其他粉类

1. 澄粉

澄粉是面粉加工洗出面筋，然后将洗过面筋的水粉再经过沉淀滤干水分，将沉淀的粉晒干后碾细的粉料。它的特点是半透明体而带脆性，色洁白而质细滑，可单独制作澄粉饺冷点，如虾饺皮、晶饼皮等。

2. 粟粉

粟粉是玉米加工而成的，粉质嫩滑、洁白，吸水性强。糊化后易于凝结，凝结至完全冷却时，呈现爽滑、无韧性、有弹性的凝固体。适宜制作凉糕、芡汁。

3. 加工粉（潮州粉、糕粉）

加工粉是用熟糯米加工制作而成。粉粒松散，一般呈洁白色，吸水力大，遇水即会黏连。在制品中呈现软滑带黏，能制作月饼馅、酥饼馅、水糕皮等。广式点心应用较多。

4. 马蹄（荸荠）粉

马蹄粉是用马蹄加工制作而成。粉粒粗并夹有大小不等的菱形，赤白色。经加温显得透明，凝结后会产生爽滑脆性。适用于制作马蹄糕、九层糕、芝麻糕、拉皮和一般夏季糕品等。

5. 可可粉

可可粉是用可可豆经干燥、烘炒、碾碎、研磨、过滤等一系列处理过程，成为棕褐色的极细粉末。它含有维生素 A、维生素 B_1、维生素 B_5 等营养成分，并含有人体易于吸收的丰富蛋白质、脂肪及磷。它的特点是味道浓香、粉质润滑，适用于制作多层马蹄糕、奶油可可糕、三色鸡蛋卷以及点心的调色之用。在调色食品中，它是自然色素和具有特殊香味的香料之一，也是生活中的常用饮料。

第三节　制馅原料

制馅原料即调制面点馅心所需用的原料。一般来说，凡可烹制菜肴的原料，均可作为馅心原料。馅心种类很多，有荤有素，有甜有咸，全国各地又有各自的风味。因此，馅心所用的原料是多种多样的，必须根据原料的特点和品种的要求合理选择。

一、咸味原料

咸味馅用料广，种类多，使用广泛。根据用料来分，咸馅可分为肉馅、菜馅和菜肉馅三大类，每一类中，又有生、熟之分。

（一）肉类

一般家畜、家禽及飞禽走兽的肉均可作为制馅原料，目前畜肉在我国使用较广泛的

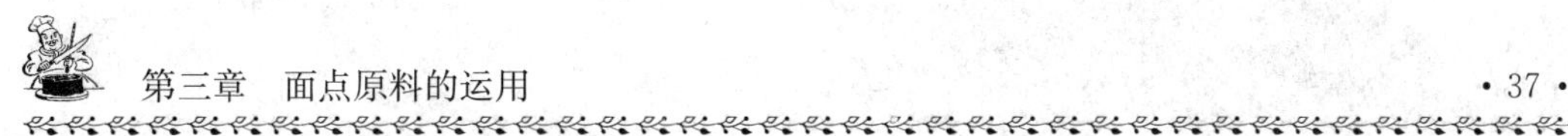

是猪、牛、羊肉等。家禽制作一般馅心选用当年的幼禽。面点制作常用的野味类有鸽、鹌鹑、野鸭等，如利用野鸭制成的野鸭菜包是江苏名点。

1. 猪肉

用猪肉制馅，一般应选用夹心肉，其中肥肉约占40%，瘦肉占60%，肥瘦相夹，不易分开。因其肉中结缔组织多，亦即含胶原蛋白多。另外，还有蛋白质亲水力强，使肉馅吃水量大，所以馅小鲜嫩卤汁多，肥而不腻。

2. 牛、羊肉

用牛、羊肉制馅，选择肥嫩而无筋络的部分为好，不易熟烂。如用羊肉制馅最好选用膻味较轻的绵羊肉。

3. 鸡肉

鸡肉是调制三鲜馅原料之一，宜选用一年左右的母鸡胸脯肉，其肉质，洁白肥嫩。

（二）蔬菜类

蔬菜用于制馅的品种非常多，如大白菜、菠菜、白萝卜、胡萝卜、芹菜、豆芽、卷心菜、土豆、洋葱、竹笋、雪菜、豆角、芸豆等。但选用蔬菜制馅时，应注意各种蔬菜的上市季节和各自的特点，对于含水量较高的蔬菜，应设法去掉一部分水分，否则馅心水分过大，不利于制品的包捏成形。

（三）菜肉馅

菜肉馅是将一部分蔬菜与一部分肉类加工、调味、拌制而成。菜肉馅不仅在口味和营养成分的配合上比较适宜，而且在水分、黏性、脂肪含量等方面也适合于制馅要求，因此，使用较为广泛。

菜肉馅亦分生馅、熟馅两种，一般以用生馅居多，但熟馅风味突出。生馅具体制法就是在拌肉锅的基础上，再将用开水烫过的蔬菜（有的不需水烫），斩成细末，挤干水分，掺入肉末拌和即成。此外还有一种生、熟拌和的菜肉馅，一般是用生的或半生的蔬菜与熟肉配合而成，其特点是可以缩短成熟时间，保持蔬菜色泽碧绿，质地香嫩，例如，镇江的“菜肉包子”即是用这种馅心包制。

二、甜味原料

（一）豆类

豆类是制作泥蓉馅的常用原料，如赤豆、绿豆、豌豆。豆类既可煮熟捣烂后制成豆泥馅，又可将豆泥再进行加工制成豆沙馅。用以做馅的豆类，应当选择粒圆满、色纯正的豆子。

（二）干果

馅心制作通常用的干果有核桃仁、莲子、栗子、芝麻、花生仁、瓜子仁、松子仁、桂圆、荔枝、杏仁、乌枣、红枣等。干果具有较高的营养价值和天然的浓郁香味，用其制馅既可以丰富馅心的内容，又能增加馅心的味道和营养价值。制馅时应选用肉厚、体干、质净有光泽感的干果。用前需用水加少量盐浸泡去皮或洗净后再使用。

（三）水果蜜饯类

常用的新鲜水果有桃、李、杨梅、橘子、苹果、杏等。这些原料既可以用做点心的配料和制馅，又可以直接制作食品，如水果羹、水果冻等。

蜜饯是使用高浓度的糖液或糖汁，浸透果肉加工而成。它分为带汁和干制两种：带汁的鲜嫩适口；干制的香甜。常用的蜜饯品种有蜜枣、苹果脯、瓜条、葡萄干、青梅等。上述原料具有各种色泽和不同形状，除能增加馅心的香甜风味外，还能用在面点表面镶嵌成各种花卉图案，以调剂面点的色彩和造型，提高成品的质量。

（四）鲜花

鲜花具有味香料美的特点，用于制作馅心，可提高制品的香味，增加色泽，使之适口。常用的鲜花有玫瑰花、桂花、茉莉花、白兰花等。

第四节 辅助原料

一、油脂

面点制作中常用的油脂有动物油脂类和植物油脂类。动物油脂有猪油、奶油、人造奶油、牛脂、羊脂；植物油脂主要有花生油、芝麻油（香油）、豆油、菜籽油、椰子油、棉籽油。

1. 动物油脂类

（1）猪油。猪油在酥类面点中用量最多，具有色泽洁白、味道香、起酥性好等优点。猪油的熔点较高，为 28～48℃，利于加工操作。猪油分为熟猪油和板丁油两种。熟猪油系由板油、网油及肉油熔炼而成，在常温下为白色固体，多用于酥类点心；板丁油是由板油制成的，多用于馅心中。

（2）牛脂和羊脂。含脂量较低，质量不如猪油，具有特殊气味，使用不多。牛脂和羊脂的熔点很高，牛脂 40～50℃，羊脂 44～45℃。便于面点的成形和操作，但由于熔点高于人的体温，故不易被消化和吸收。

（3）奶油。奶油又称黄油或白脱油。它是从牛乳中分离加工制成的。具有特殊的香味，易消化，营养价值较高，常被用于制作高级点心。奶油的成分中，乳脂肪的含量约为 80%，水分约 16%。乳脂肪中还有 0.2%左右的磷脂。其中的丁酸是构成奶油特殊芳香的来源。由于奶油中含有较多的饱和脂肪酸甘油脂，使它具有一定的硬度，因而奶油具有良好的可塑性。

奶油的熔点为28～30℃，凝固点为15～25℃，在常温下呈固态。在高温下软化变形，这是奶油的弱点，故夏季不宜用奶油来制作面点。

2. 植物油脂类

（1）花生油。花生油是从花生中提取出来的，常有花生的香气。我国华东、华北等盛产花生的地区多用这种油作为面点的油脂原料。花生油呈淡黄色、透明、芳香、味美，为良好的食用油脂。花生油中饱和脂肪酸的含量较大，达13%～22%，特别是其中存在高分子脂肪酸，如花生酸和木焦酸。花生油熔点为0～3℃，在我国北方，春、夏、秋季花生油为液态，冬季则成为白色半固体状态。温度愈低，凝固愈坚固。它是人造奶油最好的原料。

（2）芝麻油。芝麻油是由芝麻中提取出来的，具有特殊的香气，故又称香油。由于加工方法的不同，芝麻油又可分为小磨香油和大麻油。小磨香油香气醇厚，品质最佳，是我国上等食用植物油，用于较高档的面点中。

（3）大豆油。大豆油是我国的主要油脂之一。产于我国东北各省，按加工方法不同，可分为冷榨油、热榨油和浸出油。大豆油中亚油酸含量高，又不含胆固醇，长期食用对人体动脉硬化有预防作用。大豆油消化率高，可达95%，而且含有维生素A和维生素E，营养价值很高，故大豆油多用于面点制作中。

二、糖

糖是面点中重要的调辅料，糖除了使面点增加甜味，作为甜味原料使用之外，还能改善面团的品质。

糖是由碳、氢、氧三种元素组成的，绝大多数分子含的氢原子是氧原子的2倍，与水分子的组成相同，所以糖又称为碳水化合物。按其化学性质，糖可分为单糖、双糖、多糖三种。单糖结构最简单，分子最小，有葡萄糖、果糖；双糖是由两个单糖分子结合而成，有麦芽糖、蔗糖、乳糖等；多糖则是由三个以上的单糖分子结合而成，以淀粉的形式存在（在动物体内有极少数的多糖，则以糖原的形式存在）。

糖对人体的主要功能是供给热能，一般来说，人体所需要的热能有60%～70%是由糖来供应的，成年人每天至少需要糖400g，主要是淀粉形式的多糖。除此以外，糖还能帮助脂肪氧化，有的糖还能促进消化和排泄。

糖在自然界中分布很广，种类也很多，面点制作中常用的糖有食糖、饴糖、蜂糖及糖精等。

1. 食糖

食糖味甘、营养丰富，既是供人们直接食用的食品，又是面点制作的重要原料。按食糖的色泽和形态可分为白砂糖、绵白糖、赤砂糖和冰糖等。

（1）白砂糖：是食糖的最优质糖，为粒状晶体，颗粒均匀整齐、糖质坚硬、松散干燥、颜色洁白，无杂质，无异味，是食糖中含蔗糖最多、纯度最高的品种，99%是蔗

糖，也是较易储存的一种食糖。根据晶粒大小，可分为粗砂、中砂、细砂。按精制程度又有优级、一级、二级之分。白砂糖由于颗粒粗硬，若用于含水量小或蒸、煮制品时，则须改制成糖粉或糖浆使用，否则易使面点出现斑点。

（2）绵白糖：也是食糖中的优质糖，蔗糖含量在97％以上，质地细软，色泽洁白，质纯净。绵白糖与白砂糖相比，晶粒均匀细小，因本身含有一定量的还原性糖，加之粒小，溶化快，故人们食用时总感觉比白砂糖甜。绵白糖在面点制作中，可直接用于面团调制，粒小易化，不易影响制品外观。

（3）赤砂糖：又叫红糖，是禾本科植物甘蔗的茎未经脱色炼制而成的赤色结晶体。呈赤褐色或黄褐色，味甜。它除了具备碳水化合物的功用即提供热能外，还含有微量元素，如铁、镁和其他矿物质等。营养价值比白糖、砂糖高得多，每100g中含钙90mg、铁4mg，均为绵白糖、白砂糖的3倍。中医认为红糖性温味甘，具有益气、化食之功能。

（4）冰糖：是以白砂糖为原料，经加水溶解、除杂、清汁、蒸发、浓缩后，冷却结晶制成。以颜色洁白、结晶粒大、透明度高的为优。既可被人们直接食用，也可作为装饰品及调味品。

2. 饴糖

饴糖又叫麦芽糖、糖稀、米稀，属双糖类，远在我国汉代就已出现了。因其米香浓郁，甜味柔和，营养价值高，长久以来不仅是老弱病幼的药用品，而且也是酱色、民间糖食制品的原料，很早已是中点制品的甜味来源，形成了我国面点的独特风味。

饴糖是富含淀粉的粮谷经蒸熟，在大麦芽酶的作用下而制得的一种浅棕色、半透明，具有甜味、黏稠的糖液。可代替部分食糖，甜度为食糖的1/3左右，对面点制作来讲，起作用的成分主要是麦芽糖和糊精。饴糖的质量因原料和加工方法不同而有差异，一般以糯米制得的饴糖为最佳，粳米和籼米制得的次之，小米制得的更次。

3. 蜂糖

蜂糖也称蜂蜜。蜂蜜含有钙、钾、磷、镁、钠等无机盐和维生素K、维生素C、核黄素等。蜂蜜的维生素含量是由其中花粉的含量所决定的，其主要成分为转化糖，其中葡萄糖36％，果糖37％，并含有少量蔗糖、糊精、果胶及微量蛋白质、色素、蜡、芳香物质、有机酸、矿物质及淀粉酶、过氧化酶、转化酶。由于蜂蜜含有多种酶，还含有生物激素，有增强人体活力的物质，膳食中如加有蜂蜜，能促进儿童的正常发育，对中老年人的健康有利。

蜂蜜透明，色泽淡黄或棕黄，不含杂质，无酸味、酒味和其他异味。蜂蜜因味美清香，营养丰富，历来被人们视为较高级的滋养品，对面点来讲，因蜂蜜价格较高，一般多用于高档面点制品的配料，所以蜂糖也就成了生产面点的较高级原料。

蜂糖含有丰富的芳香物质和大量果糖，甜味极浓，用于面点制品可提高其制品的营养价值，增加甜味，并具有浓郁的芳香气味。可代替饴糖用于面团，能改进制品的颜色和光泽，增进滋润性和弹性，使制品膨松柔软。

4. 糖精

糖精是一种人工合成的甜味剂，主要使用的是糖精的钠盐，即糖精钠，又称水溶糖精。糖精钠为无色晶体或结晶粉末，无臭，微有芳香气。糖精钠易溶于水，其水溶液有很强的甜度。

糖精的甜度相当蔗糖甜度的400～500倍，但糖精只能代替糖的甜，而不能代替糖的功能，有使制品起松发白、改善面点质地的作用，并无营养价值，所以不能完全代替糖来使用，而且使用过多，会带来苦味，影响成品质量，对人体有害无益。按规定糖精的使用量不得超过0.015％。

三、食盐

调制馅心要用食盐调味，调制面团亦需用适量的食盐。

（一）食盐的类别和化学成分

我国的食盐根据来源不同，可分为海盐、矿盐、井盐和湖盐等。其中以海盐产量最多，占总产量的75％～80％。海盐按其加工不同，又可分为原盐（亦称粗盐或大粒盐）、洗涤盐（又称加工盐）、精制盐（亦称再制盐）。

食盐的主要成分是氯化钠，除此之外，还含有水分、氯化镁、硫酸钠、硫酸钙、氯化钙、氯化铁等。精盐含有90％以上的氯化钠，质量较纯；粗盐中因含硫酸盐多，使食盐味道发苦、发涩，且对发酵不利。因此，制作面点以使用适当为宜。

（二）食盐在面点制作中的作用

1. 增强面团的筋力

面团中掺入食盐、能改进面筋的物理性质，使面团质地紧密，增强弹性和强度，从而使整个面团在延伸或膨胀时不易断裂。这主要是由于盐所起的渗透压作用把面粉中蛋白质的一部分水渗出，产生沉淀凝固的变性，从面使面团变得更加紧密结实。

2. 改善成品色泽

面团掺入食盐后，组织变得细密。光线照射制品的壁膜时，投射的暗影较小，显得洁白，因此，食盐有改善制品色泽的作用，调节发酵程度。

发酵面团中，加入适量的盐，可以促进酵母的繁殖，提高发酵速度。并能使面筋的筋力增强，提高面团持气性能。但若用量过多，由于盐的渗透压作用，又会抑制酵母的繁殖，使发酵速度变慢，故在调制发酵面团时，要根据需要，严格控制用盐量。

3. 增加成品味道

面团中掺入食盐，增加了成品的咸味。如炸油条中放入适量的盐，不仅起着提高筋力的作用，同时给人以咸香适口、香而不腻的感觉。但用盐量过多，咸味过重，也影响成品的口味。

四、乳品

乳品是面点制作中重要的辅料之一。乳品不但具有很高的营养价值，而且对面团的工艺性能起着重要的作用。所以，乳品常被应用于高级点心制作中。

（一）面点中常用的乳品

面点中常用的乳品有牛乳、奶粉、炼乳等。

1. 鲜牛乳

正常的鲜牛乳呈乳白色或白中稍带浅黄色，味微甜，稍有奶香味。牛乳是多种物质组成的混合物，化学成分很复杂，主要包括水、脂肪、蛋白质、乳糖、维生素、灰分和酶等。牛乳中的蛋白质分成两类：即溶解的乳清蛋白和悬浮的酪蛋白。乳脂肪以脂肪球状态分散于乳浆中形成乳浊液。牛乳营养丰富，但由于水分含量高，在温度适宜时细菌繁殖较快，故不易保存。

2. 奶粉

奶粉是以牛、羊鲜乳为原料经浓缩后喷雾干燥制成的。奶粉包括全脂奶酚和脱脂奶粉两大类。由于奶粉含水量低，便于保存，食用方便，因此，面点制作中，奶粉应用广泛。在面点制作中要考虑奶粉的溶解度、吸湿性、滋味，因为这些对于面点的制作工艺和成品质量关系密切。

3. 炼乳

炼乳分为甜炼乳（加糖炼乳）和淡炼乳（无糖炼乳）两种。所谓甜炼乳，是在牛乳中加入15％～16％的蔗糖，然后将牛乳中的水分加热蒸发，真空浓缩至原体积的40％左右时，即为甜炼乳。浓缩至原体积的50％时不加糖者为淡炼乳。炼乳色泽淡黄，呈均匀稠流状态，有浓郁的乳香味。

（二）乳品在面点中的作用

1. 提高制品的营养价值

乳品中蛋白质属于完全蛋白质，它含有人体必需的全部氨基酸；乳品中由于脂肪酸的作用，易被人体吸收利用；乳品还含有乳糖、多种维生素等，若加入面点中，不仅能提高制品的营养价值，而且能使制品颜色洁白，滋味香醇，促进人们食欲。

2. 改进面团的工艺性能

乳中含有磷脂，是一种天然的乳化剂，乳还具有起泡性。因此，乳品加入面团中可以促进面团中油与水的乳化，改进面团的胶体性能，同时也能调节面筋的胀润度，增强发酵能力，使面团不易收缩，促进面团结构疏松柔软和形态完整。

3. 延长成品的老化期

加入乳制品的面点不易因脱水、变味而影响质量，常用于高级点心的制作。

4. 改进面点的色、香、味

乳中含有微量的叶黄素、乳黄素和胡萝卜素等有色物质，使乳品带有淡黄色。烘烤

出来呈现有光泽的诱人的乳黄色，同时还具有乳的特殊芳香。

五、蛋品

（一）面点中常用的蛋品

面点中常使用的蛋品是鲜蛋、冰蛋、蛋粉。

1. 鲜蛋

制作面点所用的鲜蛋包括鸡蛋、鸭蛋、鹅蛋。但是因鸡蛋凝胶性强、起发力大、味道香美。因而，面点制作中主要使用鸡蛋。对其品质要求是：鲜蛋的气室要小，不散黄；鲜蛋使用前要进行蛋壳消毒，其目的是将蛋壳所污染的粪便消除达到消毒的目的；大批使用时必须逐个进行照蛋检验，逐个打开，然后混合。

2. 冰蛋

冰蛋是将鲜蛋去壳后，将蛋液搅拌均匀，经低温冻结面成。由于冰蛋是采取速冻方法，因此，蛋液的胶体特性没有受到破坏，质量与鲜蛋差别不大。冰蛋使用比较方便，但在使用前要先行解冻成蛋液，使用方法与鲜蛋相同。

3. 蛋粉

我国市场上销售全蛋粉，蛋白粉很少生产。蛋粉是将鲜蛋去壳后，经喷雾高温干燥而成。使用前先溶化为蛋液，检查其溶解度。凡溶解度低的蛋粉，起泡性和溶化能力较差，用时必须注意。咸蛋和松花蛋，大多用于制作馅心。

（二）面点制作中添加蛋品的作用

1. 提高制品的营养价值

蛋品中含有丰富的蛋白质及人体必需的各种氨基酸，其在人体内的消化率高达98%，生理价值94%，是天然食物中的优质蛋白质。此外，蛋品中还含有维生素、磷脂和丰富的无机盐。

2. 改进面团的组织形态，提高疏松度和柔软性

蛋品中蛋黄能起乳化作用，促进脂肪的乳化，使脂肪充分分散在面团中；蛋白具有发泡性，有利于形成蜂窝结构，增大面点制品的体积。

3. 改善面点的色、香、味

在面点的表面涂上蛋液，经烘烤后呈现金黄发亮的光泽，这是由于羰氨反应引起的褐变作用即所谓的美拉德反应，可使制品具有特殊的蛋香味。

六、酵母与面肥

（一）发酵面团中常用的酵母种类

（1）鲜酵母：又称压榨鲜酵母，呈块状，乳白色或淡黄色，它是酵母菌在培养基中通过培养、繁殖、分离、压榨而制成的，具有特殊的香味，使用前先用温水化开再掺入面粉一起搅拌。鲜酵母在高温下储存容易变质和自溶，因此，宜低温

储存。

（2）活性干酵母：是由鲜酵母低温干燥制成的颗粒状酵母，这种酵母使用前需用温水活化，便于储存，发酵力较强。

（3）即发活性干酵母：是一种发酵速度很快的高活性新型干酵母，如法国燕牌即发干酵母。这种酵母的活性远远高于鲜酵母和活性干酵母，具有发酵能力强、发酵速度快、活性稳定、便于储存等优点，使用时不需活化。目前，我国市场上的即发活性干酵母有法国、荷兰、德国的进口产品，也有中外合资生产的梅山牌等产品。

（4）液体酵母：俗称酵母液、酒花液等。这种液体酵母以酒花、土豆、糖等为原料，由厨师自制，具有造价便宜、风味独特、提高制品的营养价值等特点。

（5）老酵面：又称为发面起子、发面等，是通过面团中自然存在的细菌和酵母产生起发作用的生物膨松剂。老酵面能在发酵时产生二氧化碳、酒精，而具有较强的起发能力和产香能力。同时会产生乳酸、醋酸等酸性物质而影响制品风味，除黑麦面包、法式乡村面包等产品外，大多数面点产品需要在发酵结束时加入碱，以中和面团中的残酸，即所谓的对碱。

（二）酵母在发酵面团中的作用

（1）促使面团发酵。酵母菌利用糖类及其他营养物质进行呼吸和发酵作用，促使面团发酵成熟。

（2）增加制品营养。发酵后的酵母还是一种很强的抗氧化物，可以保护肝脏，有一定的解毒作用。酵母里的硒、铬等矿物质能抗衰老、抗肿瘤、预防动脉硬化，并提高人体的免疫力。发酵后，面粉里一种影响钙、镁、铁等元素吸收的植酸可被分解，从而提高人体对这些营养物质的吸收和利用。

（3）提高制品风味。面团在各种酶的作用下，酵母除产生大量碳酸气体外，同时还能产生醇、醛、酮以及酸等物质，这些物质具有人们喜好的特殊风味。

七、化学膨松剂

化学膨松剂又称为疏松剂，其混合在面团中后，因受热分解产生气体，而使制品形成均匀致密的多孔组织，从而使制品具有酥脆或膨松的特征。

化学膨松剂包括碱性膨松剂和复合膨松剂两种。碱性膨松剂，目前我国面点行业中普遍使用的是小苏打。复合膨松剂由碱剂、酸剂和填充剂配合组成。碱剂通常是小苏打，酸剂常用的是酒石酸氢钾、酸性醋酸钙、明矾等物质。填充剂有淀粉、脂肪酸等物质，其作用在于增加膨松剂的保存性，防止吸潮和结块，也有调节气体产生速度或使气泡均匀产生等作用。复合膨松剂的作用在于消除碱性膨松剂的不良现象。它的膨松原理是：在熟制过程中碱剂与酸剂发生中和反应，放出二氧化碳气体，使制品中不残留碱性物质，从而提高制品质量。复合膨松剂品种较多，市场出售的发酵粉就是一类复合疏松剂。目前常用的是小苏打与酒石酸氢钾配合，或小苏打与磷酸钙配合，或小苏打与明矾等配合的发酵粉。

八、食碱

食碱学名碳酸钠，又称食粉，是一种白色粉末或细粒，无臭，具碱味，易溶于水，溶时放出溶解热，不溶于乙醇，有潮解性，吸湿后成硬块，水溶液中呈碱性，遇酸分解放出二氧化碳。在面点制作中，纯碱利用本身的碱性与酸性物质中和，产生大量的二氧化碳气体，达到疏松起发的目的。在没有酸性的面团中，加入适量的纯碱，能增强面团的弹性和延伸性，口感爽滑。

九、明矾

明矾学名硫酸铝钾，是一种无色透明坚硬的大结晶性碎块，是含有结晶水的硫酸钾和硫酸铝复盐，为八面晶体。味微酸，有酸涩味。溶于水，不溶于乙醇，在甘油中能缓缓地完全溶解。在水中起水解作用，生成氢氧化铝胶状沉淀，受热时失去结晶水而成白色粉末状的烧明矾。明矾是一种偏酸的物质，它可与食粉配合制成复合膨松剂。通过水解能产生大量的二氧化碳气体。在面点制作中能促进疏松膨胀、体积增大，达到起发的目的。在使用前应压碎并加水加湿至溶解后方可使用，如是明矾粉末则用热水溶解后便可使用。

第五节　调味原料

调味原料的品种很多，但每一个品种都含有区别于其他品种的特殊呈味成分，这是调味品的共同特点。调味品的主要作用是使面点制品解除其原料中的某些不良异味，调和并突出正常的口味，并增加其色泽、香气和滋味，以达到味美可口的要求。调味原料可增加食品的营养成分，提高食品的营养价值，并能杀菌消毒，保护营养。如能有效地发挥调味品的作用，可使其在成品的色、香、味及营养卫生等方面达到良好的效果，从而可以诱人食欲，并促进人体对食物的消化吸收。

调味原料不仅品种多，而且滋味各不相同。从它们的来源看有天然的，也有人工制造的；从它们的性质看有动物性的、植物性的，也有矿物性的；从它们的形态看有液态、粉粒、糊状、膏状、粒状等。为了对这些形态各异、性质不同、来源不同的调味原料进行有效地学习研究，根据面点制作工艺的特点，我们将按其口味分成六大类。

一、咸味类

咸味调味料是以氯化钠为主要呈味物质的一类调味原料，其主要来源于食盐，在烹调中是一种主味。不可用其他物质代替，是绝大多数复合味的基础味，故而称之为“百味之主”。氯化钠通常称为食盐，是由化学元素氯和钠化合而成的结晶体，也是具有安

全性的一种盐类矿物质，其咸味较其他咸味原料显著和纯正。其他一些盐类物质一般都有咸味，但由于化学成分的不同往往含有苦味。除盐以外在面点制作中常用的咸味原料还有酱油类、酱类、豆豉等。

二、甜味类

甜味调味品有蔗糖、蜂蜜、饴糖及糖精。食糖、蜂蜜、饴糖的甜味主要由具有生甜作用的氨基、羟基、亚氨基等基团与负电性氧或氯原子结合的化合物质产生。自然界中有机化合物的糖类，如葡萄糖、果糖、半乳糖、蔗糖等是上述含有甜味的不同化学成分所构成，所以都具有甜味。

三、鲜味类

鲜味是食物的一种美味感。调味原料中味精、虾籽、蚝油、鱼露等都具有鲜味，呈味成分有核氨酸、氨基酸、酞胺、三甲基胺、肽、有机酸等物质。如味精的鲜味感主要由氨基酸类的谷氛酸钠所致；虾籽、蚝油、鱼露的鲜味为核氨酸的组氨酸酯、氨基酸、肽、三甲基胺、琥珀酸等成分综合产生。调味原料中的鲜味成分，不仅能增加食物的美味感，而且也是人体所需要的营养物质的来源之一。

四、香辛味类

（一）辣味调味料

辣味是辣味物质刺激口腔和鼻腔而产生的强烈刺激性灼烧感，辣味一般分为热辣味和辛辣味。热辣味是一种口腔中引起烧灼感的辣味，如辣椒、胡椒的辣味。辛辣味是一种具有刺激嗅觉和味觉双重作用的辣味，如葱、姜、蒜、芥末的辛辣味。辣味调味料有提辣上色、提味增香、压制异味的作用，使用时要注意用量，尤其是制作清淡鲜香的品种一般不易加入。常用的辣味调味原料有：干辣椒、辣椒粉、泡辣椒、胡椒、芥末、葱、姜、蒜等。

（二）香味调味料

香味调味原料中含有一些挥发性物质，如醇、酮、酚、醛、萜、烃类等，这些挥发性物质是香料芳香气味的主要来源，是起调香作用的主要成分。香味调味原料十分丰富，我们大致可分为芳香类调料、苦香类调料、酒香类调料、清香类调料等四大类。在使用香料时应注意用量不可太多，以防掩盖原料主味。若为组合香料，各香料之间应协调，不可突出某一味而产生药味感。对于颗粒细小的香料应用纱布包裹，防止黏附原料而影响外观品质；若要使粉末状香料产生强烈香味，可于起锅前撒入。香料保管应注意防潮防霉，最好能密封贮藏，防止香气散失及串味。主要的香味调味料有：八角（大茴香）、桂皮、小茴香、丁香、桂叶（香叶）、花椒、五香粉、蜜桂花、蜜玫瑰、陈皮、白豆蔻、砂仁、草果、茶叶、黄酒、葡萄酒、啤酒、白酒、香精、食用香精等。

五、酸味类

酸味是酸味物质离解出的氢离子刺激人的味觉神经后而产生的。自然界中含有酸味成分的物质很多，如醋中的醋酸、泡菜中的乳酸等，大多数为有机酸。

（一）食醋

食醋味酸而醇厚，主要呈酸成分是醋酸。食醋的酸味强度的高低主要是由其中所含醋酸的多少决定的，一般在5%～8%之间。食醋中除了含有醋酸以外还含有特殊芳香气味的物质和对身体有益的其他营养成分，如脂类、高级醇、乳酸、葡萄糖酸、琥珀酸、氨基酸、糖和钙、磷、铁及维生素等。食醋的种类有米醋、熏醋和糖醋等。其中著名的品种有：山西老陈醋、镇江香醋、四川保宁醋、江浙玫瑰米醋等。

（二）番茄酱

番茄酱是指番茄洗净去皮、打浆、加砂糖浓缩而成的酱状酸味调味料。番茄酱中的酸味来自于苹果酸、草酸、酒石酸、琥珀酸等。番茄酱色泽红润，质地稠厚细腻，酸味适中，带有番茄特有的风味。

（三）柠檬汁（柠檬酸）

柠檬汁是柠檬压榨挤出的汁液，颜色淡黄，味道极酸并略带回苦，酸味主要来自于柠檬酸和苹果酸。其特点是酸味圆润，有浓郁的芳香，营养成分很丰富。柠檬酸为无色结晶或白色粉末，多由微生物发酵后提纯结晶而成。柠檬酸酸味强烈而无色，使用时应注意先将柠檬酸溶于水中后再调味，以免过量或分布不均。

六、苦味类

苦味本来一般不受人们喜爱，但是从丰富面点口味角度可使其具有一种特殊滋味。例如，杏仁中所含的苦味就能解除异味、增进食欲的作用，而且还能助消化。

第六节　原料的保管方法

一、低温保藏法

低温保藏法是保藏原料的最普通的方法。因为低温（40℃以下）不但可以抑制微生物的生长繁殖，还能延缓或完全停止原料内部组织的变化过程。所以，一般原料都可以用冷藏的方法保藏，但蔬菜的保藏温度就不宜过低，一般在9℃或9℃偏上。对蔬菜的

储存还要注意控制空气中氧气和二氧化碳的含量比例。

二、高温保藏法

高温保藏法也是保藏烹饪原料所经常使用的方法。因为绝大部分微生物是不耐高温的，超过800℃的高温，还可以把原料中的酶破坏，防止原料的自体分解。蛋白质在一定温度时就会凝固不再溶解，其所含的微生物也随之死亡，从而可防止原料因自身的呼吸作用、自溶作用或微生物的作用而变质。所以，高温可以保持某些原料的质量。

三、脱水保藏法

脱水保藏法是把原料中的水分晒干或烘干，以降低其含水量，保持一定的干燥状态，使微生物因得不到水分而失去生物活性，以达到保藏食物的目的。

四、气调保藏法

气调保藏法是目前一种先进的原料保藏方法，它以控制贮藏库内的气体组成来保藏食品及原料，多用于新鲜蔬菜及水果的保藏。这种先进的气调保藏技术正在被迅速推广应用，其对改进原料的保管方法、提高原料的保管质量，乃至防止浪费、改善市场的供应将起到越来越大的作用。

五、辐射保藏法

辐射保藏法是一项新兴的应用原子能保藏原料的技术。经研究表明，原料经辐射后其蛋白质、脂肪、糖等仍与原来基本相同，对人体也无相关的有害作用。因此，辐射保藏原料是一种对人体绝对安全的方法。

目前，世界上已有30多个国家批准了76种辐射食品可供人们食用。我国卫生部也于1985年正式批准颁布了大米、土豆、大蒜、蘑菇、花生、香肠等辐射食品的卫生标准。随着人们对辐射食品认识的加深，辐射保藏技术将会迅速地推广应用。

总之，要根据各种食物的特性以及当时可能达到的条件选用保藏方法，应以实用价值受到的影响最少为原则，同时也应考虑经济费用的问题，尽量采取花钱少、保藏好的方法。

第七节　面点制作与合理营养

一、加工中营养损失的原因

（一）维生素受热严重损失

在加热时，食品原料由于受热、氧化、切割等作用，可造成维生素的大量损失。其中损失最大的就是维生素C，B族维生素少量损失，而脂溶性维生素损失较小。损失程度大致的顺序是：维生素C＞维生素B_1＞维生素B_2＞其他维生素B族＞维生素A＞维生素D＞维生素E。其中，维生素C加热温度越高，加热时间越长，损失就越大；维生素B_1、维生素B_2易溶于水，在酸性溶液中稳定，在一般的烹调温度中损失不大，但在高热或遇碱后则损失较大，所以煮粥要少放碱；维生素A一般烹调损失较小，但遇到空气则易氧化，所以做完的菜要尽快吃；维生素D耐热、耐酸碱，烹调中损失微乎其微；维生素E耐热性高，对碱也稳定。由此可见，并非所有的维生素都"怕热"。易损失的维生素C，最好多通过生吃蔬菜的途径来补充。

（二）矿物质极易溶在水中而流失

矿物质包括钙、镁、磷、铁、碘等。在烹调过程中基本上不会损失，只发生流动。这是因为食物在受热时发生收缩以及调料等因素造成的高渗透压环境，使得这些矿物质跟着水分一起流失到汁液中了。如煮骨头汤，骨头中的可溶性物质钙以及磷脂都溶解到汤里去了，所以喝排骨汤可以获得钙，但吃红烧排骨则不能，因为人们不会去喝红烧排骨的汤汁。又如，蔬菜中的矿物质，在盐和酱油等高渗环境的作用下，大部分都流失到菜汤中了。

（三）三大营养物质受热易变性

粮食类食物中碳水化合物的含量最多。人们日常所吃的糖、淀粉等都属于这类营养素。淀粉在冷水中不溶解，在温水或热水中会受热发生糊化，而淀粉受热糊化后，黏性变大，易于消化。蔬菜中的果胶质在加热时吸收水分而变软，也有利于消化。

蛋白质、脂肪不宜加热太久：食物中的蛋白质受热以后即会凝固，例如，鸡蛋中的蛋白质，在刚凝固时口感和吸收率都最好，若加热时间太久即变成硬块。蛋白质在遇到盐时，容易促进其凝固作用，煮豆子、炖肉如果加盐过早，就会使它们表面的蛋白质凝固，影响向原料内部传热，延长烹煮时间。

肉类、鱼类中脂肪组织，在一般烹调加工中不发生质的变化。但过度加热则会导致氧化分解，脂肪中所含的维生素A、维生素D则因脂肪氧化而失去营养作用。

总之，没有十全十美的食物，也没有十全十美的烹调方法。这是因为，每一种营养素的性质都不同，消化吸收中的影响因素也不同。无论如何烹调，营养素的损失永远存在，只要尽力减少即可。对于健康人来说，选择适合的食物，合理搭配它们，就能保证营养的基本平衡。

二、加工中保护营养的措施

（1）清洗各类原料，均应用冷水，洗涤时间要短，不能浸泡或长时间搓洗。

（2）要遵守先洗后切的原则。先切后洗会使水溶性维生素和矿物质损失。

（3）在原料质量要求允许的情况下，原料尽量切得细小一些，以缩短加热时间，有利于营养素的保存。

（4）原料尽量做到现切现炒，现做现吃，避免较长时间的保温或多次加热，可减少维生素的氧化损失。

（5）在面食加工时尽量不加碱或碱性物料，这样可避免维生素、蛋白质及矿物质的大量损失。

（6）在口味允许的前提下可多加醋，这样便于保护维生素，促使钙质吸收。

（7）鲜嫩原料提倡旺火快速烹调，缩短原料在锅中停留的时间，这样能有效地减少营养素受热被破坏。

通过本章学习，了解面点原料的种类、化学组成及性质，重点掌握皮坯原料与辅助原料的工艺性能、用途及在面点中的运用。面点原料的运用决定面点制品质量好坏、档次高低的重要因素，它需要有很强的专业性，要求面点工作人员有广泛的原料知识，丰富市场上的花色品种，满足广大百姓日常饮食的需求。同时，通过本章学习，也为了行业人员为今后的实际操作奠定坚实的理论基础。

1. 制馅时怎样选择肉类原料？
2. 哪些水产品可以制馅，各有什么质量要求？
3. 制馅时怎样选择蔬菜类原料？
4. 馅心蔬菜类原料的保健功能是什么？
5. 哪些原料可以制甜味馅？各有什么质量要求？

第四章　面点制作基本功

面点六项基本功，先练和面与揉面，
再学搓条与下剂，制皮上馅皆关键，
苦练扎实基本功，制成面点优质品。

学习目标

通过本章的学习，了解面点制作基本功特点，熟悉面点原料性质、品质鉴别方法和选用要求，加强面点制作基本功训练，懂得设备与器具的使用方法与维护，掌握和面、揉面、搓条、下挤、制皮、上馅，能独立完成各式面点品种的制作，为面点品种制作打下坚实的基础。

必备知识

(1) 面点品种的制作工艺。
(2) 面点原料的品质鉴别。
(3) 面点主要设备与器具的使用方法与维护。

选修知识

(1) 面点成品标准鉴定。
(2) 面点质量问题的分析。
(3) 餐饮组织与管理。

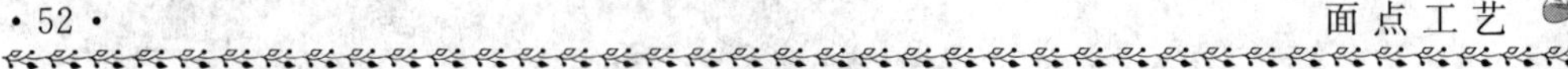

（1）有人认为随着面点器具的增加，手工制作将逐步被淘汰，这话对吗？

（2）中式面点是否应当像麦当劳一样实行标准化生产？

（3）面点基本功的作用何在？

第一节　面点制作基本功概述

一、面点制作的一般程序

面点品种制作的一般程序主要包括原料准备、工具准备、品种制作、品种熟制、成品装盘五个阶段。

面点品种制作的一般程序：

原料准备→工具准备→品种制作→品种熟制→成品装盘。

（一）原料准备

根据制品配方，进行“称重”和“量容”等手续，核实需要各种用料的数量，发现不足的，一定补齐。对于需要加工处理的原料也要一一进行加工，如糖、盐、碱等溶化，粉料过筛或加热，有些配料去皮、去核等。

（二）工具准备

根据需要，把应用的设备、用具、工具准备好放在取放方便的地方，以利工作。对于机械，还要认真检查运转是否正常以及防护设备等是否完善。

（三）品种制作

根据品种要求，进行面团调制、馅心调制、成形加工和熟制。

（四）品种熟制

熟制是面点制作最为关键的一道工艺。根据品种的不同，熟制的方法也不相同，熟制工艺有六种：蒸、煮、烘烤、烙、炸、煎。根据品种要求，进行熟制。

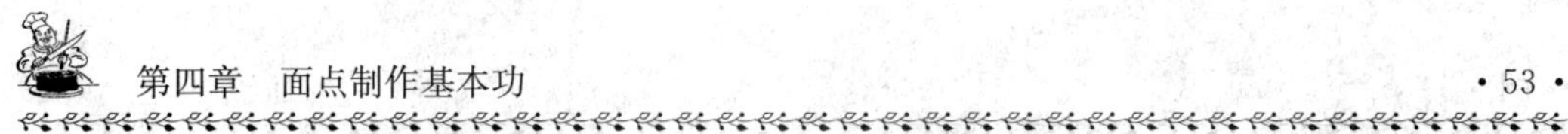

(五) 成品装盘

品种熟制后，根据要求迅速的将制品离锅或脱屉等处理，然后按要求进行装盘或包装及储藏。

二、面点品种制作工艺流程

面点的工艺流程，是指在面点品种制作过程中依照一般品种调制的基本手法，依次完成品种操作的过程（图 4.1）。从单个面点品种的制作过程来看其工艺流程如下：

和面→揉面→切面→搓条→下剂→摁皮→制皮→成形→熟制→成品装盘

制馅→上馅 ⅃（接入"成形"）

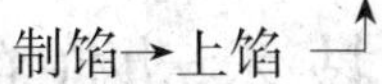

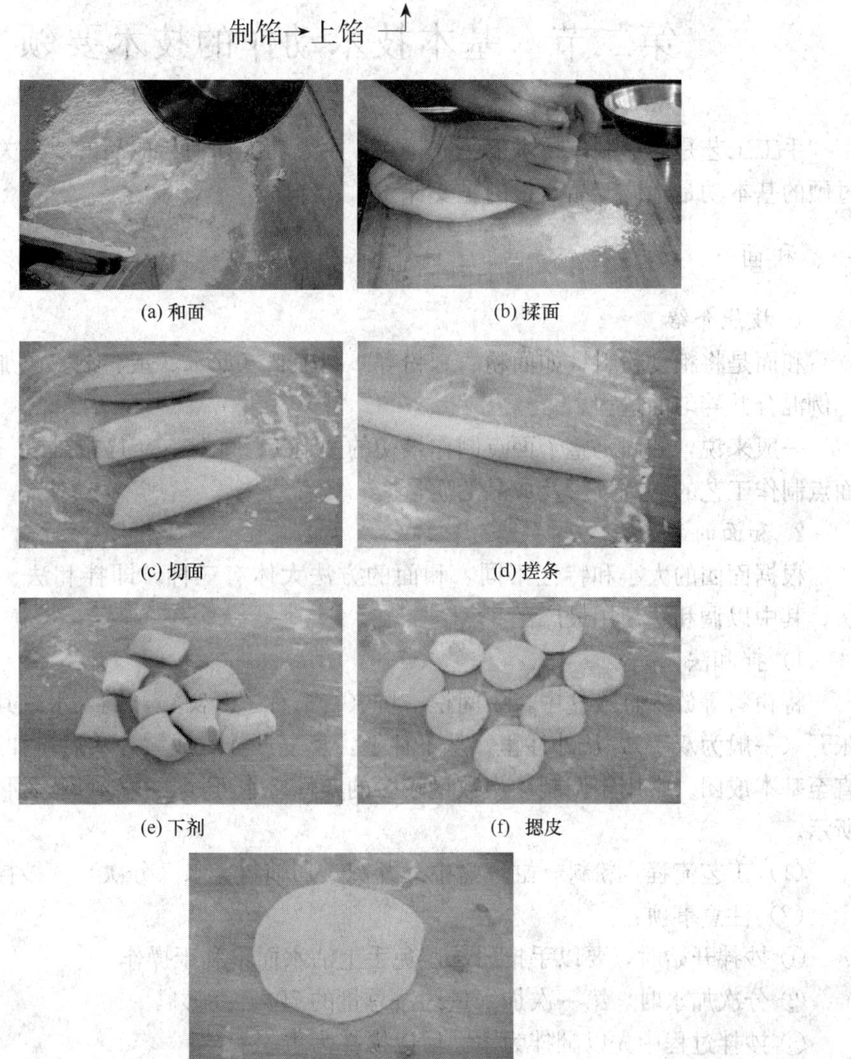

(a) 和面　(b) 揉面　(c) 切面　(d) 搓条　(e) 下剂　(f) 摁皮　(g) 制皮

图 4.1　面点品种制皮步骤

三、面点制作基本功及其任务

面点制作基本功，是指在面点制品成形之前所进行操作的基本手法或技法，包括和面、揉面、搓条、下挤、制皮、上馅。

其任务一是调制符合面点制品特性的理想面团；二是为面点制品成形奠定良好基础。这些基本手法，尽管目前在面点制作中广泛使用大量的机械设备，但它不能包揽面点制作所有的基础工艺，大多数面点的制作，特别是一些有特色的风味小吃，主要还是依靠运用一系列基本的操作手法来完成。

第二节　基本技术动作的技术要领

手工工艺是面点制作技术的一大特点，手上功夫如何与成品的质量关系甚大。熟练过硬的基本功是优质产品质量的重要保障。

一、和面

1. 技能介绍

和面是将粮食粉料（如面粉、米粉等）与辅料（如水、蛋、油、添加剂等）按一定比例混合并拌匀的过程。

一般来说，和面是整个面点制作最初的一道工序。这一工序的处理好坏将直接影响面点制作工艺的顺利进行及成品的质量。

2. 和面的方法

根据面团的大小和特性不同，和面的方法大体有三种，即拌和法、调和法、搅和法，其中以调和法使用最广泛。

1）拌和法

将粉料等放入缸或盆中，中间挖一坑（行话称“开窝”），倒入水或其他辅料，手指张开（一般为双手），从外往里，从下往上，反复抄拌，成雪片状后再加适量的水拌和，直至基本成团。常用于调制一次数量较多的实性冷水面团、生物膨松面团等，如图 4.2 所示。

（1）工艺流程：粉料→缸或盆中→开窝→加辅料、水（分次）→抄拌→成团。

（2）注意事项：

① 抄拌开始时，要以手推粉，避免手上沾水而不利于操作。

② 分次加水时，第一次加水量约占总量的 70％～80％。

③ 抄拌过程中先以翻拌为主，后以搅拌为主。

2）调和法

将粉料等放在面案（板）上，中间挖一坑，倒入水或其他辅料，一手五指张开，由里向外逐步将粉和水等调拌，同时另一手拿面刮板，将四周的粉铲向中间，成为雪片状后，再加适量的水或直接用双手调拌，直至基本成团。常用于一次调制数量较少的实性（冷水、温水）、膨松（生物、化学）、水油酥、干油酥面团等。适用面相对较广，除热水面团及糨糊状的面团等外，一般均可采用此法和面，如图 4.3 所示。

（1）工艺流程：粉料→置于面案上→开窝→加辅料、水（分次）→调拌→基本成团。

（2）注意事项：

①“开窝”的范围可适当大些，防止液体外流。

② 调拌时动作幅度不宜过大，并将四周的粉铲向中间。

③ 两手要配合默契，尽快使粉料和水等辅料混合。

3）搅和法

将粉料放入盛器中，一边加水或其他辅料，一边用工具（面杖、竹筷等）搅拌；或将粉料倒入放有水或其他液体的盛器中，边加边搅，直至基本成团。它适用于调制一些较特殊的面团，如面粉类实性的热水面团、澄粉面团等，如图 4.4 所示。

图 4.2　拌和法和面

图 4.3　调和法和面

图 4.4　搅和法和面

（1）工艺流程：粉料（或水）、辅料等→盛器→加水（或粉料）等→搅拌→基本成团。

（2）注意事项：

① 添加水时应徐徐加入，以确保其混合均匀。

② 搅拌时动作要快，尽快使粉料和水等辅料混合。

③ 控制搅拌时间和幅度，充分混合即可。

（一）和面的要领分析

1. 准确控制所掺液体的数量

面团中所掺的液体主要是水，水量的多少直接决定了面团的软硬程度，面团软硬标准由成品的要求确定。因此，掺水量的多少由面团品种的不同而有很大的差别。以面粉类的实性冷水面团为例，每 500g 面粉，刀削面面团一般加水 175g 左右，水饺皮面团一般加水 225g 左右，而春卷皮面团一般加水 375g 左右。此外，气候的冷热、面粉的品种及质量、用水的温度、辅料的添加数量等都会影响面团的加水量。所以，在和面时一定要考虑上述因素，准确控制掺水量，确保面团软硬符合成品的要求。

2. 掺水时以分次添加为宜

和面时掺水一般分 2～3 次掺入，第一次掺入量为总量的 80％左右，然后再将剩余

的逐步加入。这样做可起到以下作用：

（1）能充分估计粉料中掺水量是否准确，避免因加水太多或太少而出现面团过软或过硬的现象。

（2）能让粉料颗粒逐步吸水成团，避免因粉料一时吸不进水分而产生外溢的现象。当然，也有少数品种的面团（如发粉类化学膨松面团）因有一定的配方，故在和面时需一次完成掺水量。

3. 掺入辅料应有顺序

和面时，除了在粉料中掺入水外，不少品种还要掺入糖、蛋、油等其他辅料。这些辅料应根据成品的要求，按顺序投放，以保证面团的质量。如面团中需要添加化学膨松剂的，在和面时一般都应先将其和粉料混合；面团中有加较多白砂糖的，在和面时一般要先将白砂糖和水溶解后再和粉料混合。

4. 灵活运用和面方法

面团的要求不同，和面的方法也有区别。因此，在和面时，一方面要根据面团的不同特性，选用相应的和面方法，如实性热水面团一般需用搅和法和面；发粉类化学膨松布置和一般需用调和法和面。另一方面，要根据不同和面方法的共性灵活运用和面方法，如实性冷水面团和生物膨松面团既可采用拌和法和面，又可采用调和法和面。

（二）和面的标准

投料准确，软硬恰当，混合均匀，手光、面光、盆（案）光。

二、揉面

揉面是将经过和面或醒面后的面团，运用一定的手法，将其进一步调匀、调透的过程，是面团调制中一道非常关键的操作工艺，具有较强的技巧性。只有通过揉面的工序，才能使面团的质量符合制品的要求。因为经和面后的面团中各种成分只是基本混合，没有完全充分调匀，面团组织相对比较松散；同时，经醒发的面团中的蛋白质颗粒虽然已吸收了一定的水分，但还不能形成丰富的面筋网络组织，也不能和膨润了的淀粉黏结在一起。所以，要使面团达到光滑、柔润、筋性均匀，只有通过揉面来完成。

根据面团的特性和要求不同，调面的方法主要有揉、捣、揣、摔、擦、叠、搅等，其中以揉、擦最为常用。

1）揉面的方法

将醒面后的面团放于案板上，用手掌跟压住面团，用力将面团向外推动，摊开后即马上往回卷拢，如此反复，直至面团匀透。揉面可分单手揉和双手揉两种方法，适用于筋性适中、大小适宜、不稀软的面团的调面，如面粉类实性冷水、温水面团及生物膨松面团等。其中，单手揉一般适用于体积小且坚实面团的调面，如水饺皮面团；双手揉一般适用于体积稍大且柔软面团的调面，如包子皮面团。

（1）单手揉。用一手将面团一头按住，另一手用掌根将面团一头压住并用力推压，使面团向外摊开，然后将摊开的面团往回卷拢，这样一推一卷，当面团成椭圆形时，再将面团转一角度（一般为90°），重复推卷，如图4.5所示。

（2）双手揉。将双手掌根压住面团，交替用力向外推压，使其摊开，并将摊开的面团往回卷拢，一推一卷，当面团呈长条形时，再将面团两头折向中间（成三层），或将面团推卷成椭圆形时，再将面团转一角度，重复推卷，如图4.6所示。

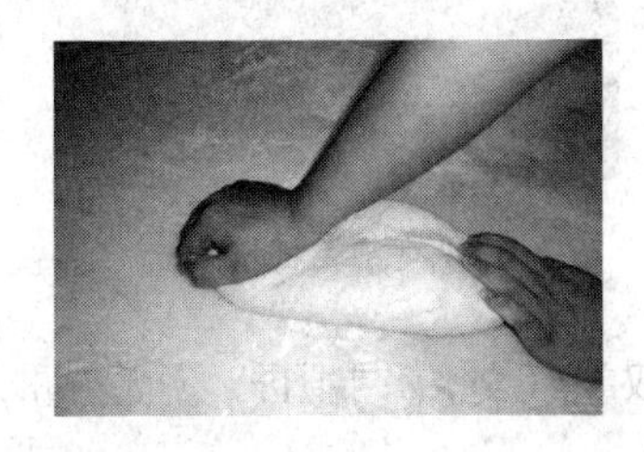
图4.5 单手揉面

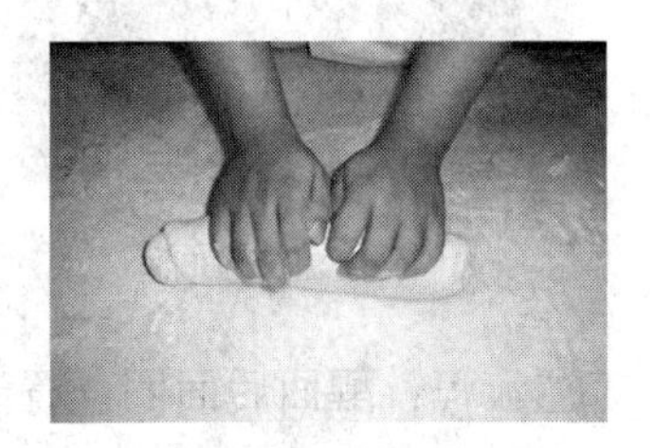
图4.6 双手揉面

（3）工艺流程：醒面后面团→置于案板上→掌根压住面团→推压（单手或双手）→卷拢→重复操作。

（4）注意事项：

① 揉面时必须手腕着力，而且力度适当。要用巧劲，不能用蛮力，掌握节奏。

② 应控制推、卷的动作幅度，一推一卷过程中能使面团前后摇摆，并且每次卷拢后都能翻上接口。

③ 揉面时面团转、卷要有一定的方向性，不能随意改变，否则不易使面团达到光洁的效果。

2）捣面的方法

将和面或醒面后的面团放于案板上或缸盆内，双手平行握拳，在面团各处垂直向下用力捶打，当面团被挤向四周后再将其叠拢到中间，继续捣压。如此反复，直至面团匀透。此法适用于筋性较大或筋性小、黏性大且较软的面团的调制，如面粉类实性冷水面团（抻面面团）、化学膨松面团（油条面团）及米粉类实性熟粉面团（年糕面团）等。一般筋性大的面团醒发后要反复捣压，而黏性大的面团可在和面后直接捣压，一气呵成，如图4.7所示。

（1）工艺流程：和面、醒发后面团→置于案板上（缸盆中）→双拳平行向下捶打→叠拢到中间→重复操作。

（2）注意事项：

① 放置面团的案板或缸盆的高度应低于腰部，便于双手发力。捣面时用力要大。

② 双拳捶打时，应交替用力，并均匀分布在面团各处。当面团被挤向四周后，即可将面团叠拢拉至中间。

③ 根据需要，一般在捣面时用拳边蘸水边捣压，行话称为“扎面”。

④ 如面团体积较小，可一手扶住盆具，另一手握拳捶打。

3）揣面

将“醒面”后的面团放于案板上，双手握拳交叉斜向下用力将面团逐步向外（左右两侧）推开，然后将面团往回卷拢，并转一角度。如此反复，直至面团匀透。此法适用于筋性及软硬适中、体积较大的面团的调面，如生物膨松面团等，如图 4.8 所示。

图 4.7　捣面

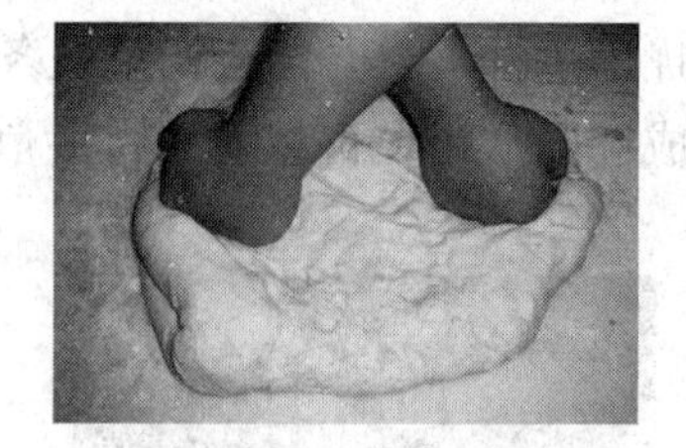

图 4.8　揣面

（1）工艺流程：醒面后面团→置于案板上→双拳（交叉）揣压→叠拢→重复操作。

（2）注意事项：

① 揣面一般为揉面的一种辅助手段，但用力比揉面大。

② 揣面的面团一般较大，调面时需用拳斜向外将面团向左右两侧摊开，当摊到一定程度后再将其卷拢。

③ 揣面时两手用力要均衡，一般是将面团由外向里或由里向外逐步揣开。

4）摔面

用手抓住醒面后的面团，提起并反复在案板上或盆内摔打，直至面团匀透。此法适用于筋性较强、延伸性好、较软的面团的调面，如面粉类实性冷水面团（抻面面团、春卷皮面团）及某些生物膨松面团（面包面团）等。一般有两种开发部：一种是用双手抓住醒面后面团的两头，举起后，手不离面，将面团中间部位在案板上摔打，待面团摔成长条形后，将两头对折卷拢，再重复摔打，直至面团匀透，如图 4.9 所示。另一种是用单手（或双手）抓住醒发后的面团，举起后脱手，将面团摔向盆内或案板上。如此反复，直至面团匀透，如图 4.10 所示。

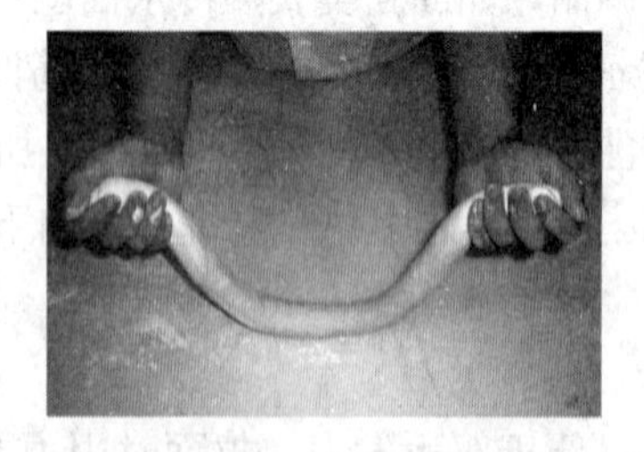

图 4.9　双手摔面

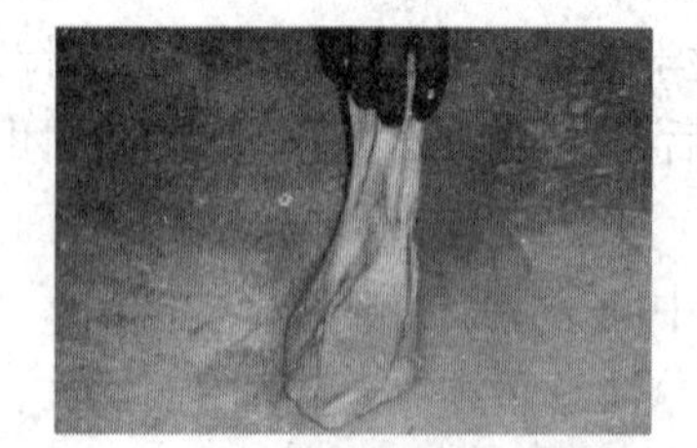

图 4.10　脱手摔面

（1）工艺流程：醒发后面团→用双手（或单手）抓住→举起→拿两头（或脱手）摔打→重复进行。

（2）注意事项：

① 摔面一般为揉面或捣面的一种辅助手段。

② 摔面时应手臂使劲，大而有力（能使面团充分生成面筋组织）。

③ 摔面时应注意面团的转动方向。

5）擦面

图 4.11　擦面

将和面后的面团放于案板上，用手掌根压住面团，斜向外用力将面团从外向里一层层地向前推擦，擦完后合拢面团并转一角度（90°），再推擦。如此反复，直至面团匀透。此法适用于无筋性或有一定黏性的面团的调面，如面粉类的实性热水面团、层酥面团中的干油酥面团以及澄粉类、米粉类的实性面团等，如图 4.11 所示。

（1）工艺流程：和面后面团→置于案板上→掌根由外向里推擦→合拢→反复操作。

（2）注意事项：

① 擦面的面团一般不需醒面。

② 擦面时，应掌根着力，以增加与案板间的摩擦力。

③ 手掌推擦应有顺序，将面团由外向里逐步擦匀，切勿东一下西一下。

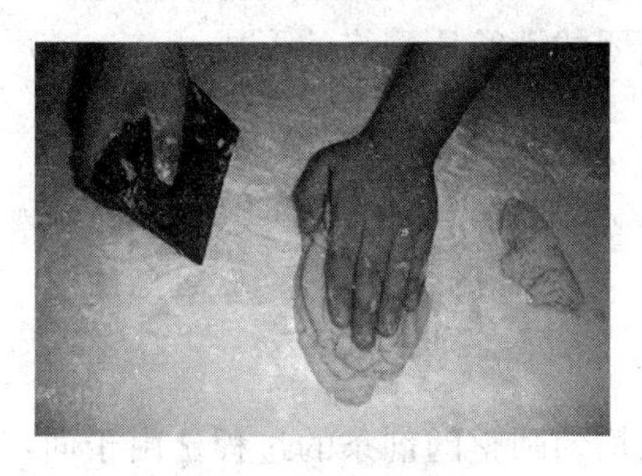
图 4.12　叠面

6）叠面

将和面后的面团放于案板上，用手掌自上而下将面团按压，压实后取一半面团叠放在另一半面团上再按压。如此反复，直至面团调匀。此法适用于尽量减少面筋质形成的面团的调面，如面粉类化学膨松面团中混酥面团等，如图 4.12 所示。

（1）工艺流程：和面后面团→置于案板上→手掌按压→叠放个按压→反复操作。

（2）注意事项：

① 叠面的面团一般不需醒面。

② 叠面时要压匀压实，用力轻重得当。

③ 叠面后的面团要求尽量减少其筋性的产生，故面团基本调匀即可，不可反复调制。

7）搅面

图 4.13　搅面

将和面或醒面后的面团放于盆内，用工具将其旋转搅动，直至面团调匀。此法适用于糊浆状面团的调面，如面粉类实性冷水面团（拨鱼面面团）及物理膨松面团（蛋泡面团）等，如图 4.13 所示。

（1）工艺流程：和面或醒面的面团→置于盆中→用工具搅动→重复操作。

（2）注意事项：

① 搅面时一般应按同一方向进行。

② 搅面时幅度不宜过大，要平稳有力。

③ 搅面的程度应根据所调面团筋性大小来确定。一般面筋质丰富、筋性大的面团，可适当多搅。反之，则少搅。

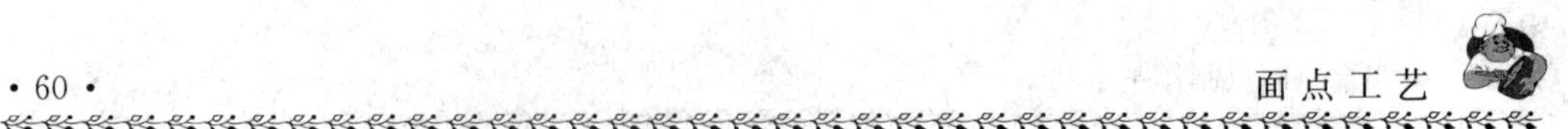

(一) 揉面的要领分析

1. 将面团中各种成分均匀地混合

揉面的目的就是将面团调匀、调透。故一般通过调面，面团中的各种原料应充分地混合成为一体，使其达到光滑、柔润的效果，符合制品坯料的要求。

2. 正确、灵活地运用各种揉面方法

揉面时应根据面团的特性和要求不同，采用相应的揉面方法，灵活运用，正确操作。如要求筋性大的面团可用捣面、摔面等调面方法；筋性适中的面团一般用揉面的调面方法；对于不能形成筋性的面团，可用擦面的方法；对于需尽量减少筋性的面团，只能采用叠面的揉面方法。

3. 讲究用力的技巧性

揉面时，要有正确的站立姿势，控制手臂、手腕力的用力程度，掌握用力的大小、轻重。特别注意面团在揉制时转动的方向要有规律，不能无规则地乱揉、乱擦。否则，不仅面团外观不完整、不光洁，而且还会破坏有筋性面团的面筋质网络的形成。

(二) 揉面的标准

混合均匀，筋性一致，柔顺细腻，光滑干净。

三、搓条

(1) 技能介绍。搓条是将调制好的面团搓拉成粗细均匀圆整的剂条的过程。由于面点的制作是逐个成形的，并且需要用同一规格大小的坯剂，因此，一般需要先将面团搓成一定粗细的剂条，为下剂做好准备。

图 4.14 搓条

(2) 搓条的方法。将调制好的面团揉成或顺长用刀直剖成条形，放于案板上，双手张开，拇指相对，用手掌压住剂条，并前后来回推动，双手边推边压，边向剂条两头移动，使剂条在搓动时随之滚动成圆整的长条。此法适用于有一定筋性（或黏性）、软硬适中的面团，一般均为下剂前的准备，也是成形的一种基本方法，如图 4.14 所示。

(3) 工艺流程：调面后的面团→置于案板上→搓成条形。

(4) 注意事项：

① 搓成或直剖后的条形面团应比搓成的剂条略粗些，搓条后剂条的粗细程度应和成品要求的剂子直径大小一致。

② 双手搓条时应从剂条的中间开始，再逐步向两头移动。

③ 搓条时，应从手掌及掌根部位用力。

(5) 搓条的要领分析：

① 两手用力均匀，使力平衡。搓条时，两手向下的压力原则上应保持一致，

以保证剂条的粗细一致。如出现剂条粗细不一，应在粗的一端加大压力推搓，使之变细。

② 把握用力的技巧。一般来说，搓条开始时应以手掌后部（掌根）按压剂条推搓（不能用掌心），并且要以向下的压力为主，再逐步向两头移动。待剂条粗细符合要求后，可用整个手掌搓动，并采用浮力，用力程度能使剂条滚动即可。

③ 控制添加的干粉量。搓条时为使剂条圆整，并且由粗变细，剂条与案板之间必须有较好的摩擦力，所以开始搓条时，不宜在案板上添加过量的干粉。一般需等到剂条粗细符合剂子大小时，为防止粘连才加适量的干粉。

（6）搓条的标准。剂条圆整、粗细适宜、条面光洁、均匀一致。

四、下剂

下剂也称分坯，是将调制好的面团或搓好的剂条按成品或坯皮重量的要求，分成大小一致的剂子的过程，是制皮或制品成形前的一道工序，剂子的形状及大小将直接影响坯皮和成品的规格质量。

（一）下剂的方法

根据面团的特性及剂子形状和大小的不同，下剂的方法有揪剂、挖剂、拉剂、切剂等，常用的主要方法是揪剂和切剂。

1. 揪剂

揪剂也叫摘剂，是用一手握住搓好的剂条一头，并从虎口处露出相当于剂子大小的一截，另一手用大拇指、食指和中指将其轻轻捏住，使劲向剂条垂直的方向（向外）快速将剂子揪下，然后转动一下手中的剂条，再揪第二个。此法适用于面团软硬、筋性强弱及剂子大小都适中的剂条，如小笼包、水饺等坯剂的下剂，如图4.15所示。

图4.15 揪剂

（1）工艺流程：搓好的剂条→一手握住（露出一头）→一手抓住→垂直揪下。

（2）注意事项：

① 握剂条的手应用虚力，只需轻轻拿住，不可太用劲，以防止剂条变形。

② 露出的剂头大小一定要和剂子的规格相一致。

③ 抓剂子手指应紧靠握剂条手的虎口，中间不能有空隙，并且两手的手指都应自然弯曲成弧形。

④ 向外揪剂时要用爆发力，利用手指之间的切割力将剂子分割下来。

⑤ 下剂后，握剂条的手应将剂条转一角度（90°）再下第二个，保持剂子截面的圆整。

2. 挖剂

挖剂也叫铲剂，是将搓好后的剂条放在案板上，一手用虎口叉住剂条；并露出相当

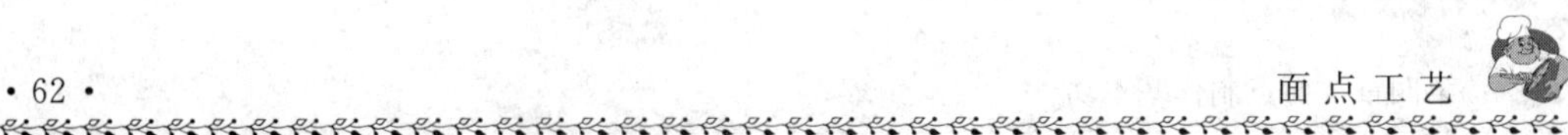

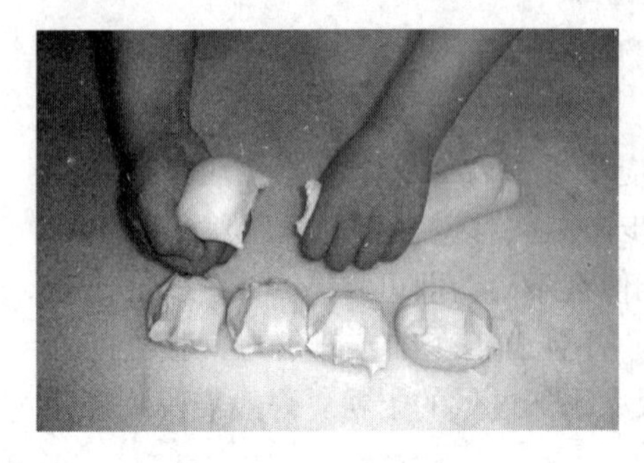

图 4.16　挖剂

于剂子大小的一截；另一手四指弯曲（成铲形），手心向上，从剂条一头下面伸入（顺剂条方向），四指紧靠另一手虎口，向上挖下剂子。此法适用于面团稍软、剂子稍大的剂条的下剂，如馅饼坯剂的下剂，如图 4.16 所示。

（1）工艺流程：搓好的剂条→置于案板上→一手叉住（露出一截）→一手四指弯曲向上挖下。

（2）注意事项：

① 挖剂的手四指指尖应紧靠在按剂条的手的虎口处。

② 挖下的剂子一般摔在案板上，且剂子较大。

③ 挖剂的剂条一般不需转动。

3. 拉剂

将调制好的面团放在案板上或盆中，直接用手指从大块的面团上拉下剂子。此法适用于无筋性、稍有黏性、软硬适中的面团的下剂，如汤圆剂子，如图 4.17 所示。

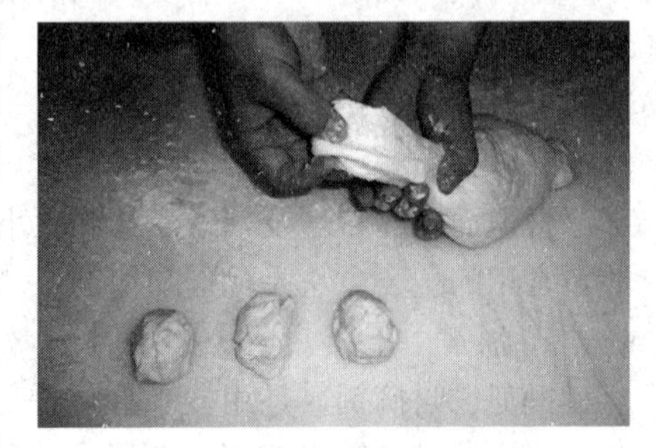

图 4.17　拉剂

（1）工艺流程：调面后的面团→置于案板上或盆中→直接用手指拉下剂子。

（2）注意事项：

① 拉剂时，一般直接从面团上下剂，不需要搓条。

② 拉剂时，一手扶住面团并捏出一角，另一手手指着力将剂子拉下。

③ 拉剂的剂子大小主要靠眼的观察及手感来控制。

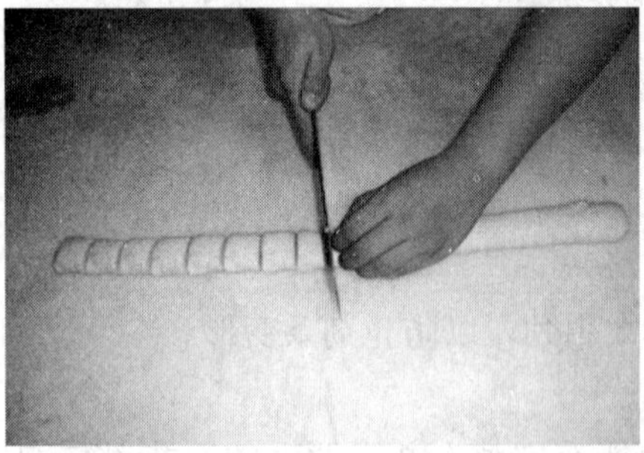

4. 切剂

将搓好后的剂条放在案板上，一手扶住，另一手拿刀将剂条垂直切下剂子。此法适用于需保持剂子截面形状完整或较小剂子，如层酥面团中的明酥坯剂、油条坯剂等，如图 4.18 所示。

图 4.18　切剂

（1）工艺流程：搓好的剂条→置于案板上→用刀垂直切下。

（2）注意事项：

① 切剂的刀要锋利，一般采用直切或锯切刀法，落刀要稳而快。

② 一般从剂条的右端开始下剂。

③ 切剂后应逐个将剂子分开，防止互相粘连。

（二）下剂的要领分析

1. 两手配合默契，用力干脆果断

下剂时，一揪一转，一挖一退，两手动作应协调配合，要求敏捷、熟练，用力轻重应恰到好处。

2. 把握剂子量的大小，保持剂子的整齐

剂量的大小决定了成品坯料的重量，故下剂时一定要根据成品坯料重量的要求把握好剂子的大小，保证所下的每一个剂子分量准确，大小一致。通过手的感觉、眼睛的观察，来判断剂子的大小。同时，下剂时要保证所下剂子截面的整齐（一般为圆形或条形），为保证坯皮质量和制品的成形打下基础。

3. 所下剂子应分开放置

大部分剂子在下剂后应整齐排列，要求竖于案板上，并撒上适量的干粉，防止剂子之间及剂子与案板之间粘连，也便于下一步工序的顺利进行。

（三）下剂的标准

不带毛茬，光洁整齐、饱满，大小一致，分量准确。

五、制皮

制皮是将调好的面团或所下的剂子，按照成品的要求，制成能包裹住馅的坯皮的过程。在面点制作中，很多品种都需要调制坯皮，制皮的技术要求高，其质量的好坏直接影响面点的成形。

（一）制皮的方法

由于面团的性质及成品的要求不同，剥皮的方法有按皮、擀皮、捏皮、摊皮、压皮、敲皮等，其中以擀皮、按皮最为常用。

1. 按皮

将所下的剂子放在案板上，用手掌将其按拍成中间稍厚的坯皮。这是一种基本的制皮方法，运用较广泛，适用的面团稍软、筋性适中，或者筋性较小，有一定黏性，坯皮一般稍厚的情况，如制作豆沙包坯皮、苏式月饼坯皮、麻团坯皮等，如图 4.19 所示。

图 4.19　按皮

（1）工艺流程：坯剂→置于案板上→用手掌按拍→坯皮。

（2）注意事项：

① 按拍前应在案板上及剂子截面撒上少许干粉。

② 剂子的放置方向应根据坯皮的要求确定。一般都为竖放，如包子坯皮等。少数

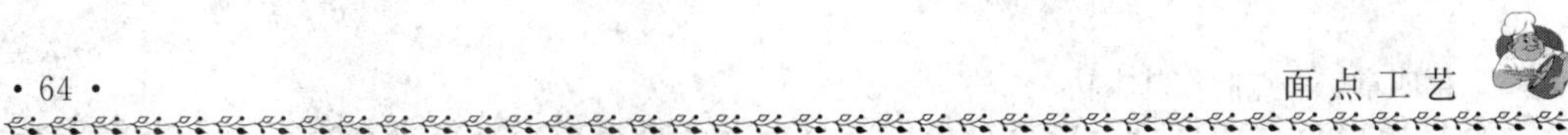

的为横放，如苏式月饼坯皮等。

③ 按拍时，手掌外侧部位用力。

2. 擀皮

将调好的面团或所下剂子放在案板上，采用一定的擀皮工具，将其滚压成一定形状的薄形坯皮。

擀皮是主要的制皮方法之一，应用最广，技术性强，要求高，必须借助擀皮工具完成，而且坯皮的要求不同，擀皮的工具也有所区别。

从擀皮的技术特点来看，擀皮的方法主要有平展擀皮法和旋转擀皮法两种。

图 4.20　平展擀皮

(1) 平展擀皮法是将面团或剂子放在案板上，用手掌按住擀皮工具的两头，在坯剂上来回滚压，使之逐渐展开，形成符合制品要求的坯皮。此法适用于一般面积较大、厚薄一致、方形坯皮的擀制，如馄饨坯皮、花卷坯皮等，如图 4.20 所示。

① 工艺流程：坯剂→置于案板上→手按工具→来回滚压→坯皮。

② 注意事项：

第一，采用的工具一般以面棍、通心槌为主，小剂子也可用面杖。如坯剂体积较大，一般以双手按住工具两头滚压。反之，则可用单手按住工具中间滚压。

第二，擀皮时，一般不转动坯剂，应徐徐滚压坯剂，每次擀开后应在坯剂上下两面撒上干粉，防止粘连。

第三，经擀制的坯皮一般成方形，且面积较大。可根据制品要求进行分割。

(2) 旋转擀皮法，是将剂子放在案板上，先用手掌稍稍摁扁，然后一手捏住剂子的边，一手摁住工具，或双手按工具两头压住坯剂，通过手的牵引力及工具的推转力，使剂子边擀压边旋转，逐渐展开形成圆形的坯皮。此法适用于一般面积较小，圆形或周边有花纹的坯皮，如水饺坯皮、蒸饺坯皮、烧卖坯皮等，如图 4.21 和图 4.22所示。

图 4.21　水饺皮擀法

图 4.22　烧卖皮擀法

① 工艺流程：坯剂→置于案板上→用手按工具→转动滚压→坯皮。

② 注意事项：

第一，采用的擀皮工具一般以面杖（包括橄榄杖、单手杖、双手杖等）为主。

第二，单手擀皮时，一般左手三指（中指、食指、拇指）捏住剂子的边，右手摁住面杖中端并压住剂子，两手一推一转（坯皮逆时针转动）。双手擀皮时，一般双手摁住面杖两头并压住剂子，使面杖滚动，并带动剂子旋转。

第三，经擀制后坯皮一般为圆形，其中单手擀多为中间稍厚、四边稍薄的坯皮，双手擀为厚薄一致或边有花纹的坯皮。

3. 捏皮

先用双手掌心将所下的剂子搓成球形，然后，一手托住并转动坯剂，另一手用拇指和食指将其捏成内凹的圆壳形的坯皮。此法适用于面团稍硬、无筋性、易松散剂子的制皮，如汤圆坯皮等，如图 4.23 所示。

图 4.23　捏皮

（1）工艺流程：坯剂→双手搓圆→手指边转边捏→圆壳形坯皮。

（2）注意事项：

① 捏皮时一般需转动剂子，并使手指尖慢慢插入剂子的一端，边捏边转。

② 经捏制的坯皮四周厚薄均匀，凹度适当。

③ 操作时，习惯上每捏好一坯皮即上馅成形。

4. 摊皮

将面团直接放在加热的平锅上顺势一摁或倒入加热锅中顺势转锅并随锅流动，使其受热并粘于锅体表面形成一张圆整的坯皮。此法适用于筋性较大、较稀软或浆糊状的面团的制皮，如制作蛋面卷坯皮、春卷坯皮等，如图 4.24 所示。

图 4.24　摊皮

（1）工艺流程：锅预热→面团入锅→转按或转锅→加热→坯皮。

（2）注意事项：

① 所用的锅要光滑，并要预热。

② 控制火力，以小火为主，火大易煳皮，火小则坯皮不易拿下。

③ 为防止坯皮粘锅，可擦极少量油脂。操作时，用干毛巾或餐巾纸蘸少许油在锅面擦一下。

④ 摊皮时动作迅速，一气呵成，坯皮转色即可取下。

5. 压皮

压皮又称拍皮。将所下的剂子放在案板上，一手握住刀把，另一手掌摁住刀面，平

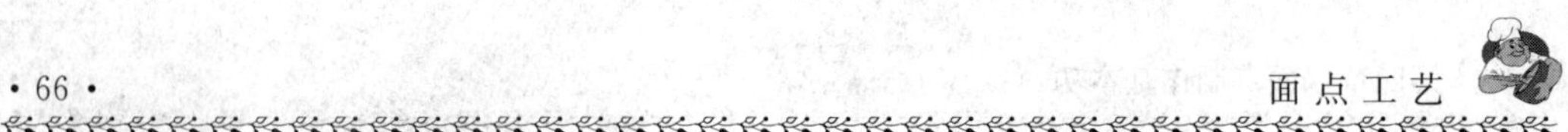

图 4.25　压皮

放压在剂子上，用力旋压，成为圆形的坯皮。此法适用于面团柔软、无筋性、有一定黏性的剂子的制皮，如虾饺坯皮，如图 4.25 所示。

(1) 工艺流程：坯剂→置于案板上→揌刀面→旋压→坯皮。

(2) 注意事项：

① 刀面（或其他同型号工具）、案板应平整光滑。

② 压皮时，应在刀面及案板表面涂擦少量油脂，既可防粘，又可利于坯皮压薄。

③ 旋压时，刀面一般为顺时针方向用力旋转，但幅度不宜过大。

6. 敲皮

敲皮是一种较特殊的制皮方法，是将某些特殊原料放在案板上，铺上干粉，用工具轻轻敲击，使其慢慢展开，最终形成薄形的坯皮。此法适用于一类无骨的动物性肉类原料，如制作鱼皮馄饨的坯皮，如图 4.26 所示。

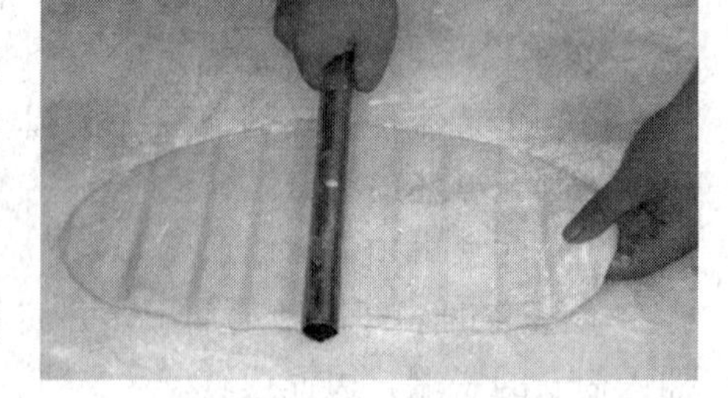

图 4.26　敲皮

(1) 工艺流程：原料→置于案板上→铺上淀粉→工具敲击→坯皮。

(2) 注意事项：

① 采用的原料一般为去皮、去骨的水产品，如鱼、虾等。

② 所铺的粉料一般为麦淀粉。

③ 敲击工具一般为较粗的面杖。

④ 敲击时，用力要轻而匀，边敲边铺干粉，所敲的坯皮厚薄适宜。

(二) 制皮的要领分析

(1) 用力均衡，轻重得当。不论是用工具还是直接用手制皮，都应控制用力的大小。如擀皮时，每次滚压用力大小应一致，按皮时每次按拍用力应相同，保证坯皮厚薄均匀一致。

(2) 坯皮的大小、厚薄应按成品要求而定。不同的制品对坯皮的要求也不同，故在制皮时要对不同制品进行分别处理。如制作水饺坯皮和包子坯皮，一般都要求中间稍厚，四周较薄。但水饺坯皮相对比包子皮要薄些。蒸饺坯皮尽管较薄，但与水饺坯皮又有区别，要求中间和四周一样厚薄。此外，烧卖坯皮尽管和蒸饺坯皮一样呈圆形，但要求边有折褶（俗称荷叶边）。

(3) 制皮后应及时成形坯皮制好后，不宜放置时间过长，否则坯皮干裂、变形，会影响成形。

（三）制皮的标准

坯皮整齐，厚薄适宜，大小均匀，规格一致。

六、上馅

上馅是将调制好的馅心放置于制好的坯皮或坯料上的过程。

（一）上馅的方法

根据品种的不同，上馅的方法也不同，有包入法、卷上法、填入法、挤入法和盖浇法等，其中以挤入法使用最为广泛。

1. 包入法

一手（四指）托住坯皮或将坯皮直接放于案板上，另一手用馅挑或筷子将馅填放于坯皮上某一部位的上馅方法。此法适用较广，凡坯皮包馅封口或不封口采用包、捏等成形的面点均可采用，如水饺、烧卖、蒸饺、麻球、馄饨、合子酥等。

包入法上馅的面点制品一般都是以坯皮包裹馅的形式而成形的，行业上称为“打馅”或“塌馅”。根据面点品种的不同，填入法上馅时坯皮上馅的放置部位也有变化，一般有三种情况。

一是上馅后坯皮是从四周收拢封口（或不封口）的制品，一般需将馅填放于坯皮的正中间，如豆沙包、小笼包、汤圆、烧卖等。

二是上馅后坯皮从两侧对折合拢封口的制品，一般需将馅填放于坯皮中间稍偏处，坯皮合拢封口后，馅正好在中间，如水饺。

三是上馅后坯皮（面积较大）经几次折叠封口的制品，一般需将馅填放于坯皮的一角或一边，如水饺、包子等。如图 4.27 所示。

图 4.27 包入法

（1）工艺流程：馅→填放→坯皮{中间、稍偏、一角}。

（2）注意事项：

① 上馅的部位要根据面点成形方法的不同而定，保证成形后馅能居中。

② 用手托皮包馅时，四指应自然弯曲成凹形，便于上馅。

③ 上馅时应防止坯皮的边沿粘馅料，否则不易封口成形。

④ 馅料的形状丁、丝、粒、末、泥、蓉均有。

2. 卷上法

将擀制成薄片的坯料放在案板上，并将馅均匀地平抹在整块坯料表面的过程。此法适用于坯料较大而薄，采用卷制成形或几层坯料中夹馅成形面点的上馅，如卷蛋糕、豆沙花卷、夹心糕等，如图 4.28 所示。

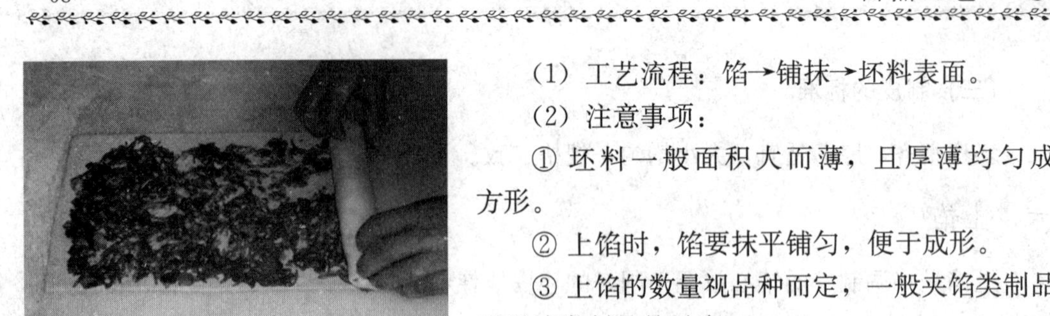

图 4.28　卷上法

(1) 工艺流程：馅→铺抹→坯料表面。

(2) 注意事项：

① 坯料一般面积大而薄，且厚薄均匀成方形。

② 上馅时，馅要抹平铺匀，便于成形。

③ 上馅的数量视品种而定，一般夹馅类制品比卷馅类制品的量多。

④ 馅料的形状以粒、末、泥、蓉为主。

3. 填入法

用勺将馅填入一定形状的坯料中的过程。此注主要适用于坯料单独采用模具成形再上馅的面点，如蛋挞、鸡粒盏等，如图 4.29 年所示。

(1) 工艺流程：馅→用勺填入→坯料内部。

(2) 注意事项：

① 坯料一般需用模具先定型，且留有装馅的空间。

② 馅填入坯料后，如同装一盛器内一般，暴露在制品的表面。

4. 挤入法

将馅装于裱花袋中，再挤注在坯料表面或内部，称为挤入法。此法主要适用于先成熟、后成形且馅较稀软的面点，在西式面点中常用，如奶油气鼓、果酱筒等，如图 4.30所示。

(1) 工艺流程：馅→装入裱花袋→挤注→坯料表面或内部。

(2) 注意事项：

① 挤入法上馅的面点一般都为先成熟、后成形的制品。上馅时应讲究清洁卫生。

② 馅料的形状一般均为泥蓉状，较稀软。

5. 盖浇法

将预先成熟的馅料浇盖在熟制后坯料表面的方法，称为盖浇法。此法主要适用于面条类的添加配料（浇头），如图 4.31 所示。

图 4.29　填入法

图 4.30　挤入法

图 4.31　盖浇法

(1) 工艺流程：馅（熟）→浇盖→坯料（熟）→表面。

(2) 注意事项：

① 馅料和坯料一般各自分开熟制加工（馅料可以预先熟制）。

② 坯馅结合较随意，可根据食用需要，同一坯料可以添加不同的馅料。

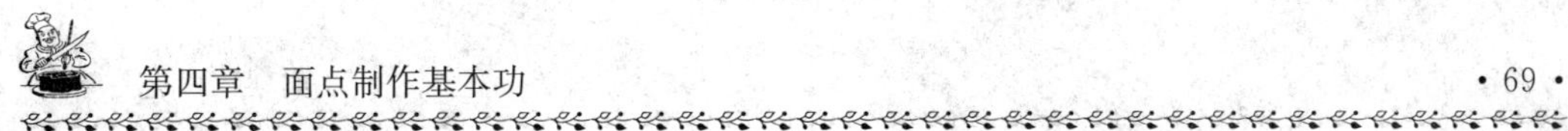

（二）上馅的要领分析

1. 正确把握上馅的部位

由于面点的品种不同，上馅的部位也有区别，所以在上馅时，馅的放置一定要根据面点的成形要求而定。否则，不仅不利于成形，也有损于成形后形状的美观。如填入法上馅，一般须将馅放置于坯皮的中间部位或边上，但不能沾湿坯皮的边沿；铺上法上馅，须将馅均匀、全部地抹铺在坯料的表面；装入法上馅，只能将馅装入留有一定空间的坯料内；而盖浇法上馅，往往是将馅料浇盖在坯料表面的位置。

2. 掌握上馅的数量

上馅时馅的数量多少，是根据面点品种的要求而定的。针对面点品种坯馅比例的不同要求，上馅时应控制馅的数量，使馅的多少恰到好处。

3. 应有助于成形的操作

上馅的好坏，直接影响面点的成形，经上馅后坯馅的结合应有助于面点的整体造型。如填入法上馅时，应防止馅粘在坯皮的边沿，不利于坯皮的捏边和封口；铺上法上馅时，馅不宜太多，否则卷馅就较困难。

（三）上馅的标准

分量准确，部位合适，速度快捷，便于成形。

第三节　基本技术动作的重要性

一、准确的基本技术动作，体现着制作者过硬基本功

面点技术是烹饪专业中手工技艺较强的工种之一。尽管面点因地区、流派、风味、花色的差别而品种繁多，但绝大多数品种的制作都有一个共性，即都要经过一些共同的基本操作程序。如一般的面点制作开始时，必须和面、揉面，然后根据制品规格要求时行搓条、下剂、制皮、上馅等。技术动作环环相扣，若前面出错则直接影响下一个动作的操作，所以说，面点制作者准确的基本技术动作体现着制作者过硬的基本功。只有这样，才能保证制作出合格的面点制品。

二、正确的基本技术动作，检测出制作者面点技术的标准

面点成品的质量是面点基本技能水平高低的直接体现，基本技能是否熟练是决定成品质量的前提。如面团调制的软硬是否合适，会直接影响成品的质感；制皮、上馅是否符合要求，会影响到下一步包馅成形能否顺利完成，并直接影响成品的外形是否美观；熟制是否恰到好处，会影响到成品的色泽和口味。此外，基本技能是否熟练，也会影响制品的制作速度和工作效率。

三、熟练的基本技术动作，显示着面点产品的优质保证

面点基本技能掌握的好坏，是衡量一个面点技术人员技术水平高低的标志。基本技术动作的熟练与否，直接关系到面点产品生产的速度和质量。中国的面点技术之所以有今天的成就，跟历代的行业师傅不断继承和开拓是分不开的。因此，要发展中国的面点技术，丰富我国的面点品种，首先必须掌握现有面点的基本技能，并且在此基础上进行改进，使面点技术的内容更科学、更完善、更合理。

本章小结

本章主要学习了面点制作的一般程序、工艺流程，阐述了基本功及其任务，阐述了基本技术动作的技术要领，基本技术动作的重要性等方面的知识内容。这些基本技术动作的操作要领是我们必须掌握的。因此，要求每一个学习者都必须高度重视本章节内容的学习，并能正确、牢固地掌握每一项操作技能，为面点品种的制作打下坚实的基本功。

练习题

（1）面点的基本功包括哪些内容？其任务是什么？

（2）简述和面的操作要领。

（3）制皮工艺有哪些方法？各有什么特点？

（4）简述面点制作工艺的主要流程。

（5）简述基本技术动作的重要性。

第五章 面团调制工艺

面团调制多技巧，水调、膨松、层酥面。
糕、团、米粉花样多，软硬稀稠兼顾到。
薯、豆、杂粮营养足，劲爽酥软质地好。
澄粉、果蔬、鱼虾面，黏糯酥松口感妙。

学习目标

通过本章的学习，了解面坯的作用和分类，熟悉各种面坯形成原理、调制的基本操作法，掌握各类面坯性质、作用和不同的调制手法。能将所学知识融会贯通，并运用于面点工艺的制作之中，能独立完成各式面点品种的制作。

必备知识

(1) 面点品种的制作工艺。
(2) 面点原料的品质鉴别。
(3) 面点成品标准鉴定。
(4) 面点成品质量问题的分析。

选修知识

(1) 面点装盘技巧。
(2) 餐饮组织与管理。

(3) 面点主要设备与器具的使用与维护方法。

课前思考

(1) 根据水温的不同，水调面团可分为哪三种面团?
(2) 面团中的含水量的多少? 对面团的发酵有何影响?
(3) 酵母在面团发酵过程中繁殖最好的适宜温度是多少?
(4) 包酥的基本方法有哪两种?
(5) 何为明酥、暗酥、半暗酥、叠酥? 佛手酥属于包酥中的哪种类型?
(6) 米粉的加工方法有哪三种?

第一节　水调面坯的调制

一、水调面坯的调制工艺

水调面坯就是指将面粉和水直接拌和，不经发酵，而形成组织较为严密的面坯。它是面点制作中常用的面团，用水调面团制作的面点十分丰富。根据水温的不同，水调面坯可分为冷水面坯、温水面坯、热水面坯三大类；不同的水温，所调制出的水调面坯的性质也不同。

水调面坯的性质及形成原理如下：

一般来说，水调面坯组织严密，质地坚实。内部无蜂窝状组织，体积不膨胀，但富有弹性、韧性、可塑性和延伸性，成熟后成品形态不变，吃起来爽口而筋道，皮虽薄却能包住卤汁。但由于水性质的变化，产生的各种水调面坯之间的性质也有所不同，这是因为面粉中蛋白质、淀粉随水的性质的变化发生不同反应的结果。

1. 蛋白质与水温的关系

根据实验，蛋白质在常温下，吸水率高，不发生变性，通过反复揉搓，蛋白质含有的亲水成分能将水吸附在周围，显示出胶体性能，形成柔软而有弹性的胶体组织——面筋。面筋的胀润作用，随温度的升高而增加。当水温升至30℃，此时，面筋的胀润作用已达顶点，蛋白质吸水率正常，一般为150%左右，面筋的筋力最强，能将其他物质紧密地包住。通过反复揉搓，面筋的网络作用增强，面团就变得光滑、有劲，并有弹性和韧性。

当水温升至50℃左右时，此时蛋白质虽然没有发生热变性，但也接近变性，蛋白质可以形成面筋，却又受到一定程度的限制，所以，此时蛋白质所形成的面筋筋力已经没30℃时那么强了，吸水率也趋于饱满，因此，面团柔中有劲，筋力下降，但有较强的可塑性，成品不易走样。

当水温升至60～70℃时，蛋白质就开始发生热变性而凝固，吸水量逐步呈下降趋势，蛋白质吸水形成面筋的能力遭到破坏，并且温度越高，时间越长，其破坏作用越大。80℃时，则蛋白质完全熟化。因此，用70℃以上的水温调制的面团，其延伸性、弹性、韧性都较差。

2. 淀粉与水温的关系

面粉中的淀粉主要以淀粉粒的形式存在。淀粉粒由直链淀粉分子和支链淀粉分子有序集合而成，外表由蛋白质薄层包围。淀粉粒结构有晶体和非晶体两种形态，通过淀粉分子间的氢键连结起来。淀粉粒不溶于冷水，在常温条件下基本没有变化，吸水率和膨胀性很低。水温在30℃时，淀粉只能吸收30%左右的水分，淀粉粒不膨胀仍保持硬粒状。当水温达到50℃以上时，淀粉开始明显膨胀，吸水量增大，当水温达到60℃时淀粉开始糊化，形成黏性的淀粉溶胶，这时淀粉的吸水率大大增加。淀粉糊化程度越大。吸水越多，黏性也越大。

淀粉糊化作用的本质是淀粉中有规则和无规则（晶体和非晶体）状的淀酚分子间的氢键断裂，分散在水中成为胶体溶液。

淀粉糊化作用的过程可分为三个阶段。第一阶段，可逆吸水阶段：当水温未达到糊化温度时，水分只能进入到淀粉粒的非结晶区，与非结晶区的极性基团相结合或被吸附。在这一阶段，淀粉粒仅吸收少量的水分，晶体结构没有受到影响，所以淀粉外形未变，只是体积略有膨胀，黏度变化不大，若此时取出淀粉粒干燥脱水，仍可恢复成原来的淀粉粒。第二阶段，不可逆吸水阶段：当水温达到糊化开始温度，热量使得淀粉的晶体运动动能增加，氢键变得不稳定，同时水分子动能增加，冲破了“晶体”的氢键，进入到结晶区域，使得淀粉颗粒的吸水量迅速增加，体积膨胀到原来体积的50～100倍，进一步使氢键断裂，晶体结构破坏。同时，直链淀粉大量溶于水中，成为黏度很高的溶胶。糊化后的淀粉，晶体结构解体，变成混乱无章的排列，因此无法恢复成原来的晶体状态。第三阶段，温度继续上升。膨胀的淀粉粒最后分离解体，黏度进一步提高。

由此可知，用冷水调制面团时，淀粉基本上不发生改变，不起什么作用。用温水调制面团，淀粉开始发生变化，并以自身的黏性参与成团，但参与成团的作用并不强。此时，面团较冷时面团柔软。当用70℃以上水调制面团时，淀粉以自身强烈的黏性参与成团，并与其他物质粘合在一起成为团块，但面团无筋，更为柔软。

二、水调面坯的分类

（一）冷水面坯

1. 冷水面坯的性质和特点

冷水面坯，就是完全用冷水（30℃以下）和面粉调制而形成的面坯。由上述可

知，用冷水调制的面坯，主要是蛋白质形成面筋，将其他物质紧密包住而形成团块的，淀粉不发生变化。因此，冷水面坯质地坚实，筋性好，韧性强，劲力大，制出的成品色白、爽口、有劲，不易破碎。如炸制或煎制成熟，则成品口感香脆，质地酵松。此类面团一般适用于煮、煎、烙等烹调方法成熟如“水饺”、“面条”、“馄饨”、“刀削面”等。

2. 冷水面坯的调制

(1) 操作程序：下粉→掺水→拌和→揉搓→醒面。

(2) 调制方法：具体调制时，先将面粉倒在案板上（或面缸里），在中间扒一小窝，加入适量的冷水，用手慢慢将四周的面粉由里向外调和、抄拌，待形成葡萄面后（有的也称为雪花面、麦穗面），再用力揉成团，待揉至面团光滑有筋，质地均匀时，盖上干净的面布静置一段时间，让面粉颗粒进一步吸水，再稍揉即可。

(3) 调制的关键：

① 严格控制水温。冷水面坯要求劲足，韧性强，拉力大，因此面筋的形成率高。由前面所述可知，只有在30℃以下，蛋白质才能形成足量的面筋。一般情况下，冬季用稍温的水，但不能超过30℃，春秋季用凉水，夏季不仅要用冷水，有时还需要加入少量的食盐，以增加面坯的筋力。

② 正确掌握水量。掺水的多少，直接影响着面坯的性质，也直接影响着面点的成形。水过多过少，都会给面点制作带来不便，因此水量的多少，要根据具体的品种而定。具体可参见表5.1。

表5.1 掺水量对面团影响一览表

面团种类	掺水量（g/100g面粉）	适用熟制法	特　点	面点举例
硬面坯	35～40g	煮	面硬耐煮，吃口有劲，容易裂皮	馄饨
爽面坯	45～50g	煮、蒸、煎、炸	软硬适当，吃口爽滑，不易裂皮	水饺
软面坯	50～60g	煮、烙、煎	吸水率强、韧性好，面团有劲	抻面
稀面坯	70～80g	烙、煮	可塑性极差，柔软而滑爽	拨鱼面

掺水没有准确把握时，可采用分次掺水方法，以保证面坯合适的软硬度。

③ 面坯要揉透。面坯的面筋直接受揉搓的影响，行话说“揉能上劲”，面团揉得越透，面团的筋力就越强，面筋越能较多的吸收水分，其延伸性能和可塑性能越好。有的品种，不仅需要揉制，而且还要运用揣、捣、摔等技术，以增强面坯的劲力。

④ 要静置醒面。静置醒面的目的在于让调制面坯时没有吸足水分的粉粒充分吸足水分，这样可避免面坯中夹有小的硬粒，防止成熟后夹生、粘牙、滴卤等，同时粉粒充分吸足水分，更有利于面筋的产生，从而保证冷水面坯的特性。

（二）温水面坯

1. 温水面坯的性质及特点

温水面坯一般是用60℃左右的水和面粉调制而成的水调面坯。因其水温在60℃左右，所以蛋白质虽然没有变性，但也接近变性。蛋白质虽然可以产生面筋，但又有一定程度的限制。淀粉虽然吸水量增大，面粉颗粒逐渐胀大，黏性逐渐增强，但其吸水率和胀大率均未达到饱和。因此，温水面坯具有色较白、柔软而有韧性、筋力稍差但可塑性较强的特性。其成品不易走样，形态完美，造型逼真，如“花色蒸饺”。

根据温水面坯性质要求，温水面坯的调制除了直接用温水和面制作外，有用部分面粉加沸水调制成热水面坯，剩余面粉加冷水调制成冷水面坯，然后将两块面坯揉合在一起而制成；也有用沸水打花、冷水调坯的方法制作的。所谓沸水打花、冷水调坯是指用少量沸水将面粉和成雪花状，待热气散尽后，再加冷水揉至成团，通过沸水的作用使部分面粉中的蛋白质变性、淀粉糊化，从而降低面粉筋度，增加黏柔性，再加冷水调制，使未变性的蛋白质充分吸水形成面筋，使形成的面坯既有一定韧性，又较柔软，并有一定可塑性。

2. 温水面坯的调制

（1）操作程序：

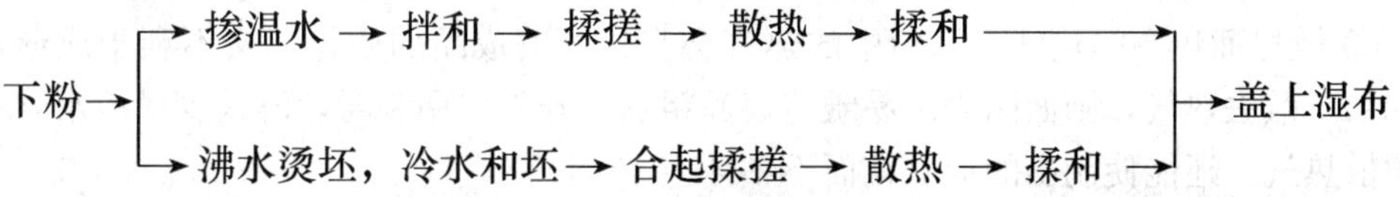

下粉→ 掺温水 → 拌和 → 揉搓 → 散热 → 揉和 → 盖上湿布
下粉→ 沸水烫坯，冷水和坯 → 合起揉搓 → 散热 → 揉和 → 盖上湿布

（2）调制方法：温水面坯的调制方法和冷水面坯的调制方法基本相同，只是用水的温度高一些（但不能超过60℃），也可以先将一半的面粉用沸水烫制，再将另一半面粉调制成冷水面坯，然后再合二为一，揉制成坯。

（3）调制关键：

① 灵活掌握水温。调制温水面坯的水温要灵活掌握，如夏天气温高，热量不容易散失，水温可略低一点；冬天气温低，调制过程中，热量损耗大，水温要高一些。但原则上要求在50℃左右。

② 散尽面坯中的热气。温水面坯调制好以后，要摊开，将面坯中热气散尽，以保证成品质量。

（三）热水面坯

1. 热水面坯的性质及持点

热水面坯又称“烫面”，常用70℃以上的水来调制。在这种情况下，蛋白质发生变性，不起作用，淀粉吸水膨胀、糊化，产生黏性。因此，热水面坯柔软无劲。可塑性好，色暗，筋性差，用于包馅制品，则不易滴卤。且口感细腻，软糯易于人体吸收消

化。如“牛肉锅贴”、“糯米烧卖”等。

2. 热水面坯的调制

(1) 操作程序：

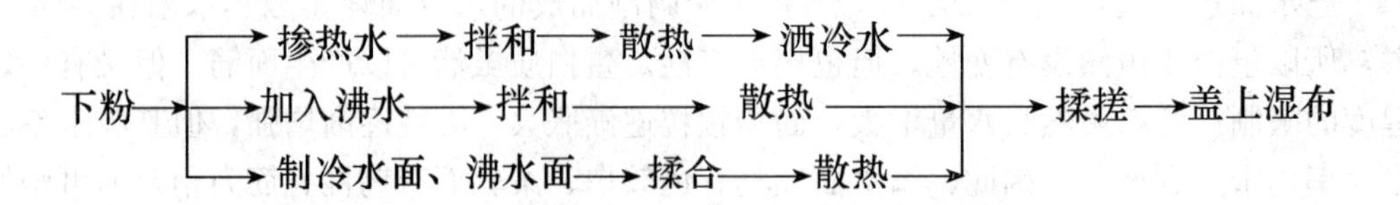

(2) 调制方法：将面粉放在案板上，中间扒一小窝，加入热水后，用刮板拌和均匀，成葡萄面，摊开稍凉，散去热气，再揉合成坯，盖上湿布即可。也有全用沸水烫而不掺冷水，还有用热水烫七成的面粉，用冷水调三成的面粉，再将两个面坯揉合均匀。

(3) 调制的关键：

① 热水要浇匀。调制时，热水要浇匀，面粉要烫匀，这样既可促使面粉颗粒的淀粉充分吸水糊化，产生黏性，也可促使蛋白质变性，以防蛋白质形成面筋。并且面粉烫匀，面坯中就不会夹带生粉，从而保证成品质量。

② 掌握掺水量。调制热水面坯时，要吃准水量，并且要一次掺水成功，使其软硬度符合要求，保证成品制作的需要。如果水少，掺水后，则面粉烫不透。如果水多，面坯软，不利于成形，再掺水，则面坯调制不均，影响成品质量。

③ 散尽面坯中的热气。面粉中的热气会直接影响成品的质量，又不利于成形，因为如果不散去热气，则面团表层易皱，表面粗糙、开裂。调制时，淋入少量冷水，不但可驱散热气，还能使制出的成品糯而不粘牙。

(四) 水氽面坯 (沸水面团)

沸水面坯又称开水面、全熟面，是用沸水在锅中加面粉调制而成的面团。100℃的水温使面粉中的蛋白质变性，淀粉大量吸水糊化。因此，沸水面坯的形成主要是淀粉糊化所起的作用。淀粉遇热大量吸水膨胀糊化，形成有黏性的淀粉溶胶，并粘结其他成分而成为黏柔、细腻、略带甜味（淀粉酶的糊化作用以及淀粉糊化作用分解产生的低聚糖）、可塑性良好、无筋力和弹性的面坯。

三、常见水调面坯的品种

1. 高汤水饺

(1) 原料配方：面粉 500g，猪肉 450g，酱油 75g，盐 10g，味精 3g，香油 25g，香菜、紫菜、蛋皮丝、高汤各适量，葱 20g，姜 5g。

(2) 工艺流程：

制馅
↓
调制冷水面团→醒面→搓条→下剂→擀皮→上馅→成形→煮制→装碗→成品。

（3）操作步骤：

① 面粉加盐（5g），用30℃水（200g）和成较硬的凉水面团，醒好揉匀后搓成长条，分割成3g大的剂子。将剂子按扁，擀成中间厚、周边薄、直径3cm的皮子备用。

② 将猪肉洗净，绞成细泥，加上酱油拌匀，再加水（150g）搅拌，随加随搅（顺同一方向搅），直至把水全部搅进去为止；葱、姜切成细末，放入猪肉馅内，最后放入香油、味精、盐调匀备用。

③ 将皮内包入猪肉馅（3g/个），两边对捏成半月形，然后用尺板将饺子肚中间向里一推，压出一道印痕，即成高汤水饺生坯。

④ 香菜洗净切末，紫菜撕碎，然后与蛋皮丝一起放入每只碗内，加适量酱油、香油、味精，将热高汤冲入碗内。锅内加水烧开，将水饺放入煮5min，捞出盛入高汤碗内。一般每碗放4～6个即可。

（4）注意事项：

① 调制面团时，要揉匀揉透，揉出筋力来。

② 馅心要稍硬，否则影响口味。

③ 成形时边要窄，压印痕时要轻，不要将皮压破。

④ 成熟时，点一次水即可。

⑤ 用尺板印痕时，手的用力度稍微向上推。

⑥ 汤的颜色要呈淡茶色。

2. 荷叶饼

（1）原料配方：面粉500g，香油50g，热水300g。

（2）工艺流程：调制热水面团→散热气→揉面→搓条→下剂→摁扁→刷油→摞剂→擀皮烙制→揭开→成品。

（3）操作步骤：

① 将面粉用热水（300g）烫成团，掰开散尽热气，揉匀搓成长条，下成相等大的剂子（20g/个），用手摁扁，在20个剂子上一面刷上香油，撒上干淀粉，把另20个剂子分别摞在上面四周滚上干面粉，擀成直径15cm的圆饼，即成生坯。

② 将平锅烧热，将饼放在锅内烙至一面鼓起后，再把饼翻面烙熟，呈银白芝麻点。最后把饼揭开分成两张，叠成扇面形摆盘即可。

（4）注意事项：

① 面团烫后，散热气，稍撒点冷水后揉成团。

② 面团要揉软一点，不仅能保证成形，还能使成品口感更软糯。

③ 两张饼之间的油量不要太多，只要能分开就行。

④ 擀时要反、正擀，防止大小不匀。

⑤ 一般食用前烙出为好。

3. 抻面

闻名中国的抻面是我国面食品的佼佼者。抻面又叫拉面，源于山东胶东半岛的

福山，故又叫福山拉面。抻面是操作技术要求较高的一种面食。我们通常所吃的面条是用机器压或用手擀、刀切出来的，而抻面则完全是用手拉出的各种粗细不同的面条。抻面大体上可分为绿豆条、一窝丝、龙须面、空心面、韭菜扁、馅面等六种。

（1）原料配方：可参见表 5.2。

表 5.2　抻面原料　　单位：g

原料 季节	面粉	吃水量	盐	碱
夏季	500	290	17.5	2.5
春秋季	500	325	7.5	1.5
冬季	500	338	5	1

（2）工艺流程：调制冷水面团→醒面→揣面→醒面→摔面→溜条→出条→成形→煮制→成品。

（3）操作步骤：

① 和面：将面粉加碱、盐及水和成软硬适宜的软面团。和面时必须加强面的韧性和延伸性，才能拉出各种面条，因此调面是一个非常重要的关键步骤。具体方法是：先将占总水量 9/10 的水中加入盐，1/10 的水加入碱溶解，调面时先加入 2/3 的盐水，用双手调成“索”状时，再将其余的盐水加入，表面光润时，再加入碱水揣，揣至面团呈淡黄色、有韧性时盖上洁净湿布，醒 30～120min。

② 摔面：将和好的面团在案板上搓成圆条后，用两于握住圆条的两端，在案板上用力摔打，然后将手握的两端对折，如此反复摔打，反复对折，直至有筋性为止。此操作过程的作用就是调整面团分子排列的结构，因面团内的分子排列是杂乱无章的，如要拉细、拉长，并不使其断裂，必须使面团分子结构调整到顺纵向排列。俗话说的摔条就是为了“顺筋”，“筋”就是面团分子的结构。

③ 溜条：这是在拉抻前的一个重要工序，它的作用和要求是使面的筋力均匀，将横劲一律变为竖劲，以便于出条，并使条均匀。方法是两手握住面的两头，虎门向上，将面上下一抖，此时面已抖成长圆条，并借抖的力量扭成麻花形（自下而上的扭成麻花），顺手将面向外一甩，右手的面交给左手，右手随即接住面的另一头，这样反复地溜（注意在将面条扭花时，必须掌握，第一次向左扭，第二次向右扭，行业中称为“阴阳把”），不要一顺的扭花，以免破坏面团的筋力。为达到上述要求，左手向里即向左扭。右手向里即向右扭，这样反复地溜，会增强面团的筋性和韧性，溜到软而不脆，并有筋力时即可。

④ 出条：出条的方法是将溜好的面放在案板上撒上扑面，将条的两头分别夹在两手的中指和无名指中间，双手将面提起上下一抖，顺便将右手的面头送到左手（用左手的食指、中指和无名指夹住两个面头，手心朝上），紧接着右手的手心朝下用中指勾住

另一头面的扣中，手心由里向外一翻，同时左手向里翻，提起并上下一抖，向左右两端抻拉，平放案板上，左右手恢复原状，这就叫一扣。按照前法循环拉 8 扣，在提最后一扣时，右手伸出，手背朝上，伸在面条的中间，两手平衡的上下略微一抖，将干面粉抖落在案板上。

⑤ 煮面条：拉到最后一扣，将面条上下一抖，顺便将两臂向外一伸，右脚向锅台迈一步，将右手的面条像撒渔网的姿势准确地投向锅的中心，并立即将右手迅速靠近左手根面条处，手掌立起用虎口迅速用力向上一拾，面条即可准确地全部打断落入锅内。面条入锅立即盖好，待锅开后用筷子翻几翻，若锅不开，不要用筷子翻动，以免断条。俗话说，“生搅饺子，熟搅面”即此理，立即用大漏勺捞出，放入凉开水盆里，使面条挺身，以免粘连，再分别盛入碗内，按个人爱好加汤卤。

⑥ 熬卤：卤汁可根据需要熬制，一般有大卤、温卤、炸酱、肉丝、虾仁、清汤、麻汁等几十种卤汁。

（4）注意事项：

① 根据不同季节加不同量的水、盐、碱进行调面。加盐是为了增强面的筋性出拉力；加碱是为了增强面的骨性，下锅后不易断条，就是通常所说的“碱是骨头，盐是筋”。冬季天冷，面粉本身的温度低，吸水量大，调出的面筋力强；夏季天热，面粉本身温度高，吸水量少，调出的面筋性弱，因此必须适当增加盐、碱量，减少水分；春秋两季气候适中，所以加水量要多于夏季，少于冬季，盐、碱的用量则是少于夏季，多于冬季。

② 和面时要特别注意水温。要求冬季水温 70℃；春秋季水温 35℃；夏季则用冷水。因为季节的不同，面团的温度易受自然气温的影响。通过和面使用不同的水温，和好的面团在抻拉过程中大体保持 23℃左右的温度，才最适于抻拉。面团分子运动与温度成正比，当其他条件不变的情况下，温度越高，分子运功越激烈，运动的速度越快，相互碰撞的能量越大；反之，温度越低，则分子运动越迟缓，因此面团的温度过高或过低都不适于抻拉。在和好的面稍醒后，开始抻拉前，进行摔条时，冬季将条往热水里蘸一下，以增加面团分子的活性，取出趁热摔打、拉抻；夏季则将条往冷水里蘸一下，以增加面团分子的惰性，防止因气温高，分子运动剧烈，面条易断裂。

③ 调面时不要将水一次加足，以免窝住水，减少面的筋性，拉不成条。和面要掌握从硬到软。夏季调好面后要立即进行拉面。

④ 夏天面软，要少摔轻摔，以免水面发懈（摔 5～7 次）；冬天可多摔 5 次，摔到面以柔软、好出条、不发脆时即可进行溜条。

⑤ 抻拉时速度要快，用力要均匀，这是一种匀加速操作。如用力不匀，拉出的条就会粗细不匀，或因突然加速使面条断裂。

⑥ 每拉一扣，都要加适量的扑面，以免面条粘连。当拉到第四、第五扣时，左手中的面头增多，为防止断头，用左手掌在面板上将手中的面头向前摁一摁，将多余的面揪下。

⑦ 面抻拉好后立即下锅，不要拖延时间，以免因时间拖长面条发懈，影响筋力，或因天热降低面的筋力和拉力。

⑧ 无论是摔面、溜条、出条都要保持正确的姿势，防止用力不均，出现条粗细不一致现象。

（5）成品特点：面条软韧，筋道爽口，卤汁咸鲜，是独具风味的小吃。

4. 龙须面

（1）原料配方：中筋面粉 500g，水 400～425g，盐 20g，碱 5g，白糖 100g，青红丝末少许。

（2）工艺流程：调制冷水面团→揣面→醒面→溜条→出条→切段→炸制→点缀→成品。

（3）操作步骤：

① 将面粉放入盆内，用清水（280g）加盐溶化后，分次加入面粉中，和成团；剩余的水加碱溶化成碱水，用于蘸碱水揣面团，揣至面团光滑滋润，用湿布盖面，醒 1～2h 待用。

② 将醒好的面团用抻拉的方法（参照上次抻面成形法）抻拉至 12 扣（4096 根）细如发丝，此时放回案板，用刀切成长 25cm 的段，提起抖去干面粉，即成生坯。

③ 锅内油加热至二至三成热时，放入生坯，用慢火炸至浅黄色捞出控净油。

④ 将龙须面摆入盘内，上面撒上白糖、青红丝末即成。

（4）注意事项：

① 加水量要根据季节加减，冬季气候干燥，水量多一些；夏季空气潮湿。

② 加水时要分次加，以免夹生和伤水，影响面团质量。

③ 抻拉时姿势要正确，防止用力不匀，造成粗细不一。

④ 出条时要及时撒扑面，防止条与条粘连。

⑤ 炸时一定要将干面粉抖净。

（5）成品特点：面丝均匀，细如发丝，色泽栈黄，酥香可口。

第二节　膨松面坯的调制

膨松面坯，就是在调制面坯过程中，添加膨松剂或采用特殊膨胀方法，使面坯发生生化反应、化学反应或物理反应，改变面坯性质，产生许多蜂窝状组织、体积胀大的面坯。此类面坯的特点是：组织疏松、柔软，体积膨胀、充满气体、饱满、有弹性，制品呈海绵状结构。

面坯要呈膨松状态，必须具备两个条件：第一，面坯内部要有能产生气体的物质或有气体存在。面坯的膨松过程，就是面坯内部气体膨胀，从而改变面坯组织结构的过程。没有气体，面坯也无法膨松，这是面坯膨松的首要条件。第二，面坯要有一定的保持气体的能力。如果面坯松散无劲，那么面坯内部包有的气体就会溢出，也就不能达到面坯里的气体受热膨胀，使面坯膨松的目的。

根据膨松方法的不同，膨松面坯大致可分为酵母膨松发酵面坯、化学膨松面坯、物理调搅面坯三大类。

一、酵母膨松发酵面坯的调制工艺

发酵面坯，就是用面粉和发酵剂及适温的水掺合，揉搓形成的面坯，又称为“发面”、“酵面”等。采用这类面坯制成的成品，具有形态饱满、富有弹性、暄软松爽、易被吸收消化等特点。

这种面坯，是面点制作中最常见的一种。所制作出的面点品种也很多，但其发酵技术较为复杂，因为影响发酵的因素很多。发酵技术是面点制作技术中的一个难点。

（一）发酵及影响发酵的因素

1. 发酵

从广义上讲，发酵就是指微生物在一定条件下，对有机物中的成分进行分解，产生二氧化物，并释放少量能量的过程。如葡萄糖在酵母菌的作用下，分解出二氧化碳和水；酒精在醋酸菌的作用下，分解产生醋酸和水等，发酵是利用菌体内所含有的酶，在适当条件下，发生生物化学反应，产生二氧化碳气体的过程。

2. 影响发酵的因素

1）温度的影响

温度，是影响酵母菌生长繁殖，分解有机物的最主要的因素，这是因为不同的温度下，酵母菌的活动能力也不同。详见表5.3。

表5.3　温度对酵母菌影响一览表

温　　度	酵母菌的活动能力
0℃以下	酵母菌没有活动能力
0～30℃	酵母菌活力随温度升高成比例增强
30℃左右	酵母菌活动能力最强，繁殖最快
30～60℃	酵母菌活力随温度升高成比例降低
60℃以上	酵母菌死亡，彻底丧失生长繁殖的能力

由表5.3可知，环境温度在30℃左右时，酵母菌繁殖速度最快，此时酵母菌在单位时间内，所产生的气体最多。若低于或高于此适宜温度，则其活动能力均减弱，繁殖迟缓。

因此，在调制面团时，选用 30℃左右的水温是较为适合的。但是，由于酵母菌在繁殖时，所产生的热量较少，加上气候、调制时间的影响，所以调制面团的水温要灵活掌握，这样，才能最好地利用酵母菌的活力，产生最多的气体，使面团得以最大限度的膨胀。

发酵面团的温度受粉温、水温、室温及发酵热影响。通过水温调节可以控制发酵面团的起始温度。计算公式如下：

水温＝(面团理想温度×3)－(粉温＋室温＋调粉时的温升)

面团调制过程中，面团的温度会有所增加，其热能有两个来源。

(1) 翻揉过程中由动能转化为热能。

(2) 面粉吸水时产生的热能。根据经验数据，一般面团调制时的温升为 4～6℃。

2) 酵母的影响

酵母对面团发酵的影响主要体现在两个方面：第一，酵母的发酵力直接影响着面团的发酵。酵母发酵力强，面团发酵速度快；酵母发酵力弱，则面团发酵速度慢。所谓酵母发酵力是指在面团发酵中酵母进行有氧呼吸和酒精发酵产生 CO_2 气体使面团膨胀的能力。酵母发酵力的高低对面团发酵的质量有很大影响。用于发酵的酵母菌通常有液体鲜酵母（液体啤酒花）、压榨鲜酵母和活性干酵母、即发活性干酵母四种，前两者发酵力较强，活性干酵母的发酵力不及前两者。第二，酵母数量的多少，对面团发酵的速度、时间也有很大影响。一般来说，同一面团中酵母数量增加，则面团发酵速度也随之加快，发酵时间缩短；酵母数量减少，则面团发酵速度减慢，时间也延长。但酵母数量增加不能超过一定限度，超过一定限度，反而抑制了酵母的活力。据科学研究表明，酵母数量一般占面粉的 2%左右。不同的酵母发酵力差别很大，在使用量上有明显不同，它们之间的用量换算关系如下：

新鲜酵母∶鲜酵母∶活性干酵母∶即发活性干酵母＝10∶1∶0.5∶0.3。

3) 面粉的影响

面粉对发酵的影响主要体现在两方面：第一，面粉所含蛋白质的影响。蛋白质在 30℃以下形成面筋网络，从而能够保持气体，促进面团的胀大。但若面粉中蛋白质含量过高，则生成的面筋网络较多，保持气体能力过强，反而抑制面团的胀大，延长发酵时间。第二，面粉中酶的影响。酵母的繁殖需要消耗养料——单糖。但直接供应给酵母的单糖很少，很大一部分需要淀粉酶将淀粉转化为单糖，若面粉变质或经高温处理，那么淀粉酶的转化能力受到破坏，又直接影响到酵母繁殖，抑制了酵母产生气体的能力。

4) 水量的影响

调制发酵面团时，掺水量多，则面团较软，容易被酵母产生的气体膨胀；掺水量少，则面团较硬，不容易被酵母产生的气体膨胀，发酵时间延长。但水量多，又影响面粉中的蛋白质形成面筋网络，气体易散失。所以，水量过多或水量过少都对发酵不利，因此调制发酵面团时，要掌握好水量。影响掺水量的因素很多，常见的有面粉颗粒的大小、面粉的新鲜度、空气的干湿以及面团中含有的糖、油等成分的情况。

5）渗透压

面团发酵过程中影响酵母活性的渗透压主要是由糖和盐引起的。酵母细胞外围有一层半透性的细胞膜，外界浓度的高低影响酵母活性，抑制酵母发酵，高浓度的糖和盐产生的渗透压很大，可使酵母体内原生质渗出细胞，造成质壁分离而无法生长。因此，无盐、无糖面团发酵充分。而当面团中糖、盐达到一定浓度后，面团发酵受到限制，发酵速度变得缓慢。糖使用量为5%～7%时产气能力大，超过这个范围，糖的用量越多，发酵能力越受抑制，但产气的持续时间长，此时要注意添加氮源和无机盐。

食盐抑制酶的活性。因此添加食盐量越多，酵母产气能力越受抑制。食盐可增强面筋筋力，使面团的稳定性增大。食盐用量超过1%时，对酵母活性就具有抑制作用。

6）时间的影响

通常情况下，发酵时间越长，产生气体越多。但若时间过长，则面团发酵过度，产生的酸味越大，面团的弹性也差，制出的成品瘫塌不成形。发酵时间短，则产生气体少，面团发酵不足，面团不够膨松，制出的成品色泽差，不够暄软。因此，时间的掌握是非常重要的。

以上六种因素互为前提相互制约。所以具体调制发酵面团时需要全面、综合考虑，不能强调片面，要将各种因素结合起来，从而保证发酵的质量。

（二）发酵的原理

面团发酵的过程，就是酵母菌在面团中发生生化反应的过程。这种反应大致包括以下三个方面。

1. 淀粉的分解

面团发酵时，首先是面粉中的淀粉酶将淀粉分解成单糖，用来作为酵母生长繁殖所必需的养料。具体反应如下：

（1）
$$\underset{\text{(淀粉)}}{2(C_6H_{10}O_5)_n} + \underset{\text{(水)}}{nH_2O} \xrightarrow{\text{淀粉酶}} \underset{\text{(麦芽糖)}}{nC_{12}H_{22}O_{11}}$$

（2）
$$\underset{\text{(麦芽糖)}}{C_{12}H_{22}O_{11}} + \underset{\text{(水)}}{H_2O} \xrightarrow{\text{麦芽糖酶酶}} \underset{\text{(葡萄糖)}}{2C_6H_{12}O_6}$$

有了葡萄糖的供应，酵母菌便吸收养料，开始生长繁殖。

2. 酵母繁殖

酵母菌获得养料后，首先利用面团中的氧气，进行呼吸作用，将葡萄糖进一步分解为二氧化碳和水，并释放能量。其反应式是：

$$\underset{\text{(葡萄糖)}}{C_6H_{12}O_6} + \underset{\text{(氧气)}}{6O_2} \xrightarrow{\text{麦芽糖酶酶}} \underset{\text{(二氧化碳)}}{6CO_2} + \underset{\text{(水)}}{6H_2O} + \underset{\text{(热量)}}{Q}$$

随呼吸作用的进行，面团中的氧气逐渐减少，酵母菌的有氧呼吸作用逐渐减弱，无氧呼吸取代有氧呼吸。此时酵母菌就将单糖分解成酒精和二氧化碳，放出少量的能量。

$$\underset{\text{（葡萄糖）}}{C_6H_{12}O_6} \longrightarrow \underset{\text{（二氧化碳）}}{2CO_2} + \underset{\text{（酒精）}}{2C_2H_5OH} + \underset{\text{（氧气）}}{O_2\uparrow}$$

3. 杂菌繁殖：

如果发酵采用面肥发酵，由于面肥中除含有酵母菌以外，还有如醋酸菌等杂菌。在酵母菌进行无氧呼吸后，醋酸菌也大量繁殖，分泌出氧化酶，将酵母菌进行无氧呼吸所产生的酒精分解成醋酸和水，使面团产生酸味。

$$\underset{\text{（酒精）}}{C_6H_{12}OH} \xrightarrow{\text{氧化酶}} \underset{\text{（醋酸）}}{CH_3CHOOH} + \underset{\text{（水）}}{H_2O}$$

由上述原理可知，酵母发酵过程中产生大量的二氧化碳气体，这些气体又被面筋网络包裹，不能散发。随着气体的增多，就形成许多二氧化碳的气室，从而使面团膨胀形成蜂窝状的组织；由于发酵过程中产生酒精，所以发酵面有酒香味；由于发酵过程中产生一定量的水分，所以面团软化；由于发酵过程产生热量，所以酵面温度升高；又由于杂菌繁殖，产生醋酸，所以用面肥发酵的酵面有酸味。

（三）发酵的方法

发酵面团的发酵剂有酵母菌和面肥两种。用酵母菌发酵，速度快，时间短，使用方便，能保存面团中的营养，但成本比用面肥高。用面肥发酵虽然成本低，但速度慢时间长，制作难度大，需要兑碱，破坏了面团的营养成分，降低了成品的营养价值。

1. 酵母发酵面团的调制

（1）调制程序：酵母→培殖→下粉→揉匀→发酵。

（2）调制方法：用酵母菌调制酵面时，不只是要将酵母用30℃左右的温水及少量的面粉调成稀糊状，有的还需加入少许糖培殖。待酵母活力增强时，加入面粉中，再掺入适量的温水拌匀、揉搓成团，盖上湿布，静置发酵即可。（3）调制关键：

① 把握面粉及酵母的质量。

② 控制水温及水量。

③ 掌握酵母的用量。

④ 要揉搓上劲。

2. 面肥发酵面团的调制

（1）调制程序：下粉→掺入面肥→加水→拌匀→揉搓成团。

（2）调制方法：用面肥发酵的面团较多，不同的面团，其调制方法也不同，详见表5.4。

表 5.4　酵面调制一览表

酵面种类	调制方法	特　点	举例
碰酵面（呛酵面、拼酵面）	① 大致向上，只是不需要发酵时间，随制随做，老肥较多	没发足，成品没有大酵面光洁漂亮	同大酵面
	②用老酵和水调面团按比例混合在一起		
呛酵面（呛发面）	①在兑碱好的大酵面中呛入 30%～40% 的面粉	成品柔软，没咬劲，表面开花	开花馒头
	② 先将面粉用沸水烫熟，拌和成雪花状，冷却后掺入老肥揉和，待其发酵		
烫酵面	先将面粉用沸水烫熟，拌和成雪花状，冷却后掺入老肥揉和，待其发酵	吃口软糯，爽口，但色泽差	生煎馒头

（3）调制的关键。

① 根据制品要求选择酵面品种。

② 控制用料比例。

③ 控制发酵时间。

（4）兑碱。

① $Na_2CO_3 + 2CH_3COOH \longrightarrow 2CH_3ON_a + H_2CO_3$（碳酸）

（食碱）　（醋酸）　（醋酸钠）　$\searrow$ $CO_2\uparrow + H_2O$

② $2CH_3\overset{\overset{OH}{|}}{C}H{-}COOH + Na_2CO_3 \longrightarrow 2CH_3\overset{\overset{OH}{|}}{C}H{-}COONa + CO_2\uparrow + H_2O$

（乳酸）　（乳酸钠）

（5）兑碱的原理。由发酵原理可知，用面肥发酵或用酵母发酵时间过长，都因醋酸菌、乳酸菌等作用产生醋酸、乳酸，使酵面带有浓烈的酸味，加入碱，其目的是用碱中和酸味，使酵面成品松软味香。

以上两个原理反应式以①为主，但不论是谁起主导地位，都可以看出，兑碱不仅可以中和酸味，而且兑碱过程中，还有二氧化碳气体产生，所以兑碱也起辅助发酵的作用。

（6）兑碱注意事项：

① 掌握碱水浓度。行业常用碱水兑碱，碱水制法简单，常用的有泡碱法、煮碱法、蒸碱法等。无论采用哪种方法，碱水的浓度都要掌握在 40℃左右。碱水浓度过大，不容易揣匀；碱水浓度过小，又会使面团变软，影响成形。

检验碱水浓度时，只需将一小块酵面丢入碱水中，若酵面浮在表面，则碱水过浓；若酵面下沉底部，则碱水为淡；若酵面先下沉再慢慢上浮为正常。

② 掌握兑碱方法。兑碱时，既要求碱水迅速均匀地分布于酵面中，同时还不能把酵面揉死，不松发，因此，兑碱时要正确掌握方法。

方法是：案上铺上干面粉，放上酵面，扒开，放入碱水，拾起周围面团蘸碱水后叠起，横过来，两手交叉，用掌跟或两手握拳将面团揣开，再卷起，揣开，反复多次直到碱水均匀分布。

③ 正确掌握兑碱量。正确掌握兑碱量是酵面兑碱中的关键。量大，则成品色发黄、碱味过重；量少，则成品色暗、有酸味。兑碱量的选择要根据当时的各种现实因素灵活处理。具体详见表5.5。

表5.5　影响酵面兑碱量的因素一览表

影响因素	因素变化	碱量变化
酵面	发酵程度大	略大
	发酵程度小	略小
季节	夏天	略大
	冬天	略小
酵面温度	低	略小
	高	略大
成熟法	炸、烤、烙等高温成熟法	略大
	煮、蒸等	略小
碱水浓度	高	略小
	低	略大
馅心	甜馅	略大
	咸馅	略小

注意：影响发酵面团兑碱量的因素很多，只有将这些因素尽可能地考虑全面，才能选择合适的兑碱量，确保成品质量。

(7) 验碱：验碱，行业上通常采用感观鉴定法。具体详见表5.6。

表5.6　感官鉴定法一览表

方　法	面团的性质表现	兑碱情况
嗅	酵面有酸味	碱小
	酵面有碱味	碱大
	有酒香味，无酸碱味	中和正常
看	切开，酵面内部孔大，而且分布不均匀	碱小
	切开，酵面内部孔小	碱大
	切开，酵面内部孔中等大．且分布均匀	中和正常
听	用手拍面，有“叭叭”声	碱大
	用手拍面，有“扑扑”声	碱小
	用手拍面，有“膨膨”声	中和正常

续表

方　法	面团的性质表现	兑碱情况
尝	有酸味，粘牙	碱小
	有碱味，且发涩	碱大
	有香味，咀嚼后有甜味	中和正常
揉	软硬适当，不粘手，有筋力	中和正常
	松软，粘手，发虚，没劲，碱小筋力大，顶手	碱大
抓	软而无力，不易断	碱小
	劲大易断	碱大
	有劲、有弹性，伸缩力较强	中和正常
蒸、烤、烙	色白、味香	中和正常
	色暗、味酸	碱小
	色黄、碱味涩嘴	碱大

（四）发酵面团成熟度的判别

1. 眼看法

用肉眼观察，若面团表面已出现略向下塌陷的现象，则表明面团发酵成熟。如果面团表面有裂纹或有很多气孔，说明面团已发酵过度。用刀切开发酵面团，剖面呈均匀的蜂窝眼网状结构，即表明发酵成熟；若孔洞大小不均，有长椭圆形大空孔洞，则表明发酵过度，若孔洞细小，结构紧实，则表明面团发酵不足。

2. 手触法

用手指轻轻插入面团内部，待手指拔出后，观察面团的变化情况，如面团不再向凹处塌陷，被压凹的面团也不立即复原，仅在面团凹处四周略微下陷，表明面团发酵成熟；如果被手指压下的地方，很快恢复原状，表明面团胀发不足；如果凹陷处面团随手指离开而很快塌陷，表明面团发酵过度。

3. 手拉鼻嗅法

取一小块面团用手拉开，如果面团有适度的弹性和柔软的伸展性，气泡大小均匀，气泡膜薄，用鼻嗅之，有酒香和酸味，即为面团发酵成熟；如果面团拉开的伸展性不充分，气泡膜厚，拉裂时看到的气泡分布粗糙，用鼻嗅之，酒精味不足，酸味小，即为发酵不足；如果面团拉伸时易断裂，面团内部发脆，黏结性差，闻起来有强烈的酸臭味，便是发酵过度。

（五）发酵的分析与讨论

发面酸碱度的检测：面团发酵以后，必须兑入适量碱液，揉匀。可用以下方法来检测其酸碱度：

（1）拍。用手拍面团，如果听到“嘭嘭”声，说明酸碱度合适；如果听到“空空”声，说明碱放少了；如果发出“叭嗒、叭嗒”的声音，说明碱放多了。

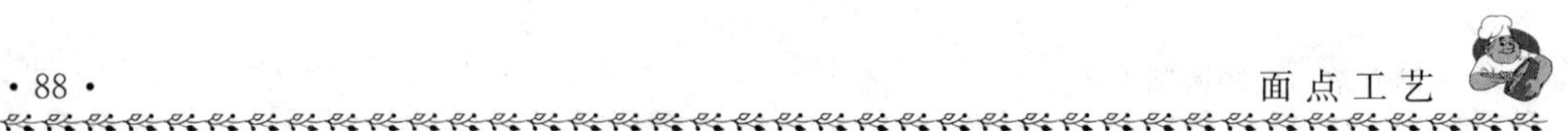

(2) 看。切开面团来看，如剖面有分布均匀的芝麻粒大小的孔，说明碱放得合适；如出现的孔小，呈细长条形，面团颜色发黄，说明碱放多了；如出现不均匀的大孔，面团颜色发暗，说明碱放少了。

(3) 嗅。扒开面团嗅味，如有酸味，说明碱放少了；如有碱味，说明碱放多了；如只闻到面团的香味，说明碱放得正合适。

(4) 抓。手抓面团，如面团发沉，无弹性，说明碱放多了；如不发黏，也不发沉，而且有一定弹性，说明碱放得正好。

(5) 尝。将揉好碱液的面团揪下一丁点儿放入口中尝味，如有酸味说明碱放少了；如有碱涩味，说明碱放多了；如果觉得有甜味，就是碱放得合适。

[案例] 馒头

馒头，有的地方叫“馍馍”，是北方人民的主食，其地位和面条、米饭大致相等。馒头分为发面馒头、呛面馒头。一般人们都喜欢吃发面馒头。

发面馒头直接使用酵面兑碱，揉透揉匀，去掉酸味，搓成长条，用刀切，揉成馒头形，上笼蒸熟即成。

具体制法是：面粉 1kg、面肥 0.05kg。先用 0.75kg 面粉，加入面肥，再加适当的水，调制成团。静置发酵，待酵发起，把剩下面粉作为扑面。放在案板上。将发酵面团放在撒开的扑面上，撑开揣入碱水，把全部扑面揉进面团直至光滑为止。如果急用，也可多加面肥和水、碱，直接揉成面团使用（不用再发酵），有人称为“急酵”面。

发面馒头制作关键：除发酵适当、加碱正确（去酸略甜）外，加热必须旺火急气，一次蒸透，但不能蒸得时间过长。

馒头的特点：泡软、色白、可口。

目前馒头的规格一般为 0.1kg 一个，形状多为圆形和长圆形，也有刀切砖形和压花纹形，也可做成 0.05kg 一个的小馒头。

二、物理膨松面坯的调制工艺

物理膨松面坯，又称蛋泡面团、蛋糊面团。它是先将鸡蛋高速抽打成泡糊后，掺入面粉调制而成的，多用来做蛋糕等面点。它也属于蛋和面团，因其质地膨松，体积胀大，故将其归入膨松面团。

物理调搅面团制出的成品具有体积膨大、质地松发柔软、有弹性、营养丰富、易被人体消化吸收等特点。

(一) 物理膨松面坯的膨松原理

物理膨松面团的膨松原理，不是酵母发酵的生化反应，也不是化学膨松面团膨松剂发生的化学反应，而是将空气搅入蛋液的物理反应。

鸡蛋的蛋白有良好的起泡性能，通过一个方向的高速抽打，一方面打入许多空气，另一方面使蛋白质发生变化。其中，球蛋白的表面张力被破坏，从而增加了球蛋白的黏度，有利于打入的空气形成泡沫并被保持在内部。由于不断抽打，黏蛋白和其他蛋白则发生局部变性，凝结成蛋白薄膜，将打入的空气包裹起来。由于蛋白胶体的黏性，空气被稳定地保持在蛋泡内，当受热后，空气膨胀，因而制品便疏松多孔，柔软而有弹性了。

（二）物理膨松面坯的调制

1. 调制程序

蛋液入打蛋桶→加入糖→高速抽打→掺入面粉→呈蛋糊面团。

2. 调制方法

取一干净打蛋桶（或一干净瓷盆），磕入蛋清，加入白砂糖，用蛋扦顺一个方向快速抽打，边抽打边掺入蛋黄液，待蛋液呈浓稠的糊状时，将蒸熟过筛后的面粉掺入调匀即可。

3. 调制关键

1）选用新鲜鸡蛋

因为新鲜鸡蛋含氮物质高，灰分少，浓稠蛋白多。因此，空气打入蛋液后，气体能被稳定地保持在蛋糊内部。不新鲜的鸡蛋含氮物质低，稀薄蛋白多，打入的气体易散失。

2）面粉的加工处理

一般情况下，面粉都需用低筋粉，并且预先蒸熟，然后再擀碎过筛掺入，这样可使面粉里的蛋白质变性。当面粉掺入蛋液后，蛋白质不能形成面筋，更有利于蛋泡制品的松发。现在也有许多地方面粉不蒸，但必须过筛，以免制品夹生，有生粉出现。

3）打蛋方式、速度和时间

无论人工或机器搅打，都要自始至终向一个方向搅打。搅打蛋液时，开始阶段应快速搅打，在最后阶段应改用小慢速搅打，这样可以使蛋液中保存较多的空气，而且分布均匀。打蛋速度和时间还应视蛋的品质和气温变化而异。蛋液黏度低，气温较高，搅打速度应快，时间要短；反之，搅打速度应慢，时间要长。搅打时间太短，蛋液中充气不足，空气分布不匀，起泡性差，做出的蛋糕体积小。搅打时间太长，蛋白质胶体黏稠度降低，蛋白膜易破裂，气泡不稳定，易造成打起的蛋泡发懈。若使用乳化法搅拌工艺或分蛋法搅拌工艺，搅拌时间过长，易使面糊充气过多，面糊比重过小，烘烤的蛋糕容易收缩塌陷。因此，要严格掌握好打蛋时间。

4）环境温度控制

一般来说，调搅蛋液的适宜温度是30℃左右，因为此时蛋液的松发性能最好，形成的气泡最为稳定。温度太高太低都会影响松发。所以冬天常需将打蛋桶置于温热水中，以保证适当的环境温度。

5）pH

pH对蛋白泡沫的形成和稳定影响很大。pH不适当时，蛋白不起泡或气泡不稳定。在等电点时，蛋白质的渗透压、黏度、起泡性最差。在实际打蛋过程中，往往加一些酸（如柠核酸、醋酸等）、酸性物质（如塔塔粉）和碱性物质（如小苏打），就是要调节蛋液的pH，偏离其等电点，有利于蛋白起泡。蛋白在pH为6.5～9.5时形成泡沫能力很强但不稳定，在偏酸情况下气泡较稳定。当蛋浓pH低于7时（即偏酸性），形成的蛋泡颜色浅；随着pH逐渐升高（偏碱性）时，颜色开始加深。pH较高的蛋制出的蛋糕具有较大

体积。但从组织、风味、口感、体积等全面地看，pH 等于 7 时的蛋制作的蛋糕质量最好。

6）油脂

油脂是一种消泡剂。因为油脂具有较大的表面张力，而蛋液气泡膜很薄，当油脂接触到蛋液气泡时，油脂的表面张力大于蛋泡膜本身的延伸力而将蛋泡膜拉断。气体从断口处很快冲出，气泡立即消失。所以打蛋时用具一定要清洗干净，不要粘有油污。打蛋白时，要将蛋黄去尽，否则蛋黄中含有的油脂影响蛋白起泡。

油脂又是最具柔性的材料，加在蛋糕中可以增加蛋糕的柔软度，提高蛋糕的品质，使其更加柔软适口。因此为了解决这种矛盾，通常在拌粉后或面糊打发后加入油脂，尽量减少油脂对蛋泡的消泡性，又起到降低蛋糕韧性的目的。油脂的添加量不宜超过20%，以流质油为好，若是固体奶油，则应在熔化后加入。

7）蛋糕乳化——蛋糕油

蛋糕油的主要成分是脂肪酸单甘酯。搅打蛋液时加入蛋糕油，乳化剂可吸附在气——液界面上、使界面张力降低，液体和气体的接触面积增大，蛋泡膜的机械强度增加，有利于蛋液的发泡和泡沫的稳定。同时还能使蛋泡面糊中的气泡分布均匀，使蛋糕制品的组织结构和质地更加细腻、均匀。使用乳化剂以后，蛋泡面糊的搅打时间大大缩短，从而简化了生产工艺。

三、化学膨松面坯的调制工艺

化学膨松面坯，就是指把一些化学膨松剂加入面粉中调制而成的面团。它是利用化学膨松剂发生化学变化，产生气体，使面团疏松膨胀。这种面团的熟制品具有膨松、酥脆的特点。此类面团一般使用糖、油、蛋等多量的辅助原料。

从制品的风味来看，化学膨松面坯不如酵面膨松面坯。但由于多糖、多油会限制酵母生殖。糖多，酵母不但不能生长繁殖，而且由于糖的渗透比作用，会使酵母细胞质与细胞液分离，从而失去活性；油多，会使酵母细胞表面形成一层油膜，隔绝酵母与水及其他物质的接触，酵母吸收不到养料，不能继续生长繁殖，限制了面团的膨松。在这种情况下，用化学膨松剂可以弥补酵母的不足。

根据使用的化学膨松剂的不同，化学膨松面团一般可分为发粉化学膨松面坯和矾碱盐化学膨松面坯两大类。

（一）化学膨松面坯膨松原理

化学膨松面坯使用的化学膨松剂较多，常见的有小苏打、臭粉、发酵粉及明矾、食碱等。虽然它们发生反应后，都能产生气体，使面团膨松胀大，但由于各自的成分不一样，所以发生的化学变化也不一样。

1. 小苏打

小苏打，学名碳酸氢钠，为白色粉末。当小苏打受热时立即发生分解反应，其反应式是

$$\underset{(小苏打)}{2NaHCO_3} \xrightarrow{\triangle} \underset{(碳酸钠)}{2Na} + \underset{(二氧化碳)}{CO_2} + \underset{(水)}{H_2O}$$

由反应式可知，分解后的产物中有碳酸钠残留在面团中。如果小苏打过多，则碳酸钠残留量也越大，则由此面团制成的成品带有碱味，并且色呈暗黄色，所以使用小苏打膨松剂时，应正确掌握使用量，一般小苏打的使用量为面粉的1%～2%。

2. 臭粉

臭粉，学名碳酸氢铵，为白色结晶，分解时有臭味，此种膨松剂极易分解，产生的气体量大，具体反应是

$$\underset{(碳酸氢铵)}{NH_4HCO_3} \xrightarrow{加热} \underset{(二氧化碳)}{CO_2\uparrow} + \underset{(氨气)}{NH_3\uparrow} + \underset{(水)}{H_2O}$$

由上述反应可知，分解产物中不仅有二氧化碳气体，而且还有氨气产生，所以膨松能力强，速度快。但由于氨气有浓烈的刺激性气味，会直接影响制品的风味，所以使用这种膨松剂膨松面团时，也要正确掌握使用量。一般情况下，用量为面粉的0.5%～1%。

3. 发酵粉

发酵粉通常是由几种物质复合而成的，当发酵粉渗入面团受热后，几种物质之间相互发生化学反应，产生气体，使面团膨松。常见的有二种。

1）小苏打——酒石酸氢钾

这种发酵粉膨松力较大，使用方便，不残留碱性物质，也无臭味物质产生，是一种较为理想的速效膨松剂，其反应原理是：

$$\underset{(小苏打)}{NaHCO_3} + \underset{(酒石酸氢钾)}{HOOC(CHOH)_2COOK} \xrightarrow{加热} \underset{(酒石酸钾钠)}{NaCOO(CHOH)_2COOK} + \underset{(二氧化碳)}{CO_2\uparrow} + \underset{(水)}{H_2O}$$

2）小苏打——磷酸钙

这种发酵粉在反应时产生气体较为缓慢，也无不良物质产生。因其中含有磷酸钙，又称为“营养发酵粉”，其反应原理是：

$$\underset{(小苏打)}{2NaHCO_3} + \underset{(磷酸钙)}{CaH_4(PO_4)_2} \longrightarrow \underset{(磷酸二氢纳钙)}{Na_2CaH_2(PO_4)_2} + \underset{(水)}{2H_2O} + \underset{(二氧化碳)}{2CO_2\uparrow}$$

4）矾碱盐

当矾碱盐掺入面粉制成面团时，矾与碱发生化学反应，产生气体，使面团膨松胀大，面粉、食盐不参与反应，仅是为了提高面团的筋性，增加保持气体的能力，具体反应原理是：

$$\underset{(明矾)}{2KAl(SO_4)_2} + \underset{(碱)}{3NaCO_3} + 3H_2O \longrightarrow \underset{(氢氧化铝)}{2Al(OH)_3\downarrow} + \underset{(二氧化碳)}{3CO_2\uparrow} + \underset{(硫酸钾)}{K_2SO_4} + \underset{(硫酸钠)}{3Na_2SO_4}$$

从上述反应可知，生成物中有沉淀物氢氧化铝残留在面团中，它能使成品酥脆；若矾多碱少，则面团中残留多余的明矾，那么成品带有苦涩味；若矾少碱多，则面团中又有多余的碱残留，并且氢氧化铝的量也少。因此，调制面团时，明矾和碱的比例要掌握好。

（二）膨松面坯的调制

1. 发粉膨松面坯的调制

（1）调制程序：下粉→加入辅料→放入膨松剂→擦匀→成团。

（2）调制方法：先将面粉扒一小窝，放入油、蛋、糖等辅助原料，搓擦均匀加入发粉与剩余面粉一起擦透。至发粉溶化，再和成面坯即可。

2. 矾碱盐面坯

（1）调制程序：矾碱盐→加水→检查“矾花”→下粉→拌匀→反复捣透→抹油→醒发→成团。

（2）调制方法：将明矾、食碱、盐分别碾细，按比例配合在一起，搅拌均匀，加水溶化，检查矾花，碱、矾比例适当后，放入面粉，立即搅动抄拌、揉和揣成面团。然后双手握拳按秩序地揣捣。边捣边叠，边叠边捣，反复四五次。每捣一次，要静醒一段时间，最后把叠好的面翻过来，抹上一层油，盖布放置。醒好后倒在抹过油的案板上，再抹些油即可。

（三）调制膨松面团的关键

（1）准确掌握各种化学膨松剂的使用量。

（2）调制面团时，化学膨松剂须用冷水化开后调制，不宜使用热水。因为，化学膨松剂受热会立即分解，这样一部分二氧化碳气体就会在和面时散失于空气中，影响面团的膨松胀大。

（3）和面时，面团要和匀揉透（或揣捣至透）。否则，化学膨松剂分布不均匀，影响制品效果。另外还需注意一点：发酵粉和泡打粉不能与面粉、辅料一起揉搓，其他则可以。

第三节　层酥面坯的调制

层酥面坯主要是用油和面粉调制而成的面团，此类面坯制作的成品具有酥松、膨大、分层等特性，并且外形美观，但技术难度大，是较难掌握的一种面坯。

一、层酥面坯的成团原理

调制层酥面坯时，因为油脂具有一定的黏性，所以当面粉与油脂接触时，油脂便和面粉颗粒粘在一起。同时，油脂又具有一定的张力作用，油脂表面存在收缩趋势，由于这种收缩趋势的作用，油脂便将面粉吸附于表面。同时因为张力作用，油脂将面粉颗粒包裹，并相互隔开，使颗粒之间空隙增大。因此，层酥面坯较为松散。

在调制层酥面坯时，需要反复地“擦”，通过控制，可增大油脂的润滑面积，扩大面粉颗粒与油脂的接触面，同时也相应地增大了油脂的黏性。油脂对面积的吸附能力增强，使面粉和油脂结合，形成整体团块。

二、层酥面坯的起酥原理

层酥面坯虽然用“擦”的方法成团，但油脂和面粉并未完全结合，仅是依靠油脂的黏性吸附面粉颗粒。首先，油脂吸附面粉颗粒时在面粉颗粒四周形成油膜，从而阻止了面筋的产生。同时，由于调制中没有水的掺入，所以蛋白质也不能形成网络，淀粉也不能膨胀糊化产生黏性。因此，层酥面坯较为酥松。

其次，由于面粉颗粒被油脂包围，不能吸收水分，同时还被隔开，面粉颗粒间距离增大，在“擦”制时，一些空气便充满空隙。当制品受热时，一方面，空隙中的空气受热膨胀，另一方面，面粉吸收不到水分，受热容易“炭化”，结果使制品酥松。

酥皮面团，是用水油面做皮，干油酥做心，包起后擀叠而成。由于干油酥完全是由油脂和面粉调制而成，因此，干油酥结构松散，不易成形。但水油面则是由面粉、油脂和水调制而成。一方面，面粉颗粒的蛋白质能吸水形成面筋网络；另一方面，油脂也限制了蛋白质吸水形成面筋。因此，水油面虽然能产生筋力、韧性，但又比水调面团弱；同时，由于油脂的作用，水油面又具有结构酥松的特性，但又不如干油酥。

当用水油面做皮时，成品不易松散，利于成形。再包以干油酥，利于保证成品的酥松。包酥后，水油面和干油酥层层间隔，制成生坯后，一旦受热，水分就会汽化，使层次中有一定的空隙。同时，油脂受热也不粘连，产生酥化作用，便形成非常清晰的层次。

三、层酥面坯的调制工艺

层皮面坯由两部分组成，一是皮料，一是酥心。皮料通常有水油面皮、酵面皮、蛋面皮三种；酥心则是干油酥。此类面团制成的成品质地酥松，体积膨胀，层次分明。

调制层皮面坯，虽然皮料不同，但制法基本一致，这里就水油面皮类的酥皮面团做一阐述。

（一）干油酥的调制工艺

1. 干油酥的性质与作用

由于干油酥全部用面粉和油脂擦制而成，不加任何辅料，所以干油酥松散软滑，丝毫没有韧性、弹性和延伸性，但具有一定的可塑性和酥性。虽不能单制成成品，但可与水油面合作使用，层层间隔，互不粘连，起酥发松，成熟后体积膨胀，形成层次。

2. 干油酥的调制

（1）调制程序：下粉→掺油→拌匀→擦透→成团。

（2）调制方法：将油脂掺入面粉，拌匀后，用双手掌跟逐层向前推擦，擦完成堆后，滚回来再用双手掌跟向前推擦，反复几次，至于油酥面团组织细腻，软硬适当即可。

（二）水油面的调制工艺

1. 水油面的性质与作用

水油面是用面粉、油脂和水调和而成，具有水调面团的劲力、韧性和保持气体的能

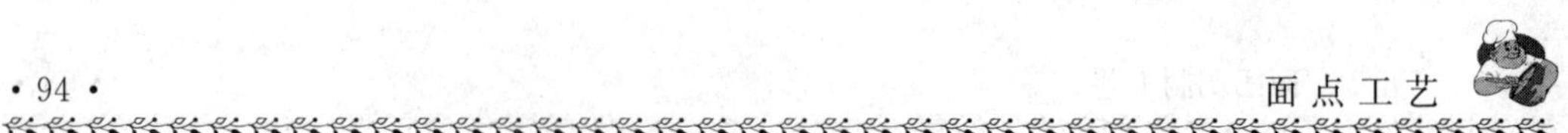

力，但不如水调面团强；有干油酥面团的润滑、柔顺、松发，又不如干油酥。它能与干油酥配合使用，形成层次；同时，使皮坯具有良好的造型和包控性能，并能使成品具有完美的形态，而且体积胀大膨松。

2. 水油面的调制

（1）调制程序：下粉→（油、水搅拌）拌和→揉搓→成团。

（2）调制方法：面粉置于案板上，中间扒一小窝，放入油、水。先将油水搅匀，然后由里向外调和，拌匀后，搓匀揉透，盖上湿布即可。

（三）调制干油酥、水油面的关键

（1）要根据制品要求，严格掌握用料比例。

一般水油面的用料比例是：粉∶水∶油＝5∶2∶1。

干油酥的用料比例是：粉∶油＝2∶1。

（2）调制水油面、干油酥，要用冷的熟猪油。因为猪油比植物油具有更大的润滑面积，酥性更好，如果用温度高的猪油，那么猪油黏结不起，成品易脱壳。

（3）干油酥与水油面的软硬度要一致，只有二者软硬度一致，酥心分布软硬度者均匀，才能促使酥层清晰均匀，便于成形和成熟。

（4）水油面要揉透，干油酥要擦匀。水油面要揉透，摔至滋润光滑，干油酥要擦匀，二者配合后，才能避免成品松散，出现破裂、漏馅等现象。

四、包酥工艺

包酥又称破酥、开酥、起酥等。所谓包酥就是指将干油酥包入水油面中，经反复擀薄叠起，形成层次，制成酥皮的加工过程。包酥的好坏直接影响着成品质量的高低。

（一）大包酥

大包酥又称为大酥。用的面团较大，一次可做十几个到几十个剂子，优点是速度快，层次多，效率高，但酥层不易起匀，质量较差。适用于大批量生产的暗酥制品。

具体方法是：取一块水油面稍揉后按扁做皮，取一块干油酥稍擦做心，包起后，稍按，擀开呈长方形坯皮，折叠后擀开，反复一至二次，再擀成长方薄皮，卷成筒状，根据制品要求制成面剂，盖上湿布即可

（二）小包酥

小包酥又称为小酥，用的面团较少，一次可做一个至几个剂子。它的优点是酥层均匀，面皮光滑，不易破裂，但速度慢，时间长，效率低。一般用来制作特色品种及明酥制品。具体方法同大包酥相似。

（三）包酥的关键

（1）水油面和干油酥的比例必须适当。一般情况下，水油面和干油酥的用料比例为3∶2，水油面多，则皮子硬实，酥层不清；干油酥过多，成形困难，成品易断裂、漏馅、不成形。具体操作时，其用料比例要视具体品种而定。

（2）干油酥和水油面的软硬度一致。只有软硬度一致，油酥分布才能均匀，成品才能层次清晰，形态才能完美。

（3）注意水油面皮子四周厚薄均匀。如果水油面皮子四周厚薄不均，那么按坯饼擀制后两种面团分布不均，影响成品质量。

（4）起酥时，用力适当。用力轻重适当，擀制出的皮子才能厚薄均匀。否则，干油酥分布不均，影响成品质量。

（5）尽量少用生粉，卷条要卷紧。否则，酥层之间不易粘连，成熟后，会出现松散脱壳现象。

（6）剂子制好后，一定要盖上湿布。盖上湿布，以防剂子风干，出现老皮，影响成品质量。

（四）酥皮制品的成熟方法

酥皮制品的成熟方法一般有炸、煎、烤三种，煎、烤较为简单，炸制技术较为复杂，特别是明酥的炸制，难度大。炸制时需注意：

（1）油要熬熟，防止起泡沫或含生油味。

（2）油要清洁，保证成品的色泽。

（3）生坯下锅，油温不能过高，尽量避免手勺在油里搅动，可晃动锅位，确保成品形态的完整。

（4）一次成熟数量不宜过多，生坯在锅中要有活动的余地。

（五）酥皮的种类及其制作工艺

酥皮的种类较多，根据层次外露情况，酥皮可分为明酥、暗酥、叠酥、半暗酥四类。

1. 明酥

凡是制品的酥层外露，从其表面可以看到非常均匀整齐的层次的制品，都是明酥制品。由于具体制法的不同，产生的层次形态也不一样，有螺旋形、直线形等。

1）圆酥

在成品表面能够看到圆形的层次的，就是圆酥。具体制法如图5.1所示。

2）直酥

在成品表面能够看到直线形的层次的，就是直酥。具体制法如图5.2所示。

3）排丝酥

将起酥后形成的长方形酥皮切成长条，抹上蛋清，然后将切口面朝上，互相粘连，

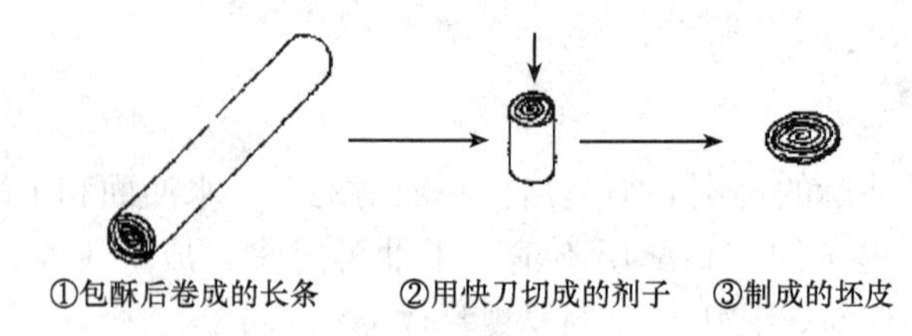

图 5.1　圆酥的制作

在有层次一面再抹上蛋清，贴上一层薄水油面皮，并以此面包馅，有层次的一面在外，经过成形，使制品表面形成直线形层次。如图 5.3 所示。

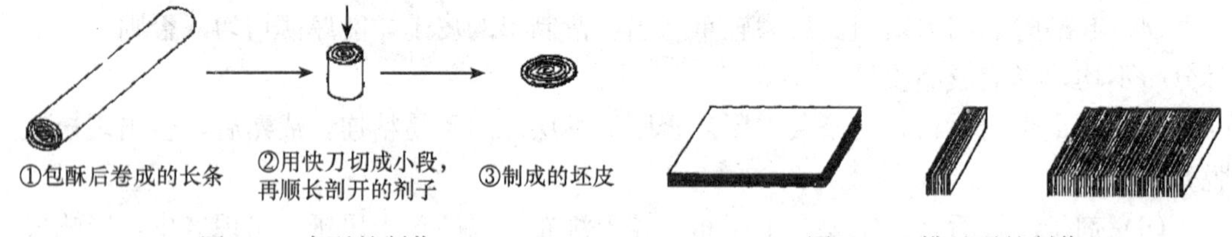

图 5.2　直酥的制作　　图 5.3　排丝酥的制作

4）制明酥的关键

（1）酥剂要放正，擀制时，要从中间向四周擀开，并且用力适当，擀正擀圆。

（2）擀制酥皮时要厚薄一致，卷时要卷紧。

（3）用快刀切剂时，下刀要利落，以防相互粘连，酥面要整齐。

（4）包馅时，要将层次清晰整齐的一面向外。如果用二张皮子，则要用层次清晰整齐的一张做面皮。

2. 暗酥

暗酥，是指在成品表面看不到层次，只能在其侧面或剖析面才能看到层次的酥皮制品。暗酥制品要求胀发，形象美观，酥层不断，清晰，不散不碎。具体制法如图 5.4 所示。

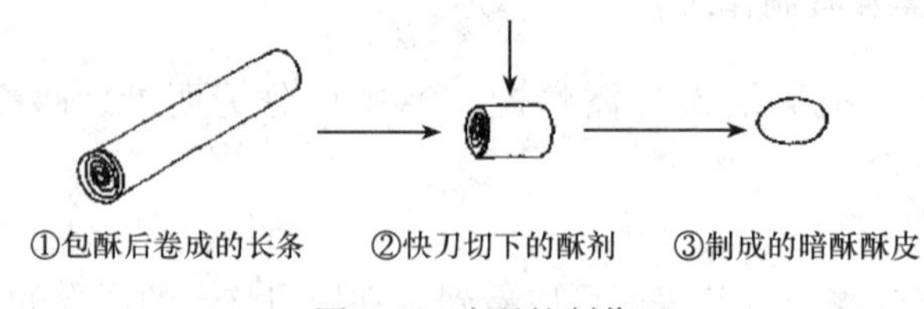

图 5.4　暗酥的制作

制作暗酥酥皮时，需要注意以下几个问题：

（1）根据制品要求，选用合适的起酥方法。卷酥法特点是：酥层多，层次薄且均匀；叠酥法特点是：酥层厚，层次清晰，胀性长。

（2）擀皮时，皮不宜过薄；卷时，两头不露酥。

（3）切剂时，下刀利落，以防层次互相粘连。

上述是暗酥制作中的卷酥法，除此以外还有叠酥法。叠酥法就是将酥皮叠擀成正方形或长方形，再用刀切成符合制品要求的面皮。

3. 叠酥

叠酥：水油酥皮擀薄后直接切成一定形状的皮坯，再夹馅、成形或直接成熟。如兰花酥、千层酥、鸡粒酥角等。如图 5.5 所示。

图 5.5　叠酥的制作

叠酥在制作中需注意以下几个问题：

(1) 擀制酥皮时厚薄要均匀一致，不能破酥。

(2) 切坯时刀要锋利，避免刀口粘连。

4. 半暗酥

半暗酥，是指一部分层次显露在外，另一部分层次隐含内部的酥皮制品。一般适宜制作花色酥点。具体制法如图 5.6 所示。

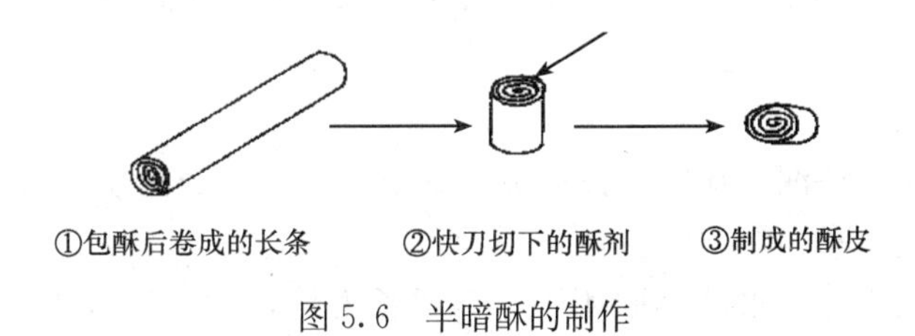

图 5.6　半暗酥的制作

制作半暗酥时需注意以下几个问题：

(1) 宜采用卷酥法，酥层要求细而均匀。

(2) 擀皮时中间稍厚，四周稍薄。

(3) 包馅时，层次清晰且多的一面向外，层次较次且少的一面向里。

五、常见的层酥面坯的品种

1. 白皮酥

(1) 原料组配：中筋面粉 250g，低筋面粉 250g，猪油 175g，豆沙馅 300g。

(2) 工艺流程：调制水油面团→起酥→下剂→擀皮→上馅→成形→烤制→成品。

(3) 制作程序：

① 低筋面粉加入猪油（125g）搓擦成干油酥面团；中筋面粉加入猪油（50g）及温水（125g）和成水油酥面团。

② 用大包酥的方法，水油酥面团包干油酥面团，包好收严剂口，收口朝上，用面杖擀成 2mm 厚的长方形，叠三层，然后再擀开，成 2mm 厚的长方形，卷成筒状，下成剂子（20g/个），将剂子截面朝两边平放，用右手食指在中间按一下，然后食指和拇

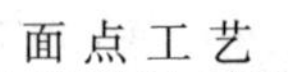

指将两端截面向中间折，翻过去，擀光洁面，擀成边薄中间厚的圆皮备用。

③ 将圆皮内包入豆沙馅（8g），包成馒头状，然后收口朝下，按成直径 5cm 的圆饼，中间点一红色点即成白皮酥生坯。

④ 把生坯摆入烤盘内，炉温升至 160℃时放入炉内烘烤，当制品的酥层已鼓起用手摸，四周挺身即熟。

（4）注意事项：

① 干油面和水油面软硬度要一致，和好面后水油面要光亮柔润并盖湿布静置，以防干皮。

② 起酥时两手用力要均匀，使水油面厚薄均匀，干油面分布均匀。

③ 炉温不要过高，色泽要白。

（5）成品特点：色泽洁白，酥层饱满，甜香适口。

2. 莲藕酥

（1）原料组配：中筋面粉 300g，低筋面粉 200g，猪油 160g，枣泥馅 200g，花生油 150g（实耗量），鸡蛋液、吉士粉适量，发菜少许。

（2）工艺流程：调制水油酥皮面团→醒面→起酥→下剂→上馅→成形→炸制→成品。

（3）制作程序：

① 低筋面粉加入猪油（100g）搓擦成干油酥面团；中筋面粉加入猪油（60g）及温水（150g）和成水油酥面团，醒透揉匀。

② 将干油酥面团包入水油酥面团中，擀成长方形，叠三层；再擀成长方形，叠三层；再擀成长方形，叠三层；最后擀成 5mm 厚。将四周边取齐，分成相等的八块，将每一块刷蛋液后摞起来，在一端用快刀切成 5mm 厚的剂子备用。

③ 取少部分边角料面团加吉士粉揉匀成黄色面团备用，再将切下来的其他边角料擀成长形薄皮，顺长裹进 5g 枣泥馅，放在刷了蛋液的剂子上，卷成圆筒形，捏成藕形，在“藕尖”装上黄色面做的“藕芽”，在藕节中段抹蛋清。将泡软的发菜裹贴一圈即成藕酥生坯。

④ 待锅内油温升至三成热时放入莲藕生坯，在温油中见生坯酥层慢慢展开，逐步加温，炸至浅黄色即成。

（4）注意事项：

① 两块面团软硬度要一致。

② 擀叠时动作要快，否则影响黏合。

③ 卷馅后注意合缝要严，否则易开裂。

④ 成品出锅时油温要升高，否则产品含油量大，影响口感。

（5）成品特点：形如莲藕，酥层清晰，酥香味甜。

3. 椒盐千层酥

（1）原料组配：

皮料：中筋面粉 1400g，白糖 200g，猪油 200g，30℃水 650g。

酥料：低筋面粉1400g，白糖950g，猪油950g，精盐25g，花椒粉7.5g，臭粉5g，糖水适量，芝麻100g。

（2）工艺流程：调制糖油酥皮面团→醒面→起酥→切割→成形→装饰→烤制→成品。

（3）制作程序：

① 调皮面：将中筋面粉过筛后，围成凹形，小凹放入油、糖、水搅拌使糖溶化，拌入面粉，调制成团后，用温水揣1～2次，呈筋性面团，静置备用。

② 调酥：将低筋面粉、白糖调匀，围成凹形，中间投入盐、花椒粉、臭粉和油，擦成软硬度适宜的油酥面团备用。

③ 成形：将醒好的筋性面团擀成中间厚的圆皮，把油酥面团包入中间，然后用面杖擀成长方形，向中间折叠成三层，横过来再擀成长方形，用同样方法叠三层（重复3次），最后擀成1cm厚的长方形，上面刷糖水，撒芝麻，要撒匀、压实，用刀切成宽3cm、长8cm的长方块即成生坯。

④ 将生坯摆入刷好油的烤盘内，待炉温升至220℃时放入，烤至金黄色即可。

（4）注意事项：

① 调制皮面时一定要调出筋力来。

② 擀制时用力要均衡，厚薄要一致。

③ 叠制得要整齐，否则影响起酥。

④ 切时刀要锋利。

（5）成品特点：层次清晰，咸淡适宜，口感酥松。

4. 开口笑

（1）原料组配：低筋面粉500g，鸡蛋50g，绵白糖300g，泡打粉6g，小苏打4g，芝麻50g，水130g，炸油200g（实耗量）。

（2）工艺流程：调制松酥面团→搓条→下剂→滚圆→蘸水→滚芝麻→成形→炸制→成品。

（3）制作程序：

① 将低筋面粉、泡打粉掺匀，过筛后围成凹形，中间加入鸡蛋、白糖、小苏打、水和匀至糖溶化，再与面粉叠和成表面光滑的面团。

② 将面团分摘成剂子（20g/个），双手掌心把剂子团圆蘸水，再滚上白芝麻，略团一下，即成生坯。

③ 油温升至五至六成热，放入生坯，炸至生坯上浮开花呈棕黄色即成。

（4）注意事项：

① 调制面团要用叠的手法，防止上劲。

② 油温不能太高，否则炸出的制品开口不自然。

③ 成品要冷却后才能食用。

④ 成品的大小可以自己决定，小的一口一只也行。

（5）成品特点：色泽棕黄，开口自然，松脆香甜。

第四节　米及米粉面坯的调制

米粉面团，是指用米磨成粉后与水及其他辅助原料调制的面团。常见的米粉有糯米粉、粳米粉和籼米粉三种。由于米粉的性质不同，所以不同的米粉调制出的面团的性质也不一样，有的黏实、有的松散。根据米粉面团的属性，米粉面团可分为：

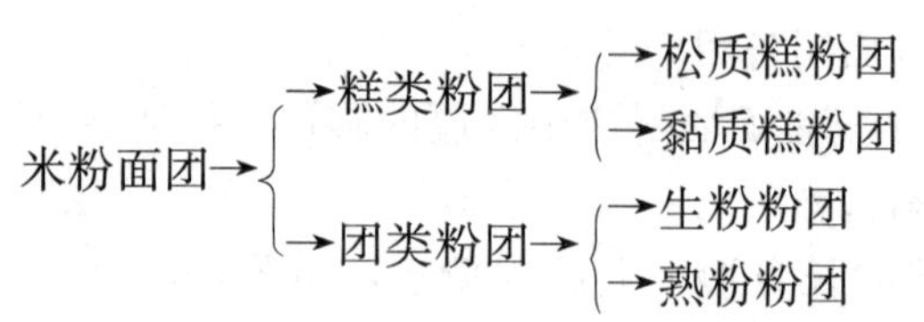

一、米粉面团的特性及形成原理

（一）米粉面团的特性及形成原理

米粉的组成成分和面粉大致相似，其主要成分也是淀粉和蛋白质，但二者的性质与面粉中的淀粉和蛋白质的性质并不相同。

面粉中的蛋白质主要有两种，即麦胶蛋白和麦麸蛋白。在适当温度下，面粉中的蛋白质可形成面筋网络，故而冷水面劲大、筋性强。而米粉中的蛋白质主要是谷蛋白和谷胶蛋白，这两种蛋白质亲水基团少，不能吸水显示胶性性能，更不能形成似冷水面团的面筋。而淀粉又不能在低温环境中吸水膨胀产生黏性。所以用冷水调制米粉面团，则无劲、松散、筋性差，不能包捏成形。

面粉中的淀粉主要是直链淀粉，能吸收热水膨胀糊化，产生黏性。米粉中的淀粉主要是支链淀粉，在热水环境中，米粉中的淀粉也吸收热水膨胀糊化，产生黏性，并且比面粉中的淀粉吸收热水产生的黏性更大。

面粉中的淀粉主要是含活力极强的淀粉酶的直链淀粉，淀粉酶很容易将淀粉分解为单糖，供给酵母作养料。又由于面粉中的蛋白质可以形成面筋，所以面粉可以用来发酵，但米粉却不能用来发酵。这是因为：其一，米粉中的淀粉主要是含活力极微弱的淀粉酶的支链淀粉，淀粉酶很难将支链淀粉分解成单糖，供给酵母作养料。其二，米粉中的蛋白质不能形成面筋。但籼米粉在特殊条件下是可以发酵的，这是因为籼米粉中的支链淀粉含量少，只约占30%左右，因此，若加以面肥，辅料糖、兑碱，并加以保温，那么，籼米粉是可以发酵的。由上述可知，米粉面团有以下特性：

（1）米粉面团黏性强、韧性差。

（2）调制米粉面团一般用热水。

（3）米粉面团一般不能用来发酵。

（二）磨粉

稻米要制作成米粉制品，首先必须经过磨粉这道工序，磨粉的质量直接影响到制品的质量，因此这是最基本也是极其重要的一环。磨粉基本有三种方法，即干磨粉、湿磨粉、水磨粉。采取哪一种方法磨粉，要按照制品的质量要求决定。

1. 干磨粉

干磨粉是将各类米不经洗淘和加水过程，直接磨成细粉。特点是：粉面干燥，含水量少，保管方便，不易变质，但粉质较粗，滑爽软糯性粗，色泽较次。口感差，适宜做一般性的糕团及象形点心。

2. 湿磨粉

湿磨粉必须经过淘米、磨粉和过筛的过程。淘米是为了除去米粒的杂质和灰尘，并让米粒吸足水分。淘米后，见米粒吸收掉水分后，再隔一定时间洒淋些水，反复多次使米粒发松，易磨碎磨细。然后再经过磨粉过筛的过程，分出粗细不同的米粉（网筛分为三种，俗称“头密筛”、“二密筛”、“三密筛”，它们分别为一平方寸 40 孔、32 孔、24 孔。“头密筛”筛出的粉质最细腻、软糯，而且富有光泽；“二密筛”筛出的粉质也较细，“三密筛”筛出的料质比较粗，适宜做黄松糕之类的松糕品种）。使用哪一种网筛要根据品种的需要而定，但留在网中的粗粒要重复磨一次。湿磨粉的特点是：粉质较干粉细腻，口感较软糯，但含水量较多，难于保藏。天冷可晒干，天热则要随磨随用，适宜做一般糕团制品。

3. 水磨粉

水磨粉必须经过淘米→浸米→水磨→压粉等过程。

（1）淘米是为了除去米粒的杂质和灰尘。

（2）浸米是使米粒吸足水分，直至米粒极其松疏，一捻就碎。因此，浸水时间按气候季节、品种要求不同，一般要浸几小时到几天，然后进行水磨。

（3）水磨是连米带水一起磨，磨出的是粉浆，一般是多少米加多少水。水过少，影响料浆流动；水过多，粉浆稀薄，粉质不细。

（4）粉浆磨好灌入料袋，压干或吊干滤去水分，一般方法有三种：一种是用榨床压粉，适宜于大量生产；二是以石块来压干水分；三是吊干法，即将贮有粉浆的口袋凌空吊起，让其自然沥干水分。压粉的目的是沥干粉中多余的水分，一般压至 500g 粉含水 250g 左右为标准。

水磨粉的特点是：粉质细腻，口感滑糯。但含水量高，很难保管，不宜久藏，只能随磨随用。由于用水浸过，故营养损失较多，浪费性大，适宜做汤团、麻球等点心。

（三）掺粉

调制米粉面团的米粉一般有糯米粉、粳米粉和籼米粉三种，虽然同属米粉，但它们的性质亦有区别。如糯米粉中的淀粉 100％都是支链淀粉，成熟时形成的凝胶黏性大，

韧性较好，但流淌性大。成品柔软瘫塌，可塑性差。而籼米粉中的淀粉含有的支链淀粉只有30%，其余为直链淀粉，成熟时形成的凝胶黏性小，硬度大，韧性差，口感也差，冷后易破裂。所以，在调制米粉面团时，可根据不同的要求将不同的米粉按比例掺和调制，使制品符合质量要求。

掺粉，就是将两种或两种以上的不同的粉料掺和在一起。其作用和方法如表5.7所述。

表5.7　掺粉的作用及方法

序　号	掺粉的作用	常见的掺粉方法
1	改进原料的性能，使粉质软硬适当，便于包捏、熟制，保证成品的形态美观	糯米粉、粳米粉、米粉之间
2	扩大粉料的用途，提高成品质量，使花色品种多样化	米粉和面粉的掺和
3	多种粮食综合运用，可使各种粮食中的营养素互相弥补不足，提高制品的营养价值	米粉和杂粮（泥、蓉等）的掺和

二、糕类粉团

糕类粉团是米粉面团中经常使用的一种粉团，根据成品的性质，一般可分为黏质糕和松质糕两类。

（一）黏质糕粉团

黏质糕粉团是先成熟后成形的糕类粉团，具有黏、韧、软、糯等特点。大多数成品为甜味或甜馅品种。具体调制方法是：

先将粉料拌匀后，上笼蒸熟，再用搅拌机搅至表面光滑不粘手（如量少，则可用于包上干净的湿布反复揉搓至表面光洁不粘手为止），然后再取出分块、搓条、下剂、制皮、包馅做成各种黏质糕，或叠层夹馅，切成各式各样的块。

（二）松质糕粉团

松质糕粉团是先成形后成熟的糕类粉团，具有多孔、松软等特点。大多数也为甜味或甜馅品种。根据加入辅料的不同，可分为白糕粉团和糖糕粉团两种。

1. 白糕粉团

白糕粉团，就是米粉加糖、水调制而成。调制方法是：将糯米粉和粳米粉按适当比例掺和后，加入绵白糖及适量的水拌和后擦匀，直到粉粒攥之成团、推之即散时，盖上拧干的干净湿布，静置一段时间，再倒入或筛入各种模型中，填入馅心，蒸制即成。

2. 糖糕粉团

糖糕粉团，就是由米粉加糖浆调制而成，调制方法和白糕粉团相似，只是不用水，而用糖浆。用糖浆拌粉，更容易拌匀，拌透。

糖浆制法如下：

将锅洗净，放入糖水（按2∶1的比例）置于火上熬制，边熬边用小木棍搅动。火力不能太旺，以防焦糊。见起大泡，就可以离火，用干净的纱布滤去杂质，冷却即可。

三、团类粉团

团类粉团也是米粉面团中经常使用的一种粉团，其粉料一般和糕类粉团一样，也是将糯米粉和粳米粉掺和使用。常见的有熟芡粉团、熟粉粉团、加工粉粉团及发粉粉团四种。

（一）熟芡粉团

熟芡粉团是指用糯米粉、粳米粉混合成的粉料进行热处理，再与其余生粉料拌和揉搓而成的团类粉团。其制品是先成形后成熟的品种，具有皮薄、馅多、黏糯及吃口润滑等特色。其调制方法分两种，即泡心法和煮芡法。

1. 泡心法

泡心法即将糯米粉和粳米粉倒在盆中掺和均匀，中间扒一小窝，用少量沸水将米粉中的1/4烫熟，再用适量冷水，将其余的米粉及烫熟的米粉一起拌和揉匀，反复揉至面团软滑不粘手即成。

2. 煮芡法

煮芡法适用于水磨粉。先取粉料1/3，与适量冷水（一般粉∶水＝5∶1）调制揉和后，摊成饼状，放入开水锅中煮熟或上笼蒸熟，成为熟芡，再与其余的2/3粉料一起揉搓至细腻、光滑、不粘手即成。

（二）熟粉粉团

熟粉粉团是指先将粉料全部蒸熟再包馅成形的团类粉团。其制品具有软糯、有黏性的特点。具体调制方法和黏质糕粉团相似。先将粉料与适量的水拌和后，上笼蒸熟，再用机器搅匀和用手揉匀，有时揉制过程中要掺一些温开水。

（三）加工粉粉团

加工粉粉团是广式面点中常用的一种。它是用经过特殊加工的糯米粉（俗称潮州粉）调制而成的。调制方法是先将糯米加水浸泡、滤干，小火煸炒至水干，糯米酥脆时，磨成粉料，再加水调制。

（四）发酵粉团

发酵粉团仅指籼米粉而言，它用籼米粉加水、面肥、辅料糖、膨松剂等经保温发酵后而成米粉面团。其制品松软可口，体积膨大，内有蜂窝状组织。此类粉团广式面点中经常使用，具体调制方法是：先取籼米粉粉浆的1/10调成稀糊蒸熟，晾凉，和其余的生籼米浆拌和搅匀，加面肥、水，再拌和均匀，置于较暖和处发酵，待发酵后，放糖溶化，再放发酵粉、枧水搅拌均匀，即可制作糕点了。在广式面点中使用最多，如著名的棉花糕等。具体投料标准如表5.8所示。

表 5.8 发酵粉团投料标准　　单位：g

品种	原料（数量）大米粉						
	大米粉	糖	发酵粉	糕肥①	枧水②	水	蛋清
棉花糕	750	250	6	5	1	250	
伦教糕	750	600		200		650	少许
黄松糕	2250	600	7.5	75	15	5.5	

注：①糕肥：即发过酵的糕粉。

② 枧水：从草木柴灰中提取，经化合制成的物质，化学性质与纯碱相似。

调制发酵粉团第一次可用面肥，以后用糕肥较好。

四、米及米粉类制品操作注意事项

（1）米制品和米粉制品都必须保持成品的新鲜感，一般品种都是当天做，当天出售的，否则易发酸变质。

（2）磨粉、掺粉都应按需要正确确定比例及方法，才能保证成品的质量。

（3）调制米粉时，吃水量一定要按品种要求适当掌握，控制加水量。水少了还能加水，水过多再加粉就不行了。

（4）由于淀粉在低温情况下吸水膨胀的速度较慢，所以一般调制后的糕团，必须静置一定时间才能使用。

（5）正确掌握熟芡的比例，多了要沾手，少了无劲易开裂，一般天冷芡略多，天热芡略少，最多不要超过1/4。

（6）米制品和米粉制品中不少是熟制品或冷食品，所以必须严格注意清洁卫生，以防细菌感染。

五、常见的米及米粉面坯的品种

1. 八宝饭

（1）原料配方：糯米1000g，绵白糖400g，青梅15g，糖冬瓜40g，葡萄干40g，瓜子仁15g，核桃仁15g，去核枣150g，豆沙馅250g，湿淀粉5g，莲子100g，桂花酱25g，猪油25g。

（2）工艺流程：泡米→蒸米→切配料→摆图案→装碗→蒸制→扣出→浇芡→成品。

（3）操作步骤：

① 糯米淘洗净，放入冷水内浸泡12h，捞出放在笼屉内蒸熟即成糯米饭备用。

② 取碗5只，在碗的内壁上抹一层猪油；将青梅切成长条；糖冬瓜改刀；红枣切片；葡萄干洗净捏扁；莲子煮熟；瓜子仁、核桃仁掰成小块。将以上原料均匀摆在碗底及碗壁呈美观大方、色彩鲜艳的图案。

③ 蒸熟的糯米饭加白糖（300g），将剩余的八宝料（红枣等）及猪油和桂花酱都加入糯米饭内调匀，调匀后将半碗糯米饭放入摆图案的碗中再放入适量的豆沙馅，上面再盖上半碗糯米饭抹平，上笼蒸20min即可取出，扣在盘内。

④ 勺内加白糖（100g）及适量水烧沸，撇去浮沫，用湿淀粉勾芡，放入桂花酱少

许，浇在盘中的糯米饭上即成。

（4）注意事项：

① 糯米饭蒸得要硬而不夹生。

② 加入糖和油后，若过干，可略加少量开水，但不能过多，多了米粒会烂糊。

③ 在碗中装糯米饭时，不要破坏图案，

④ 糯米饭放入碗内再蒸时，一定要蒸透。

（5）成品特点：色彩鲜艳，图案美观，吃口甜糯、油润，别具风味。

2. 粽子

（1）原料组配：糯米 1000g，红枣 200g，粽子叶 125g，细麻绳 20 根（此为成品 20 只用料）。

（2）工艺流程：淘米→浸泡→成形→煮制→成品。

（3）制作程序：

① 将糯米用水淘洗干净，泡透（至手一捻即碎），用冷水浸泡着。将红枣洗净也用水浸泡着。

② 将棕叶煮好，捞出用凉水洗净后，浸于水中，然后铺棕叶，每个棕子 2 张棕叶，铺时要一反一正，弯成圆锥形的筒，放入糯米 50g，再放 2～4 个红枣，包成四角棕子形，然后用麻绳捆好放在锅内，加水煮（水要漫过粽子），大火烧开，小火焖煮约 4h 熟透即成。

（4）注意事项：

① 米要泡透，否则吃口太硬不软糯。

② 包制时要紧，否则煮后易散开，而且不爽口。

③ 煮制时最好在粽子上面压上重物，不要让粽子高过水面。

（5）成品特点：米软糯，枣香甜，造型别致。

3. 扬州炒饭

（1）原料组配：熟粳米饭 750g，猪肉 50g，熟鸡脯肉 50g，熟金华火腿 50g，虾仁 25g，水发香菇 12g，水发海参 50g，熟鲜笋 12g，青豆 25g，鸡蛋 3 只，南酒 10g，葱 7g，食盐 5g，味精 5g，熟猪油 75g。

（2）工艺流程：配料→炒米饭→烹制配料→装碗→成品。

（3）制作程序：

① 将猪肉剁成末；火腿、海参、香菇、笋、鸡脯肉、虾仁均切成 5mm 大小的粒；青豆洗净放在沸水锅中，焯一下取出；葱切成豆瓣状，鸡蛋磕入碗内加点盐打散，锅内加猪油，将鸡蛋炒熟搅碎，放葱、倒入米饭，继续翻炒，并加入盐、味精，炒匀，倒出装盘。

② 在锅内加猪油烧热，投入虾仁和肉末煸炒至半生时加入火腿丁、鸡丁、香菇丁、海参丁、笋丁、青豆、盐、味精和料酒炒匀，出锅倒在炒饭上面即成。

（4）注意事项：

① 各种配料搭配均匀，色彩对比好。

② 炒饭时要求动作快，不可有焦烟味。

(5) 成品特点：用料多样，色彩艳丽，香润味鲜，营养丰富。

4. 什锦果汁饭

(1) 原料组配：粳米250g，砂糖200g，牛奶250g，湿淀粉15g，香草片1片，枣丁25g，苹果丁100g，葡萄干、青梅丁、碎核桃仁各25g，碎杏仁15g。

(2) 工艺流程：淘米→焖制→制少司→装碗→成品。

(3) 制作程序：

① 将粳米洗净，放入牛奶，加适量水，焖成软饭。加上砂糖（150g）和香草片，拌匀，保温备用。

② 将各种果料放入锅内，加清水（300g）和剩余的砂糖烧沸，勾芡制成什锦少司即成。

③ 食用时，将米饭盛在小碗内，然后扣入盘中，浇上什锦少司即成。

(4) 注意事项：

① 米饭宜软不宜硬。

② 焖饭要用大火开锅，小火焖，不能焖糊。

(5) 成品特点：原料多样，营养丰富，甜润爽口。

5. 芝麻凉糕

(1) 原料组配：糯米粉400g，芝麻100g，香油50g，白糖200g。

(2) 工艺流程：炒芝麻→烫粉→搅拌→成形→冷却→切块→成品。

(3) 制作程序：

① 将芝麻炒熟呈金黄色。

② 将锅内放入清水（600g）、白糖，待锅内水沸糖溶化，慢慢倒入糯米粉，边倒入边搅拌，待锅内起大泡时，放入香油（40g）搅拌，成熟后离火。

③ 取一方盘抹香油，撒上一层芝麻，将锅中的面扑倒入，抹平，趁热再撒上芝麻，冷却后切成块即可。

(4) 注意事项：

① 锅内水沸后，再倒糯米粉，以免烫不熟。

② 搅拌糯米粉时，应用小火，防止煳底。

(5) 成品特点：香甜软糯，有韧性。

第五节　杂粮面坯的调制

杂粮面团，是指将小米、玉米、荞麦、高粱等杂粮加工成粉料经调制而成的面团。这类粉团有的直接用水调制，有的在调制的同时，还要掺入面粉等原料。此类面点风味独特，乡土气息浓郁。

杂粮面团，是广式点心中最为常见的一种，它是指将杂粮及蔬菜原料加工成粉料，或将其制熟加工成泥蓉调制成的面团。有的可单独成团，有的还要掺入面粉、澄粉等。这类面团制成的成品具有营养丰富、制作精细、季节分明等特点。

一、薯类面坯工艺

薯类面团，就是将山药、土豆、芋头、番薯等根茎类粮食原料去皮制熟，加工成蓉泥，再加入面粉、澄粉等调制成的面团。此类面团松散带黏、软滑细腻；其制品软糯适宜，甘美可口，有特殊香味。

二、豆类面坯工艺

豆类面团，是用各种豆类（如绿豆、豌豆、蚕豆、赤豆等）加工成粉、泥或单独调制或与其他原料一同调制的面团。这类面团的制品色彩自然、干香爽口、豆香浓郁。

调制杂粮面团时，无论调制上述三种面团中的哪一种，都必须注意：第一，原料必须经过精选，并加工整理。第二，调制时，需根据杂粮的性质，灵活掺和面粉、澄粉等原料，控制面团的黏度、软硬度，便于操作。第三，杂粮制品必须突出它们的特殊风味。第四，杂粮制品以突出原料的时令为贵。

三、常见杂粮面坯的品种

1. 小窝头

（1）原料组配：细玉米面 400g，黄豆粉 100g，绵白糖 150g，小苏打 0.5g，桂花酱 5g，温水 240g。

（2）工艺流程：

调制杂粮面团→搓条→下剂→成形→蒸制→成品。

（3）制作程序：

① 将细玉米面、黄豆粉过筛，加绵白糖、小苏打掺和在一起，逐渐加温水，慢慢揉和，直至白糖溶化，面团黏合在一起不散，备用。

② 将和好的面团分摘成剂子（100 个），在蘸着桂花水捏成宝塔状小窝头，上笼蒸 10min 即成。

（4）注意事项：

① 面团要充分揉搓至细腻。

② 捏制时要注意顶部及四周厚薄要一致。

③ 原料应多样，也可以用黑米粉、糯米粉、大米粉、黑豆粉等；也可以加蔬菜末，如芹菜末等。

（5）成品特点：

色泽金黄，味道香甜，制作精巧，形状别致。

2. 八宝山药桃

（1）原料组配：山药 100g，糯米 150g，桂圆肉 50g，核桃仁 100g，青梅 25g，橘

饼20g，玉米50g，白扁豆50g，白糖150g，红枣100g，猪油25g，葡萄干30g，红樱桃1粒，湿淀粉适量。

(2) 工艺流程：蒸山药→煮糯米→切配料→成形→蒸制→浇卤→成品。

(3) 制作程序：

① 山药用水洗净，上笼蒸熟取出，剥去皮，制成泥蓉状，加白糖（50g），用中火炒制备用。

② 糯米用清水淘洗干净，用开水煮6～7成熟，捞出上笼蒸5～6min；核桃仁用开水泡后去皮切成丁；白扁豆用开水泡后，捏去皮放入碗内上笼蒸15min，橘饼用凉开水洗后切成碎丁，青梅用凉水泡开；红枣用水洗净，去核，切成碎丁，用开水焯过晾透；葡萄干洗净，山药、青梅等其他原料加入白糖（50g）、猪油，调成八宝馅，上笼蒸30min。取出晾5min。

③ 取一部分山药泥铺在大盘内，将馅放在中间，上面再铺层山药泥，修整成桃形，将青梅剁成碎泥，掺入少许山药泥，做成桃叶，红樱桃制成泥掺入山药泥做桃尖，制成后上笼蒸5～6min取出。

④ 锅内加清水、白糖熬至糖溶化，勾上湿淀粉即成糖卤，浇在山药桃表面即成。

(4) 注意事项：

① 炒山药时火力不要太大，以免粘锅、发焦、味苦、变色。

② 糯米如果较硬，上面淋上开水再蒸。

③ 成品特点

香甜味美，健脾补虚。

3. 油煎南瓜糕

(1) 原料组配：南瓜250g，糯米粉400g，白糖50g，莲蓉馅300g，色拉油15g。

(2) 工艺流程：制南瓜泥→揉粉→蒸制→搓条→下剂→制皮→上馅→成形→煎制→成品。

(3) 制作程序：

① 南瓜蒸熟去皮，揉入糯米粉，再加入白糖，揉匀成南瓜粉团。

② 将擦好的南瓜粉团上笼蒸熟，取出放在刷了油的盆里；冷却后再揉透，分摘成剂子（25g/个），将剂子按扁包入莲蓉馅（约10g），按成圆饼状即成生坯。

③ 平锅内放少量油，将生坯放入用中火煎至两面呈金黄色即可。

(4) 注意事项：

① 选用糯性大的南瓜，蒸熟蒸透。

② 煎制时火力不宜太大，防止焦糊。

(5) 成品特点：吃口糯，黏性足，外脆里嫩，有南瓜香味。

4. 五香芋头糕

(1) 原料组配：芋头1000g，黏米粉900g，腊肉粒150g，海米100g，盐50g，砂糖50g，味精10g，五香粉10g，清水2500g，色拉油150g。

(2) 工艺流程：配料→炒制→熬米浆→拌米糊→定形→蒸制→切块→成品。

(3) 制作程序：

① 芋头去皮，洗净切小粒，锅内加少量的油分别将芋头粒、海米和腊肉粒炒香。

② 黏米粉加水熬成米浆，加入炒好的海米和腊肉粒，再加入盐、糖、味精、胡椒粉等调料拌匀，最后加芋头丁，搅拌成糊状。

③ 将拌好的糊倒入刷了油的方盘内，抹平，用猛火蒸约50min，即熟。

④ 冷却后，切成块即成。

（4）注意事项：

① 米浆要煮熟，但不能煮糊。

② 分别炒芋头丁、海米和腊肉，要炒出香味才行。

（5）成品特点：口感香糯，软中带韧。

第六节　其他面坯的调制

一、澄粉面坯的调制

澄粉面团，就是将面粉经过特殊加工的纯淀粉，用沸水烫制面粉调成的面团，故又称淀粉面团。此类面团由于采用了纯淀粉，所以澄粉面团色泽洁白，并具良好的可塑性，其制品成熟后呈半透明，柔软细腻，口感嫩滑。

调制时，先将澄粉倒入盆内，用煮沸的开水迅速冲入粉中，搅拌均匀，倒在抹过油的案板上，揉擦至匀，盖上湿布即可。也可以搅拌均匀后，加盖盖严，防止风干。

调制澄粉粉团时须注意两点：粉要烫熟，不能有夹生小块存在；面团揉匀后须趁热盖上干净湿布，防止面团干硬。

调制面团时，为了便于操作，在调制面团时常加入少量生粉和猪油，它们的比例是澄粉500g、生粉50g、油5g、水800g。

具体制作时，可根据馅心的口味，在调制粉团时略加一点盐、糖。

二、果蔬面坯的调制

果蔬面团，是指利用马蹄、莲子、菱角、板栗等原料的粉料、蓉泥及一些澄粉、面粉、猪油等原料调制而成的面团。由于所用原料的不同，其调制方法也不一样。必须根据原料的性质及制品的要求灵活掌握。

调制此类面团与调制豆类面团一样，其内容可参见本章第五节的豆类面坯工艺中需注意的四点要求。

三、鱼虾面坯的调制

在广式面点中，有一些制品属于鱼虾蓉面团制品。所谓鱼虾蓉面团，是指利用鱼肉、虾肉及生粉、澄粉、面粉及调味品共同调制而成的面团。此类面团不仅营养丰富，而且制作要求较高。

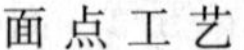
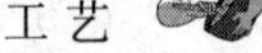

(一) 鱼蓉面团

鱼蓉面团制品爽滑、味鲜、有透明感。调制时，先将鱼肉切碎剁烂，放进盆内，放入适量的盐、水，搅拌上劲，再加入麻油、胡椒粉、味精等拌匀，最后加入生粉，搅拌均匀，成为鱼胶即可。

调制鱼蓉面团需注意：第一，搅拌鱼蓉要顺一个方向，至上劲起黏为止。第二，制成品，用鱼胶制皮，可取鱼胶裹上生粉制皮。

(二) 虾蓉面团

虾蓉面团制品味道鲜美，软中带有韧性，营养丰富。调制时，方法同鱼蓉面团的调制方法相似，先将虾仁洗净晾干，剁烂成蓉，放入精盐搅拌上劲，再加入生粉，调制均匀即成虾蓉面团。

四、常见其他面坯的品种

1. 橙汁糕

(1) 原料组配：马蹄粉 500g，生粉 100g，白糖 800g，橙汁 50g，水 2500g。

(2) 工艺流程：煮糖水→制糊→灌模→蒸制→成品。

(3) 制作程序：

① 白糖加水（1700g）煮成糖水。

② 马蹄粉、生粉加水（800g）搅匀，制成粉糊；在粉糊内加橙汁和热糖水和匀，倒入模具内，蒸 15min 即成。

(4) 注意事项：

① 糖水一定要趁热加入，随加随搅拌。

② 各种造型模具都可以。

(5) 成品特点：颜色美观，口感软滑。

2. 鲜虾金鱼饺

(1) 原料组配：

皮料：澄粉 175g，生粉 65g，栗粉 12.5g，精盐 2.5g，猪油 7.5g。

馅料：鲜虾肉 550g，鸡蛋清 20g，肥膘肉 100g，食盐 17g，味精 7.5g，白糖 6g，香油 2g，食粉 3g。

其他：红车厘子碎末适量。

(2) 工艺流程：

制馅
↓
调制澄粉面团→揉团→搓条→切剂→拍皮→上馅→成形
↓
成品←蒸制←点缀

（3）制作程序：

① 锅内加清水（350g）烧开。澄粉、鹰栗粉一起过筛，加盐倒入开水锅中，离火搅匀，倒在案板上，稍凉加入生粉揉至成匀滑的粉团，并加入猪油再揉滑，便成澄粉面团，用洁净白布盖好备用。

② 鲜虾肉加盐（10g）、碱水拌匀，腌制 25min，用清水漂洗 3～4 次，以虾肉无粘手感即可。

③ 将腌过的虾肉放在搅拌机内搅打成泥状，加入盐再搅打至有胶黏性时放入鸡蛋清、味精、白糖、香油一起搅打，最后加入肥肉膘，调匀即成百花馅。

④ 将澄粉面团分成剂子（12g/个），百花馅也分成等份（约 15g/份），将剂子用拍皮刀拍成直径为 8cm 的圆皮。将圆皮内包入 1 份馅心，包成三角形，将两只角向里弯，形成二只孔洞作眼睛，另一端，捏成金鱼尾巴，用花镊子钳出花纹，然后在金鱼眼睛里镶嵌车厘子碎末，即成生坯。

⑤ 将生坯摆入笼屉内，蒸 6～7min 即成。

（4）注意事项：

① 澄粉要烫熟，否则蒸熟不爽口。

② 澄粉揉好后，即盖上半湿的洁净白布，以防干硬。

③ 拌馅时，必须先将虾肉拌成虾胶，然后再与肥肉混合。

（5）成品特点：形象逼真，冰鲜爽口。

本章小结

本章着重介绍了水调面坯、膨松面坯、层酥面坯、米及米粉面坯、杂粮面坯和其他面坯的调制；并分别阐述了各种面团的特性及形成原理，通过采用案例，将各种面团调制方法及所制作的面点品种进行了详细介绍，以加深对各种面团的学习与理解。学习掌握这些不同面坯的调制方法是面点制作的关键，本章内容与其他章节内容之间的相互结合，构成了学习面点工艺学的基础和必要条件。

练习题

（1）水调面团有几种？各有什么不同？

（2）鉴定发酵面团发酵程度的有哪些方法？

（3）打碱时细心观察酵面色泽：酵面为何发白、为何发黄？

（4）抻面有哪些操作步骤？

（5）揪剂的操作方法是怎样的？

（6）揉面的操作技法是怎样的？

第六章　馅心制作工艺

面点好吃在于味，馅心调味鲜为贵。
复合组合适口珍，巧制馅料多领会。

学习目标

通过本章的学习，了解馅心的概念、作用、馅心的制作要求；熟悉馅心的分类及包馅的比例；认识到馅心在面点制作中的重要性。熟悉制馅原料的加工处理，掌握咸、甜、荤、素馅心的制作方法及制作要领，重点掌握各类典型馅心的制作，能独立完成各式面点的制馅。

必备知识

（1）面点品种的制作工艺。
（2）面点原料的品质鉴别。
（3）烹饪原料学知识。
（4）食品加工技术质量标准。
（5）面点成品标准鉴定与质量问题的分析。

选修知识

（1）烹饪工艺。
（2）菜肴制作。

(3) 刀工技术。

(4) 切配技术。

课前思考

(1) 哪些原料可以用于馅心的制作?

(2) 馅心制作方法与菜肴制作相同吗?

(3) 皮冻是如何加工的?

(4) 包馅面点中，有些荤馅制作为何还要掺入一些皮冻?

(5) 熟菜馅制作有哪些要点?

(6) 制作馅心的原则是什么?

(7) 食盐使生荤馅的肉蓉上劲的原理是什么?

(8) 掺冻有哪些作用? 成冻的原理是什么?

第一节　馅心的作用、制作要求与分类

馅心是指使用各种动物原料、蔬菜、水果和其他辅助原料，经过特定的精细加工，而制成的具有良好风味的、包在各种米、面坯皮内部或覆盖在其表面的制品。

要制作出适宜的馅心首先要了解、熟悉各种用于制作馅心的原料及其加工特性；其次要掌握制作馅心所需要原料的初步加工，刀工成形，拌制、烹制方法，调味技术；第三还要善于结合不同的皮料品种，选用适宜的馅心原料和加工方法。

一、馅心的作用

制馅是制作面点制品的重要工艺过程之一。馅心品种质量的好坏，对面点成品的色、香、味、形、质和形成面点的花色品种，都有重大的影响。所以，对于馅心的作用必须有充分的认识，其作用主要有以下几点。

(一) 改善面点的口味

包馅面点的口味主要由馅心来体现。因为：其一，很多包馅面点的皮料中不使用调味品，而只在馅心中使用调味品，而且馅心在整个制品中占有很大比重，通常是坯料占50%，馅心占50%，有的重馅品种如烧卖、锅贴、春卷、水饺等，馅料多于坯料，包馅多的可以达到整个面点重量的60%～90%；其二，在评判包馅或夹馅面点制品的好坏时，人们往往把馅心质量作为衡量的标准，许多点心就因面点制品的馅料讲究、做工精细、巧用调料，使制品达到“鲜、香、嫩、润、爽”等特点而大受食客的欢迎，这些都反映着馅心对面点口味的重要作用。

（二）影响面点的形态

馅心与制品的成形有密切关系。首先，馅心能美化成品的外形，许多面点从外部就能观看到馅心，或者馅心半隐半现，因此，鲜艳的馅心颜色可以使面点外形美观。如四喜蒸饺、凤尾烧卖、蟹黄烧卖等在生坯做好后，再在空洞内配以火腿、虾仁、青菜、蛋白、蛋黄、蟹黄、香菇末等。其次，适当硬度的馅心包入面坯后，能使面坯容易造型、入模，成熟后不走样，不塌馅，使外观花纹清晰美观。如用于花色品种的馅心，一般应干一些、稍硬一些，这样才能撑住皮坯，保持形态不变；皮薄或油酥制品的馅心，一般情况下应用熟馅，以防需长时间熟制面点外皮开裂；坯皮性质柔软的，馅料也应相对柔软，才有利于制品的包捏成形，如果馅料过于粗大，就不利于包捏成形。

（三）形成面点的特色

面点的特色虽与面坯的配方、制作工艺、成熟方法等有关，但大多面点的特色是由不同的馅心形成的，因为馅料所用原料的品种与坯皮料相比要丰富得多。如广式面点馅心选料广泛，制作精细，口味清淡，具有鲜嫩爽香等特点，特别是以水果、蛋、奶类为原料制作的馅心是其他风味点心所没有的；苏式肉馅多掺鲜美皮冻，卤多味美；京式馅心口味多咸鲜，肉馅多用水打馅，并常用葱、姜、京酱、香油等为调辅料，形成北方地区的独特风味。

（四）丰富面点花色品种

由于馅心用料广泛，调味方法多样，加工方法多样，使得馅心的花色丰富多彩，从而丰富了面点的品种。同样皮料的水饺可因馅心不同分为清素水饺、鱼肉水饺、猪肉水饺、水晶水饺、三鲜水饺等；包子可因馅心不同分为三鲜包、咸菜包、鲜菜包、奶黄包、莲蓉包、鲜肉包、豆芽包、菜肉包、百果包、鸡肉包等；如调味一变，就出现了咸、甜、咸甜等不同风味的品种；同样用猪肉，就可加工成肉丝、肉丁、肉蓉等形状，制得的面点就各有不同，从而大大丰富了面点的品种。

二、馅心的分类

馅心的种类很多，常见的有以下几种分类方法。

（一）按制作方法划分

从馅心的制法上看，可分为生馅、熟馅二大类。生馅即将原料经刀工处理后，直接调味拌制而成。熟馅则是原料在刀工处理后，还需经过烹调的过程使之成熟，或直接利用酱、卤、烤过的成熟原料。生馅和熟馅的区别不仅体现在它们的制作程序完全不同，而且它们的选料和成品的食用特性也完全不同，同种馅心具有相似的制作程序和食用特性。生馅宜选用鲜嫩多汁、易于成熟的原料，成品清鲜细嫩；而熟馅宜选用老韧鲜香的原料，成品香浓味美。

（二）按制作原料划分

从所用原料的性质看，馅心可分为荤馅、素馅和荤素馅。荤馅多以畜禽肉及水产原料为主料，口味上要求咸淡适宜、鲜香松嫩、汁多味美。素馅多以鲜、干蔬菜为主料，再配以豆制品、鸡蛋等原料制成，口味要突出清香爽口的特点。荤素馅或以荤为主，配一些素料，如各种肉类分别与不同蔬菜的匹配及几种海鲜原料与时令蔬菜的搭配，此类馅心优点多，使用较普遍；或以素为主，配少量的荤料，如翡翠馅、萝卜丝馅等与火腿、猪肥膘的搭配，适用于一些特色面点。

（三）按口味划分

从口味上看，馅心主要分为咸馅、甜馅两大类。咸馅用料广泛，形成的种类很多，使用也很普遍。甜馅虽然种类不及咸馅多，但很多消费量较大的面点选用甜馅，使其实际用量非常多，如豆沙馅、莲蓉馅、果味馅等（表 6.1）。

表 6.1　馅心分类表

类　别		品　名
生馅	生咸馅	生肉馅：猪肉馅、牛肉馅、虾仁馅、滑鸡馅、羊肉馅
		生菜馅：白菜馅、韭菜馅、萝卜丝馅
		生菜肉馅：芹菜肉馅（以鲜肉馅为基础，加蔬菜原料拌制而成，此类馅心荤素搭配）
	生甜馅	五仁馅、白糖馅、麻仁馅、水晶馅、
熟馅	熟咸馅	熟肉馅：肉粒熟馅、叉烧馅、咖喱馅、汤包馅
		熟菜馅：素三鲜馅、素什锦馅、雪里蕻咸菜、霉干菜、豆制品、黄花菜、蘑菇、粉条等
		熟菜肉馅：雪笋肉馅、三丁馅、五丁馅、蟹粉馅
	熟甜馅	豆沙馅、豆蓉馅、莲蓉馅、奶黄馅、枣泥馅、芝麻馅、薯泥等

三、馅心制作的要求

馅心制作是将各种原料制成馅心的过程，主要包括选料、初加工、调味、拌制或熟制等工序。生馅和熟馅的制作方法虽有所不同，但是作为馅心，一些制作的基本要求是相同的，以下从馅心选料、馅料规格、馅心干湿度、馅心口味等几个方面来叙述。

（一）馅心选料

馅心原料的选用虽然非常广泛、自由，但选料时也应遵循一定原则：一是要选用新鲜味美的原料，可以改善面点的风味，不能选用陈烂、异味重的原料；二是要选用能提高面点营养价值的原料，不要选用不利于营养平衡的原料；三是要选用适宜发挥面坯工艺特性的原料，不能选用难于加工制作的原料。

（二）馅料规格

馅料是制作馅心的基本原料，为了让制品易于包捏成形，就必须要求馅料与坯皮相适应。因馅心是包入坯皮中的，而坯皮是由米、面制成的，非常柔软，如果馅料规格过大，就很难包捏成形或熟制时容易产生皮熟馅生的现象。所以，要求馅料宜小不宜大，宜碎不宜整，可加工成细丝、小丁、碎末、蓉泥等较小的规格。

（三）馅心干湿度

要使制品成形好看，口感好，则馅料必须掌握好干湿度，即馅料的含水量、黏性。如水分大，黏性差，则不利于包捏成形，口感也差；相反，如果水分小，黏性大，虽然有利于包捏成形，但是口感不鲜嫩，也影响成品的品质。

馅心调制主要有生拌和熟制两种方法，荤、素馅都可以采用。素馅生拌可以达到鲜嫩、柔软、味美的特点，但必须减少水分、增加黏性。如新鲜的蔬菜制作生菜馅时，因新鲜蔬菜中的水分含量很高，多在90％以上，因此制馅时黏性差，必须减少水分，增加黏性，黏性强、水分少这两点是调制生菜馅的两大关键。

减少水分的办法有：

（1）蔬菜切碎后直接用手挤压或用重物压制出水。

（2）或加入干性原料吸水。

（3）或用盐腌制，使生蔬菜中的水分脱出，从而达到减少水分的目的。

增加黏性的办法有：采取添加油脂、酱类、面粉、鸡蛋等具有黏性的原料的方法。

熟菜馅的馅料多用干制菜，水分少，黏性更差，用热水泡制干菜可增加水分，采用勾芡的方法可增加馅心卤汁的浓度和黏性。

生肉馅料则与生菜馅料情况相反，肉类蛋白质含量高，油脂重，水分少，黏性过足，所以制作生肉馅心则需增加水分，减少黏性。采取的办法有“打水”或“掺冻”，并掺入调味品，使馅心水分、黏性保持适当，包入坯皮中后，经熟制达到鲜嫩多汁的特点。

熟肉馅要经过加热制熟，馅心又湿又散，黏性也差，需加入湿淀粉勾芡，吸收溢出的水分并增加馅心的黏性，这样则可使馅心肉汁融合，味浓鲜美。

甜味馅为了保持适量水分，采用泡、煮的方式，或加入熟油调节馅心干湿度，炒制成熟，加糖、油融合，增加黏性，与其他辅料凝成一体；拌制的馅心则用成熟时的温度使油、糖融合，增加黏性。

（四）馅心口味

中国幅员辽阔，各地气候、地理环境、饮食习惯、口味要求各方面都有所差异，所以馅心口味多样。由于点心食用时通常不再调味，再加上经熟制要失掉一部分水分，使咸味增加。所以，馅心调味应比一般菜肴淡一些（水煮面点及馅少皮厚的品种除外）。

第二节　馅心原料的加工

可以用来制作面点馅心的原料品种很多，绝大多数可以用来制作菜肴的动、植物原料都可以用来制作馅心，只是在原料选择时对原料成熟度、原料部位的要求有所不同，对原料的刀工处理也有专门的要求，另外，干货原料还需要经过胀发复水后才能使用，因此，馅心原料的加工会直接影响到面点制品的形态、色泽、口感、风味等多方面的质量。

一、动物性原料的加工

（一）原料的选择

哺乳类动物性原料是面点馅心中使用最多的动物原料，猪、牛、羊、驴、马、狗和其他多种野兽的肉都可以用来制作馅心。用来制作生肉馅时，一般应选择结缔组织丰富、吸水性好、肥瘦相间部位，如猪的前胛、五花肉等。用来制作熟肉馅时一般多选择肌肉组织发达的腿、臀部位的肉。不管选择什么部位的肉，都要求肉质新鲜。

禽类原料中的鸡、鸭、鹅、鸽、鹌鹑和野鸡、野鸭等都可以用来制作面点的馅心，用来制作生馅时，一般选用禽类的脯肉，禽类也可以煮、蒸、烤熟后用来制作熟馅。

水产品原料中的鱼、虾、蟹、贝类都可以用来制作馅心。蟹类通常用来制作熟肉馅，而鱼、虾、贝类既可制作生馅也可制作熟馅，用鱼制作熟馅时要选择刺少肉多、肉呈蒜瓣状的鱼类。

海参、鱼翅、鲍鱼、燕窝、干贝、虾米、蟹米等干货原料是用来制作高档面点馅心的原料；还有火腿、风干鸡、风干鱼、板鸭、咸鹅等腌腊制品也是常用的制馅配料。

（二）原料的初加工

1. 宰杀与分割

大型的哺乳类动物性原料，一般不需要厨房工作人员宰杀和分割，多由专门的畜类宰杀场所进行宰杀分割，不同部位的猪、牛、羊肉都可以在食品原料市场购买到，只需根据面点品种的要求选择肉品就行；禽类等动物原料既可以购买宰杀分割好的特定部位，也可以到禽类宰杀场地现场定制宰杀，这样可以满足在原料选择上的特殊要求，因此，禽类等小型动物原料的各部位的原料特性及分割是必须掌握的；鱼类原料宰杀时不要碰破苦胆，将内脏清除干净，去净内腹的黑膜。对于用来制作馅心的动物性原料的分割可以记住这样的基本原则：质地较嫩、胶原蛋白和脂肪都很丰富，吸水率高的部位可

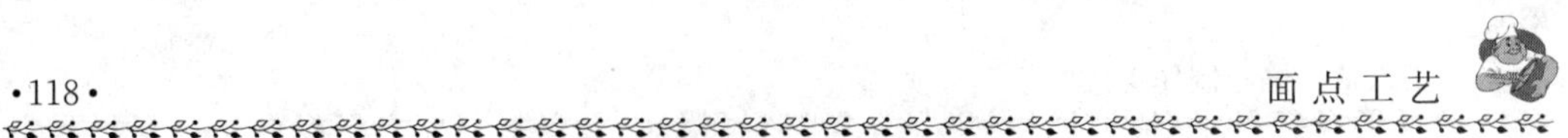

以用来制作生肉蓉馅，如猪夹心肉、五花肉、鸡脯肉、鸡腿肉；质地细嫩，结缔组织少的部位可以用来制作用于上浆、划油炒制的熟馅，如猪里脊、通脊、后臀肉、鸡脯肉等；质地较老的部位则可以用来制作熟肉馅。

2. 清洗

动物性原料的清洗可以去除原料的腥、臊异味，畜类原料清洗时要注意肉中的血污必须洗净。清洗的方法：生肉一般是用清水漂洗，异味较重、血污较多的牛、羊、狗肉则必须用足够的时间来泡洗；动物的内脏则需要用盐、醋、矾等原料来搓洗；肉皮作为原料时则需要用热水进行刮洗才能去净异味。禽类原料清洗时要注意摘除气管、食管、肺等容易残留的部位，剥去掌的老皮，去掉尾脂腺。鱼虾类原料一般用清水洗净即可。

3. 干料胀发

使用干货原料时为了尽量恢复这些干货原料鲜嫩、细腻、松软的组织结构，首先要对原料进行胀发，胀发的方法有水发、蒸发、油发、碱发、火发等，其中以水发、蒸发的方法在馅心制作时用得最多。水发的原则是最终使原料成为软、嫩、含水丰富的状态，非常容易胀发的原料用冷水发，稍难胀发的用热水发，很难胀发的用温热的水反复焖、泡胀发。腌腊制品胀发的目的一是回软，二是去除部分咸味，使用前一般先蒸熟。

（三）形态处理

为适应面点的成形、成熟的需要，馅料一般都加工成丁、丝、粒、末、蓉等形状。制馅原料广泛，性质差异大，常用的加工处理方法如下。

1. 绞

用绞肉机将原料绞碎，是制馅中运用最广泛的一种加工处理方法，适用于将多种原料加工成细小的末、蓉形状，如鲜肉馅等。

2. 切

用刀将各种原料加工成丝、丁状，如肉丝、鸡丁等。

3. 剁

用刀将原料加工成细碎的形态，一般先切成小料，再剁匀、剁细，适用于质脆嫩、含水量高、形状大的原料。

二、植物性原料的加工

（一）原料的选择

面点中常用的植物性原料包括蔬菜、果品类和菌类。

1. 蔬菜

蔬菜是以植物的根、茎、叶、花及果实等可食部分供食用的一类原料。在面点中主要用于制作素菜馅和作为荤菜馅的配料。蔬菜品种繁多，根据蔬菜的组织构造、可食部分和加工情况，可分为叶菜类、根茎菜类、果菜类、花菜类、干菜类。

叶菜类富含维生素和无机盐，水分含量一般较高。生菜馅制作时通常选用这类原料，常用的品种有小白菜、菠菜、芹菜、韭菜、芫荽（俗称香菜）、豌豆苗等。

根茎菜类是指以变态的肥大根或肥大的变态茎为食用对象的蔬菜。根茎菜类富含蛋白质、糖类，水分含量比较低，比较适宜作为熟菜馅的原料。常见的品种有萝卜、胡萝卜、土豆、芋头、马蹄等。根茎类蔬菜保管不当时会发芽，影响使用质量，部分品种还会产生有毒成分，选料时应注意。

果菜类是以果实和种子作为食用对象的蔬菜。按果菜的特点可分为茄果、瓜类和荚果，生熟馅心均可使用这类原料。常见的品种有如番茄、茄子、辣椒、黄瓜、南瓜、冬瓜、毛豆、四季豆、豇豆等。

花菜类是指以植物的花蕾器官作为食用对象的蔬菜。其种类不多，常见的有黄花菜、花椰菜、韭菜花等。其中黄花菜大多数制成干制品，花椰菜适宜制熟馅，韭菜花则宜制生馅。

干菜类是以各种新鲜的蔬菜经过焯水、盐腌、日晒、烘焙等方法脱去部分水分加工而成的制品。干菜的品种很多，选用时要注意选择无霉变、虫蛀、无异味、无杂质，用质嫩的蔬菜干制而成的制品。

2. 果品类

果品原料在面点中用于制作甜味馅心及面点的装饰点缀。常用的有水果、干果、果脯蜜饯、果酱等。

水果也称鲜果，是果品中最重要的一部分。水果水分含量充足、清香甘甜、鲜美可口，均能直接食用。在面点制作中，除用于制作生甜馅外，还能单独制成水果冻及面点制品的表面装饰、点缀、美化。

干果是指经风干、晒干、烘干的一类果实。其含水量极少，易于贮藏，便于运输，熟制后口感香醇味浓。在面点中常用于制作生、熟甜馅。常见的品种有红枣、柿饼、葡萄干、桂圆干、核桃、板栗、花生、瓜子、松子、杏仁、芝麻等。

果脯蜜饯是果品通过糖渍、干制后的加工品，具有浓郁的果香。既可以用来制作生甜馅，还可用在其他原料的甜馅中调节风味。常用的有苹果脯、杏脯、蜜枣、冬瓜糖等。

果酱是指鲜果料经过煮制后去皮、核，捣成泥加糖进一步熬制成的泥状果品。主要有桃子酱、橘子酱、苹果酱、草莓酱及什锦果酱等。果酱常用于面点中的夹馅料及装饰。

3. 食用菌类

食用菌类是指以大型无毒真菌类的子实体作为食用对象的蔬菜。有鲜料、干料和罐装三种。干料需胀发才能使用。常见的品种有蘑菇、香菇、金针菇、平菇、黑木耳、银耳、猴头蘑等。食用菌类在面点制馅中使用灵活，生、熟、咸、甜馅心均可使用。

（二）原料的初加工

1. 摘剔加工

蔬菜类原料的使用首先要去除不可食用的部分，称为摘剔加工。摘剔加工常采用摘、剥、削、撕、刨、刮、剜等手法，将原料中不能食用的老根、黄叶、外壳、籽核、筋质、内瓤、虫斑等部位进行剔除，摘剔工作要根据原料的形状、品种、成熟度的不同选择具体的加工方法，在摘剔加工时既要充分保留可食用部分，避免浪费，又要剔净不能食用或影响馅心制作质量的部分。常用原料的具体加工方法如下。

（1）叶菜类：一般采用摘和切的方法，先摘去老帮老叶、黄叶、烂叶，切去老根。

（2）根茎菜类：主要用刮、剜、切的方法，先将外皮、筋、膜、须等用刀刮去，再剜去腐烂、病虫等有害部位，切除硬根。

（3）果菜类：瓜类一般先用刀切去瓜蒂，再削去瓜皮，然后剖开剜去瓜瓤；荚果类用手掰掉尖部，顺势撕去老筋；茄果类摘去蒂即可。

（4）花菜类：刮去锈斑，去掉老叶、老茎即可。

（5）食用菌：摘除明显损坏部位，剪去老根即可。

（6）鲜果类：用剥、削的方法去除外皮，剖开剔去果核。

（7）干果类：剥除外壳，用搓或水泡法去除外皮。

（8）果脯蜜饯类：大多可直接刀工处理，部分品种需剖开剥除果核。

2. 清洗

除果脯蜜饯和部分的干果原料外，绝大部分植物性原料要经过清洗加工，清洗对馅心质量影响很大，通过采用冲洗、刷洗、漂洗等方法，可以去除在摘剔过程中无法清除的泥沙、杂质、虫卵、残留的农药、化肥及细菌、致病的微生物、工业三废的污染物，确保原料的卫生。

大多叶菜类、果菜类的清洗可以先经过适当的浸泡，再用洁净的水冲洗即可。当新鲜蔬菜或干菜表面泥沙附着较多时需要逐片进行刷洗；夏季前后，大多蔬菜表面有虫卵和幼虫附着，应该用2%～3%食盐水洗涤。

清洗加工要注意保护营养素，尤其是水溶性维生素和无机盐，除了要先洗后切外，清洗时用力要适度，不能使劲搓揉挤压，以防破坏原料的组织结构，导致营养成分流失。

（三）刀工处理

植物性原料在拌制、调味成馅前均需要经过切、剁、擦等方法处理，加工成一定的形状，其加工方法根据原料本身的性质和面点的不同而不同，少数品种面点需要将原料切成丁、丝等形状，大多时候都需将原料加工成细碎的末状。常见蔬菜的加工方法如表6.2所示。

表6.2　常见蔬菜的加工方法表

蔬菜品名	刀工处理
葱	以切为主，顶刀直切，可保持葱香，大葱切后还要剁至细碎
白菜	先顺长剖开，然后顶刀切成丝，再细剁而成
茭白、冬瓜	先擦成丝，再剁制而成（刀工时要刮尽瓜瓤，先擦后剁，剁好后要加盐将水渗出）
萝卜	先擦成丝，焯水去除辣味，再细剁
韭菜	将韭菜顶刀切细

续表

蔬菜品名	刀工处理
芹菜	先用热水烫后再切碎
洋葱	—
芸豆、豇豆	用水烫后，再顶刀细切
竹笋	先焯水，切片，叠起后切丝，再顶刀切成粒状
花生、桃仁	油炸成熟后用刀铡切致碎

三、包馅的比例及要求

面点中所含馅心比例不仅直接影响面点的形态、口味、口感、色泽等感官质量，同时影响面点的制作工艺，还与面点制作的成本密切相关。因此，研究面点包馅的比例及要求在面点制作技术中非常重要。

在设计面点包馅的比例时，既要考虑所做面点制品的特点、制作工艺与熟制方法，还要考虑所选原料的种类、性质，掌握季节变化规律和不同地区的饮食特点。

在饮食行业中，常将包馅面点制品分为轻馅品种、重馅品种及半皮半馅品种三种类型。

（一）轻馅品种

轻馅品种皮料与馅料为：皮料占60％～90％，馅料10％～40％。适用于两类面点，一类是其皮料具有显著特色，而以馅料辅佐的品种。如开花包要突出其皮料松软、体大而开裂的外形，故只能包以少量馅料以衬托皮料。再如，象形品种中的荷花酥、海棠酥、金鱼包等，主要是突出造型，如包馅量过大，常造成变形达不到成品外观上的指标。另一种是馅料具有浓醇香甜味，多放不仅破坏口味，而且易使皮子穿底。如水晶包、鸽蛋圆子，常选用水晶馅、果仁蜜饯馅等味浓香甜的馅心，适宜于轻馅制作。

（二）重馅品种

重馅品种皮料与馅料所占比例分别为：皮料占20％～40％，馅料占60％～80％。也适用于两类面点，一类是馅料具有显著特点的品种，如广东月饼，以薄皮大馅著称，馅心变化多样，制品以突出馅料为主，其馅心有五仁、百果、椰蓉等。另一种是皮子具有较好韧性，适于包制大量馅心的品种，如水饺、锅贴、烧卖等，以韧性较大的水调面做皮子，能够包制大量的馅心。这类制品馅大、品种多、味美、口感筋道。

（三）半皮半馅品种

半皮半馅品种是以上两种类型以外的包馅面点，其皮料和馅料所占比例是：皮料占50％～60％，馅料占40％～50％。适用于皮料与馅料各具特色的品种，如各式大包、各式酥饼等。既突出了皮料的特点又体现出馅心的风味。

在实践过程中，包馅面点种类很多，千姿百态，但只要根据制品的具体特点和皮料的性质以及馅料的特色灵活掌握包馅量，使馅心与皮料相得益彰，就能反映出整个面点的特色来（表6.3）。

表6.3　面点包馅的比例表

类型	皮料	馅料	适用品种
轻馅品种	60%～90%	10%～40%	① 适用于包馅面点其皮料具有显著特色，而以馅料辅佐的品种。如开花包要突出其皮料松软、体大而开裂的外形，故只能包以少量馅料以衬托皮料 ② 包馅面点的馅料具有浓醇香甜味，多放不仅破坏口味，而且易使皮子穿底，如水晶包、鸽蛋圆子，常选用水晶馅、果仁蜜饯馅等
重馅品种	20%～40%	60%～80%	① 适用于包馅面点的馅料具有显著特点的品种，如广东月饼，以薄皮大馅著称，馅心变化多样，制品突出馅料为主，其馅心有五仁、百果、椰蓉等 ② 包馅面点的皮子具有较好韧性，包制大量馅心的品种，如水饺、锅贴、烧卖等，以韧性较大的水调面做皮子，能够包制大量的馅心
半皮半馅品种	50%～60%	40%～50%	适用于包馅面点的皮料与馅料各具特色的品种，如各式大包、各式酥饼等。既突出了皮料的特点又体现出馅心的风味

四、皮冻制作工艺

（1）品种介绍：在苏式面点制作中，经常会在馅心中掺入皮冻。在面点馅料中加入皮冻有以下作用：可以使馅料稠厚，便于包捏；熟制过程中皮冻熔化，可使馅心卤汁增多，味道鲜美。掺冻的馅心主要是生肉馅和生菜肉馅，常用于汤包、小笼包、饺子、大包等的制作。

（2）实训目的：熟悉生肉馅制作技术，掌握皮冻制作技术。

（3）原料组配：猪肉皮，火腿、母鸡或干贝等鲜料，制成鲜汤，再熬肉皮冻。

（4）制作程序：制冻有选料和熬制两道工序。

① 选料。制皮冻的用料，常常选择猪肉皮，因肉皮中含有一种胶原物质，加热熬制时变成明胶，其特性为加热时熔化，冷却就能凝结成冻。在制皮冻时，如只用清水（一般为骨汤）熬制，则为一般皮冻。讲究的皮冻还要选用火腿、母鸡或干贝等鲜料，制成鲜汤，再熬肉皮冻，使皮冻味道鲜美，适用于小笼包、汤包等精细点心。

② 熬制。将肉皮去毛、用热水刮洗干净，放入锅中，加水或骨汤将肉皮浸没，在旺火上煮至手指能捏碎时捞出，用刀剁成粒状或用绞肉机绞碎，再放入原汤锅内，加葱、姜、黄酒，用水慢慢熬，边熬边撇去油污及浮沫，直熬至肉皮完全粥化呈糊状时盛出，冷却后即成。

（5）成品特点：馅料稠厚，便于包捏。馅心卤汁增多，味道鲜美。

（6）制馅技术分析：掺冻量的多少，应根据冻的种类及具体品种的坯皮性质而定。一般情况下，每1000g肉中加600g左右皮冻。如用水调面及嫩酵面等做坯皮，掺冻量可以多一些。而用大酵面作坯皮时，掺冻量则应少一些，否则，卤汁被坯皮吸收后，容易穿底漏馅。苏式点心中甚至有全部用皮冻制成的汤馅。因皮冻用途较广，不是用于某一特定馅心中。

皮冻大体分为硬冻和软冻两类。两种冻制法相同，只是所加汤水量不同。硬冻放原汤少，每100g肉皮加汤水1500～2000g，比较容易凝结，多在夏天使用；软冻放原汤多，每1000g肉皮加汤水2000～3000g。还有一种叫水晶冻，是把煮烂的肉皮从锅中取出后用纯汤汁制成的冻。

（7）皮冻制作工艺图解（图6.1）。

①将肉皮去毛

②用热水刮洗干净

③葱、姜和肉皮

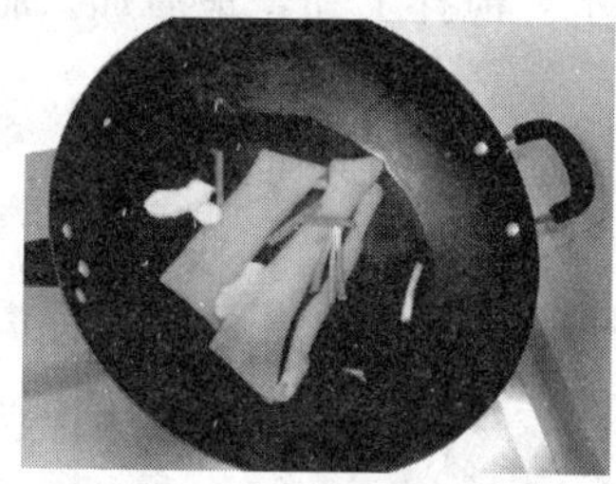
④加水或骨汤旺火上煮

⑤熬至肉皮为粥化呈糊状即可

图6.1　皮冻制作工艺图解

第三节　生馅制作工艺

生馅是指在馅心制作过程中不经过加热处理，或原料虽经过加热处理，但馅心没有达到完全成熟的程度，还需进一步加热至熟才能食用的馅心。按调味的不同又可以分为生咸味馅和生甜味馅二大类。

一、生咸味馅制作工艺

生咸味馅是以咸鲜味为主体口味，使用各种动植物原料制作而成的生馅。根据所用原料的不同可以分为生肉馅、生菜馅和生菜肉馅三种。

(一) 生肉馅制作技术

1. 猪肉馅

(1) 品种介绍：生肉馅是以生鲜肉类原料经过刀工处理后，加调味品、水（汤）、或皮冻拌制一定黏性的馅心。其口味特点为鲜香、肉嫩、多卤，适合于包子、饺子等品种。其中猪肉馅是使用最多的生肉馅，它的选料和制作工艺非常具有代表性，其他生肉馅大多可参考猪肉馅的工艺制作。

(2) 实训目的：熟悉生肉馅制作技术，掌握猪肉馅制作技术。

(3) 原料组配：见表6.4。

表6.4　鲜肉馅组配　　单位：g

馅心 \ 原料	猪夹心肉(肥4瘦6)	水	皮冻	花生油	葱	姜	精盐	酱油	料酒	味精	胡椒粉	芝麻油
鲜肉丁馅	500	100	—	20	20	10	10	10	15	2	1	5
水打馅	500	200	—	20	10	5	12	—	15	3	1	5
灌汤馅	500	200	300	20	10	10	12	20	15	3	2	10

(4) 制作程序：将猪肉肥瘦分开，清洗干净，批切成3mm见方的粒状，水打馅和灌汤馅再剁成蓉；生姜洗净去皮，切成姜末，葱洗净切末；将瘦肉先倒入大盆内，加入精盐、花生油、酱油，搅拌入味，再分次加入水，搅拌上劲，最后加入肥肉和皮冻粒、葱末、姜末、芝麻油、味精，拌匀即成。

(5) 质量要求：咸淡适中，肉质肥嫩，软硬适度，口味鲜美。

(6) 制馅技术分析：

① 选料：生肉选料非常广泛，既可以一种原料制馅，也可以几种肉类搭配成馅，选料时要考虑不同原料具有的不同性质，以及同一种原料不同部位具有的不同特点，根据原料的质地、风味进行合理的搭配。

生肉馅的动物性原料可以选用猪、牛、羊、鸡、鸭、鱼、虾、蟹等。原料以质嫩、新鲜为好。如猪肉，最好选“夹心肉”，因夹心肉肥瘦比例适当，绞成肉泥吃水量较高，制成馅才能达到鲜嫩、多卤的要求；又如，鸡、鸭、鱼、虾肉质地鲜嫩，可以单独成馅，但因脂肪少，配上肥猪肉，一起剁成细泥，味道就会更加鲜美。在猪肉馅中加入一定量的鸡、鸭、鱼、虾、蟹等原料，可以分别制成鸡肉馅、鸭肉馅、鱼肉馅、虾肉馅、蟹肉馅。

② 加工：肉馅既可以加工成粒状，使成馅有肉粒的质感，也可以将肉剁细剁匀或用绞肉机绞成蓉。但应注意使肥膘蓉粒粗于瘦肉，瘦肉也不要剁得太细，肥瘦比例一般为4∶6或者5∶5。

③ 调味：调味是保证馅心质量的重要手段。各地由于口味和习惯的不同，在调味品的选配和用量上存有差异，北方偏咸，南方喜甜。北方喜欢在馅心里加入多量的葱、姜、花椒水、面酱等调味品。因此，各地应根据当地的具体情况和食用对象进行调味。

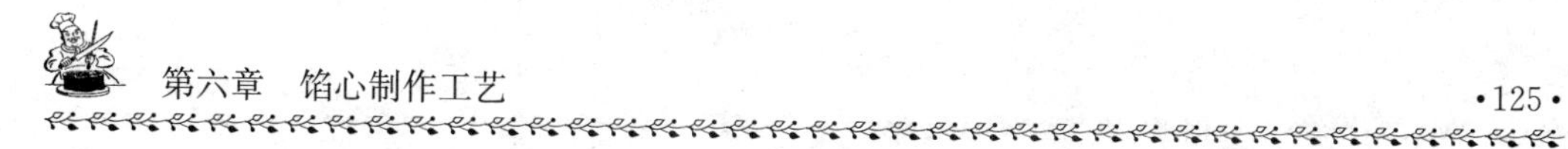

调制生咸馅，各种调味品和其他调辅料的用量以及下料的先后顺序对馅心的质量都有一定的影响。调味料的用量，一般情况下肉馅500g，可放盐10～15g，酱油10～20g，味精3～5g，另外也可适当放入葱、姜、料酒。同时要根据其质量要求和地区特色加以增减。

馅心风味多样，但加入调味料的先后顺序基本相同：首先是加盐、酱油（有的还加味精、胡椒）于馅料中，经过搅拌确定基本咸味，也使馅料充分吃味，再逐次加水搅拌，然后可按品种要求掺入皮冻，最后再放味精、芝麻油、葱等。

调味一般应注意的是：调制好的馅心一般应放入冰箱冷藏2h以上再用于包制，葱要等到包制时再拌入馅心；有些调味品要根据地方特色和风味特点投放，不能乱用；对于鲜味足的原料，应突出本味，不宜使用多种调料，以免影响风味；对于有不良气味的原料，一般不用于制作生肉馅，若一定要用时，除在加工处理中应先清除不良气味外，还可选用适当的调味料来改善、增强其鲜香味；调制馅心时不宜过咸，应以鲜香为宜。

④ 加水：亦称吃水、打水，是指将水或清汤通过搅拌渗入肉蓉中，使肉馅鲜嫩的一种方法。因为生肉蓉黏性大，油脂重，加水可以得到缓解，并使生肉馅松嫩多汁。加水时应注意以下几点：第一，加水量的多少应根据制作的品种而定，水少则黏，水多则懈，如以500g肉蓉为准，一般吃水量为250g左右；第二，加水必须在调味之后进行，否则，不但调料不能渗透入味，搅拌时搅不黏，而且水分也吸不进去，制成的肉馅既不鲜嫩也不入味；第三，水要分多次加入，防止肉蓉一次吃水不透而出现肉、水分离的现象；第四，搅拌时要顺着一个方向用力搅打，边搅边加水，搅到水加足，肉质起黏性为止；第五，馅拌好后，应放入冰箱冷藏1～2h。

当肉蓉加盐搅拌上劲再加水后，顺着一个方向搅拌，在搅拌力的作用下，能逐渐使肉中蛋白质能在较短的时间里形成稳定而厚实的水化层。如果无规则地搅拌肉馅，常使附在蛋白质表层的极性分子改变其原来的位置，排列出现混乱，吸附力降低，从而出现水析出（即“吐水”）的现象。“吐水”的馅心，易使皮坯稀软，不利于面点的成形和成熟，也影响了面点制品的口感。

⑤ 掺冻：为了增加馅心卤汁，使其味道更加鲜美，除了正常的加水调馅外，有些荤馅制作往往还要掺入一些皮冻。荤馅加入皮冻，不会因之而变稀难于成形，而加热后再溶化，却起到增汁的效果。冻即“皮冻”，是把肉皮煮烂剁碎，再用小火熬成糊状，经冷却凝冻而成。

其成冻原理是：动物皮中含有大量的胶原蛋白，经加热能水解生成明胶，冷却后能和大量的水一起凝成胶冻状，再受热凝胶溶化形成溶液状态。皮冻就是利用明胶的这一性质制作的。猪肉皮中胶原蛋白的含量较其他畜禽高，故制皮冻的原料主要是猪肉皮。肉皮鲜味不够，在制冻时，若只用清水熬制，则为一般皮冻，而用鸡、鸭、火腿等原料制成的鲜汤或高汤熬制的皮冻，则为高级皮冻。

掺冻的馅，称为掺冻馅、皮冻馅、灌汤馅。馅心中掺入皮冻，可增加成馅的稠厚度，便于包捏成形，掺冻可增加馅心卤汁，味美鲜香，形成汤包制品的特色。

馅心的掺冻量，根据皮坯性质而定，一般组织紧密的皮坯，如水调面或嫩酵面制品，掺冻量可以多一些。而用大酵面做皮坯时，掺冻量则应少一些，否则，馅内卤汁太多，易被皮坯吸收，出现穿底、漏馅等现象。

（7）生肉馅制作工艺图解（图6.2）。

①花色蒸饺

②蒸饺中所用的生肉馅

③以夹心肉为首选原料

④将肉加工切成丁

⑤将肉剁细剁匀

⑥加入葱姜花椒水盐等调味品

⑦逐次加水搅拌

图6.2　生肉馅制作工艺图解

（二）生菜馅制作技术

生菜馅是选用叶菜、茎菜、花菜、食用菌等新鲜蔬菜，辅以粉丝、豆干、鸡蛋等原料制作而成的一类馅心。一般是先将新鲜蔬菜摘洗加工成小料，然后经腌渍、调味、拌制而成，如白菜馅、韭菜馅、萝卜丝馅等。其特点是能够较多地保持原料固有的香味与营养成分，口味鲜嫩、爽口、清香，适用于包制饺子、包子、馅饼等。

（1）实训目的：熟悉生菜馅制作技术，掌握白菜馅制作技术。

（2）原料组配：见表6.5。

表6.5　白菜馅组配　　单位：g

原料 馅心	大白菜	水发香菇	水发木耳	五香豆腐干	水发粉丝	花生油	姜	精盐	味精	芝麻油
白菜香干馅	500	50	—	100	—	20	10	15	5	10
白菜粉丝馅	500	—	100	—	150	30	10	15	5	10

（3）制作程序：选择新鲜的大白菜，剥去外面黄叶，清洗干净，切成碎末，放入盆中；水发香菇、水发木耳、水发粉丝、五香豆腐干、生姜分别切成末；将白菜末先用一半的盐拌匀，腌渍15min，挤干水分；将香菇、木耳、粉丝、豆腐干等配料放入白菜末盆中，再倒入烧热的花生油，搅拌均匀；最后再加入精盐、味精、姜末、芝麻油，搅拌均匀即成。

（4）质量要求：馅心含水量适中，不干不析水，咸香爽口。

(5) 制馅技术分析：

① 选料：生菜馅一般选择新鲜、质嫩的蔬菜，还可以搭配竹笋、香菇、木耳、蘑菇、豆腐干、豆腐皮、粉丝、粉皮等配料，一种蔬菜可以单独成馅，也可以几种蔬菜搭配，搭配时注意色泽、质地和气味的配合。

② 初加工：蔬菜要去除皮、根、老、病、虫等不能食用的部分，然后清洗干净。木耳、香菇、粉丝等干货都要事先用水发透，洗净泥沙。大部分新鲜蔬菜还要进行焯水。焯水有三个作用：一是可以使蔬菜变软，便于刀工处理；二是可以消除异味，蔬菜中如萝卜、冬油菜、芹菜、菠菜等，均带有一些异味，通过焯水可以消除；三是可以有效地防止部分蔬菜的褐变，如芋艿、藕、慈姑等，通过焯水可使酶失活，防止褐变。

③ 刀工处理：根据原料性质和制品要求选择合适的刀工，一般采用切、剁、先切后剁、擦、剁菜机加工等五种方法，将原料加工成丁、丝、粒、末等各种形状。

④ 减少水分：新鲜蔬菜含有的水分多，若直接利用，会因大量水分溢出而影响制品包捏成形，所以要去掉一部分水分。其常用方法有四种，即加热法、挤压法、加盐法、干料吸水法。加热法是利用焯水、煮或蒸，使蔬菜失水；挤压法是指用一块洁净的纱布包住馅料用力挤压，压去水分；加盐法是利用盐的渗透作用，促使蔬菜中水分溢出；干料吸水法是利用粉条、腐干等吸收水分。在制馅过程中，常采用其中某几种方法加以综合运用以减少水分。

⑤ 调味：根据调味品的不同性质，依次加入调味品。如挥发性的调味品麻油与鲜味剂味精等宜最后投入，可避免或减少鲜、香味的流失或挥发损失。

⑥ 拌和：拌和馅料时，为增加菜馅的黏性，可以考虑加入具有黏性的调味品和一些黏性辅料，如油脂、甜酱、黄酱、鸡蛋等。拌和时，宜快而均匀，以防馅料“塌架”出水，要随拌随用。

(6) 生菜馅制作工艺图解（图 6.3）。

(三) 生菜肉馅制作技术

(1) 品种介绍：生菜肉馅是以鲜肉馅为基础，加蔬菜原料拌制而成的生咸味馅。此类馅心荤素搭配，营养合理，口味协调，使用较为广泛。

(2) 实训目的：熟悉生菜肉馅制作技术，掌握时蔬肉馅制作技术。

(3) 原料组配：见表 6.6。

表 6.6　时蔬肉馅组配　　单位：g

原料 馅心	猪夹心肉（肥 4 瘦 6）	药芹	荠菜	水	花生油	葱	姜	料酒	精盐	味精	胡椒粉	酱油	芝麻油
芹菜肉馅	500	300	—	100	20	—	10	10	12	5	2	5	10
荠菜肉馅	500	—	300	100	30	20	10	10	12	5	2	5	10

①月牙饺

②月牙饺中所采用生菜馅

③选料：大白菜、蘑菇、豆腐干等

④清洗蔬菜

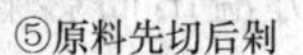

⑤原料先切后剁

⑥用加盐法减少蔬菜水分

⑦用手挤压水分

⑧拌和馅料

图 6.3 生菜馅制作工艺图解

(4) 制作程序：芹菜摘除叶片，切去根部，荠菜摘去黄叶、老叶，剪去根须等不宜食用的部分，洗净，入沸水锅内焯水，捞出用冷水过凉。将芹菜或荠菜切成细碎的末，再挤去水分，葱、姜切末待用。猪肉肥瘦分开，分别切粒后剁成蓉，将瘦肉蓉加盐、水、料酒搅拌上劲，再将菜末、葱末、姜末、油、胡椒粉、味精等原料放入肉馅中拌匀即成菜肉馅。

(5) 质量要求：咸鲜适中，细嫩爽口，口味纯正。

(6) 制馅技术分析：

① 选料：菜肉馅可以选用多种肉类和新鲜蔬菜为原料，蔬菜应按时令季节选配，以鲜嫩者为佳；搭配时注意气味的搭配，味道清淡、鲜美的肉类适合搭配气味清香的蔬菜，而异味重的原料则适合搭配药芹、洋葱、大葱、韭菜等气味浓香的蔬菜。

② 焯水：除非常软嫩的蔬菜外，制菜肉馅时，大部分的蔬菜需要焯水，斩成细末后挤水分不一定要太干，因为肉馅可以吸收多余的水分。

③ 调制：调制菜肉馅时应先将瘦肉蓉加盐、水调制上劲，再加入肥肉蓉、蔬菜末和其他调味品调拌均匀。调制时要根据蔬菜的含水量灵活掌握肉馅的加水量，蔬菜中含水分较多时，肉馅中应少加水，反之，蔬菜中应适当多加些水。因为肉馅具有吸水能力，所以，蔬菜腌渍或焯水后就不需要将水分完全挤干。

(7) 生菜肉馅制作工艺图解（图 6.4）。

二、生甜味馅制作工艺

生甜味馅是以糖为主要原料，配以粉料（糕粉、面粉）和果料，不需加热工序直接擦拌而成的馅心。加入的果料主要有果仁和蜜饯两类。常用的果仁有瓜子仁、花生仁、核桃仁、松子仁、榛子仁、杏仁、芝麻等；蜜饯有青红丝、桂花、瓜条、蜜枣、桃脯、

①春卷　②春卷中所采用的生菜肉馅　③芹菜、夹心肉，荤素搭配

④芹菜摘除叶片，切去根部　⑤入沸水锅内焯水　⑥捞出过凉，切成末，挤去水分

⑦将肉剁细剁匀　⑧肉馅中应少加水　⑨调制菜肉馅

图 6.4　生菜肉馅制作工艺图解

杏脯等。有的果料在拌入糖馅前要进行成熟处理，如芝麻要炒熟、碾碎。

生甜味馅的一般特点是：松爽香甜，且带有各种果料的特殊香味。常用的品种有白糖馅、麻仁馅、水晶馅、五仁馅。

1. 水晶馅

（1）品种介绍：水晶馅是传统的馅料，基本配方只有猪油加砂糖名为水晶馅，后来又变化出各种不同的口味。在猪油和砂糖之外再加上炒芝麻、冬瓜糖、桂花酱、青红丝或是其他的坚果仁。

（2）实训目的：熟悉生甜味馅制作技术，掌握水晶馅制作技术。

（3）原料组配：猪板油 500g，精盐 5g，绵白糖 250g，白酒 25g。

（4）制作程序：将猪板油撕去外层隔膜，切成 0.5cm 见方的小丁，拌入酒和盐腌制 15min；将绵白糖倒入腌制后的板油丁内拌匀，腌制 3～4 天即成水晶馅。

（5）质量要求：色白净，肉粒干燥，成熟后晶莹透亮，口味香甜肥浓。

（6）制馅技术分析：猪油＋绵白糖，味道很香。这是最单纯也最传统的水晶馅。在饮食行业也有用白胱油（西式脂肪）来代替猪油，虽然容易操作，但也失去猪油的香味。

（7）生甜馅制作工艺图解（图6.5）。

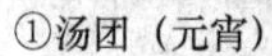
①汤团（元宵）

②汤团中所采用的生甜馅

③猪板油和糖桂花

④洗净猪板油

⑤切猪板油

⑥先用盐、料酒腌制

⑦加糖、熟面粉拌制

图6.5　生甜馅制作工艺图解

2. 五仁馅

（1）品种介绍：将核桃仁、甜杏仁、松子仁、瓜子仁和芝麻，分别炒香待用；将核桃仁、杏仁、橘饼、冬瓜糖分别剁碎待用。将以上处理后的原料洒上水，加入白糖拌匀，再加入熟面粉或糕粉拌匀，最后加入猪油擦拌均匀即成五仁馅。

加熟面粉是调制生甜馅中的一个关键，加多了馅心干燥，加少了起不到作用，检验标准是加粉后用手搓匀搓透，能捏成坨即可。

（2）实训目的：熟悉生甜味馅制作技术，掌握五仁馅制作技术。

（3）原料组配：核桃仁150g，甜杏仁150g，松子仁150g，瓜子仁100g，芝麻100g，白糖500g，熟面粉200g，橘饼150g，冬瓜糖200g，猪油200g，水50g。

（4）制作程序：核桃仁、松子仁、甜杏仁分别下油锅炸香，瓜子仁、芝麻分别炒香待用；将核桃仁、杏仁、橘饼、冬瓜糖分别剁碎待用。将以上处理后的原料洒上水，加入白糖拌匀，再加入熟面粉或糕粉拌匀，最后加入猪油擦拌均匀即成五仁馅。

（5）质量要求：松香、甜润，并具有多种果仁的香味。

（6）制馅技术分析：

① 选料：加工生甜味馅所用果料较多，果料很容易被虫伤鼠害，引起部分霉烂变质。因此，应先去掉霉烂变质部分，并除去泥沙、杂物。果料一般都有皮、核、壳等不能使用的部分，也要加工去除。如核桃仁，要去掉硬壳。去皮的方法有先烘烤再搓去外皮，也有用清水泡过以后再剥去外皮的。蜜饯、果脯之类要先用温水漂洗干净，再用干布沾去水分，然后再切成小丁。用于生甜味馅制作的肉类原料种类较少，常用的只有猪板油和猪肥膘，它们经常使用的甜味馅心，同时也是其他很多甜味馅心的配料。

② 腌渍和初步熟处理：制作生甜味馅时为了去除原料的异味，增加原料的香料，改善原料的色泽和工艺特性，有些原料需要进行腌渍和初步熟处理。如用于制水晶馅的

猪板油需要先用盐、料酒腌制，再用糖渍，猪肥膘则需要进行焯水处理；芝麻、花生、桃仁、松子仁、瓜子仁等则要先进行炒制成熟，增加其香味；而用来作为填充黏合剂的面粉则一般要先蒸制、炒制或烘烤成熟。

③ 拌制：生甜味馅的基础原料是糖、油、熟面粉或糕粉。糖在生甜味馅中不仅起到味觉的作用，还起着黏合剂的作用，能把各种果料、蜜饯粘连在一起。在生甜味馅中，充当黏合剂的还有果酱、猪油、熟面粉等，这样才能使果料均匀地掺和在一起，并融为一体。

熟面粉除了有黏合作用外，在用纯糖作馅心时，还可起到防止成品塌底、便于咬食的作用。因为用纯糖作馅心，在加热过程中糖熔化成液体，极易外溢，食用时也不方便。加熟面粉是调制生甜馅中的一个关键，加多了馅心干燥，加少了起不到填充作用。检验标准是当馅料加粉后用手搓匀搓透，能捏成坨即可。

油除了起黏合剂作用外，还能调节馅心的干湿度，增加馅心的鲜香味道。

第四节　熟馅制作工艺

熟馅是指经过加热处理，已达到完全成熟程度的馅心，用这种馅心包制的面点有时候不再加热就可直接食用。按调味的不同又可以分为熟咸味馅和熟甜味馅两大类。

一、熟咸味馅制作工艺

（一）熟肉馅制作技术

（1）品种介绍：熟肉馅是用畜禽肉及水产品等原料经加工处理，烹制成熟而成的一类咸馅心。特点是：汁浓味香、肉质酥烂、鲜美爽口。一般适用于水调面团、酵面、熟粉团面坯花色点心及用做油酥制品的馅心。

（2）实训目的：熟悉熟肉馅制作技术，掌握肉粒熟馅制作技术。

（3）原料组配：猪臀尖肉 250g（肥三瘦七），虾仁 50g，水发香菇 40g，洋葱 40g，生抽 5g，花生油 500g，白糖 10g，精盐 7g，蚝油 5g，料酒 10g，味精 3g，猪油 15g，麻油 5g，胡椒粉 1g，高汤 100g，湿淀粉 15g。

（4）制作程序：将猪臀尖肉、虾仁、香菇、洋葱分别切成黄豆大小的粒；猪肉和虾仁加盐、料酒、湿淀粉上浆；将上浆后的肉粒、虾粒倒入四成热的油锅划油后倒出沥去油；炒锅上火，加入熟猪油，将洋葱煸出香味后加入虾、肉、香菇、高汤、盐、糖、生抽、蚝油、味精，烧开后用湿淀粉勾芡，再洒上胡椒粉，淋上麻油，出锅凉透待用。

（5）质量要求：色泽浅黄，咸淡适中，香气扑鼻，汁浓味鲜。

（6）制馅技术分析：

① 选料：用生料上浆、划油的方法制馅时，多选择猪肉、牛肉、鸡肉等的鲜嫩部位，或虾肉、蟹肉等，如先将原料煮、蒸、卤、烤成熟，再炒制成馅时，一般多选择猪、牛、羊鸡、鸭等的较老部位，这些部位结缔组织丰富，耐咀嚼，香鲜味浓。无论哪种方法，都可配辅一些干菜，如冬菇、笋尖、金针菜、茭白等。

② 刀工处理：熟肉馅料形宜小，常有丁、粒、末等形状，要求规格一致，便于烹制调味。

③ 烹制方法：熟肉馅烹制主要有两种方法，一种是先把肉类经煮、蒸、卤、烤等方法熟制后，加工成粒、丁、丝、片等形状，配以相应的辅料烹炒或直接用调味汁调拌而成，特点是味浓醇厚、香酥松散、卤汁少；另一种是直接将生肉类切成粒、丁、丝等形状后，经调味上浆，待油刚熟时配以相应的辅料烹炒而成，特点是颗粒丰满、口感滑嫩、芡汁明亮。用生料直接烹制成馅时，要根据原料质地老嫩、成熟的先后，依次加入，使所有原料成熟度一致。

④ 用芡：熟咸味馅制作用芡的方法有两种：勾芡和拌芡。勾芡指烹制馅心时在炒锅内淋入芡；拌芡指将先行调制入味的熟芡，拌入熟制后的馅料，拌芡的芡汁粉料可用生粉或面粉调制。用芡的作用是：使馅料入味，增强黏性，增加口感，防止过于松散，提高包捏性能。

调制芡汁时应注意馅心用芡与菜肴不完全一样，芡汁一般较菜肴稍浓稠。

(7) 熟肉馅制作工艺图解（图 6.6）。

①酥点　②酥点中所采用的熟肉馅　③猪肉、香菇、洋葱等　④切成粒

⑤用调味汁调拌　⑥调味上浆　⑦辅料烹炒　⑧原料成熟

图 6.6　熟肉馅制作工艺图解

（二）熟菜馅制作技术

(1) 品种介绍：熟菜馅是以腌制、干制或根茎类等蔬菜为主料，经过加工处理和烹

制调味而成的馅心。其特点是清香不腻，柔软适口，多用于花色面点品种。

熟菜馅与生菜馅的区别在于：首先是主料不同，熟菜馅主料为腌制、干制或根茎类蔬菜，如雪里蕻咸菜、霉干菜、豆制品、黄花菜、蘑菇、香干、粉条等，很少使用新鲜的叶类蔬菜；其次是制作方法不同，熟菜馅所用的干菜类原料要经过冷、热水泡发，还要经过煸、炒、焖、烧烹制成熟。

(2) 实训目的：熟悉熟菜馅制作技术，掌握蔬菜馅制作技术。

(3) 原料组配：见表 6.7。

表 6.7　蔬菜馅组配　单位：g

馅心＼原料	蘑菇	冬笋	水发香菇	白糖	花生油	葱	姜	酱油	精盐	味精	虾籽	高汤	芝麻油
素三鲜馅	150	250	150	20	50	10	10	20	12	5	5	100	10
香菇冬笋馅	—	200	400	30	30	20	10	10	12	5	2	100	10

(4) 制作程序：蘑菇清洗干净、冬笋焯水与香菇均切成 4mm 见方的丁，葱姜切末；炒锅上火，下入花生油、葱姜末，煸出香味后倒入切好的蔬菜丁煸香，放入高汤，再加入虾籽、盐、酱油、糖，烧沸入味后用湿淀粉勾薄芡，放味精、麻油起锅冷却待用。

(5) 质量要求：馅心咸淡适中，香气浓郁，清爽可口。

(6) 制馅技术分析：

① 选料：熟菜馅既可选择新鲜蔬菜，又可选择品质好的干制菜和腌制菜，新鲜蔬菜一般选用含水分较少的根、茎类蔬菜或菌类，选用干制品时要避免使用已有虫蛀或霉变的菜品。

② 加工处理：主要包括泡发、清洗、刀工处理。泡发适用于干制菜，常采用热水浸泡，使干制菜吸水最大限度地恢复至原有性状。在泡发过程中，要根据原料的性质掌握水温及泡制时间，有的形大的原料也可以先切开，再泡发。干菜泡发要适度，泡发不足则老韧难嚼，泡发过度则软烂黏糊。

清洗是将泡发后的原料摘洗干净，清除泥沙杂质等，选用咸度过高的腌制品蔬菜时则要用清洗的方法去除部分咸味。

刀工处理是将原料加工成小料，或丝或丁，规格一致，便于烹调入味。

③ 烹制调味：烹制调味方法有两种，一是通过炝锅、煸炒，将主料、辅料、调料掺和一起烹制调味，将熟时，勾入淀粉芡汁，使卤汁均匀裹在馅料上，使成馅黏度适中，融为一体。另一种方法是将辅料及调料烹制入味，勾入芡汁，使卤汁浓稠，再趁热拌入已加工处理好的主料，调均匀成馅。

(7) 熟菜馅制作工艺图解（图 6.7）。

(三) 熟菜肉馅制作技术

(1) 品种介绍：将肉加工处理、烹制调味后，再掺入加工好的蔬菜馅料拌匀即成熟

①蔬菜包子

②蔬菜包子中所采用的熟菜馅

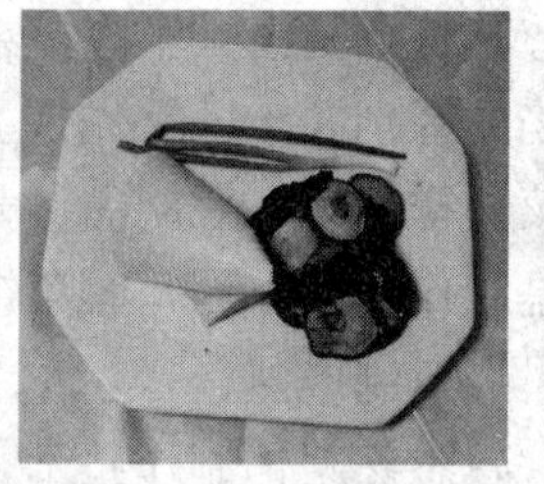

③冬笋焯水与香菇等

④切成丁

⑤葱姜切末炝锅煸炒

⑥倒入切好的蔬菜丁煸香

⑦放入高汤、盐、酱油、糖，入味后勾薄芡

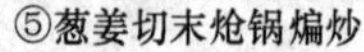

图 6.7　熟菜馅制作工艺图解

菜肉馅。其特点为荤素搭配、菜肉滋味融合、香醇浓厚、肥而不腻。常见的熟菜肉馅有鲜菜熟肉馅和干菜熟肉馅两种。

（2）实训目的：熟悉熟菜肉馅制作技术，掌握熟菜肉馅制作技术。

（3）原料组配：见表 6.8。

表 6.8　熟菜肉馅配方　　单位：g

原料 馅心	腌雪里蕻	冬笋	霉干菜	熟五花肉	白塘	熟猪油	葱	姜	精盐	味精	虾籽	高汤	芝麻油
雪笋肉馅	150	100	—	200	40	80	10	10	5	5	5	100	10
干菜肉馅	—	200	400	200	30	80	10	10	12	5	5	150	10

（4）制作程序：雪里蕻用清水浸泡、漂洗，去除泥沙和部分咸味，冬笋焯水，霉干菜用清水泡发至软；将猪肉、竹笋切成 0.3cm 见方的小丁，雪里蕻和霉干菜切末，葱、姜切末；锅内放油，将葱、姜末煸香，加入肉丁煸炒，虾籽、白糖、酱油、高汤、味精煮开，用湿淀粉勾薄芡，盛起待用；锅复上火，加底油，放蔬菜末煸香后，边炒边淋入烩制好的肉丁，再淋入芝麻油，出锅冷却即可。

（5）质量要求：馅心质嫩味鲜，油润可口。

（6）制馅技术分析：

① 选料：熟菜肉馅既可选择新鲜蔬菜，又可选择干制菜和腌制菜与肉类搭配，大多情况下选用干制蔬菜和腌制蔬菜制熟菜肉馅。特别是选用干菜与含脂肪较多的猪肉制馅，则蔬菜油润可口，馅心肥而不腻。

② 加工处理：制熟菜肉馅时一般要先将肉类煮、蒸、卤、烤至熟，干菜则要泡发、清洗干净。刀工处理时，干菜一定要切得细、碎，便于入味，容易咀嚼。

③ 烹制调味：烹制时通常是先将肉类煸炒，然后再放入高汤，加调味品煮至汤汁

融合，再将蔬菜煸炒后加汤汁拌匀。用鲜嫩的蔬菜和肉类制作熟菜馅时，还可以将肉切成细小的形态后上浆、划油后与蔬菜一同炒制成馅，这种馅心质嫩味鲜，但香气不足，缺少回味。

(7) 熟菜肉馅制作工艺图解（图 6.8）。

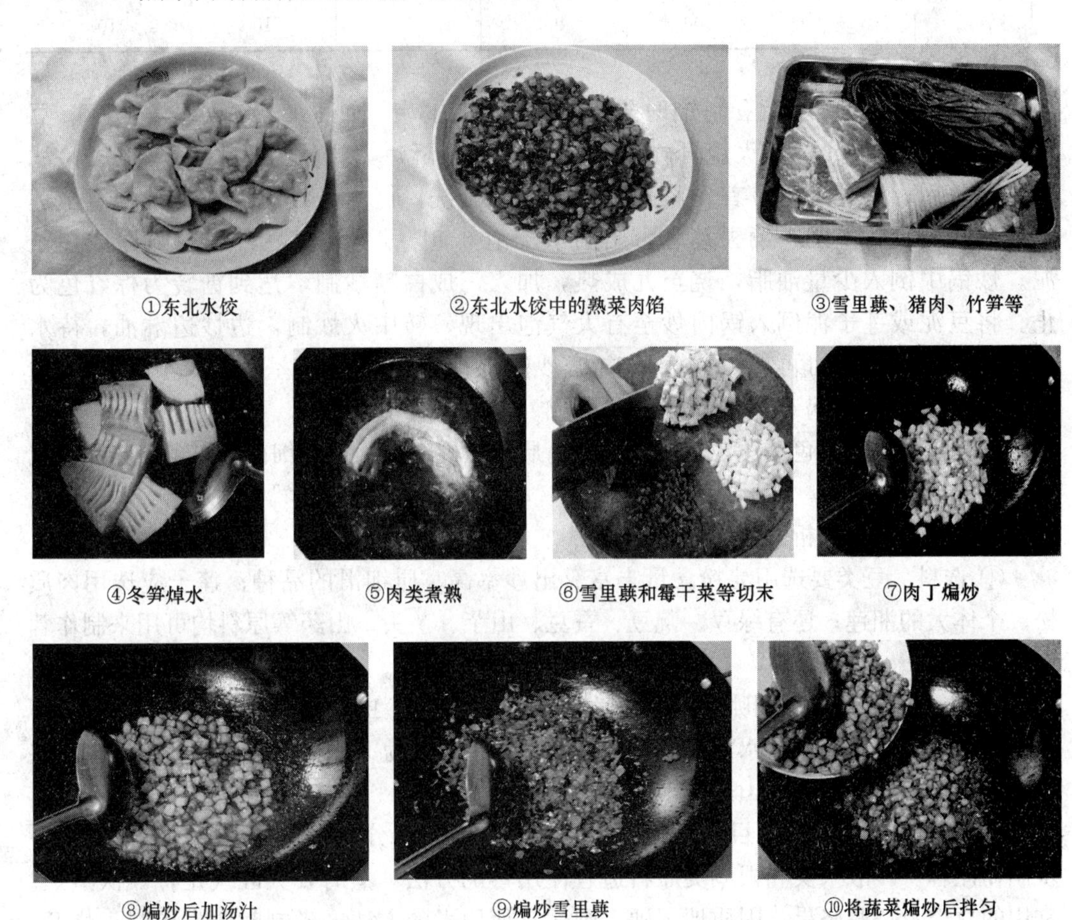
①东北水饺　②东北水饺中的熟菜肉馅　③雪里蕻、猪肉、竹笋等
④冬笋焯水　⑤肉类煮熟　⑥雪里蕻和霉干菜等切末　⑦肉丁煸炒
⑧煸炒后加汤汁　⑨煸炒雪里蕻　⑩将蔬菜煸炒后拌匀

图 6.8　熟菜肉馅制作工艺图解

二、熟甜馅制作工艺

(1) 品种介绍：熟甜馅是指以豆类、干果、植物的根茎等为主要原料，加工成泥蓉状后，用油、糖炒制而成的一类甜馅。因加工过程中要将原料制成泥蓉状，所以也常称为泥蓉馅。

熟甜馅常见的品种有豆沙、枣泥、薯泥、豆蓉、莲蓉等，其特点为馅料质地细腻、果香浓郁、甜而不腻，是制作风味点心和花色点心的理想馅料。

(2) 实训目的：熟悉熟甜馅制作技术，掌握泥蓉甜馅制作技术。

(3) 原料组配：见表 6.9。

表 6.9 泥蓉甜馅组配 单位：g

馅心＼原料	赤豆	莲子	白糖	熟猪油或花生油	青梅或桂花	碱粉
豆沙馅	500	—	600	300	10	10
莲蓉馅	—	500	400	150	10	10

（4）制作程序：用赤豆制馅时先洗净放入锅内，一次性加足凉水（每 500g 豆加水 1500～2000g），旺火烧开，中小火焖煮至豆酥烂，再用网筛将豆皮擦去，滤出豆泥备用；制莲蓉时，首先将莲子用热碱水刷洗，待水变红时换水再洗，直至莲肉洁白，再用竹签逐一捅去莲芯，用温水浸泡 0.5h 后上笼蒸烂，用网筛擦成莲子泥。炒锅中倒入少量油脂，烧至九成热，加入三成白糖炒制，达到糖转为棕红色为止。将豆泥或莲子泥倒入锅内炒至有大气泡出现，转中火炒制，边炒边淋油，待水分将干，馅质变稠时再加入剩余的白糖炒制，待锅内馅料色呈红亮、稠厚、不粘铲、不粘锅时，出锅装入干净的馅盆即成。

（5）质量要求：色泽深浅适度，油亮，质地软硬适度，口感细而不腻，口味甜爽无焦苦味。

（6）制馅技术分析：

① 选料：豆类要选用淀粉含量丰富、出沙率高、质细滑的品种；莲子应选用肉质松、个体大的湘莲；还有绿豆、豌豆、蚕豆、山芋、芋头、山药等原料均可用来制作蓉泥状馅心。

② 洗、泡：不论选用哪种原料，都要先除去干瘪、虫蛀等不良果实，清洗干净；豆类和某些干果应先用清水浸泡，使之吸收一些水分，为下一步蒸或煮打下基础；某些根茎类的蔬菜，如甘薯、山药等，要洗净，削去外皮。

③ 蒸、煮：蒸与煮的目的是为了让原料充分吸收水分，变得软、烂，以便于下一步制作泥蓉。一般果实和根茎类原料适宜使用蒸的方法，蒸时要火旺气足，一次蒸烂。常用的豆类及一些坚果，因质地干硬，则适宜使用煮的方法。煮制时要先用旺火烧开，再改用小火焖煮，为缩短煮制时间，可以使用压力锅。

④ 制泥蓉：制泥蓉的方法有三种：其一，是采用特制的铜质或不锈钢细筛子擦沙（同时擦出果皮），然后，静置沉淀，去水分而成；其二，对于根茎原料，应采取用刀抿制的方法，要反复地抿至馅料细软为止；其三，可用绞肉机绞制，优点是速度快，但所制的馅料比较粗糙，在制作时可以绞 2～3 次。

⑤ 炒制调味：制泥蓉的馅料，还需加糖、油炒制。炒制的方法，有的先用油炒糖，然后再放入馅料，有的先用油炒馅料，最后加糖等，因此炒出的馅心也各具风味。炒制时要注意掌握好火候，火力要调节适当，先用旺火炒制，使大量水分较快蒸发，再转入中、小火炒制，使馅转色，糖、油等滋味渗入馅料，还要不停地翻动，炒匀、炒透，防止粘锅、糊锅。

（7）熟甜馅制作工艺图解（图 6.9）。

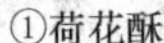
①荷花酥

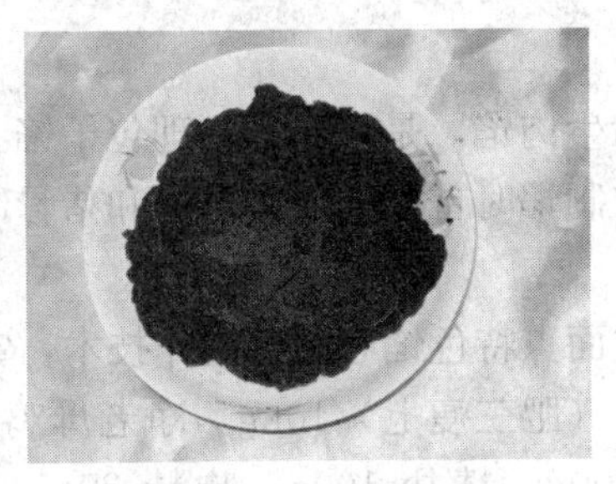
②荷花酥中所采用的熟甜馅

③赤豆与糖桂花

④熬煮赤豆

⑤用不锈钢细筛子擦沙

⑥加入糖、油翻炒

⑦广式月饼采用豆沙馅

图 6.9 熟甜馅制作工艺图解

第五节 特色馅心的品种

一、京式面点特色馅心品种

1. 汤煸猪肉馅

（1）品种介绍：此馅心为熟肉馅，是东北著名面点老边饺子肉馅的制作方法，东北地区称之汤煸馅，即将肉末煸至酥香，再加入汤水烧制，使主料和调料的味道充分融合，并产生更加鲜美的味道。

（2）实训目的：熟悉京式面点特色馅心品种制作技术，掌握汤煸猪肉馅制作技术。

（3）原料组配：猪肉 500g（瘦肉 400g，肥肉 100g），熟猪油 20g，面酱、酱油各 5g，花椒水、大料水各 2.5g，姜末 10g，绍酒、味精各 5g，精盐 10g，骨头汤 350g，葱末 50g，香油 5g。

（4）制作程序：将猪肉清洗干净，肥、瘦肉分别剁成绿豆大小的丁，在锅内放入熟猪油烧热，先下肥肉丁煸炒，再下瘦肉丁煸炒，炒约 2min 时放入面酱，炒出香味，将猪肉炒呈金黄色，放花椒水、大料水炒 1min 左右再下酱油、姜末、精盐、绍酒、骨头汤，煨约 20min 左右，加味精出锅。待其冷却后放入葱末、香油调拌均匀。

（5）质量要求：色泽黄亮，肉粒酥烂，香气浓郁，咸鲜适口。

（6）制馅技术分析：制作过程中要注意调味品的投入顺序，以此肉馅为基础，加入白菜、酸菜、韭菜等菜末则可以制成多种菜肉馅。

2. 水打猪肉馅

(1) 品种介绍：此馅心为生肉馅，是天津狗不理包子馅心的制作方法，为了使馅心水分含量丰富，味道鲜美，在制馅时首先要用老母鸡和猪骨制成鲜汤，待其冷却后加入肉馅中。

(2) 实训目的：熟悉京式面点特色馅心品种制作技术，掌握水打猪肉馅制作技术。

(3) 原料组配：猪夹心肉（肥三瘦七）10kg，净老母鸡1250g，猪腿骨1000g，葱末200g，姜末100g，酱油500g，精盐100g，味精20g，麻油300g，葱节50g，姜片30g。

(4) 制作程序：先将老母鸡、猪腿骨清洗干净，锅中加水3500g，加入葱节、姜片，料酒，用旺火烧开，撇去浮末，用小火煲3h，将制成的高汤过滤、冷却待用；猪肉清洗后切粒，再用刀剁成粗蓉，放入盆内，加酱油、精盐、味精、姜末，边搅边倒入已冷却的高汤，直至成为黏稠。有劲的厚糊状，再倒入麻油，葱末，搅拌均匀，放入冰箱稍冷却后使用。

(5) 质量要求：肉馅稀稠适度，搅拌充分，成熟后汤汁丰富，肉嫩鲜美。

(6) 制馅技术分析：此馅心为生肉馅，为了使馅心味道鲜美，水分含量丰富，在制馅中可用鸡肉汤调制肉馅，一来可以增加肉馅的鲜美程度，二来可以增加馅心的吃水量。

3. 三鲜馅

(1) 品种介绍此馅心为北京久负盛名的都一处烧麦三鲜馅的制作方法，将对虾的鲜味和猪肉的肥美结合在一起，再加上海参软糯的口感，使本馅心味道鲜美、口感丰富。

(2) 实训目的：熟悉京式面点特色馅心品种制作技术，掌握三鲜馅制作技术。

(3) 原料组配：去皮猪夹心肉500g，水发海参150g，对虾100g，麻油60g，酱油60g，黄酱30g，精盐7g，味精2g，料酒12g，姜末10g。

(4) 制作程序：将猪肉洗净，绞成碎末。水发海参去内脏，洗净，切成0.7cm见方的丁。对虾去虾头、皮和纱线，切成0.3cm见方的丁。把猪肉末、海参和虾丁一起放入盆内，加入酱油、黄酱、精盐、料酒、味精、姜末和凉水拌匀，再加入香油搅拌均匀成馅。

(5) 质量要求：馅心稀稠适度，三鲜原料配比恰当，海参发制充分，成熟后脆、嫩、有弹性，口感丰富，鲜香味美。

(6) 制馅技术分析：三鲜馅可以分为猪三鲜、鸡三鲜、全三鲜、半三鲜。猪三鲜以猪肉、虾仁和海参制成；鸡三鲜用鸡肉、虾仁和海参制成；全三鲜用鲜贝、虾仁和海参制成；半三鲜以猪肉、鸡蛋和一种海鲜制成。

4. 胡萝卜牛肉馅

(1) 品种介绍：此馅是天津市地方风味小吃胡萝卜牛肉水饺的馅心。一般选用牛的腰窝肉或前胛肉，因肉纤维短、肉质嫩、吃水多。加工时应顺刀片，切顶刀丝，以切断筋络。

(2) 实训目的：熟悉京式面点特色馅心品种制作技术，掌握胡萝卜牛肉馅制作技术。

(3) 原料组配：牛肉250g、胡萝卜250g，紫菜头250g，酱油100g，熟猪油30g，香油20g，味精3g，花椒20粒。葱花、姜末、精盐各适量。

(4) 制作程序：将牛肉剔去筋膜，洗净，剁成细末；胡萝卜切去头尾，洗净，削去外皮，擦成细丝，剁成碎末；紫菜头切去头尾，洗净，擦成细丝，放入沸水锅中略烫一下，捞入冷水锅中过凉，捞出剁碎，挤去水分。花椒加水100g，浸泡后滤去花椒成花椒水；牛肉末放入盆内，加入花椒水，顺着一个方向搅动，搅至有黏性，再加精盐、味精、酱油、葱花、姜末、熟猪油、香油，搅拌均匀，最后放入胡萝卜末、紫菜头末，拌匀成馅料。

(5) 质量要求：肉馅色泽粉红，黏性好，咸淡适中，成熟后咸鲜可口。

(6) 制馅技术分析：因牛肉有膻味，调制时可将25g花椒用500g沸水泡开制成花椒水解膻或可配入芹菜、萝卜、洋葱、大葱、白菜等辅料以增香去异味。

5. 韭菜肉馅

(1) 品种介绍：韭菜肉馅为山东煎包馅心的制作方法，肉馅中加入韭菜，味道鲜香，加入粉丝可以吸收鲜美的卤汁，不使流失。

(2) 实训目的：熟悉京式面点特色馅心品种制作技术，掌握韭菜肉馅制作技术。

(3) 原料组配：猪肉500g，水发粉丝400g，韭菜500g，盐15g，酱油50g、味精3g，花生油30g，姜末10g。

(4) 制作程序：将猪肉清洗干净，切成绿豆大小的料；粉丝用水略煮至回软，捞出沥干水分，剁碎，加花生油拌匀；韭菜切末后与肉粒、粉丝混合，加入调味品调拌均匀即成。

(5) 质量要求：馅心松散均匀，不干不湿，咸淡适中，成熟后鲜香可口。

(6) 制馅技术分析：肉馅中加入韭菜，也可加入粉丝，帮助吸收鲜美的卤汁。粉丝要发透，略烫回软即可，不能煮烂，因为有粉丝可以吸收水分，所以韭菜切末后不需要去除水分，可以更好地保持风味。

二、苏式面点特色馅心品种

1. 翡翠馅

(1) 品种介绍：翡翠馅为著名苏式点心翡翠烧卖馅心的制作方法，通常选用嫩青菜为原料，也可以用豆苗、荠菜等其他绿叶菜代替，馅心制作时原料焯水要适度，用盐腌渍。此馅用白糖和猪油较多，肥胖和高血压的人不能食用。

(2) 实训目的：熟悉苏式面点特色馅心品种制作技术，掌握翡翠馅制作技术。

(3) 原料组配：嫩青菜1500g，熟猪油300g，精盐10g，白糖400g，生姜10g，熟火腿末80g。

(4) 制作程序：将青菜质硬的菜帮切除后清洗干净，下开水锅焯熟，用冷水过凉沥干，再用刀剁成细蓉，生姜切末待用，将菜末装入布袋，挤干水分，再用少许盐将菜蓉腌渍一下去涩味，然后将菜蓉与白糖、姜末、熟猪油一起调拌均匀、揉透，即成馅心。

(5) 质量要求：色泽翠绿，水分含量适中，成熟后甜润适口。

(6) 制馅技术分析：馅心制作时原料焯水要适度，用盐腌渍，其作用是：一是可以去除青菜的涩味，二是可以增强甜味。

2. 三丁馅

(1) 品种介绍：此馅为苏式点心中富春三丁包馅心的制作方法，肉丁、鸡丁、笋丁切制时大小不同，鸡丁最大，笋丁最小，这样可以使鸡丁比较突出，笋丁脆嫩易咀嚼。

(2) 实训目的：熟悉苏式面点特色馅心品种制作技术，掌握三丁馅制作技术。

(3) 原料组配：猪肋条肉500g，熟鸡脯肉250g，熟冬笋250g，熟猪油50g，虾籽6g，酱油90g，白糖85g，湿淀粉25g，香葱8g，姜8g，绍酒5g，鸡汤400g，盐10g。

(4) 制作程序：猪肋条肉洗净焯水，然后放入清水锅中煮至七成熟捞出，冷却，切成约0.74m见方的丁；鸡脯肉焯水后切成约1.5cm见方的丁；冬笋切成约0.5cm见方的丁；葱、姜切末待用；锅中放油烧热，将葱姜末煸香，然后将笋丁、猪肉丁、鸡肉丁放入锅中稍炒，放入绍酒、酱油、虾籽、绵白糖、鸡汤、盐，用旺火煮沸入味，用湿淀粉勾芡；待卤汁渐稠后出锅，装入馅盆即成三丁馅。

(5) 成品特点：馅粒均匀，芡汁稠浓适中、咸甜鲜美。

(6) 制馅技术分析：制作时要注意火候，使肉粒、鸡粒软烂适口，形整不散。

3. 汤包馅

(1) 品种介绍：此馅为著名苏式点心蟹黄汤包馅心的制作方法。此馅制作时要注意原料的选择，肉要选择五花肉，制成的汤馅中肉粒半沉半浮，选用老母鸡可以使馅心味道更加鲜美。

(2) 实训目的：熟悉苏式面点特色馅心品种制作技术，掌握汤包馅制作技术。

(3) 原料组配：活母鸡2500g，猪五花肉1500g，活螃蟹1500g，猪肉皮1500g，猪骨头1500g，葱末25g，姜末25g，白胡椒粉1.5g，精盐90g，绍酒100g，绵白糖15g，白酱油100g，熟猪油300g。

(4) 制作程序：将母鸡宰杀、去内脏、洗净；猪肉皮、猪骨头洗净，猪五花肉洗净，切成0.35cm厚的大片。将上述原料一起放入沸水锅中焯水后捞起，另换水5kg，再将所有原料一同放入锅中煮制；当猪肉六成熟、鸡肉全熟时取出，将鸡肉剔下，与猪肉一起切成0.3cm见方的小丁；肉皮酥烂时捞出搅碎；猪骨取出另做它用。将活螃蟹刷洗干净，捆绑后蒸熟，去壳剔出蟹肉、蟹黄，称之为蟹粉；锅内加猪油烧热，放入葱末、姜末各15g略炒，再加入蟹粉、绍酒25g，精盐15g、白胡椒粉适量，炒匀入味待用。将肉汤过滤、烧沸，加入肉皮蓉略煮半小时，将肉皮蓉滤去，再烧沸后，适量，撇去浮沫，下入鸡肉粒、猪肉粒及余下调味料，最后加入炒熟的蟹粉煮沸即可。将煮好的汤馅装于盆中，不断搅拌，待汤馅冷凝后搅碎即成。

(5) 质量要求：馅心色泽黄亮，浓稠适度，鲜美不腥。

(6) 制馅技术分析：馅心制作时加水量要适中，要使馅心的汤汁浓而不黏糊。

4. 豆腐馅

(1) 品种介绍：此馅为苏式传统点心豆腐煎饺馅心的制作方法，馅心清淡而不寡薄。

(2) 实训目的：熟悉苏式面点特色馅心品种制作技术，掌握豆腐馅制作技术。

(3) 原料组配：豆腐 500g，水发香菇 125g，冬笋 100g，虾籽 10g，熟猪油 75g，精盐 25g，味精 10g，胡椒粉 10g，葱 30g。

(4) 制作程序：将豆腐切成 0.7cm 见方小丁放入开水锅中烫透，捞出用冷水浸一下，沥干水分待用；冬笋焯水后切 0.5cm 方丁，香菇切 0.7cm 见方的丁，葱切末待用；炒锅上火，放入猪油烧热，放葱末煸香加入香菇丁、冬笋丁略煸，放入虾籽、精盐、味精、胡椒粉后起锅倒入豆腐拌匀即可。

(5) 质量要求：豆腐洁白细嫩，虾籽黄亮，香气浓郁，咸鲜可口。

(6) 制馅技术分析：制馅时充分利用豆腐细嫩的特点，加入葱和虾籽的鲜味以及冬笋的鲜味和脆嫩的质感，使馅心口感层次丰富。

5. 山药馅

(1) 品种介绍：此馅为苏式特色面点山药包子馅心的制作方法。

(2) 实训目的：熟悉苏式面点特色馅心品种制作技术，掌握山药馅制作技术。

(3) 原料组配：淮山药 500g，白糖 200g，熟猪油 100g，糖桂花 10g。

(4) 制作程序：将山药洗净，削去外皮，上笼蒸烂后用刀抿成细泥待用。炒锅上火，放入熟猪油、白糖和少许清水，熬溶后加入糖桂花，再倒入山药泥，用中火抄拌，炒成干粥状即可，盛起冷却后待用。

(5) 质量要求：山药泥洁白，黏稠适度，甜润可口。

(6) 制馅技术分析：馅心选用地方特产淮山药为主要原料，充分利用它味甜质面的特点，加入白糖、桂花制成熟甜馅，使其具有香甜可口的特点，同时也有利于发挥山药的滋补药用价值，常食可以养胃强肾，益气美容。

三、广式面点特色馅心品种

1. 奶黄馅

(1) 品种介绍：奶黄馅是广式面点特色馅心。

(2) 实训目的：熟悉广式面点特色馅心品种制作技术，掌握奶黄馅制作技术。

(3) 原料组配：净鸡蛋 500g，白糖 1000g，奶油 250g，鹰栗粉 200g，鲜牛奶 500g，吉士粉 50g。

(4) 制作程序：先将鸡蛋放入蛋桶中打匀，加入鲜奶、白糖、奶油、鹰栗粉、吉士粉，继续打匀。将打匀的原料倒入盆里，上笼用慢火蒸，边蒸边搅拌（每 5min 搅一次），大约蒸 1h，蒸搅成糊状即成。

(5) 质量要求：色泽鲜亮，甜香软滑，有浓郁的奶香味。

(6) 制馅技术分析：馅料要采用蒸制的方法成熟，不能放在锅中煮，放在锅中煮会糊底，蒸制时要边蒸边搅。搅拌的目的是不让粉料沉底，从而使馅料质地均匀、细腻，防止成品夹生或结块。

2. 咖喱牛肉馅

(1) 品种介绍：此馅为广东名点咖喱牛肉角馅心的制作方法。其馅有浓郁的咖喱味，香咸适口，宜作酥皮制品馅心。

(2) 实训目的：熟悉广式面点特色馅心品种制作技术，掌握咖喱牛肉馅制作技术。

(3) 原料组配：牛肉250g，洋葱50g，咖喱粉13g，白糖6g，胡椒粉1g，味精2g，熟猪油25g，料酒10g，湿淀粉12g，清汤75g，精盐适量。

(4) 制作程序：将牛肉剔净筋，用刀剁成粗肉末，加入少量湿淀粉浆匀，下油锅滑熟，盛出控干油待用；洋葱切成小丁；锅烧热，注入大油，把洋葱放入煸香，加入咖哩粉炒香，加入牛肉末炒匀，再下入其他调料，勾入适当湿淀粉炒匀即成。

(5) 质量要求：色黄，鲜香辛辣，有咖喱洋葱和牛肉的特殊香味。

(6) 制馅技术分析：此馅有浓郁的咖喱味，制作时洋葱一定要放在锅中煸香，加入咖喱粉后火力不宜太大，以防咖喱粉变焦。此馅香咸适口，宜作酥皮制品馅心。

3. 荔蓉馅

(1) 品种介绍：此馅为广东名点葵花荔蓉饼馅心的制作方法，选用广西特产荔蒲芋头为原料，将芋头蒸熟压成蓉，加糖炒制成熟甜馅，具有芋头的天然清香气味。

(2) 实训目的：熟悉广式面点特色馅心品种制作技术，掌握荔蓉馅制作技术。

(3) 原料组配：荔蒲芋头1000g，白糖1000g，猪油150g，生油150g。

(4) 制作程序：先将芋头去皮蒸熟趁热压烂成蓉。将芋蓉、白糖放入不锈钢或铜锅中用中小火炒制，待水分将尽时，加入1/2油，边加边炒，至蜂巢状时，再加入另1/2油，炒至油料混合，用铲子铲出一点芋蓉，待冷，摸一下，若不粘手，立即盛起即成。

(5) 质量要求：光亮油润、黏稠适度、香甜可口。

(6) 制馅技术分析：芋头蒸熟压成蓉，加糖炒制成熟甜馅，充分发挥了芋蓉本身的黏性、芋头的清香气味，使馅心具有良好的天然风味和工艺特性。

4. 叉烧馅

(1) 品种介绍：叉烧馅为广式点心中的常用馅心，以叉烧肉为主要原料，用拌芡的方法调制而成。所用芡为面捞芡，别具特色。

(2) 实训目的：熟悉广式面点特色馅心品种制作技术，掌握叉烧馅制作技术。

(3) 原料组配：叉烧肉500g，面粉50g，蚝油25g，味精1g，葱12g，熟猪油50g，酱油30g，白糖500g，精盐2g，清汤250g。

(4) 制作程序：将锅烧热，倒入熟猪油，放入葱炸干后捞去（取其味）。面粉下入油锅，上火加热，慢慢搅匀，小火炒成淡黄色，将清汤分3次下入，每次下入后均搅匀。最后下入酱油、白糖、精盐、蚝油、味精，搅拌至细滑无粉粒，呈浓稠状的面捞芡，盛入盆中待用。将叉烧肉切成1cm见方、0.3cm厚的小片，倒入面捞芡盆内，用手轻轻拌匀即成。

(5) 质量要求：色泽红润、芡汁浓稠适度、咸甜适口，鲜香味美。

(6) 制馅技术分析：制作馅心时既可使用由市场上购买的叉烧肉，也可以自制叉烧肉。

5. 虾饺馅

（1）品种介绍：此馅为广东名点薄皮鲜虾饺馅心的制作方法，制馅时一部分虾肉剁蓉，一部分切粒，剁蓉是为了搅打上劲，使馅心有弹性。

（2）实训目的：熟悉广式面点特色馅心品种制作技术，掌握虾饺馅制作技术。

（3）原料组配：生河虾肉200g，熟虾肉50g，肥肉60g，水发笋丝60g，猪油75g，味精15g，麻油5g，胡椒粉1.5g，白糖15g，精盐15g，生粉5g，食碱1.5g。

（4）制作程序：将精盐5g、食粉同生虾肉拌匀，腌20min，然后再用清水洗净，用干净布揠干水分，一部分剁烂，一部分切成碎粒待用；将肥肉用沸水烫至刚熟，再用冷水浸凉后，切成细粒待用；把熟虾肉切粒待用；将笋丝焯水过凉后拧干，切成末，加入猪油拌匀；将剁烂的生虾肉与精盐拌打至起胶，接着放入拌过的笋粒和熟肥肉、熟虾肉、味精、胡椒粉、白糖、麻油等，一起拌匀即成。用馅前最好放入冰箱冷冻一下。

（5）质量要求：虾胶色泽洁白，劲力足，弹性好，咸鲜适口。

（6）制馅技术分析：切粒部分是为了增加馅心整粒虾肉的口感，加入水发笋干更加突出馅心脆嫩的口感。

本章小结

馅心在面点制作中具有重要作用，它可以改善制品的口味；影响面点的形态；形成面点的特色；丰富面点花色品种。馅心大体可分为生馅和熟馅。生馅又可分为生咸馅和生甜馅，熟馅又可分为熟甜馅和熟咸馅。

馅心制作时要注重原料的选择，首先要选择新鲜的原料，其次应该根据制品的要求、馅心的制作工艺选择适当的原料，特别是生馅和熟馅选用原料明显不同。不同的动物性原料和植物性原料要选择合适的宰杀、清理、洗涤方法；干货原料在刀工处理前还要经过适当的胀发。根据原料和所制馅心的不同，对原料刀工处理的方法也不相同，有的是生料先进行刀工处理，有的是初步熟处理后再进行刀工处理。总的来说，馅心原料一般都加工成丝、丁、粒、蓉泥等形状。

在苏式点心的馅心制作，为了增加馅心的水分，经常在馅心中加入一种叫做“皮冻”的半制品原料，它是用猪肉皮、老母鸡、火腿等原料加水熬制而成的。

在生馅制作中，特别要熟练掌握生肉馅的制作方法及操作要领，因为它使用最广泛，而且是生咸馅的基础。生肉馅制作的关键工艺有选料、加工、调味、调拌。选料时一定要掌握好原料的品种、比例，调拌时顺序要正确，各种调味料也要按顺序依次加入。

生菜馅一般选用新鲜的蔬菜，首先要用摘剔、清洗的方法除净残污物，还要去除部分水分，调拌时要用适当方法增加其黏性。

生甜馅一般以糖、油、面粉为基本原料，再辅以果仁、蜜饯等原料，拌制而成。生甜馅的一般特点是：松爽香甜，且带有各种果料的特殊香味。

熟馅是指经过加热处理，已达到完全成熟的程度的馅心。利用熟馅的制作技术大大扩展了制馅原料的品种，使一些老韧、鲜香的原料都可以用来制馅。荤馅可以选择猪后腿、牛肉、老母鸡、火腿以及鱼翅、海参等干制品原料；素馅可以选择根茎类、干菜类、干菌类。熟馅制作的最重要技术是要掌握芡汁的量和浓度。

面点按馅心所占的比例要以分为重馅品种、轻馅品种和半皮半馅品种，制作时一定要根据品种的不同掌握好馅心的包制比例。

京式面点的特色馅心有：汤煸猪肉馅、水打猪肉馅、三鲜馅、胡萝卜牛肉馅、韭菜肉馅；苏式面点的特色馅心有：翡翠馅、三丁馅、汤包馅、豆腐馅、山药馅；广式面点的特色馅心有：奶黄馅、咖喱牛肉馅、荔蓉馅、叉烧馅、虾饺馅。

练习题

（1）面点的馅心具有哪些重要作用？

（2）馅心有哪些种类？

（3）馅心制作有哪些要求？

（4）包馅面点皮馅比例与要求是什么？

（5）皮冻制作工艺与要求是什么？

（6）馅心按生馅与熟馅分类，请分别列举 2～3 例生咸味、熟咸味、生甜味、熟甜味馅心的制作工艺。

第七章 面点成形与装饰工艺

> 面点好吃在于味，美观在于形和色。
> 面点成形有两类：手工艺术齐具备。
> 艺术成形有三法：镶嵌面塑和裱花。
> 练习搓卷包捏拨，掌握摊抻切削刮。
> 会做擀按叠剪夹，皆是手工成形法。

学习目标

通过本章的学习，了解面点成形工艺的基础知识，灵巧的掌握搓、卷、包、捏、抻、切、削、拔、擀、叠、摊、按、剪十三种基本操作手法的手工成形技法。熟悉模具成形法、机器成形法、艺术成形法的运用，理解面点成形前基础操作技法和各种成形技法的操作方法和运用，全面掌握面点色泽的运用知识，学会面点的围边与装盘艺术。

必备知识

(1) 面点品种的制作工艺。
(2) 面点原料的品质鉴别。
(3) 面点主要设备与器具的使用与维护方法。
(4) 面点装盘技巧。

选修知识

(1) 面点成品标准鉴定。

(2) 面点质量问题的分析。

(3) 面点的艺术与美化。

课前思考

(1) 面点成形的内涵和意义是什么?

(2) 手工成形技法的基本操作手法有哪些?

(3) 什么是面点艺术成形?

(4) 面点装盘有哪些要求?

第一节　面点成形的内涵和意义

一、面点成形的内涵

面点的成形，即是按照面点制品形态的要求，运用各种手法，将各种调制好的面坯或坯皮制成有馅或无馅、各种各样形状的成品或半成品。

面点的成形是整个面点制作过程中的中心环节，它需要有很强的技艺性和艺术性，面点的成形决定成品形态。成形过程经常要利用机械，面点制作人员一定要熟悉掌握机械的使用方法。只有完全掌握了成形工艺，能得心应手地运用各项技能，才能与其他制作过程融会贯通，在传统的基础上创新出优，丰富市场上的花色品种，满足广大百姓日常饮食的需求。

面点制品的花色很多，成形的方法也多种多样，大体上可分为三种基本形式：一种是运用各种基本的手工操作技法成形；另一种是借助工具、模具或机械成形；第三种是依据美术基础理论，综合运用各种成形技法，并借鉴西点制作中的艺术成形方法而形成的艺术成形法。

成形是面点制作技术的核心内容之一，是一道技艺性很强的工序，上面连接搓条、分坯、制皮、上馅的基础操作，下面连接熟制，因此，在面点制作中具有非常重要的意义。

二、面点成形的意义

1）决定成品形态

面点制品的形态依靠成形操作来完成，成形的好坏与否直接影响到制品的外观形态，没有良好的成形技艺就没有美好的制品形态。因而，形态美好的面点品种又在一定程度上反映成形技艺的熟练程度。

2）产品的风味和形态特色

许多有馅品种的风味，主要来自馅心，而使馅心存在于坯皮内的操作，主要是通过成形来完成的。上馅只是加入馅心的操作，而成形则是包裹入馅心的操作。没有成形操作，许多有馅品种的馅心，就不能与坯皮组合成成品。因此，成形具有裹包馅心、形成品种风味特色的作用。

3）改善面坯质地

有些成形操作的方法（如抻、搓等），不仅可使面坯形成成品形态，并且在成形操作的同时，还有改善和增进面坯质地的作用，有利于品种特色的体现。

4）确定品种规格，便于成本核算

成品的规格，主要是通过分坯、上馅操作来实现的。许多品种的分坯，常在成形时进行。例如，用印模成形的大多数面点品种的规格，都需要在成形过程中完成，它们的单位价格也只能在成形后核算更准确。因此，成形具有确定品种规格、便于成本核算的作用。

第二节　成形前的基础技法

面点基础技法是指按面点不同品种的形态要求，运用各种不同手工操作方法，将调制好的面坯或坯皮，制作成不同形态面点的操作方法。成形前的基础技法很多，常用的有：搓、卷、包、捏、抻、切、削、拨、擀、叠、摊等。个别手法还有揉、按等，也有许多品种需要复合成形，如先切后卷、先包后捏等。

一、搓、卷、包、捏

（一）搓

搓是一种基本的比较简单的成形手法，是指按照品种的不同要求，将面坯用双手来回揉擦成规定形状的过程。搓是面点制作的基础动作之一，也是制品比较简单的成形方法之一，它一般用于制作馒头。

搓可分为搓条和搓形两种手法，具体形式又有直搓和旋转搓两种。

1. 直搓

与面坯制作中的搓条相似，双手搓动坯料，同时搓长或使面坯上劲。成条要求：粗细均匀，搓紧、搓光。如麻花、辫子面包等就是用此种成形方法。

2. 旋转搓

用手握住坯剂料，绕圆形或向前推搓，或边揉边搓、双手对搓使坯剂同时旋转，搓成拱圆形或桩形，其制品有圆面包、高桩馒头等。这种技法适合于膨松面坯制品，搓形后要求使制品内部组织紧密，外形规则，整齐一致，表面光洁。

【案例 7.1】砖形馒头

(1) 工艺介绍：搓馒头，一般搓成半圆球形，也可搓成蛋形，高桩形（即高约10cm，直径3.3cm，上部半圆，底部平的圆柱形）。搓馒头，除成形外，还起着提高质量的作用。剂子越搓越滋润，成形蒸熟，不但美观，吃时还略显甜味。在搓条后，用刀剁成形，一般叫做“砖形馒头”（图 7.1）。

(2) 制作程序：搓好圆条，用手掌将条压平，撒上面铺，整理一下，将有缝的一边压在下面，刷去扑面，右手执刀，左手三指（食指、中指、无名指）稍靠在条上，配合势力，根据成品规格大下，从左至右，一刀一个剁下。下刀要直，间距适当，不能剁斜，必须剁成宽窄大小一致的馒头，不符合规格质量的，剔除重揉。

(3) 分析与讨论：制作这种馒头，没有搓形这道工序，搓条就显得更为重要，必须多搓几遍，搓紧搓匀，否则，不能保证质量。

【案例 7.2】开花馒头

(1) 原料组配：大酵面 2000g，绵白糖 800g，发酵粉 50g，碱、青红丝适量，面粉 500g。

(2) 制作程序：

① 将发足的大酵面扒开，戗入 500g 面粉揉匀，稍发后掺入适量的碱水揉匀，减少酸味；再放入绵白糖揉匀；稍醒一会儿后，再揉进发酵粉（若过于熔化，在戗入部分面粉），揉透，揉光；再搓成长条，掐成面剂。

② 将掐好的面剂掐头朝上，撒上青红丝装饰，摆在笼屉上，用旺火蒸熟，顶部呈三瓣花瓣形状（图 7.2），即好。

图 7.1 砖形馒头

图 7.2 开花馒头

(3) 特点：柔软味甜，洁白美观。

(二) 卷

卷是将擀好的面片或皮子按需要抹上油或馅，然后卷起来做成有层次的形状，再用刀切成块的一种成形方法。

一般是指将擀好的面坯，经加馅、抹油或直接根据品种要求，制成不同样式的圆柱形状，并形成间隔层次，然后制成成品或半成品的方法，西点中的蛋糕卷是采用卷制成形（图7.3）。

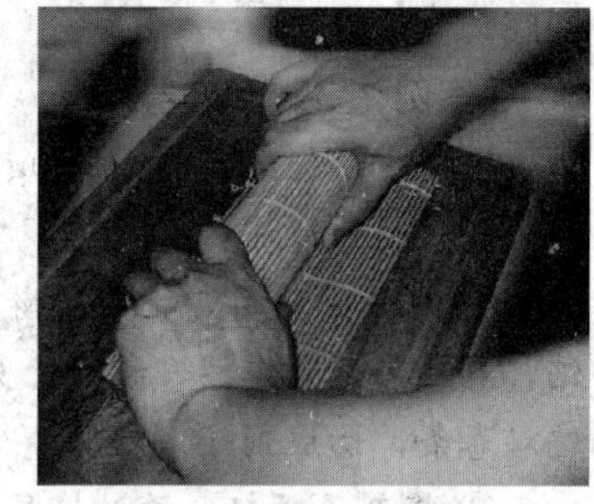
图7.3　卷筒蛋糕（卷）

卷可分为两种：

一种是单卷法，是将面坯擀成薄片，抹上油或馅，从一头卷向另一头成圆筒状；

另一种是双卷法，是将面坯擀成薄片，抹上油或馅后，从两头向中间对卷，卷到中心为止，成双圆筒状。

卷是面点制作中一种较常用的成形方法，卷的方法不同，制作出的品种也各有特色。利用发酵面制作的各种花卷以及利用油酥面制作的各类“卷”酥，都是采用卷的方法完成的。

卷的方法主要用于制作花卷、蛋糕卷、层酥制品等。操作时常于擀、切、叠等方法连用，还常用压、夹等配合成形，如制作圆花卷、蝴蝶卷、猪蹄卷等。操作时要求卷紧、卷匀，手法灵活、用力均匀。

卷的方法较简单，主要是将面团擀成薄片，卷起成长筒状，一般分单卷和双卷法两类。

1. 单卷法

将面团擀成薄片，抹上油，从一头卷向另一头，成为圆筒，切剂，然后做成各种形状。如用筷子从当中顺纹一按稍推，左手把花卷立起，用拇指和食指将剂子略加卷起，再用筷子一按稍推，即制成脑花形的花卷。如用两手执剂子两头，使左右层次的边稍往上翘，一手向外，一手向里，双拧一下，即成麻花卷。

2. 双卷法

图7.4　如意卷（双卷法）

面团擀成薄片，抹油后，从两头向中间对卷，卷到中心为止，两边卷得平均，变为双卷条，使双卷靠得更紧一些（不会走形），然后撒上面粉，翻个，再用双手捋捋条，达到粗细均匀，切成剂子，可制成枕形卷、如意卷等（图7.4）。

把两个单卷对称组合，用筷子夹起，可做成蝴蝶卷、友谊卷。双卷法中，还有正反两面卷，即把面团擀成薄片，在一半处抹油卷起，再翻过身来，将另一半抹油卷起，成“S”形，切段，如四喜卷、双馅卷等。

卷的方法虽较简单，但若卷制不好，也会影响成型。卷制时应注意以下几点：

（1）面团擀成面片，要用刀切齐，成长方形。卷时两端要整齐、卷紧，并在卷边抹点水，使其粘连，否则，卷成的圆筒易散裂。

（2）卷时要卷的粗细均匀，为此，在擀制时必须擀得厚薄一致。

（3）卷制时需抹馅的品种，馅不可抹到边缘，以防卷制时馅心挤出，既影响美观又损失原料。

(4) 切段时要求刀纹距离相等，大小一致，下刀要直，不可歪斜，快速下刀，一刀到底。

【案例 7.3】双馅卷

(1) 原料组配：酵面 750g，火腿末 150g，蛋黄末 150g，色拉油 15g。

(2) 制作程序：

① 将酵面揉匀，把面团擀成薄片后，平铺于案板上，其中一半抹油，放上火腿末馅，卷上，卷到中间，翻身；另一半抹油，放入蛋黄末馅，再卷上，成为一正一反的带馅双卷条，切成剂子。

② 将剂子竖起，放入笼屉盖上笼盖，用旺火蒸熟即成。要求面批厚薄均匀，馅料要铺薄一些，两个半片的距离相等，卷条粗细相同，都要卷紧。

(三) 包

包是将擀好或压好、按好的皮子包入馅心使之成形的一种方法。即将馅料与坯料合为一体，制成成品或半成品的一种方法。在实践操作中，因面点品种多，所用的原料、成品形态及成熟方法也不相同，因此，包的成形手法和成形要求均不一样，变化较多，差别也较大。包的手法是在面点制作中的应用较多的，很多带馅心的品种都要包，诸如各式包子、馅饼、馄饨、烧卖、春卷、汤团、粽子等，都采用包制成形法。一般有包上法、包裹法、包捻法等，制品有粽子、豆沙包、馄饨等。

包制成形的要求：馅心居中，规格一致，形态美观，方法正确，动作熟练。包也常与卷、捏、按、剪、钳花等技法结合使用，称为复合成形法。

包时要注意包馅要细心，先将皮子平放在左手心里，再将馅放在皮子中间按实，包好收口时用力要轻，不可将馅挤出，要捏紧捏严，厚薄均匀。包好后，馅子在皮面正中。

包因制品不同，也各有不同的操作方法，下面介绍几个品种的包法。

【案例 7.4】大包

左手托皮，手指向上弯曲，使皮子在手中呈凹形，便于落馅。右手有刮子（包挑、扁尺、扁匙）等工具，上馅、稍捺，然后右手将四边拎起，拢向中间，包住，收口，掐掉剂头，成为无缝的圆形、蛋形、腰圆形等。翻转过来，光面朝上，剂口朝下，放在案上，其外形似馒头，也可叫有馅馒头。

【案例 7.5】馄饨

包法较多，最常见的叫捻团包法，即手拿一叠皮子，右手拿筷子，挑一点馅心，往皮上一抹，朝内滚卷，包裹起来，抽出筷子，两点一粘，即成捻团馄饨。其他还有蝴蝶形和四川抄手（四川馄饨）的包法（图 7.5）。

【案例 7.6】烧卖

烧卖的托皮、上馅法与大包相同。右手上馅后，左手五指将皮子四边朝上，托在馅以上，从腰处包拢或用右手上馅的扁尺顶住，左手五指产品能够腰部包拢，稍稍捏紧，但不封口，在上端可见到馅心。包好的烧卖下面圆鼓，上呈花边，形似石榴（图 7.6）。

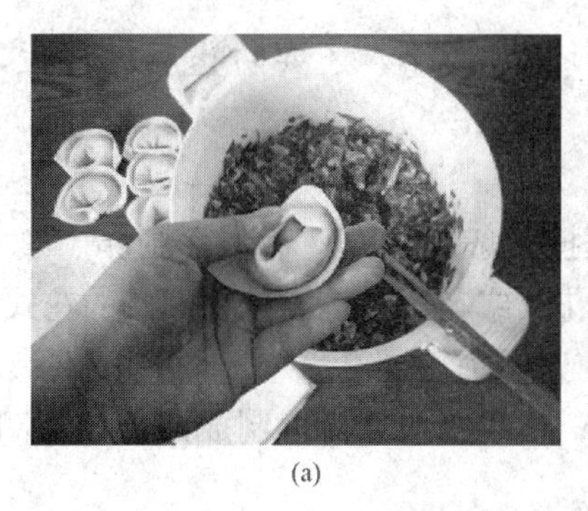
(a)
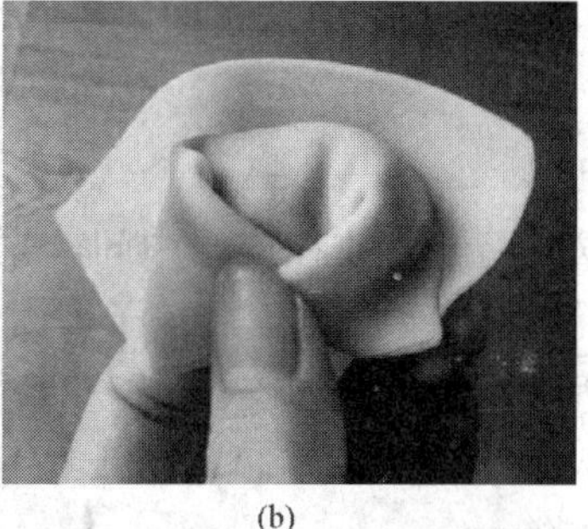
(b)

图 7.5　馄饨（包裹法）

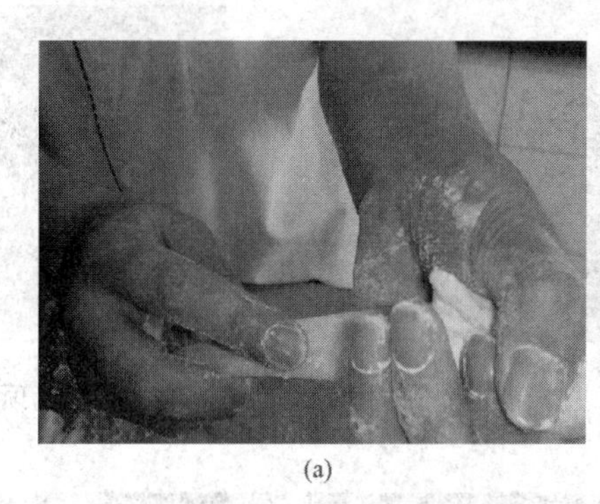
(a)

(b)

图 7.6　烧卖（捻团包法）

【案例 7.7】汤团

汤团一般用包馅法。将米粉面团搓条、下剂后，搓圆，先捏成半圆球的空心壳（中间稍厚，边口稍薄、形式臼窝），包入馅心，把口收拢，收小，封口包死，掐去剂头，然后两手托起，搓成圆形（图 7.7）。

图 7.7　汤团（包馅法）

(四) 捏

捏，就是把包入馅心的坯子捏成各式形状，它是一种综合性的成形方法，是在包的基础上进行的，有的还要加上其他的工具和动作配合，是一项技术性很强的操作。

捏制技术多种多样，大致有：提褶捏、推捏、捻捏、挤捏、花捏等。所制的成品或半成品，不但要求色泽美观，而且要求形象逼真，如各种花色饺子、虾饺、花纹包等。

捏也常与包相结合运用，有时还须利用各种小工具，如花钳、剪刀、梳子、角针等配合进行成形。捏的手法多样，花式繁多，捏出的形态不但要美观，而且还要形象逼真。其方法可分为一般捏法和花式捏法两种。

1. 一般捏法

此法较为简单，只要把馅心放在皮子中心后，用双手把皮子边缘合在一起，再用食指和拇指将其捏紧即可。一般的水饺（亦称平边饺或木鱼饺子）即是这种捏法。

要求包捏要匀，还要捏紧、包严、粘牢、肚大边小，还要防止用力过大，把饺子腹部挤破。

2. *花式捏法*

花式捏法即将馅心放在皮子中间，先捏一般轮廓，然后右手拇指、食指再运用推捏、叠捏、花捏等各种手法，将饺子捏出花纹或花边，成为各种形状的花式饺子。

运用推捏法可捏成月牙饺（图 7.8）、五叶梅（图 7.9）、冠顶饺（图 7.10）；运用折捏法可捏成鸳鸯饺（图 7.11、图 7.12）；运用叠捏法可捏制成四喜饺（图 7.13）、蝴蝶饺、蜻蜓饺等。

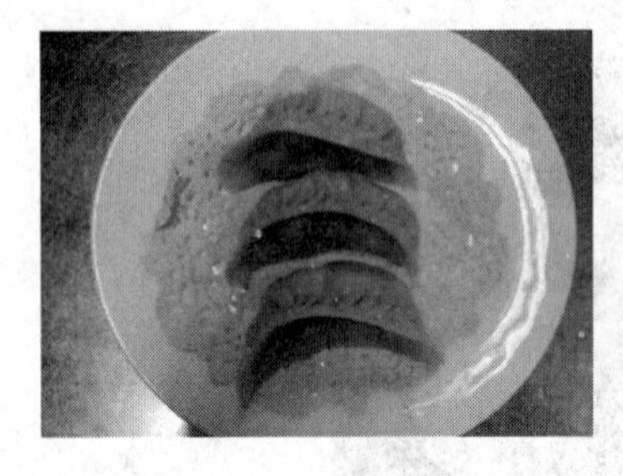

图 7.8　月牙饺（推捏法）

图 7.9　五叶梅（推捏法）

图 7.10　冠顶饺（推捏法）

图 7.11　鸳鸯饺（折捏法）

图 7.12　鸳鸯饺（折捏法）

图 7.13　四喜饺（叠捏法）

运用捏制法还可以捏制提褶包（图 7.14）、秋叶包（图 7.15）、桃包（图 7.16）、苹果包等花式包子以及酥饺、酥盒、海棠酥和江南船点等。

图 7.14　提褶包（捏制法）

图 7.15　秋叶包（捏制法）

图 7.16　桃包（捏制法）

二、抻、切、削、拨

（一）抻

抻，（又叫拉面），是将面团用一定的手法反复抻拉而成形的一种方法。抻主要是北方制作面条的一种独特的方法，其技术难度较大，不过经刻苦练习，是不容易掌握的。抻的用途较广，不仅抻拉龙须面常用此法，制作盘丝饼、银丝卷、一窝丝饼等，抻都是必不可少的重要工序。

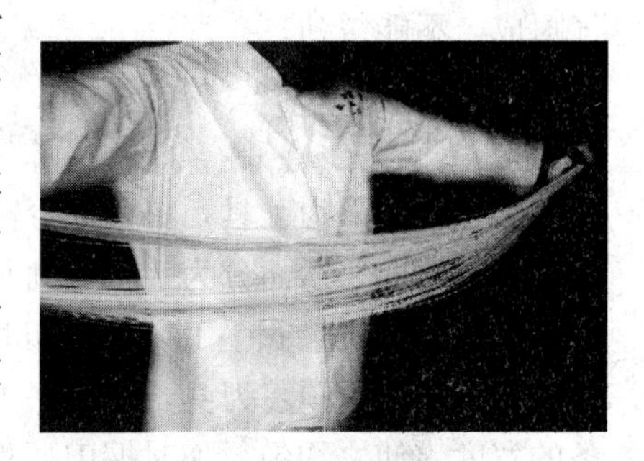
图 7.17　抻面

抻面的步骤主要有和面、溜条、出条三步，其口感筋道、柔润、爽滑。抻面团规格和粗细程度不同，品种较多，规格分扁、圆两种。出条前将大条按扁，再抻即成扁条。粗细以扣数多少确定，扣数越多，面条越细（图7.17）。品种有“中四条”、“葛条”（粗条）、“一窝丝”（细条）、“龙须面”（最细条）等。

1. 和面

抻面的面粉要求筋质强、劲力大的优质粉，调制面团的要求也很严格。一般投料标准是：面粉 2500g、水 1250g、精盐 10g、碱面 10g 左右。把 2500g 面粉倒入缸盆内，加盐，先加 750g 水，从下到上炒拌均匀，打成麦穗面，再用手撩水继续和，先用两手拌和，再用两手捣抻，此后撩水、捣抻、揉压，一直揉至不粘手、不粘盆，没有疙瘩和粉粒为止，然后搓净盆边的干面，再转圈撩水，把面团揉至光滑，和成较软的面团，盖上湿布抻面。一般抻 0.5～1h，把面团抻透，成为不夹一点疙瘩的匀透面团，这样在抻长、抻细时，不易断条。

2. 溜条

溜条有的叫溜面，用手拿住面团的两端，沙锅内下抖动，使之顺溜。具体做法是：和好抻透的面，切取一块（一般水面 1000～1500g 左右），拖至案板上，用两手根反复推揉，揉至上劲、有韧性，搓成长约 70cm 长的粗条，两手各握住一头，将面提起，两脚叉开，两臂端平，运用两臂的力量及面条本身的重量和上下抖动时的惯性，将面上下翻动。抻开时，要达到两臂不能再扩张为止。在粗条变长、下落接近地面时，两条迅速交叉使面条两端合拢，自然拧成麻花劲，即两股绳状。然后右手拿住另一头，再抻开溜。待延长后，另手迅速向第一次交叉的后向交叉，再形成麻花绳状，如此反复抻拉翻动，正反交叉，经过多次操作，面条粗细均匀，柔滑有劲，呈现出一缕缕的条丝即可。

3. 出条

出条，有的叫靠条、放条，即将溜好的大条，开出均匀的细面条。具体做法是：将溜好的大条（要求越长越好），放在案上，撒上铺面，用两手按住两头对搓，上劲后，右手拿住两头，一抻，甩在案上一抖，左手食指、中指、无名指夹住条的两个头，右手

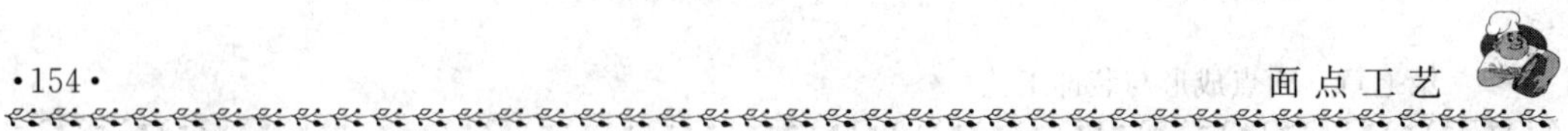

拇指、中指抓住条的中间成为另一头，然后右手向外一翻摊，一抻一抖（一甩）。把面抻长。把右手的头扣到左手，这时条放在案上成三角形，用手抓住三角形的正中部位，抓得适中、条才抻得匀，如此反复，抻至条达到要求的粗细即可。

有另外一种开法是：将两个面头按在一起，右手掌心向上，中指勾住面条左端；左手掌心向下，中指勾住面团右端，反手向上将面条提起，用力抻长，放回案上，撒上面粉，照上述方法反复多次，抻至要求的粗细度为止。运用抻法，要求做到动作迅速，一气呵成，不能缓劲。

（二）切（剁）

切，是以刀为工具，将面坯分割而成形的一种方法，也是面条成形的一种技法，主要用于刀切面。切面分为手工切面和机器切面两种。机器切面，劳动强度小，产量高，能保证一定的质量。手工切面，切时首先要将面团擀成大张薄片。将大的薄片叠好后，右手持刀，左手顶着刀身，一刀一刀连续下切，两手要有节奏地密切配合，掌握所切面条的宽度，使之均匀。切时握刀要稳，刀应垂直上下，不要歪斜。切完后，抬起一头抖开，晾在案板上即可。许多高级面条，如伊府面、过桥面、河南“焙面”等，大多采用手工切面。

1. 手工切面

手工切面有三个关键：一是和面；二是擀面；三是刀切。

（1）和面：和面加水要少些，每500g面粉加水200g左右，一般使用冷水，加适量盐（有的还加点碱、高级面条需加鸡蛋调和），调制成硬的面团，反复搓揉，揉得光滑为止。和好后，必须经过醒面，待稍微柔软时，才能擀开。

（2）擀片：把和好的面放在案板上，揉搓成长方形状，用大擀面杖向四周均匀擀压推开，撒上面扑（最好用淀粉），把擀杖放在面上，卷起，双手压在面上，均匀用力，向前推擀，再将卷进的擀面杖抽出，擀压卷起的面皮，做到正反方向擀压并用力平均。松开面片，撒上面扑，调整一下位置，再卷起擀压，如此反复卷起，擀压多次，成为一张大的面片。要求厚薄均匀，而且越薄越好。讲究的面条，片薄如纸，但不能破。

（3）刀切：将擀面薄的大面片折叠成梯田形（下大上小），或叠卷成长筒形。叠梯田形的即在大薄皮上，扑上干粉，一反一正，一层叠一层，相叠起来。捋好，左手按住，右手用快刀直切，根据面条需要，切成宽窄适合需要的面条。切后，撒上干粉，拿起抖开。叠卷长筒形切条的方法是先在薄的大面片上撒上干粉，一层一层叠卷好，然后罩半圆边形的竹筒，左手握筒，不直接压着面，右手持刀切，边切，左手边持筒移动，互相配合，切成细面条。

2. 机器切面

使用机器切面，每次下料一般10～25kg左右，也分和面、压皮、刀切三道生产工序。

（1）和面：将面粉倒入和面机内，加20%～25%的冷水和适量的盐（增加筋力）、碱（延长存放时间），将机器盖盖严，按动电钮，转动3～5min，使面和透取出。机器和面的关键在于加水量要适当，水少太干，压面时容易断条、碎条；水多柔软，不易出条，在煮制时也易烂糊，影响质量。

(2) 压皮：和好面团，放入压面机斗内，开动机器。一般要反复压 2～3 遍，第一次压皮，滚动距离调宽一点，把皮子压厚一些；第二次可把滚筒距离适当调整，压出的皮子才能厚薄一致。

(3) 刀切：在压面机上装上切面刀，装刀时必须装平，厚薄要适当，不能装得一头宽、一头窄，这样容易引起断条，影响质量。装好刀后，开动机器，使面皮通过切面刀，即切出面条。

许多成熟后再成形的制品也需要用刀切的方法，如三色蛋糕、枣泥拉糕、糍粑、蜂糖糕、香蕉裹炸等，需把整形的切成小正方形、长方形或菱形块等形状，切时需落刀准、下刀快，收刀稳，以保证成品的整齐和规格。

(三) 削

削，俗称刀削面，是指将坯料用刀一刀挨一刀向前推削，形成三棱形面条的一种方法（图 7.18）。面条经削出，随即落如锅内煮熟，加上调料即成。削分为机器削和手工削两种类型。刀削面吃口特别筋道、劲足、爽滑，是一种别具风味的面条，很受群众的欢迎。

图 7.18　刀削面

(1) 手工削面的做法：先和好面，面要硬些，每 500g 面粉渗水 150～175g 为宜（根据季节的变化适当增减）。和好后约抻置 20min，再细揉成长方形面团块，左手掌心将面团托在胸前，对准煮锅，右手持削面刀（用铁片弯曲制成屋瓦形），从上往下，一刀挨一刀地向前推削，削成宽厚相等的三菱形面条，落入锅内，煮熟捞出，再调味即成。

(2) 操作要求：推削要均匀，动作要熟练、灵活，用力均匀连贯，面条厚薄、大小均匀。

削面时应注意：削面时刀口与面块持平，削出返回时不要抬得过高。第一刀从面团下端中间开刀，第二刀由开刀口上端削出，即削在头一刀的刀口上，逐刀上削。削成的条，要呈三菱形，宽厚相等，以长一点为好。

(四) 拨

拨是制作拨鱼面的一种手法，拨，是用粗条筷子拨制面点的一种制作方法。如用筷子拨出的稀软面，成两头尖中间粗的条，又叫拨鱼条，这也是一种别具一格的风味面点。因拨成的面条似小鱼入水而得名。

(1) 操作方法：将调成的软面坯料，用竹筷子或竹坯条顺盆沿或盘子沿拨成条流入开水锅内，直接煮熟，根据爱好加上作料即成。

制作这种面点掺水量要多，一般 500g 面粉掺水 300g 以上，需用温水，和成的面要软，然后要放在盆内，抻一段时间。

（2）具体制法：取一块软面放入小盆内，把盆对准煮锅，将盆稍微倾斜，用筷子头顺着盆拨下快流出的面，使之成为两头尖尖、约7cm长的圆形条，落入锅内，拨到一定的数量，在锅内煮熟，盛出加上其他调作料即成。也可煮熟后炒着吃。

削、拨，是两种不同的方法，手法要求也不一样，操作技术性很强。削面和拨鱼面是我国山西一带地区的风味面食。抻、切、削、拨被称为我国四大制作面条的技术。

【案例7.8】拨鱼子（山西制法）

（1）原料组配：面粉500g，绿豆面少许。

图7.19　拨鱼子

（2）制作程序：

① 将面粉倒在案板上，倒入少许绿豆面，加水搅，呈稠糊状，再将糊倒入大碗内。

② 在沸水锅旁，左手持面碗，右手拿竹筷。用竹筷蘸水，顺碗边往锅内拨出约7cm长的条，随拨随煮，熟后捞出即成（图7.19）。

（3）特点：滑韧，滑润、有筋力，汤汁鲜美。

食用时用宽汤和小块的炖猪肉浇拌，也可用炸酱或芝麻酱拌食。此外，也可以用肉丝、鸡蛋或三鲜炒之。

三、擀、叠、摊、按、剪

（一）擀

擀，是运用各种面杖工具，将坯料制成不同形态的一种操作技法。擀因涉及面广，品种内容多，历来被认为是面点制作的代表性技术，具有坯皮成形与品种成形双重作用。

擀由于使用的工具不同，有多种操作方法，有单手杖擀、双手杖擀、走槌擀等，具有很强的技术性。许多面点成形前的坯料制作都离不开擀，但是直接用于成品或半成品的成形，并不很多，常需要与包、捏、卷等合用，如制作油饼、水饺、烧卖皮等。

擀制要求：工具使用要得心应手，操作时要用力均匀，手法灵活、熟练、产品规格一致，形态美观、整齐。

擀制法一般要注意以下几个方面（以圆形饼为例）：

（1）向外推擀，要轻，要活，前后左右，推拉一致，四边要匀。

（2）擀时用力要适当，特别是最后快成形时，用力更要均匀，不但要求擀得圆，而且要求每个部位厚薄一致。

【案例7.9】葱油饼

（1）原料组配：面粉2000g，葱末500g，精盐适量，素油1500g（实耗500g）。

（2）制作程序：

① 将面粉2000g放入案板或缸内，中间扒出一小窝，放入素油200g、热水约

900g，和匀揉光，成油水面团，醒约10min。

② 将面团擀成薄片，刷上油，将葱末抹在上面，从一边卷起卷紧，卷长，呈圆筒形，用手摘成大小相同的剂子，擀成厚薄均匀的圆饼。

③ 素油倒入锅中，上炉，烧至五成热，将擀薄的圆饼逐个放入油锅中，炸至金黄成熟时，出锅装盘即成。

(3) 特点：色泽金黄，有葱香味，有酥层。

(二) 叠

叠，又称折叠法，是指将经过擀制的面坯，经折、叠手法形成半成品形态的一种技法。叠用于成品或半成品成形时，由于花样变化较多，折叠方法也不相同，有对折叠而成的，也有反复多次折叠的。如扬州名点千层油糕，采用的是多次叠法；油酥面团中的叠酥，如兰花酥等，都是运用多层叠法。运用折叠方法时，要求每次折叠层次整齐、平整，并根据品种特点，掌握操作要领，注意操作事项，才能制出合格的面点。

叠制的操作要领：

(1) 叠制时，要求边擀边叠，每一次都要求擀得厚薄均匀、边线齐整，否则成品的层次会出现厚薄不匀、凹凸不平的现象。

(2) 有的在叠制成需抹油的品种，应抹油均匀，如抹油过多会影响擀制，如抹不匀，容易造成粘连。

(三) 摊

摊是指将较稀软或糊状的坯料，放入经加热的洁净铁锅内，使锅内温度传给坯料，经旋转使坯料形成圆形成品或半成品的一种方法（图7.20）。

图7.20　摊成形

摊制成形的操作方法有两种：一种是熟成形法，边成形、边成熟，如煎饼；另一种是使用稀软面坯或浆糊状面坯制作半成品，如春卷皮。

摊制的操作要领：因需加热，必需注意掌握火候，手法灵活，动作自然。成品薄厚均匀，规格一致，色泽适当，完整无缺。

1. 煎饼制作法

将绿豆面和小米面掺和，加水，调制成面糊，平锅烧热，用勺子舀一些面糊，放入锅内，迅速用刮子把面糊刮薄、刮圆、刮匀，使之均匀受热，摊圆、摊匀，同时成熟，揭下即成。

2. 春卷皮制作法

选用优等面粉，调制成稀软面团。平锅洗净，选用小火，掌握锅的温度，右手抓起稀软面团不停地甩动，然后将面团向平锅摊转，动作要快要准，又圆又匀，厚薄、大小、重量都要一致，不能粘锅和出现沙眼、破洞等。

（四）按

按是指将制品生坯用手按扁压圆成形的一种方法。常作为辅助手法配合包、印模等成形使用。按的手法分为两种：一种是用手掌根部按；另一种是将食指、中指和无名指并拢用手指按。

按的要求：按的成形品种较多，操作时必须用力均匀，轻重适当。包馅品种更应注意馅心的按压要求，以防馅心外露。按的成形方法多用于形体较小的包馅品种，如馅饼、烧饼等。

以上的手法成形技法是面点制作中常用的手法，此外还有揉、滚等方法，如用揉的方法做馒头、滚元宵等，虽然在制作品种中用此技法不多，但是，作为面点技术人员也应掌握这些成形方法，只有这样才能适应市场需求的变化。

按，有的称“压”、“揿”、“摁”，就是将包好馅的食品生坯，两手配合，用手掌按扁、压圆成形。这种成形方法主要适用于形体较小的包馅品种，如馅饼等，包好馅后，用手一按即成。它比用擀面杖擀效率高，同时也不易挤出馅心。

按，基本上用两种方法：一种是用手掌根部按（不用掌心），这种方法能按实、按扁、按平；另一种是用手指按（揿），主要用食指、中指和无名指，三指并排，均匀按压成饼。

按的方法虽不复杂，但手头要有功夫，按的速度要快，才能按得圆、平，大小合适，包馅的馅心分布均匀。

（五）剪

剪，是利用剪刀工具，在制品的表面剪出独特形态的一种成形方法。运用剪制法操作较为简便，但技巧性较强，剪的深浅、粗细、大小与制品的形态关系较大。剪可以在包馅以后边捏制边剪成形，如佛手包、刺猬包、兰花饺；也可以在成熟后剪出形状，如菊花包等。

【案例 7.10】刺猬包

（1）原料组配：酵面 200g，豆沙馅 75g，可可粉少许，以蛋清拌和。

图 7.21　刺猬包

（2）制作程序：

① 酵面揉匀，搓摘成 10 只剂子，每只包入 7.5g 馅心，收口捏严向下放。将包好馅的面团先捏成一头尖、一头圆的形态、尖头做头部，尾部是圆头。

② 头部处用小尖刀横剪一下成嘴巴，嘴巴上方自后向前剪出两只耳朵，耳朵略捏扁竖起；两耳前放两颗黑芝麻便成眼睛。刺猬的身上自头部至尾部依次剪出长刺，要清晰，有立体感，剪至尾部再剪出尾巴，即成生坯。成熟后趁热涂上棕色，即成刺猬包（图 7.21）。

【案例 7.11】兰花饺

（1）原料组配：面粉 250g，鲜肉馅 300g，火腿末、蛋黄末、青豆末少许。

(2) 制作程序：

① 用温水100g和面，揉润后搓条，摘成30只剂子，将剂子擀成直径为8.4cm的圆形皮子，挑上肉馅10g，再将皮子四等分向上包笼成四角形，中间留一小孔洞。

② 在每条边上面剪出1cm左右粗细的两根条子，一边的第一条与另一边的第二条在下端粘合，这样八条粘成了四个小斜孔。剪刀剪过的四只角剩余部分，在边上剪出均匀的边须，每边剪好后用二指将它略绞弯。

③ 四边斜孔和中间孔洞分别填进五种不同色彩的馅料末，即成兰花饺生坯，然后上笼蒸熟。

第三节 模具、机器成形法

一、模具成形法

模具成形法是指利用各种特制形态的模具，将坯料压印成形的一种方法。模具成形法具有使用方便、成品形态美观、规格一致、便于批量生产等优点。

（一）模具的种类

由于各种品种的成形要求不同，模具大致可分为四类：印模、盒模、套模、内模。

1. 印模

印模又叫“板模”，是将成品的形态刻在木板上，然后将坯料放入印板模内，使之形成图、形一致的成品。这种印模的图案花样、形态很多，如广式月饼模子、绿豆糕模子、桃酥模子。成形时一般常与包连用，并配合按的手法进行。

2. 盒模

盒模是用铁皮或钢皮经压制而成的凹型模具，其容器形状、规格、花色很多，主要有长方形、圆形、梅花形、船形等。

成形时将坯料放入模中，经成熟后便可形成规格一致、形态美观的成品。常与套模配套使用，也有同挤注连用的，西点品种有方面包、蛋挞、布丁、蛋糕等。

3. 套模

套模又叫“套筒”，是用铜皮或不锈钢皮制成各种图形的套筒。成形时用套筒将擀制好的平整坯皮套刻出来，形成规格一致、形态相同的半成品，如花生酥、小花饼干等。成形时常和擀制配合。

4. 内模

内模是用于支撑成品、半成品外形的模具，规格、式样可随意创造、特制。如西式西点牛角酥、羊角、面包、螺旋转、淇淋筒等，成形后灌入奶油淇淋，增加风味。

以上这些模具，都是作为一种成形方法中的各种借用工具，具体应按制品要求选择运用。

（二）模具成形的方法

模具成形的方法大致可分为三类：生成形、加热成形和熟成形。

（1）生成形：半成品放入模具内成形后取出，再经熟制而成，如月饼。

（2）加热成形：将调好的坯料装入模具内，经熟制后取出，如蛋糕。

（3）熟成形：将粉料或糕面先加工成熟，再放入模具中压印成形，取出后直接食用，如绿豆糕。

二、机器成形

随着现代科学技术的进步和发展，机器将逐渐代替手工操作，饮食业用的机器越来越多。用于面点成形的常用机器主要有面条机、馒头机、饺子机、制饼机等。

（一）面条机

面条机又叫切面机，有手工运用和电动机器两种。它有压面和成形双重作用。切面机应用很广，从百姓家庭到面条加工厂都可以使用。

面条机制作面条的程序是：先把面粉添加水或辅料，和成面穗，用面条机先压成面片，然后再用滚切刀滚切成面条。使用面条机危险很大，稍不注意就会伤人，要求操作时注意力要集中，遵守操作规则。

（二）馒头机

馒头机，能产出50～100kg面粉的馒头，每500g面粉可制出5～6个馒头。机制馒头比手工制出的馒头质量好，且速度快、大小一致。由于机械揉出的剂子比手揉得透，所以制出的馒头比手工制出的馒头白净、有劲，产品很受欢迎。目前，使用馒头机的单位比较多，但是必须注意安全操作、正确使用，并加强维修与保养。

（三）饺子机

饺子机适合大中型食品厂生产速冻水饺，有大小型号区分。饺子机速度快，效率高，必须注意安全，正确操作。否则制出的成品不合格，影响质量和效益。

（四）制饼机

制饼机，是用电将转动的滚子加热，再把事先和好的面坯放入滚轮上，通过加热的滚轮转动、压薄，制出成形成熟的饼。

制饼机是近些年上市的新品种，其特点是：效率高，省时省力，制品质量稳定，适用于筋饼、油饼的制作。

三、艺术成形技法

面点艺术成形是指依据美术基础理论，使用各种不同的工具和材料，综合运用不同的技法，产生各种不同艺术效果的面点成形方法。面点艺术成形应用于面点制作实践中，涉及到基本造型、结构、装饰、纹样、色彩、图案、文字等艺术的运用。

面点艺术自古就在人民的日常生活和艺术生活中占有重要的地位。如过去的“宫廷糕点”，各种装饰的点心皮面以及各种面点裱花，都从不同的角度和程度反映了人们对艺术面点的心理需求。

（一）镶嵌

镶嵌是利用可食性原料，镶装在坯料的表面或内部，从而达到对面点进行点缀美化的成形方法。其目的是美化食品，增进口味，使之更加完美。镶嵌时，利用食用原料本身的色泽和美味，经过合理的组合与搭配，镶嵌在坯料表面以增加成品的口味，并巧妙地设计成各种图形使成品的色、香、味、形更加完美。如制作核桃糕、八宝饭的表面造型图案，就是采用这个手法制作的。

镶嵌的具体操作手法有：直接镶嵌；间接镶嵌；镶嵌料分层夹在坯料中；借助器皿镶嵌；食用原料填充在坯料本身具有的孔洞中。

（二）裱花

裱花是将装有油膏或糖膏原料的纸筒、布袋、裱花嘴等挤注器具，通过手指的挤压，使装饰料均匀地从袋嘴中流出，在饼坯、糕坯上挤注花样的一种装饰性技法。它是面点图案制作工艺中难度较大的一种工艺技巧。

裱花的原料主要是用油脂、糖粉和蛋清调制成的油膏、糖膏、蛋膏、奶膏。近年来从国外进口的植物鲜奶膏为上乘原料，具有口感好、低脂肪、调制方便等优点。裱花的基本图案有麦形、花形、曲线形、点形、圈形、字母形及简单的风景纹样等。裱花工艺的要领如下：

1. 正确使用原材料

（1）琼脂的使用。用琼脂调制糖膏可使裱花图案的表面呈胶体状，起到美化装饰的作用。琼脂糖浆熬制后一定要过箩，滤去小硬块，以免硬块混入糖膏，造成裱花口堵塞，使裱口破裂。

（2）蛋白的选用。制作蛋白膏要选用新鲜的鸡蛋，因为新鲜鸡蛋的蛋白浓稠度高，韧性好。

（3）原料间的比例。裱花原料中油脂、蛋白、糖浆、琼脂之间的比例要根据用途而定。用于涂面或夹心的，因塑性要求不高，糖可稍多些；用于挤注花形的，要求塑性良好，糖就要减少些，蛋白的比例应加大些。

（4）糖膏的拌制。裱花用的糖膏、油膏，尤其是蛋白膏要求搅打得气泡细密，软而不塌，这样裱出的图案花纹才能清晰可见。

（5）适当加酸。制作糖膏时，适当加一些柠檬酸可帮助糖膏凝固，增加其光洁度。用这样的糖膏裱成的图案不易变色，还具有水果味。

2. 选好裱制工具

要根据表现对象的不同选择不同齿口形状的花嘴。在没有花嘴的情况下，可用尖刀在纸筒尖上剪出不同形状的孔来代替使用。

3. 正确使用裱头

（1）裱头的高低和力度。裱头高挤出的花纹瘦弱无力，齿纹易模糊；裱头低挤出的花纹肥大粗壮，齿纹清晰。裱头倾斜度小，挤出的花纹肥大。裱注时用力大，花纹粗大有力；用力小花纹纤细，柔弱瘦小。

（2）裱头运行速度。不同的裱注速度，制成的花纹风格大小不相同。对于粗细大小要求较均匀的造型，裱注速度应较迅速。对于变化有致的图案，裱头运行的速度要有快有慢。

4. 配色淡雅

配色要自然、淡雅。裱花图案的色彩使用以天然色为主，必须时可辅之以食用合成色素。

5. 词句使用得当

（1）选用适当的字体和词句。如制作婚礼、儿童、老人生日蛋糕时，要根据不同含义、不同年龄、不同档次，选用不同的字体和词句。

（2）根据图案中其他纹样的色彩，选择明度、色度适宜的文字排列和布局。

6. 分类

裱花成形中的图案可分为平面图案、立体图案以及平面和立体相结合的综合性图案。平面图案一般由纹样、构图、色彩组成；立体图案一般由形态、装饰、色彩等几个方面组成。

（三）面塑造型

面塑造型是指将面粉（或澄粉）加水及其他辅料（油、蛋清、鱼胶粉等）调制成可塑性强的面坯，经捏塑、编织，做成动物、植物及其他物品形态的装饰品的工艺过程。它需要经过构图、造型、配色、占缀等多种多样的工艺，并选择合宜的坯料才能制作成为立体感强、艺术性高的面塑品种。面塑造型按实用性分为：具有可食性的、观赏性的、点缀作用的三种。

1. 面塑造型的特征和要求

面塑造型不仅应该使面点制品体现形象美，给人以一种艺术美的享受，而且还要在一定程度上反映某一历史时期、某一国家的科学技术和文化水平。面塑造型要求设计精、形象美、内容新、难度高，要“古为今用，洋为中用”。

2. 面塑造型的分类

（1）以外观形象分类可分为自然形态、几何形态、象形形态三种。

（2）以成型手段分类可分为手工成形、印模成形、机器成形三种。

3. 面塑造型的工艺流程

构思→选料→加工→造型→装饰→成形。

4. 面塑造型的工艺步骤和要求

（1）首先要设计图案、构思造型。

（2）分析研究原材料和制作工艺，按销售对象决定采用手工成形还是印模成形。

（3）造型不仅要形似，而且要神似。

（4）造型的材料要符合本国家、本民族、本地区的传统饮食习惯，审美情趣要高雅。如苏州的船点，形象逼真，栩栩如生，被称为食品中的艺术品。

第四节　面点色泽的形成与运用

一、面点的色泽

面点的色泽，指人通过视觉对面点外观颜色或色泽产生的印象。面点外观好的色泽诱人食欲，可起到“先色夺人”的作用。色是鉴定面点质量的重要指标之一。因此，正确运用面点的色泽技术，能使面点更加绚丽多彩。

面点的色泽，主要来源于面点原料中的天然色素，其次是添加的食用色素。天然色素都是从动植物组织中提取出来的，它是食品的天然组成成分，有的本身还兼有营养作用，有的可直接溶于水，有的可溶于油脂，工艺性能好。食品天然色素使用安全，不受剂量限制，是今后着色料的发展方向。主要的食用天然色素有：叶绿素、β-胡萝卜素、姜黄、核黄素、红曲色素、虫胶色素及焦糖色等。面点色泽的形成有多种途径，为了增加面点的色泽，达到外观美，易诱发人的食欲，我们要了解食品与科学的关联性，懂得面点原料的特性以及面点在加工过程中色泽的变化原理，掌握好面点增色知识与上色技巧，并应用于生产实践中。

（一）饮食与色泽

（1）人的食欲与面点的色泽有关。人通过视觉对面点外观颜色或色泽产生的印象。这个印象决定人是否喜欢吃这个面点。人的食欲与面点的色泽有一定关联。色是鉴定面点质量的重要指标之一。

面点色泽可诱发人的食欲，没有色泽的面点、或是大红大绿的面点，皆不会取悦于人，更不会有市场卖点。

（2）食物的色有诱发人食欲的效果。中国有个成语，叫做“秀色可餐”，指美好的颜容使人忘掉饥饿；或指美好的容颜使人产生亲近的欲望。从饮食的角度来看，食物的色可诱发人的食欲，继而激发人的购买欲望，这给我们一个启示——“以色夺人”。

（3）人在饥渴时会因听觉而产生味觉。“望梅止渴”的典故，相信大家都非常熟悉。望梅止渴是由听觉引起了味觉。它是一个非常有趣而又十分常见的心理现象——

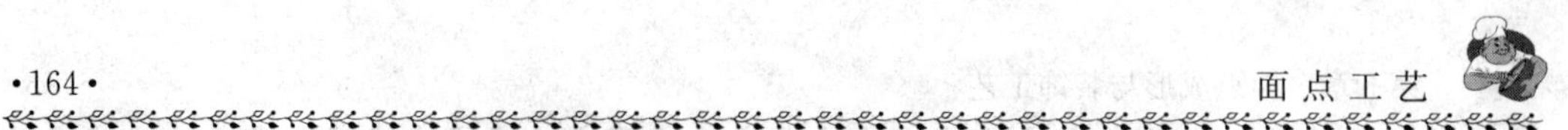

联觉。所谓联觉，指由一种感觉引起另一种感觉的心理活动。在日常生活中，我们也有这样的体验：看到红、橙和黄色，会产生温暖的感觉，而看到蓝、青和绿色，会产生寒冷、凉快或清爽的感觉，因而前者称为暖色，后者称为冷色。这是由视觉引起温度觉的结果。

(4) 人对饮食与色泽之认知感。有人研究食品色泽与食欲的关系，并做了相关实验，其结果证明：最能刺激人食欲的颜色是红色到橙色之间，在橙与黄之间有一低峰，到黄色又是高峰，黄绿色又是低峰。黄绿色在食物中不受欢迎；冷绿色和青绿色较好；紫色的感觉又有下降。这一结果表明：可以刺激食欲的色为红色、赤红色、桃色、咖啡色（黄褐色）、乳白色、淡绿色、明绿色。蓝绿色的食品不多见，但在包装的印刷上多被采有。对食欲不利的色被认为是紫红、紫、深紫、黄橙、灰色。

（二）面点色泽的形成

面点的色泽的形成，至关重要，它对于提高面点质量，增加食欲，促进面点生产的发展，都具有重要意义。下面从原材料固有色、通过工艺手段着色、食用色素着色和加工与熟制过程中的色泽变化四个方面可看出面点色泽的形成，来源于多方面。

1. 原材料固有色

制作面点所采用的材料十分广泛，其中许多材料自身就具有各种美丽的色泽，而且，色度、明度变化多样，层次丰富。如奶油的奶油色，蛋黄的蛋黄色，樱桃、草莓的鲜红色，猕猴桃的翠绿色、糖的雪白色、咖啡的深褐色等。若采用合适的工艺美术手段，将这些带色面点原料，经过整形后，组合在一起，就能构成色泽鲜美、色调自然、食欲感强、卫生营养的面点图案。

2. 通过工艺手段着色

面点的色泽，主要来源于原材料自身。其含义有两点：其一，各种原材料在加工前就具有的色彩；其二，各种原材料在配制、调味、成形、熟制等工艺中，因材料之间的影响，或因加热等工艺的影响，或因其他综合作用的复杂影响，使面点原材料自身产生了某些色泽变化，形成了一些制作工艺进行前没有的美丽色泽。不同的是，后者的色彩是在原材料加工后形成的，而前者的色彩则是在原材料加工前就有的。

正确把握面点原料在图案制作工艺的理化变化以及变化后生成的色泽，是色泽在面点工艺应用中较困难的一部分。因为它不仅涉及色彩的一般知识，而且涉及面点原料的理化性质，还涉及面点的制作工艺。初学者应先掌握糖类焦化着色、刷蛋着色、烘烤着色、油炸着色、挂浆着色等常见的几种着色法，搞清工艺与面点图案固有色间的关系，为进一步在工艺中运用各种复杂的固有色奠定基础。

1）糖类焦化着色

有些面点中含有一定量的糖类，糖类在烘烤、油炸的过程中，随着温度的升高，水分的挥发，糖分的逐渐焦化，制品呈现出金黄、棕色等色泽，从而达到对面点图案着色的目的。制品图案色彩的深浅，主要是通过适当调节火力，增减其含糖量来形成的。一般来说，含糖量高，制作中温度高，产品色彩就深，反之则浅。

2）刷蛋着色

刷蛋着色方法有两种：一种是传统的生坯涂蛋法，其优点是：经烘烤后，表面的图案花纹不易模糊。二是炉前刷蛋法，刷蛋时用笔端轻抹蛋液，涂蛋动作要快慢适度，蛋液要涂抹均匀。否则，蛋液浓稠处成熟后易起“疹点”，蛋液过少的地方，则达不到着色目的。

刷蛋操作应注意的事项如下：

（1）蛋液的配制要根据产品的需要，以鲜蛋为主要原料，加入1%的植物油（以增加光泽）搅匀即可。如色泽需深一些的制品，可在蛋液中加入少许饴糖或酱色，以增大颜色深度。

（2）选用排笔要以制品宽窄为标准。制品宽大的选用大排笔；反之，则用小排笔。

（3）刷蛋时，排笔蘸取的蛋液不能过多或过少，刷蛋动作要先轻，后稍重。

（4）注意不同产品对刷蛋的不同要求。

在面点生坯上刷蛋液，是刷蛋型面点图案制作的重要一环，也是应用原材料固有色的方法之一。

刷蛋液时只要涂抹均匀，用少量蛋液即可达到着色的目的。

3）烘烤着色

有些面点的色泽是生坯在烤制过程中，因内部成分产生某些物理或化学变化而形成的。当生坯入炉后，受到高温的作用，面坯中的水分剧烈蒸发，随之淀粉、糖类（外加糖）等焦化，而形成金黄、深黄、棕黄等色彩。

烘烤着色的关键在炉温。制品的色彩，是随着烘烤温度的高低和时间的长短而变化的。炉温稍高，制品外层在高温作用下，色彩色度偏高；反之，制品明度和色度都偏低（但如炉温太高，烘烤过久，制品明度降低，色相改变）。不同的品种，有不同的着色要求，需要的火力大小、烘烤时间长短也不一样。

4）油炸着色

油炸着色，是指使制品生坯在油炸过程中，产生棕黄或深棕黄、深褐色等色彩的一种面点着色法。

各类面点制品中，均含有一定量的淀粉及糖分。这些糖分在油炸过程中，同烘烤时一样，会产生金黄、棕黄等色彩。同时，由于不同的油脂（尤其是植物油）中含有不同的色素，制品在油炸过程中，油中固有的色素会使制品着色。

3. 食用色素着色

除了上述几种着色方法外，还可采用适当添加食品色素的方法，增强制品色彩的明度和色度，使其形成特定图案所需要的色彩。但使用要适量，过量则会危害人体健康。

面点工艺美术中，常用的色素有天然色素和合成色素两种。天然色素都是从动植物组织中提取出来的。它们是食品的天然组成成分，有的本身还兼有营养作用，有的可直接溶于水，有的溶于油脂，工艺性能好，使用安全，不受剂量限制，是今后着色料的发展方向。主要的食用天然色素有叶绿素、β-胡萝卜素、姜黄、核黄素、红曲色素、虫胶色素及焦糖色等。

面点制作中，常采用南瓜、蛋黄拌粉制成黄色；采用青菜叶、丝瓜叶等制成绿色，具体做法：丝瓜叶等洗净捣烂，放入纱布内挤出叶汁，放入少量生石灰，再滤清，加入粉中作为绿色。用于调制面坯的面点制品有菠饺、韭叶子面条等。使用时注意水不能过多，保持溶液浓度；调制面坯时，要冷却后使用，以防破坏面筋网络。另外，还可以使用酱、咖啡、可可粉、红赤豆沙、玫瑰花等调入粉中，制成褐色、咖啡色、浅灰色、灰红色等。

天然色素的安全性高，着色协调，但极不稳定，染着力差，不能任意配合，有的还有异味。因此，在应用中要尽量注意它们的溶解度、染着性、坚牢度及性味等。另外，天然色素易在金属离子的催化作用下分解变色，或生成不溶的盐类，在使用时，宜选择非金属容器，以防止变色和污染。

目前，国内面点制作中准许使用的食用合成色素主要有苋菜红、胭脂红、柠檬黄和靛蓝等。卫生部门规定苋菜红、胭脂红的最大用量为0.05g/kg、柠檬黄、靛蓝的最大使用量为0.1g/kg。

食用合成色素的稳定性，受日光、无机盐、有机酸、碱性物质、氧化剂、还原剂以及某些金属盐的影响。其中，靛蓝最易褪色，柠檬黄最不易褪色。使用配制的液体合成色素，要妥善保管，长期放置不用，会有沉淀物析出。这种现象在冬天尤其明显。胭脂红水溶液长期放置后，还会变黑。所以，各种食用合成色素，都应保藏在密封的容器内。合成色素的特点是：色彩鲜艳，坚牢度大，性质稳定，着色力强，可任意组合调色，使用方便，价廉物美。

使用食用合成色素应注意以下几点：

(1) 使用前，一般需先将色素粉末溶成水溶液。不宜直接使用色素粉末，其原因是：因粉末不易在食品中均匀分布，易在制品表面形成色斑；用量不易准确把握，易造成色素深浅不同，达不到制品图案用色的目的。

(2) 配制色素溶液以1%～10%为宜。其中，红色浓度可大一些，柠檬黄和靛蓝的浓度则要小一些为宜。

(3) 色素溶液容易变质，不宜久存。必须用冷水或蒸馏水配制，要用深色玻璃器盛装，不能使用金属容器。要随配随用，不要久存。

(4) 利用色素着色，色调应与食品原料固有色（或加工后形成的固有色）相近，做到与食品名称协调一致，如寿桃包，要有泛红的着色效果。

4. 加工与熟制过程中的色泽变化

面点在熟制过程中的色泽变化是极其复杂的。它与食品的组成成分、传热介质的性质、温度等因素有密切的关系。

(1) 美拉德反应。美拉德反应是面点在熟制过程中形成棕红色泽的主要原因。该反应过程非常复杂，主要是原料中的蛋白质、氨基酸中的氨基与还原糖的羰基之间发生“羰氨缩合反应”，形成一种暗褐色物质的现象，最终可生成一种称为类黑色素的黑色素聚合产物。

(2) 焦糖化作用。在高温下，糖被焦化，可以变成黑褐色的物质。由于各种糖类的化学性质不同，它们焦化的温度也不相同。麦芽糖是还原糖，化学性质比蔗糖活泼，焦化点较低。因此，在面点生产中，根据工艺要求添加麦芽糖，有利于产品的着色。

（3）淀粉水解。淀粉很容易水解，当它与水一起加热时，即可引起部分分子的裂解。在淀粉不完全水解过程中，会产生大量的糊精。糊精在高温下由于焦化作用，生成焦糊精。面点在烘烤和炸制过程中，产生的黄色或棕红色泽与此反应有关。

（4）面点原料中存在着某些着色物质或发色基因，在一定的条件下，会产生颜色或改变面点的色泽。比较主要的色素物质有：类胡萝卜素类色素、花黄素色素及植物性鞣质。

用碱性膨松剂制作的饼干、广式月饼呈现黄色，与面粉中的黄酮类色素有关。在用绿豆制作豆沙馅料时，在煮制和炒豆沙过程中，通过氧化和金属铁的作用以及碱性环境等一系列因素，而使制品呈现黑褐色。

二、面点色泽的要求

面点色泽的运用应始终以食用为出发点，创造有利于人体健康的“美食”。

1. 坚持本色

坚持本色，是指保持面点坯皮原有的本色，是面点色泽运用中的上策。许多面点原料自身就具有悦目的颜色，无需再通过加工处理来加以改变，只需尽力保持便可达到目的。本色的面点色泽自然，也符合卫生要求，有利于发挥本味，制作也方便。如酵面面点，要正确施碱，旺火蒸制，可使制品坯皮晶莹洁白；水面制品，正确掌握调制面坯的水温和火候，可使制品外表白净光洁；油酥面点，正确掌握油温和炉温，可使制品外形色泽白净或金黄。

2. 少量缀色

少量缀色，就是在坚持本色的基础上，对面点点缀一点色彩，适当装饰，多数是在加工后的成品或半成品的表面及适当的部位，点缀各种颜色，来加以美化，使制品更加形象逼真。点缀颜色的原料，应为可食的原料。如葱煎馒头，可在洁白的馒头上，用碧绿的葱花作点缀，显得一清二白；苏式糕团，常加果料，而果料的天然色彩呈星星点点布局，可起到点缀的作用；又如，凤尾烧卖，在包裹肉馅的面上，用火腿末、蛋糕末、青菜末来点缀，中间镶嵌一粒大虾仁，呈红、黄、绿、白相间，似凤尾一样美丽悦目。

3. 适当配色

适当配色，是指在同一制品中，利用不同颜色的面点原料，彼此衬托，搭配成具有一定色彩的面点。适当配色可分为顺色配、花色配两种。顺色配，即主色和配色都是相近色。如梅花饺中，代表五瓣梅叶的主色是黄蛋糕末，中间配色是火腿末，代表花蕊，红、黄两种色彩都是暖色，属相近色，色调和谐。花色配，是利用不同原料的色彩互相搭配衬托，形成美丽的色调。如绿茵玉兔饺，运用花色配方法，白色洁白如玉，菜碧绿如茵，使人感到清晰明亮。四喜饺注意了色调的冷暖对比，在饺子面上，菜末青翠欲滴，火腿末鲜红悦目，色彩热烈、跳跃。花色配应考虑色彩的色相、明度、冷暖、面积等关系，妥善掌握，使面点配色和谐清新，丰富多彩。

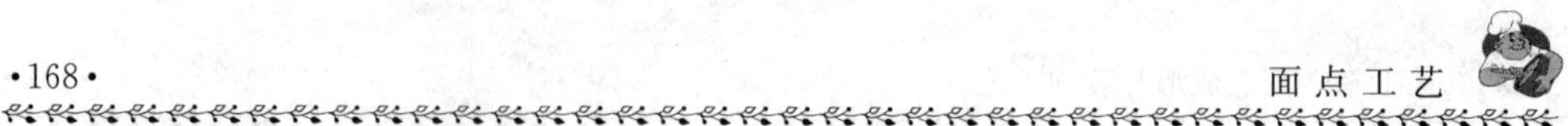

4. 控制加色

控制加色，是专指合成食用色素的运用而言。有些面点原料本色并不差，但受制品的严格要求，还需要添加一些合成食用增色剂，使制品更加完美。合成食用色素的使用应严格遵照《食品添加剂使用卫生标准》的规定，因为，合成食用色素虽能美化面点，但毫无营养价值，有些色素用量过大还可能有害。根据面点蒸制后色素变深的规律，在配色时，应以少、淡、雅为原则，使人工合成色素起到以一当十的作用。

5. 略加润色

面点成熟后，应稍加修饰，使其色泽更明亮，更有光泽。如面点蒸熟后，表面刷色拉油，面包出炉前，表面刷蛋液等，都称为面点润色。

三、面点色泽的运用技法

要想真正掌握面点制品中的色泽技术，首先要学会运用上色法、喷色法、卧色法和套色法，正确而灵活掌握面点色泽的多种技法。

（一）上色法

上色法是把色液涂或刷在制品的表面，可分为生、熟两种上色法。生上色法是指用排笔在制品生坯表面刷上饴糖或蛋液，成熟后制品外皮棕黄、酥松，不易再吸收其他色素，一般适用于烙、烘、炸等面点。熟上色法是指将色液淡淡地涂在面点表皮，一般用于蒸制面点，因为面点成熟后，外皮绵软、光洁，可以避免色素的散失和流淌。

（二）喷色法

喷色法是指将色液喷洒在面点的浮皮上，面点内部则保持本色。用干净的牙刷，蘸色液后喷洒。喷洒色调深浅，可根据色液浓淡、喷洒距离远近、喷洒时间长短来决定。该方法灵活简便，能达到较理想的效果。

（三）卧色法

卧色法是将色素掺入到面粉中，使白色面坯变红、橙、黄、绿等颜色，再制成各种面点。如面粉中加入适量蛋液，烘制后，成黄色松香的蛋糕；米粉中加入青麦汁，包入馅心，经蒸制就成了绿莹莹、使人馋涎欲滴的青团；船点的着色一般也使用卧色法，即将粉团染上色素，制成各种彩色粉团制品。

使用卧色法，除了坚持用色以淡为宜外，还应熟练地运用缀色和配色原理，尽量少用卧色粉。如水糕底层以本色粉为主，糕面薄施一层卧色粉，成熟后，既可达到色彩美的效果，又可避免用色过重的弊端。

（四）套色发

套色法包含两种情况：一是根据成形的需要，于本色面坯外包裹一层卧色面坯，称套色；二是指多种卧色面坯搭配制作的面点。套色法需要具备一定的美学、色彩学原理知识以及包、粘、贴、摆、拼等造型技法，才能得心应手地制作出形态逼真、栩栩如生的各式面点。使用此法首推是船点，米粉面坯经点心师灵巧的双手，用套色法制成的花鸟虫鱼、花果藕菱，无不惟妙惟肖，玲珑剔透。苏式糕团中的盒装花点，经面点师用套色法精制的寿星结、孔雀花草等，则被人们赞叹为“艺术面点”。

色泽运用技法，要以橙黄色暖色为基调，给人以食欲感；少用蓝色，慎用灰色，因为蓝色、灰色均为冷色，用在面点装饰上，如果处理不当，会给人以食物霉变之感，使人失去食欲。

面点色泽运用技法有多种，应灵活运用，最好是以橙黄色暖色为基调，能给你以食欲感！

第五节　面点的围边与装盘艺术

中国面点制作源远流长，具体品种成百上千，丰富多彩，且都具有不同的地方特色。这些制品按完成后的形态分，常常可分为饭、粥、糕、团、饼、粉、条、包、饺、羹、冻等，其中，大多数面点品种形状简洁朴实，少部分为花色面点，具有多彩多姿的造型。

一、面点的围边

所谓面点围边，是在装盘时对面点进行美化的常用装饰方法之一。即在面点盛器内占有一定空间，点缀可食性的装饰物，以装饰美化面点造型，提高视觉效果，从而增进宾客食欲，给人以欢乐的情趣和艺术的享受。

面点装饰的方法可归纳为：镶嵌、裱花、围边、边缀、角花五大种类，每一种装饰类型都有自己的特点。

（1）围边：这是一种最为普遍使用的盘饰方法。主要在盛器的内圈边沿围上一圈装饰物。例如，用各种有色面团，相互包裹，揉搓成长圆形，再用美工刀切成圆片、半圆片或花形片，围边点缀，烘托面点的造型。

（2）边缀：也是一种常用的盘饰方法。在盛器的边缘等距离地缀上装饰物。例如，用澄粉面团制作的喇叭花、月季花、南瓜藤等，在对称、三角位处摆放，起到一定的装饰效果。

（3）角花：是当前最为流行的一种盘饰方法。在盛器的一端或边沿上放上一个小型装饰物或一丛鲜花。例如，用澄粉面团制的小鱼小虾、小禽小兽，缀以小花小草或直接用鲜花作陪衬，使整盘面点和谐美观。

二、面点的装盘与盘饰

装盘是面点烹饪过程中的最后一道程序，它的效果直接影响面点的色、形的感观品质。中式面点的装盘要新颖别致，美观大方，出奇制胜。面点装盘属于菜点包装的范

畴，菜点质量好还需包装好，其意义是通过面点装盘的拼配、造型、围边、垫衬、烘托、点缀，力争给食客创造一个良好的视觉效果。

在传统面点的装盘技法中，其规则通常是：一个品种放在盘中心；两个品种呈平行状；三个品种呈品字形；四个品种呈田字格；五个品种四平一高呈双层形；再多就顺次堆高呈馒头形、宝塔状。装盛以简洁、丰满为度。如果将大多数造型简单的品种，或是把花色面点品种在常规的装盛手法外，适当缀以盘饰，可谓相得益彰，不仅可以提高面点的欣赏价值，而且可以提高它的食用价值。这种方法已在近年来的国内、国际大赛中屡屡使用，很有特色，极大地展示了面点品种的意境与盘饰的魅力。随着生活水平的提高，人们对面点的享受在味觉上又有了新的需求，更注重面点具体品种的整体视觉观赏效果以及与整桌宴席相协调的美感效应，因而，面点的装饰艺术已悄然兴起，并且引起面点制作者的格外重视。

（一）面点装盘的规则

1. 注意清洁、讲究卫生

操作遵循卫生规范，盛器光洁无污点；面点制品经过熟制，已经杀菌消毒，装盘时应将盛器进行严格消毒，并注意双手及装盘工具的清洁卫生。

2. 主品突出、疏密得当

许多面点在装盘时进行了盘面装饰，但不能喧宾夺主，要突出面点制品的主体地位。另外，在装盘时要根据具体情况，控制好盘中制品个数（一般以每客一件，略有剩余为好）。

3. 色泽和谐、形状美观

色泽和形状是面点装盘的核心要素，要考虑面点制品本身的色泽和形状与盛装器皿、装饰物色泽和形状的谐调。顾全面点在盛器中的整体形、色的和谐美观。

4. 盘点相配、相得益彰

中国烹饪历来讲究美食美器。一道精美的面点，如能盛放在与之相得益彰的盛器中，则更能展现出面点的色香味形意来。再则盛器本身也是一件工艺品，具备了欣赏的价值。如选用得当，不但能起到衬托出菜点的作用，还能使宾客得到另外一种视觉艺术的享受。

（二）面点盘饰（装盘的艺术处理）

装盘的艺术处理：面点盘饰常常在装盛面点的盘（碟）子边沿、一角、正中或底面进行，它主要目的是针对面点具体品种进行装饰、点缀，使盘饰与面点品种浑然一体，体现出一种色、形、意俱佳的艺术效果。通过对时果、花草、鸟兽、虫鱼、徽记、山水、楼阁、人物等运用省略法、夸张法、变形法、添加法、几何法等手法，简洁迅速地创造出形象生动的面点盘饰。所以盘饰的品种，多以色艳、象形、写意的形式出现。

（三）面点盘饰的要求

在制作面点盘饰的过程中，须注意几方面的要求：

（1）面点以食用为主，盘饰美化为辅。所用盘饰制品，应是熟制品和可以直接食用的加工制品，不影响整盘面点的食用卫生要求。

（2）盘饰制品的色泽应鲜艳明快。盘饰制品常用面点工艺中卧色法和套色法配色，制作时，要注意色彩的纯度，多用暖色调（红、黄、橙），慎用冷色调（蓝、绿）。

（3）盘饰制品造型应简洁、明了、自然。在盘饰制作过程中，常选用人们喜闻乐见、形象简洁的素材，例如，花、鸟、虫、鱼等，制作时要善于抓住对象的特征，创造出形象生动的制品，做到既简洁又迅速，少用过分逼真、费工费时又易污染的盘饰制品。

（4）盘饰制品应与面点制品主题相近或相配，易于形成一个协调的整体。只有盘饰制品与面点制品相互呼应，盘饰才能起到辅助美化作用，才能创造和谐的意境，使整盘面点生色，从而也能展现出现代盘饰的魅力。

（四）面点常用的装盘方法

面点装盘的基本方法包括：随意式装盘方法、整齐性装盘方法、图案式装盘方法、点缀式装盘方法、象形式装盘方法。

1. 随意式装盘方法

随意式装盘，是一种最简单的、不拘形式的装盘，它是最简单的装盘形式，不讲究排列（图 7.22）。这种形式只需要选择适当的餐具与点心组合。装盘时，要注意留有适当的空间，既不显松疏，又不能拥挤，一般以视觉舒适为宜，通常多采用堆放的形式。一般大众化点心、普通宴席点心，或是形态比较简单、单个品种体积较小的点心都适用于此法。如小麻花、花生粘、甘露酥等。

2. 整齐性装盘方法

整齐式装盘，即排叠整齐的装盘，要求点心成品形状统一，大小一致，装盘时要求排列整齐、均匀、有规律，或围或叠、或圆或方（图 7.23）。

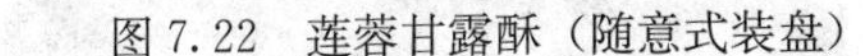
图 7.22　莲蓉甘露酥（随意式装盘）

图 7.23　网状山药卷（整齐性装盘）

3. 图案式装盘方法

图案式装盘，就是将成品装成各种美丽的对称式或非对称式几何图案。它是根据成品的特点进行组合构图的，是将成品按装饰绘画图形来放置的（图 7.24）。仿几何形态的面点及象形形态的面点最适宜采用此法装盘。如两种点心的“双拼”以及有起伏线、对角线、螺旋线、“S”型构图以及各种形式掺杂起来的综合运用的构图。

4. 点缀式装盘方法

点缀装饰式装盘，是指对面点成品主体按照对比、衬托等色彩造型规律，通过点、线部分的装饰，体现成品形态美、色彩美的一种面点美化装盘方法。宴席点心的美化一般采用造型与装盘时的围边点缀两种方法。但其点缀材料要具有观赏性和可食性，且不能使用内容与形式与面点无任何联系的装饰物来做点缀。点缀装饰是在随意式、整齐式、图案式三种方法的基础上加上点缀装饰，起画龙点睛的作用（图 7.25）。

图 7.24　一品梅擘酥（图案式装盘）

图 7.25　兰花饺（点缀式装盘）

5. 象形式装盘方法

象形式装盘方法，就是将制作好的面点以象形图案的形式装在盘中，它是在色、形等方面工艺要求相当高的一种装盘方式，要求高，难度大。做好象形式装盘的前提是必须紧扣宴席主题，精心构思，设计出具有高雅境界的构图（图 7.26）。设计此种装盘，需具备较强的绘画技巧和主题构思能力。

6. 寓意式装盘方法

寓意式装盘方法，就是采用赋予情境的图案，令人触景生情的装盘方法，这种装盘方法可收到此时无声胜有声的效果。如炸燕鱼酥装盘，采用太翁垂钓面塑（图 7.27），饶有情趣，令人联想到“江太翁钓鱼，愿者上钩”的成语，可令食者在观赏中立即下筷品味。

图 7.26　春秋官燕木瓜批（象形式装盘）

图 7.27　炸燕鱼酥（寓意式装盘）

三、构图装盘要点

1. 对称与均衡

对称与均衡是达到形式安定的一种构图原则。对称是一种等形、等量、有秩序的排列。依据几何学原理，对称中心为一直线的，称为轴对称；对称中心为一点的，称之为中心对称。面点装盘时的构图，大多以圆盘为构思场所，以点为核心，上下左右、东西南北对称平衡，故中式面点的装盘大多为中心对称。

均衡就是以盛装器皿的中心线为轴，两边等量不等形。均衡是比对称更进一步的美，更活泼的美。均衡是通过艺术手段实现的一种感觉上的平衡，主要在艺术造型盘饰中运用。

2. 圆心与圆周对称、环形与圆周对称

圆心与圆周的对称轴装盘过程中对称是最主要的表现形式。它是以盘心为轴心，与盘周对称相等的点心装盘方法。这种对称利用圆的向心作用，使构图产生一种整体的对称美。

环形圆周对称是将点心成品摆成一个环形圆周的对称构图。它给人以紧密感和光环的旋转美。这种对称构图操作较为简便。

3. 均等对称、对角对称

均等对称是指将点心成品均匀整齐地排列，给人以整洁、均衡的感觉。这种均等可以有四边均等、六边均等。它给人以整体美、和谐美和充实美。

对角对称是指将点心成品摆放成不同的三角形或四边形等形状，使角与角相对排列的方法。这种构图的装盘方法，使整盘点心显得典雅而庄重。

4. 太极对称

太极对称是依托中国古老的太极图形而做的对称构图，现在太极图形越来越多地被运用到烹饪构图中。其中“S”形对称构图具有一种动感，如中式面点中的鸳鸯酥合，整个构图具有浓厚的古朴色彩。

太极对称构图还广泛地运用于各种盘饰中，给人以规整条理、稳重平和的感觉。它的相互偶对性、正负有对、阴阳相依的普遍规律，寄托了人们成双成对、吉祥美好的愿望。

5. 节奏与旋律

节奏是有规律的变化，给人以美的感受。中式面点构图中节奏美的表现，在于利用点心色泽的固有属性，运用点、线、面、色、形、量的变化，或表现为相间的式样，或表现为相同的式样，构成节奏美。如“棋盘糕”是将小豆糕和豌豆黄间隔相拼装盘，形成黑黄相隔、相间的节奏旋律。这种节奏美，符合人们心理上的美好愿望，达到精神上的和谐。

旋律是在节奏的基础上产生的强弱起伏、缓急动静的优美情调。

6. 向心律、离心律、回旋律

向心律向着圆形或椭圆形中心，有节奏地从外往里排列。适用于单一品种的造型面点，其陪衬物摆放在中心。如咖喱薯蓉蛋在装盘时，盘心放一只用面捏的天鹅，周围向心摆上薯蓉蛋，就具有这种向心律。

离心律以圆形或椭圆的圆心为中心，由里向外有节奏地放射排列。适用于单品种的造型面点，陪衬物应摆放在外圈。

回旋律是从外线开始向内作旋律上升的构图方法。这种装盘方法富有鲜明的旋律之美。

四、常用的盘饰装饰技法

1. 粘

粘即是用有黏性的物料（糖浆、巧克力、奶油等）将制作盘饰的装饰物，粘接在一起，从而达到局部效果。如用核桃仁制作的假山，用酥饼制作的小房子、篱笆等。

2. 撒

撒是指将装饰辅料铺撒在盘内的一种垫衬装饰手法。铺撒的原料较多，主要有白糖、果仁、芝麻、椰蓉、菜松、肉松等。

铺撒时要根据盘饰主题或均匀、或零散，或平整、或起伏，其多和拼摆配合使用，美化衬托面点。

3. 挤

挤（挤注）是将调制好的浆、糊状等装饰料装入裱花袋里，通过挤压裱花袋，使之均匀地从裱花嘴流出，形成各种形状装饰制品的一种方法。常用的挤注装饰料有白脱淇淋、奶油、澄粉等，如各式裱花蛋糕，就是把调制好的挤花料（白脱淇淋、奶油等）装入带花嘴的裱花袋或油纸卷成的喇叭筒内，在蛋糕上挤成各种亭台楼阁、山水、人物、花草虫鱼、中西文字等图案花纹和字样。挤注时用力适当，出料均匀，规格一致，排列整齐，符合装饰要求。

4. 拼摆

拼摆是面点装饰技法之一，属综合技法。是指在器皿内运用各种装饰辅助原料拼摆成一定图案的过程。一份拼摆得法的面点，犹如一件艺术佳作，色泽自然，色调柔和，情趣高雅，悦目清心，给人以艺术享受，使人心情舒畅，增加食欲。拼摆时要突出主料，以食用为主，美化为辅。应根据顾客的要求和意图来设计拼摆图案；颜色搭配要协调美观，注意不同颜色原料间的搭配，充分运用原料和制品的本色，互相映衬；拼摆时要均匀、整齐，各类形状基本一致。

面点的成形是整个面点制作过程中的中心环节，它需要有很强的技艺性和艺术性，要求面点制作人员有广泛的知识和扎实的基本功做后盾，承上启下，使成形后的成品或半成品合乎工艺要求。面点的成形，决定成品形态。成形过程经常要利用机械，面点制

作人员一定要熟悉掌握机械的使用方法。只有掌握了成形工艺，就能得心应手地运用各项技能，才能和其他制作过程融会贯通，在传统的基础上创新出优，丰富市场上的花色品种，满足广大百姓日常饮食的需求。用于成形的常用机器有：面条机、馒头机、饺子机、制饼机等。手工成形技法的基本操作手法有：搓、卷、包、捏、抻、切、削、拨、擀、叠、摊、按、剪十三种。模具成形法的模具有：印模、套模、盒模、内模四类。常用面点艺术成形技法有：镶嵌、裱花、面塑三种。介绍了面点色泽的形成与运用知识，阐明了面点色泽的要求，最终掌握面点的围边与装盘艺术。

练习题

（1）面点成形的意义是什么？
（2）面点色泽的要求是什么？
（3）艺术成形技法有哪些？
（4）裱花工艺有哪些要领？
（5）面点装盘的规则是什么？
（6）面点常用的装盘方法有哪些？

第八章 熟制工艺

面点要制熟，技术具有六，油炸与电烤，蒸煮及煎烙。
制作靠技巧，成熟更重要，三七论功劳，唯有火候高。

学习目标

通过本章的学习，了解蒸、煮熟制技术的基本原理，熟练掌握其工艺技术及操作要领。认识烘烤熟制技术的基本原理，掌握烘烤、烙的操作技术，熟练掌握操作技术关键。理解炸制技术的基本原理，掌握炸的操作技术，熟练掌握操作要领。熟悉复加热熟制技术，能独立完成各式面点品种熟制工艺。

必备知识

(1) 面点品种的制作工艺。
(2) 面点原料的品质鉴别。
(3) 面点成品标准鉴定。
(4) 面点质量问题的分析。

选修知识

(1) 餐饮组织与管理。
(2) 面点主要设备与器具的使用。
(3) 面点装盘技巧。

课前思考

(1) 什么是熟制？什么是熟制工艺？

(2) 蒸制成熟的原理是什么？

(3) 煮制成熟的技术要点是什么？

(4) 面点油炸的基本原理是什么？

(5) 什么是复合加热法？

第一节 熟制的含义

熟制，是指运用各种加热方法，使成形的面点生坯（半成品），成为色、香、味、形俱佳的熟制品的过程。熟制品又叫成品。

熟制工艺是面点制作的最后一道工艺，也是最为关键的一道工艺。熟制效果的好坏对成品质量影响极大。如熟制后的成品是否成形，馅心是否入味，色泽是否美观，这些都是在熟制过程中决定的，与熟制的火候有着直接的关系。俗话说："三分做，七分火"，说的就是熟制的重要性。

第二节 蒸、煮熟制技术

蒸、煮，是面点制作中应用最广泛、最普通的两种熟制法。由于使用的工具和传热介质的不同，蒸、煮适用的范围和制品的口味方面也有所区别。

一、蒸制基本原理与工艺技术

蒸是利用蒸汽作为传热介质，使制品生坯成熟的一种成熟方法。在几种熟制方法中，蒸是使用较为广泛的一种。蒸制品的特点是：味道纯正，花色品种保持形态不变，吃口柔软，包馅面点鲜嫩多卤。蒸制的品种有：馒头、蒸包、花卷、蒸饼、烧卖、蒸饺、蒸糕等。

蒸包子的全过程：

(1) 发面：首先要把面发好，说到发面，就要掌握好和面的技术，一般来说是0.5kg面要加0.7kg的水，要事先把发面的引子泡好，与面一起和。面发的时间与季节有关，一般来说，天气越冷，发面所用的时间越长。通常气温在20℃以下，需要2h面

才能发好。

（2）制馅：要做好馅料，对包子来说，制馅是有技术的，制作过程如下：

① 先把馅的主料做好，如肉馅或素馅，肉馅的要把肉切成丁，用麻油、酱油、花椒粉、味精等拌好，养至1h。

② 再将辅馅做好，如用韭菜，应先洗好凉干，再来切好，放在一边，待用。

③ 把上述的馅拌匀，用花生油及其他的调味品调好，放入适量的食盐即可。

（3）包馅：技术性较强，要皮薄，一两能包10个，一个包子要提出20个皱褶，这样的包子既好看又好吃；把包好的包子放入蒸笼，包子之间要有适度的间隙，一般间隔1.5cm为宜。

（4）把炉火调整好，蒸锅放入水至沸，等待包子包好后放入。

（5）用旺火蒸包子，蒸10～15min后启笼即成。

注意事项：用温水和面，蒸出来的馒头和包子比较软，老人孩子都喜欢。

鉴别面发酵是否发好，最简单方法是用手按一下，若按下的面坑很快鼓起来则证明面发好了。

【案例8.1】狗不理包子

（1）品种介绍：狗不理包子是天津名点。它是以发酵面包入猪肉等馅蒸制而成。因其创始人高贵友乳名叫狗不理而得名。清朝末年，高贵友在南运河三岔口开设包子摊，由于他探索出水馅、半发面等方法，使包子独具特色，吸引了不少顾客，其乳名与包子的美名不胫而走，并广为流传。狗不理包子有猪肉馅、肉皮馅、三鲜馅等品种。

（2）实训目的：了解华北地区名点，熟悉蒸制成熟的原理，掌握狗不理包子的制作。

（3）原料组配：见表8.1。

表8.1　原料及配比

皮坯原料	馅心原料	调辅原料
特制面粉600g	猪肉（肥三瘦七）425g	酱油87.5g，葱末35g
酵面375g 碱面5g	—	味精5g，香油60g
水275g	—	骨头汤250g，姜末4g

（4）制作程序：

① 馅心调制：将猪肉洗净、搅碎放入盆中，加入姜末搅拌均匀后，再把酱油、骨头汤分批加入，每次均搅打上劲，待馅心软硬适当时，放入葱末、味精、香油拌匀即可。

② 面团调制：将面粉550g与酵面一起放入盆中，加清水275g和成面团，盖上湿布让其发酵；当有肥花在盆里拱起时，兑入碱水揉匀揉透，稍醒。

③ 生坯成形：案板上撒铺面50g，将面团放上去揉光后搓条，揪成68个剂子；将面剂按扁、擀成直径8cm的薄圆皮，每个包入15g馅心，捏成提花包形即可。

④ 熟制：将制好的包子生坯入笼中，用旺火沸水蒸制6min即熟。

(5) 成品特点：色白小巧，皮薄馅大，形似待放菊花，面皮有咬劲，馅心松软油润，肥而不腻。

(6) 注意事项：

① 注意和馅时的投料顺序，馅要和上劲且软硬适度。

② 捏包子时，花形应均匀、美观，每个包子的褶不少于15个。

③ 水沸后再上笼蒸制，蒸的时间要适当。

【案例8.2】八宝馒头

(1) 品种介绍：八宝馒头是河南开封名点。相传此点是由北宋汴梁的太学馒头演变改制而成的。它是由大酵面团作皮，内包八宝甜馅蒸制而成的。

(2) 实训目的：了解蒸制成熟的原理，熟悉华中地区名点，掌握八宝馒头的制作。

(3) 原料组配：见表8.2。

表8.2 原料及配比

皮坯原料	馅心原料	调辅原料
面粉400g	葡萄干25g，糖青梅25g	白糖150g
面肥150g	冬瓜糖25g，橘饼25g	熟面100g
碱5g	红枣25g，核桃仁50g	果味香精3滴
清水180g	糖马蹄50g	—

(4) 制作程序：

① 面团调制：用温水将面肥化开，放入面粉、清水200g和成面团，让其发酵。

② 馅心调制：用温水将核桃仁浸泡后，去皮，切成碎米粒大小。将糖青梅、红枣胀发洗净，切成细丝。糖马蹄切成小丁。冬瓜糖、橘饼剁成米粒状。葡萄干用温水泡软后一破为二。将以上所有原料放入盆中，加入白糖、熟面、果味香精拌匀即成八宝馅。

③ 生坯成形：当面团发酵好后下入适量的纯碱，揉匀，搓条后揪成20个面剂，按成周边薄、中间厚的圆皮，包入八宝馅，将口捏紧，剂口朝下入笼。

④ 熟制：将笼置于沸水锅中，用旺火蒸制12min即熟。下屉后，在馒头顶上印上一个红色的八角形花纹即成。

(5) 成品特点：馒头色白，质地松软，味美香甜。

(6) 注意事项：

① 注意面团的发酵程度及下碱量的准确性。

② 包馅时收口要紧，以防漏馅。

③ 蒸制时应火大气足，一气呵成。

【案例8.3】南翔小笼馒头

(1) 品种介绍：南翔小笼馒头是著名的上海风味名点，距今已有上百年历史，因其始创于上海嘉定县南翔镇而得名。此点是以水调面团做皮，以鲜肉掺冻作馅制作而成。其制品体形小巧、皮薄馅重、汁多味鲜，备受人们的喜爱。其速冻产品已远销海内外。

(2) 实训目的：了解水调面团调制，懂得蒸制成熟的原理，熟悉华东地区名点，掌握南翔小笼馒头的制作。

(3) 原料组配：见表8.3。

表8.3 原料及配比

皮坯原料	馅心原料	调辅原料
上白粉2500g	肉皮冻750g，清水625g	食盐75g，白酱油75g，白糖75g
清水1150g	猪夹心肉2500g	香油25g，花生油75g，味精10g

(4) 制作程序：

① 馅心调制：皮冻绞碎待用。再将猪夹心肉洗净、剁蓉，置于盆中，分别加入食盐、白糖、白酱油、味精搅打上劲，再分次加入625g清水搅打上劲，最后加入猪皮冻、香油拌匀即可。

② 面团调制：取面粉2250g（余下250g面粉作铺粉用）、清水1150g和匀，揉至光滑，稍醒待用。

③ 生坯成形：制皮。在案台上扫油，将面团置于上面搓条后，揪成9g重的小面剂，用手按成中间稍厚的圆形面皮。

成形。去面皮一块，包入馅心10g，折捏成18条花纹的包坯即可。

④ 熟制：取23cm直径的圆形小笼，扫油后每笼装入16个生坯，置旺火沸水锅上，蒸制10min左右即可。

(5) 成品特点：皮成玉色半透明，花形均匀，皮薄爽滑，馅重汁多，鲜香可口。

(6) 注意事项：

① 面团要和匀揉透，以不粘手为好。

② 馅心加水适度要控制，应分次加入并搅打上劲，防止“伤水”，影响口感。

③ 蒸制时间要把握好，要火大气足。

【案例8.4】马家烧卖

(1) 品种介绍：马家烧卖是沈阳市清真风味名点，由回民马春创制于1796年，现已有200多年的历史。因其制作技艺代代相传，故称“马家烧卖”。皮坯用烫面、大米粉擀制而成，馅心以牛或羊肉调制而成，制品具有皮薄、馅鲜等风味特点，是享誉沈阳地区的传统美食。

(2) 实训目的：了解东北地区名点，熟悉蒸制成熟的原理，掌握马家烧卖的制作。

(3) 原料组配：见表8.4。

表8.4 原料及配比

皮坯原料	馅心原料	调辅原料
精粉1000g	牛肉或羊肉1000g	精盐10g，酱油10g，熟豆油50g
开水350g	—	香油50g，葱花100g，味精10g
大米粉500g	—	花椒水5g，大料水5g

（4）制作程序：

① 馅心调制：将牛肉或羊肉搅成蓉，加入清水500g，放入精盐、酱油、味精、花椒水、大料水，然后拌匀；再加入葱花、香油、熟豆油调匀即可。

② 面团调制：将精粉用开水烫制，边烫边搅和，最后揉和成较硬的面团即可。

③ 生坯成形：皮坯制作：将面团搓条后，揪成140个小剂，再用大米粉作铺面，用擀锤把剂子擀成8cm大小的圆片；再将6～7张皮子撒上铺面，上下对齐摞在一起，用擀锤的边压皮子的周边，当皮子压成边缘像荷叶状时即可。

烧卖成形：将皮子放在左手上，右手放上馅心，左手五指收拢，把烧卖顶部掐住，不封口，形成花帽状即可。

④ 熟制：将烧卖生坯上入已扫油的笼中，用旺火沸水蒸制7～8min即成。

（5）成品特点：皮薄光亮，筋道柔润，馅心松散，鲜嫩香醇。

（6）注意事项：

① 馅料应精选牛紫盖、三叉、腰窝等三个部位的肉。肉应以三成肥七成瘦的比例比较好。

② 制皮时，擀锤一定要走均匀，皮子既要薄，但又要完整。

③ 包馅时，左手用力要灵活，力不能太大，否则容易漏馅。

蒸是温度高、湿度大的熟制方法，一般来说，蒸气的温度大都在100℃以上，即高于煮的温度，而低于炸、烤的温度。蒸锅的湿度，特别是盖严笼盖后，可达到饱和状态，即高于炸、烤的湿度，而低于煮的湿度。

【案例8.5】翡翠烧卖

（1）品种介绍：翡翠卖是江苏扬州风味名点，距今已有上百年历史。以扬州富春茶社所制最著名。此点是以面粉调制的半生面团作皮，以青菜、绵白糖、猪油、火腿等作馅料制作而成的。其制品具有色如翡翠、甜润清香的风味特点，备受食客的喜爱并广为流传。

（2）实训目的：了解华东地区名点，熟悉蒸制成熟的原理，掌握翡翠烧卖的制作。

（3）原料组配：见表8.5。

表8.5　原料及配比

皮坯原料	馅心原料	调辅原料
上白粉1250g	青菜叶5000g	火腿末300g
清水400g	绵白糖1250g	熟猪油100g，精盐3g

（4）制作程序：

① 馅心调制：将青菜叶洗净、掸水、冲漂、凉透后切碎，挤去部分水分后放入盆中，加入精盐拌匀，然后再加入绵白糖、熟猪油拌匀即可。

② 面团调制：取面粉1000g（余下250g面粉作为铺粉），加入沸水300g烫成雪花状面团，然后再加入冷水100g揉成面团即可。

③ 生坯成形：将面团搓条后揪成100个小面剂，逐一擀成直径约8cm，中间稍厚、边子稍薄的荷叶形面皮；左手托皮，右手挑入馅心35g，左手将皮子收拢捏紧呈“瓶塞

形”，再在坯口上撒上3g火腿末即可。

④ 熟制：将制品生坯置于笼屉中，用旺火沸水蒸制5～6min即成。

(5) 成品特点：皮薄馅绿，色如翡翠，糖油盈口，甜润清香。

(6) 注意事项：

① 烧卖皮的面团应和硬一些。

② 青菜掸水时间不宜太长，色泽一变深即可。

③ 蒸点的时间一定要掌握好，不能蒸得太久，否则制品成形不好。

【案例8.6】重阳糕

(1) 品种介绍：重阳糕是一种节令点心，各地制法不尽相同，此处介绍的是河南重阳糕的制法。重阳节又名九月九、重九、菊花节、茱萸节，古代民间有登高、赏菊、食重阳糕的习俗。

(2) 实训目的：了解年节食品，熟悉蒸制成熟的原理，掌握重阳糕的制作。

(3) 原料组配：见表8.6。

表8.6 原料及配比

主要原料	馅心原料	调辅原料
精粉500g，鸡蛋250g	—	青红丝25g，白糖350g
熟面200g，猪油20g	—	糯米甜酒50g

(4) 制作程序：

① 粉团调制：将精粉放入盆内，用五成热的清水350～400g拌和，再加入江米甜酒拌匀，让其自然发酵；再将熟面、鸡蛋、白糖200g搅打成糊待用。

② 熟制：当粉团发至有蜂窝样孔洞时，加白糖150g，用筷子打匀，摊在糕盘内(约1～1.3cm厚)，蒸熟后出笼；再将用鸡蛋、白糖、熟面调成的糊，倒在已经蒸熟的暄糕上摊匀(约1cm厚)，再上笼蒸熟即可。

③ 制品成形：将糕坯取出撒上青、红丝，稍晾凉切成50块即成。

(5) 成品特点：成品暄软、甜香。

(6) 注意事项：

① 粉团调制时用水量要恰当，掌握好水温。

② 糕盘内先要刷一层猪油。

③ 制糕时不宜用力按压，以防蒸不透。

【案例8.7】蒸娥姐粉果

(1) 品种介绍：蒸娥姐粉果是广东传统风味名点。此点相传已有百年历史，因其创始人为娥姐而得名。此点传统做法是以干米饭磨粉包馅制作而成，后来经演变为现在以澄面、生粉作皮包馅制作而成。此点制作精细，风味独特，受到广大食客的喜爱并广为流传。

(2) 实训目的：了解华南地区名点，熟悉蒸制成熟的原理，掌握蒸娥姐粉果的制作。

(3) 原料组配：见表8.7。

表 8.7 原料及配比

皮坯原料	馅心原料	调辅原料
澄面 75g	瘦猪肉 100g，叉烧肉 50g	香菜叶 60g，猪油 20g
一级生粉 180g	蟹黄 30g，熟虾肉 50g	湿冬菇 25g，马蹄粉 20g
清水 325g	鲜虾肉 100g，熟肥猪肉 50g	胡椒粉 1.5g，精盐 6g
精盐 2.5g	熟笋肉 300g，清水 100g	白糖 10g，生抽 10g
猪油 20g	—	香油 5g，味精 7.5g
味精 2.5g	—	绍酒 15g

(4) 制作程序：

① 粉果皮制作：将澄面 75g 加清水 75g 调成稀粉浆后，再将沸水 250g 冲入稀粉浆中搅匀成熟稀糊，再将生粉置于案台上开窝，倒入熟稀糊拌和成团，再加入精盐 2.5g、味精 2.5g 揉匀，最后加入猪油 20g 拌匀即成粉果皮。

② 粉果馅制作：将猪瘦肉、肥肉、叉烧肉、湿冬菇切成细粒状；虾肉切粗粒；熟笋肉切片；马蹄粉调成粉浆；再将瘦肉、生虾肉上浆，过油，滤油后倒入锅中，再将其他原料同时投入锅内，先用绍酒煸炒后，再加入清水 100g 煮沸，再加入精盐 6g、味精 7.5g 及其他调味料煮沸勾芡即成粉果馅。

③ 生坯成形：将蟹黄剁烂，用少许生油拌匀待用；将小笼装好底板，扫好油待用；将粉果皮、馅各分为 60 份，用生粉作“铺粉”，将粉果皮擀成直径 7.5cm 的圆形皮子，在皮子前端放上香菜叶一片、蟹黄 0.5g，然后放上粉果馅一份，捏成角形即成粉果生坯。

④ 熟制：将粉果生坯上于小笼屉中，上火蒸 4～5min 即成。

(5) 成品特点：皮薄透明，白里透红，红绿相映，口味鲜香爽滑。

(6) 注意事项：

① 粉果皮一定要揉制纯滑后再下猪油。

② 粉果蒸制要用旺火，时间不宜过长。

(一) 蒸制工艺技术

1. 蒸制工艺流程

蒸锅加水→生坯摆屉→蒸制→下屉→成品。

2. 蒸制操作方法

(1) 蒸锅加水。蒸锅加水量以六成为宜。水过满，蒸腾时容易冲出屉底，浸湿制品；水过少，容易烧干。

(2) 摆屉。凡酵面、膨松面等制品，必须先醒发后摆屉。静放一段时间进行醒面的目的是：制品生坯继续膨胀，达到蒸后制品松软的效果。醒发的温度约为 30℃左右，醒发时间一般在 10～30min 之间。

将醒发好的制品生坯按一定间隔距离，整齐地摆入蒸屉，其间距应使生坯在蒸制过

程中有膨胀的余地。间距过密，相互粘连，易影响制品形态。

(3) 蒸制。首先把水烧开，蒸汽上升时再蒸制。笼屉放到蒸锅上，盖严笼盖；四周缝隙用湿布塞紧，以防漏汽。为保持屉内有均匀和稳定的湿度、温度及气压，要始终保持一定火力，产生足够的蒸气。中途不能开盖，蒸制过程中火力不能任意减弱，做到一次成熟蒸透。有的品种需要在蒸制过程中改变火力，也要先将水烧开蒸到一定时间再改变。

面点蒸制时间要根据品种成熟难易的不同，灵活掌握。

注意事项：面点的蒸制时间过长，制品就会发黄、发黑、变实、塌陷、变形，影响成品的色、香、味；蒸制时间过短，制品外皮发黏带水，粘牙难吃，无熟食香味。

不同面点的蒸制时间，见表 8.8。

表 8.8　不同面点的蒸制时间

面点名称	生坯性质	馅心性质	蒸制时间
馒头、花卷	纯面制品	—	15～18min
鲜肉包	包馅制品	生馅	15～16min
烫面饺、四喜饺	烫面制品	熟馅	10～12min
小笼汤包、什锦素包	包馅制品	生馅、熟馅	6～10min
伦教糕、蛋糕	糕制品	夹馅	15～20min
枣泥拉糕、蜂糖糕	糕品	—	30～45min

(4) 下屉。蒸制成熟后要及时下屉。制品是否已经成熟，除正确掌握蒸制之外，还要对制品进行必要的检验，以确保成品质量。如果手按一下制品，所按处能鼓起还原，无黏感，有熟品香味，表明已成熟。

面点下屉时应揭起屉布洒上冷水，以防屉布粘皮。制品取出后要保持表皮光亮，造型美观；要摆放整齐，不可乱压乱挤，确保外形原貌；包馅制品要防止掉底和漏汤。因此，下屉速度要快。

3. 蒸制技术关键

(1) 要掌握好醒发的温度、湿度和时间。温度过低，蒸制后胀发性差；稳定过高，生坯的上部气孔过大，组织粗糙，影响质量。湿度太小，生坯表面容易开裂；湿度太大，表面易结水，蒸后易产生斑点，影响美观。醒面时间过短，起不到醒面的作用；时间过长，制品易发酸。

(2) 保持锅内水量，有利于蒸汽产生。蒸汽是由蒸锅中的水产生的，所以水量的多少，直接影响蒸汽的大小。水量多，则蒸汽足；水量少，则蒸汽弱。因此，蒸锅里的水量要充足，但是水量过大时，水开沸腾易溅及生坯，影响成熟质量；过少时，蒸汽产生不足，则会使生坯死板不膨松。影响成熟效果。

(3) 掌握成熟时间和蒸制火候，做到一次蒸熟蒸透。

(4) 不同品种不能同屉蒸制，以免串味或成熟时间不一而影响制品质量。

(5) 保持水质清洁，经常换水蒸制，确保制品蒸制质量。如蒸烧卖、小笼包子时，油腻易流入水；蒸制重糖品种时，糖质易融入水中；多次蒸制含碱品种后，水质会发黄，这是因为一部分碱分子随蒸汽回转、升降、融入水中，会使水蒸气产生碱味。因此，要随时添加新水。

(二) 蒸制成熟的原理分析

蒸制品生坯入笼蒸制，当蒸汽的温度超过100℃，面点四周同时受热，制品表面的水分受热汽化时，其蒸汽也参与了传热过程。由于制品外部的热量通过导热，向制品内部低温区推进，使制品内部逐层受热成熟。蒸制时，传热空间热传递的方式主要是通过对流，传热空间的温度高低主要决定于气压的高低和火力的大小。

制品生坯受热后蛋白质与淀粉发生变化。淀粉受热后膨胀糊化（即50℃开始膨胀，65℃开始糊化，67.5℃全部糊化），糊化过程中，吸收水分变为黏稠胶体，出笼后，温度下降，冷凝成凝胶体，使成品表面光滑。蛋白质在受热后开始变性凝固（即一般在45～55℃时热凝变性），并排出其中的“结合水”，随着温度的升高，变性速度加快，直至蛋白质全部变性凝固，这样制品就成熟了。蛋白质凝固，有利于制品定型，使之保持原有的形态。由于蒸制品中多用酵母面坯和膨松面坯，受热后会产生大量气体，使生坯中的面筋网络形成大量气泡，成为多孔、富有弹性的膨松状态。这就是蒸制成熟的基本原理。

(三) 分析与讨论

(1) 蒸馒头怎样才能不粘屉布：馒头蒸熟后不要急于卸屉。先把笼屉上盖揭开，继续蒸3～5min。待最上面一屉馒头很快干结后，卸屉翻扣案板上，取下屉布。这样，馒头既不粘屉布，也不粘案板。稍等1min再卸第二屉，如是依次卸完。

(2) 发面的最佳温度是多少：发面最适宜的温度是27～30℃。面团在这个温度下，2～3h便可发酵成功。为了达到这个温度，根据气候的变化，发面用水的温度可做适当调整：夏季用冷水；春秋季用40℃左右的温水；冬季可用60～70℃热水和面，盖上湿布，放置在比较暖和的地方。

二、煮制基本原理与工艺技术

煮是指将面点成形生坯，直接投入沸水锅中，利用沸水的热对流作用将热量传给生坯，使生坯成熟的一种熟制方法。煮的使用范围较广，一般适用于冷水面坯制品、生米粉团面坯所制成的半成品及各种羹类甜食品，如面条、水饺、汤团、元宵、粽子、粥、饭及莲子羹等。

(一) 各地著名的风味面食品种

【案例8.8】虾爆鳝面

(1) 品种介绍：虾爆鳝片是浙江省杭州市著名的传统风味名点，迄今已有140多年

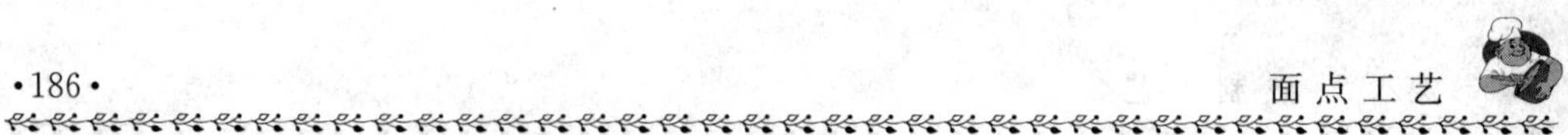

的历史，是由杭州的百年老面馆——杭州奎元馆所创制。此点是以面粉制成的面条，佐以虾仁、鳝片烩制而成的，其制品配料讲究，烹制精细，风味独特，深受人们喜爱。

(2) 实训目的：了解华东地区名点，熟悉煮制成熟的原理，掌握虾爆鳝面的制作。

(3) 原料组配：见表8.9。

表8.9 原料及配比

主要原料	浇头原料	调辅原料
上白面条1625g	上浆虾仁500g	熟菜籽油1500g（约耗150g）
肉清汤2500g	出骨鳝片1000g	葱末10g，绍酒10g，熟猪油300g
—	—	白糖100g，味精25g
—	—	香油5g，酱油250g，姜末5g

(4) 制作程序：

① 面臊调制：原料初熟处理：将上浆虾仁用温油滑熟，分10份备用。再将鳝片切成8cm的段，用油滑好后也分成10份备用。

鳝片烧制（制一份）：将炒锅内放入猪油5g、葱末1g、姜末0.5g略炒，下入鳝片一份略炒，加入酱油10g、糖10g、绍酒1g、肉汤50g，烧至锅中汤汁约剩一半时加入味精1g略烧，出锅即可。

② 制品烹制：面条煮制：将面条放入沸水锅中煮熟，捞出用凉水凉透后，做成10个面结待用。

面条烹制（制一份）：炒锅置火上，加入肉汤200g、酱油15g，再加入鳝片中的原汁，煮沸后下入面结一个，并放入猪油15g，烧至汤渐浓时，加入味精1.5g，淋上热猪油10g，盛入碗中，最后在面条上盖上鳝片、放上虾仁、淋上香油5g，即成（依此法将制品制完即可）。

(5) 成品特点：面条滑韧，虾仁鲜嫩，鳝片爽脆，汤鲜可口。

(6) 注意事项：

① 虾仁滑油时，应注意滑油的时间与火候。

② 煮面条时间要掌握好，不能太长，以“断生”为好。

③ 烹制时，一定要使面条烹进味，这样，面条的味道才鲜美。

【案例8.9】拨鱼儿

(1) 品种介绍：拨鱼面又称拨鱼儿，是山西风味名点。因其用竹筷将碗内的软面拨成小鱼状，入锅煮熟而得名。拨鱼面历史悠久，早在我国元代《居家必用事类全集》就有记载，此后，清道光二十三年的《阳曲县志》中云：“附近居民各种面食曰：河漏，荞面为之。拨鱼子，豆、麦二面为之。”拨鱼面、抻面、刀削面、刀拨面被称为山西的四大名特面食。

(2) 实训目的：了解华北地区名点，熟悉煮制成熟的原理，掌握拨鱼儿的制作。

(3) 原料组配：见表8.10。

表 8.10 原料及配比

皮坯原料	馅心原料	调辅原料
面粉 500g，绿豆粉 20g	各种素或荤浇头 500g	—
水 350g	打卤汁 1500g	—

（4）制作程序：

① 面团调制：将面粉放入大碗中，加入绿豆粉、清水 350g，和匀成均匀的稀软面团即可。

② 制品成形：用左手拿碗，倾斜在沸水锅的侧上端，右手执一根特制的三棱形竹筷，在锅中沸水内蘸一下，紧贴在面团的表面，顺碗沿由里向外拨成长约 10cm，形似小鱼儿的面条，落入锅内沸水中，即可。

③ 熟制：将锅中的拨鱼儿面条煮熟浮起后，捞起装入面碗中即可（在面上可浇上各种浇头和打卤汁即成）。

（5）成品特点：形如小鱼，质地滑爽，韧性好，有咬劲。

（6）注意事项：

① 面要和成均匀、柔软的糊状；和好后要盖上湿布静置一段时间。

② 拨面时，要不断地以筷子蘸水，以免面粘筷子拨不利爽。

③ 拨面的动作要快，以便于面条成熟一致。

【案例 8.10】老边饺子

（1）品种介绍：老边饺子是沈阳的风味名点，是其创始人边福于 1829 年从河北省任丘县来到沈阳时所创制。因边氏制馅时采用煸馅的制作工艺，使制品的风格与众不同，而深受人们的喜爱，所以被称为老边饺子。现已成为辽宁省驰名中外的特色风味食品。

（2）实训目的：了解东北地区名点，熟悉煮制成熟的原理，掌握老边饺子的制作。

（3）原料组配：见表 8.11。

表 8.11 原料及配比

皮坯原料	馅心原料	调辅原料
精粉 500g	猪肉 500g（瘦肉 400g，肥肉 100g）	姜末 10g
开水 200g	时令菜 600g	酱油 5g，绍酒 5g，骨头汤 350g
猪油 10g	—	面酱 5g，味精 5g，花椒水 2.5g
—	—	猪油 15g，精盐 10g
—	—	大料水 2.5g，葱花 50g，香油 5g

（4）制作程序：

① 面团调制：取面粉 450g（余 50g 面粉擀皮用）、猪油 10g、沸水 200g 烫和成面团即可。

② 馅心调制：将猪肥、瘦肉分别剁成肉丁，把锅放在火上烧热，先放入猪油 10g 与肥肉丁一起煸炒，待肥肉丁炒开后再放入瘦肉丁，炒至瘦肉丁变色、血水焙净时，加入面酱把肉炒至成金黄色后再放入花椒水、大料水约炒 1min，最后放入酱油、姜末、

葱末、盐、骨头汤、绍酒灼烧15min，进味后放入味精略烧一下出锅，待其冷却后放入冰箱中冷藏待用。将蔬菜洗净、切碎，与香油一起放入冷藏后的肉馅中拌匀即可。

③ 生坯成形：将烫好的面团搓条，揪成60个剂子，用面棍擀成中间稍厚、边子稍薄的圆形面皮；左手托皮、右手上馅后捏成11～13个皱褶的月牙形饺子即可。

④ 熟制：将饺子生坯上入笼中，用旺火沸水蒸制7～8min即成。

(5) 成品特点：皮薄馅大，鲜香味美，吃之不腻。

(6) 注意事项：

① 饺子馅应根据不同的季节选用蔬菜。初春选韭菜、大虾配馅，味鲜益口；盛夏用冬瓜、芹菜，可以解腻；深秋选用细嫩芸豆、甘蓝，清淡鲜美；寒冬用喜油的大白菜，荤素相配。

② 面团调和时，应扒开凉透后再揉匀揉透，防止面团放置后发黏，影响成形。

③ 每个饺子包馅15g左右，每个成品重约25g。

【案例8.11】刀削面

(1) 品种介绍：刀削面是山西风味名点。是用一种特制的弯形钢片刀削制的面条。它与拨鱼面、拉面、刀拨面被誉称为山西四大面食。清《素食说略》中记载："削面，面和硬，须多揉，愈揉愈佳。作长块置掌中，以快刀削细长薄片，入卤水煮出，用汤或卤浇食，甚有别趣。"现在已在全国流行。

(2) 实训目的：了解华北地区名点，熟悉煮制成熟的原理，掌握刀削面的制作。

(3) 原料组配：见表8.12。

表8.12　原料及配比

皮坯原料	馅心原料	调辅原料
精粉1000g	各种素或荤浇头1000g	毛汤2000g
冷水400g	—	葱末100g

(4) 制作程序：

① 面团调制：取面粉1000g，加入清水约400g和成光滑的较硬面团即可。

② 生坯成形：将面团揉成前端小，后端大的长圆柱形；左手托面，右手执刀，顺着面团的表面一刀一刀地往前削成长条形面片，落入沸水锅中即可。

③ 熟制：将落入沸水锅中的面条煮至浮起成熟时，捞起即可（食用时，浇配各种素浇头或打卤，或配以各种馅料炒制）。

(5) 成品特点：面片厚薄均匀，长短一致，柔韧爽滑。

(6) 注意事项：

① 要求面团硬实，要揉匀揉透，并静置好。

② 削面时的技术要领是：刀不离面，面不离刀，胳膊直用手端平；手眼一条线，一棱赶一棱，平刀是面片，弯刀是三棱。要求削面按顺序，干净利落。

【案例8.12】宁波猪油汤团

(1) 品种介绍：宁波猪油汤团是浙江风味名点。此点是以糯米粉团制皮，以芝麻、猪板油、白糖作馅制作而成。其制品具有色白光亮、皮软馅多、入口流馅、香甜可口、油而不腻的风味特点，是宁波地区的传统风味名食。

（2）实训目的：了解年节食品，熟悉煮制成熟的原理，掌握宁波猪油汤团的制作。

（3）原料组配：见表8.13。

表8.13 原料及配比

皮坯原料	馅心原料	调辅原料
上白糯米1000g	猪板油215g	糖桂花2.5g
清水100g	白糖925g，黑芝麻600g	—

（4）制作程序：

① 粉团调制：将糯米1000g淘洗干净，浸泡至米粒松脆时，加水制成米浆，装入布袋后压干待用；再将压干粉浆加清水100g，揉匀揉透后下成100个小剂待用。

② 馅心调制：将黑芝麻淘洗干净、沥干，炒熟后碾成粉末，用筛子筛取黑芝麻末500g备用；再将猪板油去膜，剁成蓉，加入白糖425g、黑芝麻末500g，拌匀搓透即成馅。分成100个小剂待用。

③ 生坯成形：取小剂一个，用手捏成酒盅形，放入馅心10g收口后搓成光滑的圆球形即可。

④ 熟制：将水锅置于旺火上，加水烧沸，下入制品生坯，煮至上浮后，点2～3次清水煮至成熟起锅装碗即成（每碗装汤团10只，另加白糖50g，糖桂花0.25g）。

（5）成品特点：色白光亮，皮薄馅大，入口流馅，油而不腻，香甜可口。

（6）注意事项：

① 糯米应泡至用手一捻即碎为好。磨制的米浆越细越好。

② 制馅时，猪板油膜应去尽，馅心应调。

③ 煮制汤团时应注意先将水搅动后再下汤团生坯，以免汤团粘住锅底。

【案例8.13】桂花汤圆

（1）品种介绍：桂花汤圆是湖北地区的传统元宵食品，“正月十五闹元宵”早已成为人们的习俗。湖北咸宁盛产桂花，有着“桂花之乡”的美称。用桂花糖、黄砂糖、芝麻、金橘饼及猪油制作的汤圆馅，以滚沾的方法制成的叠式汤圆，是北派元宵的代表。

（2）实训目的：了解煮制成熟的原理，熟悉年节食品，掌握桂花汤圆的制作。

（3）原料组配：见表8.14。

表8.14 原料及配比

皮坯原料	馅心原料	调辅原料
糯米粉2350g	黄砂糖750g	橘饼末75g
—	桂花糖75g，熟芝麻75g	熟面粉150g，猪油150g

（4）制作程序：

① 馅心制作：将芝麻碾碎，置于案板上，加入熟面粉、黄砂糖、桂花糖、橘饼末、猪油和匀后，放入正方形的模具内，用木锤敲打成大方块，然后用刀切成100个小方块形的馅料。

② 生坯成形：先将糯米粉放在叠筐内；再将小方块馅料放入箩筛中，放入清水盆中浸湿，然后倒入糯米粉内进行摇动，叠上糯米粉。如此反复施水、叠制6次，待汤圆达到25g重时即可。

③ 熟制：将清水放入锅中烧开，下入汤圆煮制，待其浮出水面，再煮制5～6min即可。

(5) 成品特点：形圆色白，质地软糯，口味香甜。

(6) 注意事项：

① 馅心制作时，一定要结实，防止湿水时松散。

② 煮制时，要用勺背在汤圆上滚动，使之受热均匀。

【案例 8.14】腊八粥

(1) 品种介绍：1月26日（农历十二月八日）为中国传统节日“腊八节”。腊八粥也叫八宝粥。相传腊八节是佛祖“成道”之日，佛寺要仿效牧女献糜的故事，取八种香谷和果实制粥供佛，故名腊八粥。

(2) 实训目的：了解年节食品，熟悉煮制成熟的原理，掌握腊八粥的制作。

(3) 原料组配：见表8.15。

表 8.15 原料及配比

主要原料	馅心原料	调辅原料
糯米 100g，粳米 100g，	—	红糖 500g
粟米 100g，秫米 100g，	—	桂花酱 5g
赤豆 100g，红枣 100g，	—	玫瑰酱 5g
菱角 100g，栗子 100g，清水 4000g	—	—

(4) 制作程序：

① 原料的初加工：将红枣洗干净，去核，切成1cm大小的小丁；菱角、栗子用刀斩一口子，煮熟去壳，取肉切成碎丁块。

② 粥的熬制：将糯米、粳米、粟米、秫米、赤豆分别用清水淘洗干净，放入大锅里，先加上清水、红枣，上火烧开，慢慢熬煮；然后再加入菱角、栗子煮制，待粥品浓稠即可。

③ 调味：粥煮成后，加入红糖、桂花酱、玫瑰酱调拌均匀即可。

(5) 成品特点：粥品香浓，味道甜美，营养丰富。

(6) 注意事项：

① 熬粥时，先用大火，后用小火。

② 注意下料顺序。

(二) 煮制工艺技术

1. 煮制工艺流程

生坯下锅→煮制→成熟。

2. 煮制操作技术

(1) 生坯下锅：锅内加水要足，行话称"水要宽"，即水量要比制品多出好几倍，这样才能使制品在水中有充分活动的余地，汤水不浑，制品不致粘连，清爽利落。水量根据制品的数量和体积适当掌握，以有活动余地和汤水不浑为准。

煮制时，一般要先把水烧开，然后再把生坯下入锅内。因为，面粉中的淀粉和蛋白质在水温达65℃以上时才吸水膨胀和发生热变性。只有水开后下锅，制品生坯才会出现黏糊状。另外，开水煮制生坯，可缩短煮制时间。当生坯下锅时，首先用勺将水推动，不可将制品堆积在锅内，否则会造成生坯受热不均匀，出现粘连或粘底现象。下生坯数量不宜过多，要恰当掌握。

(2) 煮制：生坯下锅加盖烧开后，要用工具轻轻搅动，使制品受热均匀，防止粘底和相互粘连。水面要始终保持开沸状态，但又不能大翻大滚，即沸而不腾。如果滚腾时应略加冷水降温，即"点水"，使其更易煮熟。每煮一锅要点三次水。"点水"具有防止制品互相碰撞而裂开，促使馅心成熟入味，使制品表皮光亮食之有筋力等作用。

注意事项：一般来说，"点水"的次数要根据制品生坯的性质、皮面的厚薄、馅心的多少来确定。不同面点的煮制时间及"点水"次数有别。

行话有"盖盖煮馅，开盖煮皮"之说，说出了煮制成熟的道理。因为盖上盖煮制，气压上升，热量通过导热到馅心，使馅易熟；开盖后，表面气压只有一个大气压力，水的传热只能作用于表面，加上冷水降温。不同品种的煮制时间，见表8.16。

表8.16 不同面点的煮制时间及"点水"次数

品 名	面坯性质	皮 面	馅 心	点水次数	煮制时间（相对时间）
元宵	糯米粉团	厚	较少	4	长
水饺	水调面坯	较厚	多	3	较长
馄饨	水调面坯	薄	少	0	短

(3) 成熟：因煮熟的制品较易破裂，捞制品时，先要轻轻搅动，使制品全部浮起，然后，用漏勺或笊篱，静而快地捞出产品。

(三) 煮制成熟的原理分析

煮是利用锅中的水作为传热介质产生热对流作用使制品生坯成熟的一种方法。其成熟原理与蒸制相同。煮制法具有两个特点：一是熟制较慢，加热时间较长；二是制品较黏实，熟后重量增加。由于煮制是以水分为介质的传热，而水的沸点较低，在正常气压下，沸水温度为100℃是各种熟制法中温度最低的，传热的能力不足，因而，制品成熟较慢，加热时间较长，另外，制品在水中受热，直接与大量水分子接触，淀粉颗粒在受热的同时，能充分吸水膨胀，因而，煮制的制品较黏实、筋道，熟后重量增加。在熟制过程中应严格控制成品出锅时间，避免制品因煮制时间过长而变糊变烂。

第三节　烘烤、烙熟制技术

烘烤与烙是类似的熟制法，但有明显的区别。烘烤，是利用烘炉内的高温，即是利用导热、热辐射、对流的传热方式使制品成熟的一种熟制方法。烙，则是把成形的生坯摆放在平锅中，架在火炉上，通过以金属为介质的导热使制品成熟的一种熟制方法。

烘烤的主要特点是：温度高，受热均匀，成品色泽鲜明，形态美观，口味较多，或外酥脆内松软，或内外绵软，富有弹性。烘烤主要用于各种膨松面坯、层酥面坯等制品，如蛋糕、酥点、饼类等，既有大众化的品种，也有很多精细的点心。烙制品大多具有外香酥、内柔软，呈虎皮黄褐色（刷油的制品呈金黄色）等特点。烙制法适用于水调面坯、发酵面坯、米粉面坯、粉浆等制品，如大饼、家常饼、荷叶饼、煎饼以及烧饼等。

一、烤

烘烤是指利用各种烘烤炉内的高温把制品生坯成熟的一种熟制方法。这种熟制方法主要靠导热、热辐射、空气对流等传热方式，使食物在烘烤炉内均匀受热而成熟。制品在烘烤过程中发生一系列物理、化学变化，如水分蒸发、气体膨胀、蛋白质凝固、淀粉糊化、油脂熔化和氧化、糖的焦糖化和美拉德褐变反应等。制品经烘烤可产生悦人的色泽和香味。

（一）烘烤操作法

烘烤操作主要有两种方法：一种是把制品贴在炉壁上；另一种是放入烤盘置入烘烤炉中。后一种方法用得较广泛，具体做法是：将烤盘擦净，在盘底抹一层薄油，放入生坯，上面刷一层油，把炉温调节好，送入炉内，掌握时间准时出炉，使制品熟透。有些厚大制品可在烤至半熟时取出，在制品上插些眼并翻过，再进行烤制。鉴别制品是否成熟，可用一根竹签插入制品中，拔出后如没有粘上糊状物，即表示已成熟。因制品表面蒸发了一部分水，所以熟品要比生坯轻约5.25%的重量。

（二）烘烤的常见品种

【案例8.15】广式月饼

（1）品种介绍：广式月饼是广东传统名食，也是我国中秋节令食品——月饼中的重要一类。它是各式甜、咸、甜咸味月饼的统称，因其首产于广东而得名。广式月饼主要是以糖浆面团作皮，以各种馅料为馅心制作而成的。其制品色泽光亮，柔软滋润，图案清晰，味道纯正，深受国内外人士的喜爱，也是我国影响最大、流传最广的节令食品。

（2）实训目的：了解年节食品，熟悉烤的基本原理，掌握广式月饼的制作。

（3）原料组配：见表8.17。

表8.17 原料及配比

主要原料	馅心原料	调辅原料
饼皮12000g	杏仁10000g，大瓜子肉4000g	汾酒250g
蛋液1000g	生肥肉10000g，榄肉10500g	熟生油1250g
—	熟芝麻1500g，糖橘饼2250g	清水2500g
—	糕粉5000g，玫瑰糖2500g，细砂糖14000g	—

（4）制作程序：

① 馅心调制：先将肥肉切成小方粒，用汾酒腌过。再将细砂糖、榄肉、熟芝麻、瓜子肉、肥肉粒、杏仁放于案台上开窝；橘饼切成碎粒与生油、玫瑰糖一起放入窝中，先加入2/3的清水搅拌，看其吸水量大小，再加入其余清水拌匀，最后加入糕粉，抄拌均匀后静置30min即可。

② 饼皮制法：原料组配：糖浆500g，精面粉700g，生油125g，碱水12.5g，纯碱1.5g。

制作程序：将面粉过筛，先用2/3放在案台上开窝，下入糖浆、生油、碱水和匀后，拌匀面粉擦透，静置30min，再加入1/3的面粉叠匀即成。

③ 糖浆制法：原料组配：粗砂糖50000g，柠檬酸25g或饴糖1000g。

制作程序：先将15000g清水放入铜锅中，再加入白糖用大火煮沸后即放入柠檬酸（用水调匀）或饴糖，以后分次加入清水，用小火煮制40min（用铲子铲起少许，如糖浆倒下时有回收力即可）离火，过滤，冷却即成（糖浆要静置一周后才可使用）。

④ 生坯成形：把拌好的馅料和饼皮分别称量，各分400粒，将皮压扁包入馅料，放入饼印中轻轻用手压平压实，然后轻轻将饼拍出，放入烤盘中即可。

⑤ 熟制：先将饼坯表面扫上清水入炉烤至半熟，取出再扫蛋液，放入炉内烤熟即成。

（5）成品特点：色泽棕黄，图纹清晰，腰边起鼓，柔软香甜。

（6）注意事项：

① 拌馅的水要适量，水多则馅身软、饼扁、塌架，水少则馅硬、饼质粗。

② 肥肉一定要用酒腌过，肉质才爽而有香味；糕粉最后下可使肥肉不渗油。

③ 月饼先扫水、后扫蛋，饼身才湿润，形状才美观。

（三）烤的原理分析

1. 热量传递

面点烘烤中有导热、辐射和对流三种传递方式。

（1）导热：导热是指热源通过物体把热量从高温传递至低温部位的过程。在面点烘烤中有两种热传导：一种是热源通过炉床、铁盘或模具，使面点底部或两侧受热；另一种是在面点内部，由一个质点将热量传递给另一个质点，也是通过导热进行的。导热是面点烘烤的主要传热方式。

（2）辐射：辐射是指不凭借介质，以电磁波的形式传递热量的过程。在烘烤中面点上部和侧面所受的热，主要都是辐射热。随着远红外线烘烤在食品中的应用，辐射更是传热的主要形式。

（3）对流：对流是指对流体内部由于各部分温度不同而造成的流体运动，是气体或液体的一部分向另一部分以物理混合进行热传递的形式。在烤炉内，当制品表面的热蒸汽与炉内混合热蒸汽产生对流交换时，部分热量被制品吸收。

2. 温度变化

在烘烤时，面点各层温度发生剧烈变化。在高温下，随面点制品表面和底部剧烈受热水分迅速蒸发，温度很快升高。当表面水分散失殆尽时，温度才能达到或超过100℃。由于面点制品表面水分向外蒸发得快，制品内部水分向外转移得慢，这样就形成了一个蒸发层（或称蒸发区域）。随着烘烤的进行，这个蒸发层逐渐向里推进，制品就逐渐加厚。蒸发层的温度总是保持在100℃，它外面的温度高于100℃，里面的低于100℃，而且越靠近制品的中心，温度越低，馅心的温度是最低的。

对于层酥类面点来说，由于有无数酥层，表面不能形成明显的蒸发层或皮，面点内部的水分沿层的边沿向外蒸发迅速，温度升高也快，所以，层酥类面点失水多，干耗大。

烘烤的加热时间，随面点的重量和外形而变化。重量大的面点所需的加热时间长，重量相同表面积大的面点加热时间短。

3. 面点在烤制中水分和油脂的变化

入炉后，面点中的水分和油脂很快发生剧烈变化。这种变化既以气态与炉内热蒸汽发生着交换，也以液态在面点内部进行至烘烤结束，原来水分和油脂均匀的面点生坯成为水、油不均匀的面点成品。

当把冷的面点生坯送入高温炉后，热蒸汽在冷面坯表面发生短时间的冷凝作用，于是在面点表面结成了露滴，使面点重量有所增加。紧接着水汽化，面点的重量下降。炉内的温度、湿度和面坯的温度影响着冷凝的延续时间，炉内的温度越低，湿度越大；面坯的温度越低，则冷凝的时间越长，水的凝结越多。当面点表面温度超过水的沸点时，蒸发过程便取代了冷凝过程。

在烘烤中，面点中的油脂也发生变化。油脂遇热流散，向两相间的界面移动。由于膨松剂分解生成的二氧化碳和水汽化而生成的气体向流散油脂的界面聚结，于是在油相与固相间形成了很多层，成为层酥类面点的特有结构。

在烘烤中，油脂的再分配情况与水的流动规律相似。但是，对于层酥类面点来说，因没有硬皮的阻隔，外层与内层的蒸汽压差很小，向内部转移的水和油脂微乎其微，两者的再分配是不明显的。

4. 面点在烘烤中的化学变化

对于加入膨松剂的一些面点制品，当烤制温度达到膨松剂的分解温度时，便大量产气，气体向液、固两相的界面冲击，促进了制品的膨松。

在烘烤过程中，面点中的面筋蛋白质在30℃左右胀润性最大，到达60～70℃时，便开始变性凝固，并析出部分水分，同时发生淀粉糊化和蛋白质变性两个过程，蛋白质变性时所析出的部分水分被淀粉糊化所吸收。与此同时，还进行着微弱的水解过程。

5. 面点在烘烤中的褐变和增香

色、香、味是评定面点质量的重要指标。面点的色、香、味主要是在烘烤过程中形成的。褐变是指面点制品在烘烤过程中形成颜色的过程。美拉德反应或焦糖化反应，是面点在熟制过程中形成棕红色的主要原因。面点制品烘烤中的褐变与酶褐变无关，主要是由美拉德反应或焦糖化反应引起的，是还原糖与氨基酸相互作用的结果。

美拉德反应是面点熟制时形成风味的最重要途径之一。在加热条件下，面点中的蛋白质分解成氨基酸，游离氨基酸中的氨基和还原糖中的羰基之间发生羰氨反应。面点中大多数风味物质都是美拉德反应的产物。

二、烙

烙是指把成形的生坯摆入架在炉上的平锅中，通过金属介质传热使制品成熟的一种熟制方法。金属锅底受热，使锅体含有较高的热量，当生坯的一面与锅体接触时，立即得到锅体表面的热能，生坯水分迅速汽化，并开始进行热渗透，经两面反复与热锅接触，使之成熟。当锅体含热超过成熟需要时，热渗透相应加快，此时便要进行压火、降温，以保持适当的锅体热量，适合成熟的需要。

（一）烙制技术

烙制方法一般可分为干烙、刷油烙和加水烙三种，其操作工艺流程基本相同。

1. 烙制工艺流程

锅体预热→入坯→翻坯→成熟。
（刷油）（刷油）

2. 烙制方法

1）干烙

干烙是指面点生坯表面和锅底既不刷油，又不洒水，直接烙制，单纯利用金属传热熟制的方法。调制时加入较多油、盐的生坯，烙成的制品味道很香美；无油、无盐的生坯，则制品松软可口。

干烙的具体操作方法是：铁锅架于火上，先预热（生坯放在凉锅上会粘锅），再放生坯。烙完一面，翻坯再烙另一面，至两面成熟为止。根据不同的制品采取不同的火候，如薄的饼（春饼、薄饼），要求火力适中；中厚饼类、包馅和加糖面坯的制品，要求火力稍低。烙制品大小不等，大者依次烙一张，烧饼等则一锅可烙十多个。为使烙制品中间与四周受热均匀，可以移动锅体，也可以移动制品。前者适用于体积大的品种，后者适用于体积小的品种。

2）刷油烙

刷油烙是在干烙的基础上再刷点油，其制作方法和要点均和干烙相同，只是在烙的过程中，或在锅底刷少许油（刷油量比油煎少），每翻动一面刷一次，或在制品表面刷少量油，也是翻动一面刷一次。无论是将油刷在锅底还是刷在制品表面，都要刷匀，并用清洁熟油。刷油烙制品，不但色泽美观，而且皮面香脆，内部柔软有弹性，如家常饼等。

3）加水烙

加水烙是在干烙以后在洒水焖熟，利用金属和水蒸气同时传热，达到制品成熟。加水烙在洒水前的做法几乎同干烙完全一样，不同的是只烙一面，即只把一面烙成焦黄色即可。火候不宜过大，烙到全锅的制品都成了焦黄色后，再洒少量水，盖上盖，蒸焖、成熟后即可出锅。加水烙制品，其上部及边缘柔软，底部香脆。

加水烙的制做要点是：

（1）洒水要洒在锅最热的地方，使之蒸发形成蒸汽。

（2）如一次洒水、蒸焖不熟，要再次洒水，直至成熟为止。

（3）每次洒水量要少，宁可多洒几次，不要一次洒的太多，防止烂糊。

（二）烙制技术关键

无论哪种烙制方法，要使烙制品质量达到预期的效果，必须注意以下几点：

（1）烙锅必须刷洗干净。烙制锅的清洁与否，对制品影响很大。必须把锅边的原垢用火烧烫，铲除干净，以防成品烙制后皮面有黑色斑点或锅周围的黑灰飞溅到制品上，影响制品的美观和清洁。

（2）要注意控制火候。不同的制品需要不同的火候，操作时，必须按制品的不同要求掌握火候大小、温度高低。要集中精力，稍一疏忽，制品表面就会出现焦糊痕迹。

（3）要勤移动或翻动制品，使其受热均匀。烙锅的温度一般是中间高，四周低，整个锅底的温度不很均匀。因此，在烙制时，必须勤移动锅位和制品位置，既所谓“三翻四烙”、“三翻九转”等。所有烙的制品都要经过翻转的过程（加水烙时只移动制品），目的是使制品受热均匀，达到一起成熟的效果。

（三）烙制的常见品种

【案例 8.16】李连贵熏肉大饼

（1）品种介绍：李连贵熏肉大饼创始于 1842 年，是吉林、辽宁两省的传统风味名点。以沈阳、四平的两家最为正宗。此饼是用煮肉的汤油加适量的食盐、花椒粉和干面粉调制成酥面，与用温水调制成的温水面团经成形后，烙制而成。食用时，配以熟熏肉，佐以大葱、面酱。此点外酥、里软、层多，并有熏肉的芳香。

（2）实训目的：了解东北地区名点，熟悉烙的基本原理，掌握李连贵熏肉大饼的制作。

（3）原料组配：见表 8.18。

表8.18　原料及配比

皮坯原料	馅心原料	调辅原料
精粉540g，汤油50g	熟熏肉500g	面酱50g
食盐5g，花椒面0.25g	大葱100g	—
温水250g	—	—

（4）制作程序：

① 制油酥：取面粉40g、加汤油50g、花椒面0.25g、食盐5g和成油酥。

② 和温水面：将面粉500g，用温水250g和匀后醒放约1h待用。

③ 生坯成形：先将醒好后的温水面团搓条，下成五个面剂，再用手按扁并用面杖擀成约10cm宽的面片，用双手抻成26cm长的面片，然后再把油酥均匀抹在面片上，继续将面片抻至约66cm长，从一头卷叠起来（9～11层），最后用面杖把剂口两头擀开，向里包成长方形的面剂；稍醒后按扁，擀成圆形面饼即可。

④ 熟制：将平底锅预热、擦油，饼底朝下放入，盖锅烙，再刷油翻面再烙，如此反复两次饼熟即可。

（5）成品特点：色泽金黄，酥松起层，味道清香。

（6）注意事项：

① 酥面必须用熏肉油汤和面。

② 温水面一定要醒好。

③ 面片擀和抻时，要厚薄均匀，饼形要圆。

④ 烙制时，要注意火候，做到“三遍油、四遍火”。

【案例8.17】西安大肉饼

（1）品种介绍：西安大肉饼是一种历史悠久的传统食品，距今已有1000多年的历史。此点是在唐代段公路《北湖錄》里记载的“白肉胡饼”的基础上演变而来的，现今仍保持着原有的风味特色。此点是以精粉调制的温水面团作皮，以鲜肉加椒盐作馅制作而成的。制品具有色泽金黄，外皮酥脆，层多馅香的特点。

（2）实训目的：了解西北地区名点，熟悉烙烤的基本原理，掌握西安大肉饼的制作。

（3）原料组配：见表8.19。

表8.19　原料及配比

皮坯原料	馅心原料	调辅原料
精粉565g，碱面2g	猪肉300g	葱花150g，精盐5g
温水300g，菜籽油25g	—	大红袍花椒面3g

（4）制作程序：

① 面团调制：调制温水面。先将500g面粉倒入盆中，加入融化好的碱水及适量温水和成棉絮状，再逐次加水和成较软面团，揉匀揉透后，醒放。

调制酥面。将炒锅置于火上，倒入菜籽油25g，烧热后离火，放入面粉65g调制成酥面。

面剂醒放。将醒好的面团搓条后，下成10个面剂，再搓成长约16cm的条在上面刷上油后叠放起来，让面团回醒。

② 调制馅心：将猪肉剁碎，加入花椒面2.5g、精盐3.5g搅拌均匀成饼馅，余下的花椒面和精盐调成花椒盐。

③ 生坯成形：

a. 上馅。先将醒好的面剂在案上用手指压平，再用小面杖擀成长23cm、宽10cm的面片，然后取饼馅15g放在面皮的一端摊平，再用15g葱末放在馅上，撒上椒盐0.2g，随即将馅包住。

b. 抹酥。在面片的另一端抹上一层酥面。

c. 成形。用右手拿起包馅的一端，趁着手劲边抻边卷（抻得越薄越好），卷好后用左手握住卷，用右手捏住下端，稍扭后向上一顶，放在案上，用手压成中间薄、边缘厚、直径10cm左右的圆形饼坯，依次制完即可

④ 熟制：在扇鳌里放入适量菜籽油烧热，再将肉饼生坯放入，烙烤至上色发脆时翻个，当两面焦黄时即可。

(5) 成品特点：色泽金黄，外皮酥脆，层多馅香。

(6) 注意事项：

① 面团要和上劲。

② 调馅时不加液体调料。

③ 边抻边卷时，边要整齐。

④ 烙烤时温度要适宜，一般为160℃左右。

第四节 炸、煎熟制技术

炸、煎，是指用油脂作为传热介质使制品成熟的一种方法。油脂传热可达200℃以上高温，用它加热熟制，其制品具有吃口香、酥、松、脆和色泽美观等特色。炸、煎是使用较为广泛的熟制法，几乎使用与所有各类面坯，主要用于层酥面坯，矾碱盐面坯、米粉面坯等制品，如油酥点心、油饼、油条、麻花、炸糕、馅饼、煎包等。

炸、煎虽然都是利用油脂作为介质传热，在实际操作中却有很大的差别，炸制是使制品浸没在大量的油中传热制熟，煎制则是在平底锅中用小量油传热成熟。

一、炸

炸是指使用大油量作为传热介质，利用对流作用使制品成熟的一种方法。这种方法具有两个特点：一是油量多；二是油温高。油脂的沸点高、传热快，熟制时间短，可使制品吸收较多的油脂，提高制品的营养价值。同时，在高温下，由于一部分糊精生成焦

糊精、糖生成焦糖以及美拉德反应，使制品表面产生金黄或棕红的色泽和特殊的香气，改善了制品的外观美和口感。炸一般适用于麻花、油条、春卷等制品。

(一) 炸制工艺技术

油炸熟制法，必须大锅满油，制品全部浸泡在油内，并有充分活动余地。油烧热后，制品逐个下锅，炸均炸熟，一般呈黄色即可出锅。

1. 炸制技术关键

控制和选择油温，是炸制技术的关键。准确掌握炸制油温十分重要，如油温过高，就可能炸焦炸糊，或外焦里生；油温过低，制品软嫩、色淡，不酥不脆，耗油量大。控制油温火力不宜太旺。火力是油温高低的决定因素，火大油温高，火小油温低。油受热后温度变化很快，很难掌握。如果火力过旺，就要离火降温，或添加冷油降温。火力切忌过旺，宁可炸制时间稍长一些，也不要使油温高于制品的需要，而导致制品焦糊。

2. 温、热油炸制法

(1) 温油炸制：以油酥制品为例说明温油炸制法。五成热油温时将制品下锅炸制，一般在油温升至接近七成热以前，必须将油锅端离火口，使锅内油温停止升高，并不断晃动油锅，使制品受热均匀。当油锅温度降至五成热以下，就要将油锅端回到火上，这样反复操作，直到制品成熟。五成油温炸，可吸出制品内油分，起酥充分，再用较高的油温炸，可防止制品浸油，炸得熟透，外皮脆而不散。但是有些花色品种为了取得造型效果，就要采取低温炸制。如炸荷花酥，要使油酥品开成荷花形，就要在三四成热时下锅。油温高了，不是不开花，就是炸“死”或炸“飞”，影响造型效果。

(2) 热油炸制：有些制品油温必须烧至七成热以后才能下锅。如油温不够高，制品下锅后，色泽发白，软面不脆。例如，油饼、油条炸制，都要用热油，炸时不宜太长，还需不断翻动，均匀受热，黄脆出锅。热油炸制主要适用于矾碱盐面坯及较薄无馅的品种，其制品特点是膨松、香脆。

油炸制品炸制时除要掌握火力和油温外，还必须保持油质清洁，否则会影响热的传导和色泽。采用植物油炸制时，要先熬过再用于炸制，防止有生油味影响制品质量。

(二) 油炸的原理分析

油炸是将成形后的面点生坯投入已加热到一定温度的油内进行炸制成熟的过程。

油炸过程中热量的传递介质是油脂。油脂通常被加热到160～180℃，热量首先从热源传递到油炸容器，油脂从容器表面吸收热量，利用对流传热再传递到制品的表面，然后通过导热把油量由制品外部逐步传向内部。

在油炸过程中，对流传热作用对加快面点的成熟具有重要意义。被加热的油脂和面点进行剧烈的对流循环，浮在油面的面点受到沸腾的油脂的强烈对流作用，一部分热量被面点吸收而使其内部温度逐渐上升，水分则不断受热蒸发。

油炸时油脂的温度可以达到160℃以上，面点被油脂四面包围时同时受热。在这样高的温度下，面点被很快地加热成熟，而且色泽均匀一致。油脂不仅起着传热作用，而且本身被吸附到面点内部，成为面点的营养成分之一。

1. 油在炸制面点过程中的变化

油脂在高温下会发生物理、化学变化。油脂的这些变化称为油脂老化。油脂老化不但会影响油脂本身的质量，对制品质量和人体健康也有很大的影响。了解油在高温加热过程中的变化，对于控制面点质量、降低成本、保证人体健康具有重要意义。

炸制过程可分为轻度加热和高温加热两种情况。温度在250℃以下称轻度加热，250～350℃之间称为高温加热。油在加热过程中，其物理性质和化学性质会发生很大的变化。物理性质的变化表现在：黏度增大、色泽变深，油起泡、发烟等。化学性质变化为：发生热氧化、热聚合、热分解和水解并生成许多热分解物质。

油脂发生热氧化是在空气存在的情况下发生的激烈的氧化反应，同时伴随有热聚合和热分解。

热氧化和自动氧化并无本质区别，只是在高温下，热氧化的速度比自动氧化要快得多，自动氧化过程中饱和脂肪酸的氧化比较缓慢，而在热氧化过程中，饱和脂肪酸则被激烈地氧化。

热聚合和热分解是在不存在空气的情况下，在油的内部所发生的高温聚合和分解反应。热分解在260℃以下时并不明显，当温度上升到350℃以上时，可分解为酮类和醛类。

在高温加热中，油脂黏度增高，到300℃以上时增黏速度更快。油脂加热黏度增高的化学原因是发生了聚合作用。

在油炸过程中，油同水的接触部分发生水解，由于生坯带有水分，水解随着温度升高而加快。水解是因为水的作用将油脂分解成游离脂肪酸的反应。油脂若在200℃以下时加热，产生的毒性物质很少。如果在250℃以上长时间加热，特别是反复使用油炸剩油，则会产生对人体危害较大的物质。经高温加热反复使用的热变质油脂中含有致癌物质，对癌症具有诱发作用。

2. 影响油脂老化的因素

(1) 温度。炸制面点的油温越高，时间越久，油脂老化越快，黏度增稠越迅速，连续起泡性越稳定，油脂的发烟点越低，色泽亦越暗。所以，保持比较恒定的炸制温度，防止油温过高，是预防油脂老化劣变的重要方法。

(2) 空气中的氧化。油脂暴露在空气中会自发进行氧化作用，导致产生异臭和苦味的酸败现象。在油温与加热时间相同的情况下，油脂与空气的接触面积越大，油脂老化劣变的速度越快。

酸败是含油制品变质的最大原因之一，因为它是自发进行的，所以不容易完全防止。酸败的油脂其物理化学常数都有所改变，如相对密度、折光率、皂价和酸价都有增加，而碘价则趋于减少。酶、阳光、微生物、氧、温度、金属离子的影响，都可以使酸败加快。水解的作用也是促进酸败的主要原因。因此，油炸过的油，保存时间变短。

(3) 金属离子铜、铁、等金属离子混入油脂中，即使数量极微，也会加速油脂的老化劣变。

3. 降低油脂老化的方法

为了防止炸油过早地老化，减轻老化程度，改变制品质量，炸制操作时要求做到以下几点：

(1) 避免不必要的加热。加热时间与油老化成正比，注意生坯数量与油炸数量的合理比例，防止因投生坯量过多，而事先过分提高油温。油温越高，油老化的越快。提倡使用油温计，当油温过高时，应控制火源或添加冷油降温。

(2) 注意油扬烟和杂质的关系。一般植物油的发烟点为233℃，闪点为329℃，燃点为362℃。油的炸用次数越多，其扬烟的温度降得越低，原因是由制品落下的残渣中的糖、蛋白质等受温度焦化所致。因此，单凭扬烟程度来判断油温高低容易出差错。油中的杂质（如磷脂经高温而成黑色油垢）亦会加速油老化。及时过滤、清除油渣，可减轻油的老化程度。

(3) 炸制后的油宜易存放在小口容器里。炸油与空气接触面越大，老化越快。因此，炸制后的油应存放在小口容器里，以减少炸油与空气的接触面。

(4) 油炸使用的笊篱等工具应保持清洁，注意防尘。

(三) 常见的油炸品种

【案例8.18】东坡饼

(1) 品种介绍：东坡饼是湖北传统风味名点。它有赤壁东坡饼与西山东坡饼之分，产于黄州的称为赤壁东坡饼，产于鄂城的称为西山东坡饼。两种东坡饼的起源都与苏轼的传说故事有关，但制作方法各异，味道有别，各具特点。这里介绍黄州的制法。

(2) 实训目的：了解华中地区名点，熟悉油炸熟制法，掌握东坡饼的制作。

(3) 原料组配：见表8.20。

表8.20 原料及配比

皮坯原料	馅心原料	调辅原料
上白面粉1000g，鸡蛋清2g	—	白糖450g
小苏打2.5g，精盐7.5g	—	香油2500g（约耗800g）

(4) 制作程序：

① 面团调制：在盆中放于精盐、小苏打、鸡蛋清、清水500g搅匀后，投入面粉后拌匀，再反复揉搓成光滑的面团即可。

② 生坯成形：将面团揪成10个剂子，逐个揉搓成圆馒头形，放入盛有香油的瓷盘中静置10min（冬天时间应长一些）；在案板上抹上香油，取出面团擀成长方形薄片，从面皮两边向中间对卷成双筒状，再将其拉约1m长，然后从两端向中间卷成一大一小的两个圆饼；再

将小圆饼叠放在大圆饼上，按成直径约15cm的圆形饼坯，浸泡于装有香油的瓷盘中静置5min即可。

③ 熟制：将小锅置于火上，加入香油烧至约200℃时，将饼坯放入油锅中炸制；待其浮起，翻面再炸；边炸边用筷子夹挤饼坯并不断拨动饼心；待饼呈金黄色时，捞出沥油，装盘，最后每只撒上白糖45g即成。

(5) 成品特点：色泽金黄，形似花朵，酥松香甜，入口即化。

(6) 注意事项：

① 面团一定要揉匀揉透。

② 还要掌握好面团及制品生坯的醒放时间。

③ 油温也要掌握好。油温太低，制品易含油；太高，制品不够酥松。

④ 边炸边用筷子夹挤饼坯并不断拨动饼心，使饼形层次清晰。

【案例8.19】焦圈

(1) 品种介绍：焦圈是北京名点。此点原是清代宫廷食品，后传入民间。它是用面粉、油、矾、碱、盐等原料调制成面团后炸制而成的。适宜夹在马蹄烧饼或叉子火烧里吃，食用时，佐以豆汁、豆腐脑别有风味。

(2) 实训目的：了解宫廷名点，熟悉矾碱面制品，掌握焦圈的制作。

(3) 原料组配：见表8.21。

表8.21　原料及配比

皮坯原料	馅心原料	调辅原料
面粉500g，精盐12.5g，	—	花生油2500g（耗600g）。
纯碱7.5g，明矾15g	—	—

(4) 制作程序：

① 面团调制：将精盐、纯碱、明矾一起放入盆中，加水150g，研搅均匀，再加150g水搅匀；取9/10的溶液与面粉和成面团；再从留下的溶液中取1/2洒在面团上揉匀，并将面团对折一下，盖上湿布醒15min；然后揭去湿布，沾上剩下的溶液将面团按揉经均匀，仍然按上法再醒15min；第三次，在面团表面抹上一层花生油，按揉一遍后，仍对折起来醒15min；第四次将面团按平，用小刀在面团上随意划些横竖交叉的刀纹，对折后，在面团表面涂上油再醒1h。

② 生坯成形：将面团切割成3cm宽、20cm长的条，用手压至薄、平，再向一端抻拉成较薄的长条，再用刀将长条每隔2cm宽剁一刀，成为若干个小剂。把每两个小剂横着摞在一起，用小刀在中间横切一道缝（两端不切断），准备炸制。

③ 熟制：将切好的制品生坯逐个稍抻一下，放入180℃的油中炸制，并用筷子将其撑圆成圈形，炸至深黄色成熟即可。

(5) 成品特点：色泽深黄，形如手镯，焦酥香脆。

(6) 注意事项：

① 要掌握好矾、碱、盐的配比及用量。

② 炸制时，要勤翻动。面坯从油中一浮起，就应立即翻过来，并将筷子插入缝中来回轻轻地碰撞缝的两边，将缝碰宽后，再用筷子将缝撑圆，并套在筷子上在油中划上几圈。

二、煎

煎是指利用油脂及金属煎锅两种介质的热传递使制品成熟的一种方法。热传递方式主要通过对流和导热两种作用。煎锅大多用平底锅，用油量多少要根据制品的不同要求而定。一般用油量以锅底平抹薄薄一层油为限。有的品种需要油量较多，但以不超过制品厚度1/2为宜。煎制分两种方法：油煎法和水油煎法。

（一）煎制工艺技术

1. 油煎法

把平锅烧热，放油，均匀布满锅底，放上生坯，煎好一面，再煎另一面，煎到两面都呈金黄色，内外四周全熟为止。在操作全过程中，不盖锅盖。

因制品既要受锅底传热，又受油温传热，火候运用很重要。一般以中火油温六成热为宜，即160～180℃。对于带馅又厚的制品，如馅饼等，油温要高一些，但不可超过七成热。油煎法比油炸法时间长，煎制时间一般需要10min。另外，因平锅中间温度高，四周温度低，码放生坯时，要从外向内码放。操作中要经常移动制品位置，使之受热均匀，防止生熟不均匀或制品焦糊。

2. 水油煎法

水油煎法，是除油煎外，还要加水煎，使之产生蒸汽，连煎带焖，使制品底部焦脆，上部柔软。具体操作方法是：先在平锅底刷少量油，烧热，再把制品生坯从外向内依次摆好，用六成热的油温稍煎一会，然后分数次洒水（或与油混合的水），每洒一次就盖上锅盖，使水变为蒸汽传热焖熟。水油煎不仅使制品受到油和金属的传热，还受到水蒸气的传热作用。因此，其制品具有底部焦黄香脆、上部柔软色白、油光鲜明的特点，如锅贴、生煎包等。

（二）常见的油煎品种

【案例8.20】生煎包子

（1）品种介绍：生煎包子是一种南味小吃，别有风味，具体做法为：用发好的面加碱揉匀，50g面下四个剂子，擀成皮后包入鲜肉馅，捏好放入饼铛内（铛内事先抹上一层油），用中小火煎制，注意随时转动饼铛，使包子均匀受热。煎至包子底部刚上黄色时，要在铛的中间部位淋些水，紧接着盖好锅盖，稍焖一会儿，待包子焖热，底部呈现金黄色时，再淋一些油稍煎一下，即可出锅。

（2）实训目的：了解华中地区名点，熟悉油煎的熟制法，掌握生煎包子的制作。

（3）原料组配：见表8.22。

表 8.22　原料及配比

皮坯原料	馅心原料	调辅原料
面粉 750g，酵母粉 6g	皮冻，肉馅，	糖，盐，料酒，
两茶匙糖，1/5 茶匙苏打粉	生抽，白胡椒粉	香油，葱，姜

（4）制作程序：

① 面团调制。和面：将糖放进水里稀释，再加入酵母，搅匀后和进面粉，揉好的面团放在温暖处发酵 1～1.5h，然后将稀释的苏打水和面团揉匀备用。

② 生坯成形。包馅：当面和好后下剂子，擀皮子，将馅料包入剂子面坯中。包子包好后，静置一段时间后，上笼，蒸 5min；蒸好后，放入锅中倒入少点色拉油煎。

③ 熟制：下锅：平底锅烧热，放油，把锅面沾满即可。将包子挨个摆好，然后加水，盖上盖。焖至水基本收干，加油再盖盖，转锅，锅要旋转使包子不会粘在锅上，以便让包子不粘底。煎至包子底黄成金黄色即可，煎撒上芝麻和葱花出锅。

（5）成品特点：包皮洁白柔软，包底色泽金黄，馅汁多而鲜美。

（6）注意事项：一般的包子是有嘴的，生煎包却没有嘴，是把包子的嘴用三个指头捏起来的。此制品易上火，不宜多食。

第五节　复加热熟制技术

面点制品的熟制方法丰富多样，除上述几种主要的单一加热法外，还有的需要运用两种或两种以上的成熟方法对制品进行熟制，这种成熟方法称为复合加热法，又称综合熟制法。它与单一加热法的不同处是在成熟过程中，往往要与烹调方法配合使用。复合加热成熟法一般有以下两种：

（1）先蒸或煮成半成品，再经过煎、炸、烤制成熟，如油炸包、伊府面、烤馒头等。

（2）先将制品通过蒸、煮、烙成半成品，再加调味配料烹制成熟，如蒸拌面、炒面、烩饼等。这些方法已与菜肴烹调结合在一起，变化很多，需具有一定的烹调技术才能掌握。

常见的复加热熟制品种见案例 8.23。

【案例 8.21】伊府面

（1）品种介绍：伊府面是江西大余县的特色名点，已有 100 多年历史。相传此点源于清代南安府一伊姓知府，故而得名。此面条是以鸡蛋、面粉为原料，和面后，再经过多道工序（擀、压、切、煮、炸、烩等）制作而成的，其制品色泽黄亮，口感滑爽，汤汁鲜美，为面条中之上品。

（2）实训目的：了解华东地区名点，熟悉复加热熟制技术，掌握伊府面的制作。

（3）原料组配：见表 8.23。

表 8.23 原料及配比

皮坯原料	浇头原料	调辅原料
精粉 500g，鸡蛋 250g	上浆鸡丝 250g，火腿丝 50g	食盐 12g，味精 5g
食盐 2g	叉烧肉丝 50g，冬笋丝 50g	葱末 50g，香油 20g
猪油 2000g（实耗 200g）	水发香菇丝 50g，鸡汤 1500g	白胡椒粉 5g
干淀粉 250g（纱布袋装好）	—	姜末 20g

（4）制作程序：

① 面团调制：将面粉、鸡蛋及 2g 食盐一起和成光滑的面团后，醒放约 30min。

② 生坯成形：用长擀面杖采用擀、压结合的方法将面团制成厚约 0.1cm 的面片，然后来回折叠按实，用刀切成 0.3cm 宽的条。

③ 煮、炸半成品：面条的押水。水锅烧开，下入面条，煮至面条上浮，断生后捞入冷水盆中凉后捞出，控干水分，拌匀生油。

面条的炸制。将猪油烧至于约 230℃时，下入面条炸至色泽黄亮、质地松脆即可。

④ 伊府面的烩制：烹制浇头。炒锅烧热滑油，姜末炝锅后下入火腿丝、熟笋丝、冬菇丝、叉烧肉丝略炒，下入鸡汤烧沸，最后下入鸡丝，调好味即可。

煮制面条。将锅上火加汤烧开，放入面条煮至汤呈奶白色，加入食盐、味精、白胡椒粉调味即可。

面条装碗。将煮好的面条分装于碗中，面上浇上浇头，撒上葱末、淋上香油即可。

（5）成品特点：面条滑韧，汤汁浓白，味道鲜香。

（6）注意事项：

① 面团的软硬要适度。

② 面条的厚薄要均匀、适度。

③ 押水时，火要大、水要沸，并不宜多煮，以刚刚断生为好。

④ 炸制时，油量应控制好，不宜过多，以一个面块的油量为准。面条下锅应抖散，使之易于炸透。

面点熟制工艺特点见表 8.24。

表 8.24 面点熟制工艺特点

熟制方法		含义	面坯使用范围	适用制品	成品特点
单加热法	蒸	利用水蒸气的热力使食物变熟、变热	发酵面、米粉面、化学膨松剂面、水调面中的烫面、蛋泡面	馒头、花卷、蒸饺、包子类、米团类、蛋糕类	柔软、松爽、鲜嫩
	煮	把食物放在有水的锅里加热至熟	冷水面、生米粉团、各种羹类甜食品	面条、水饺、馄饨、片儿汤、汤团、元宵、粥、饭、粽子、莲子羹	清润、爽滑有汤液

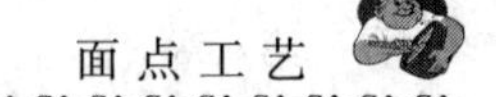

续表

熟制方法		含义	面坯使用范围	适用制品	成品特点
单加热法	烤	将物体挨近火使熟或干燥	各种膨松面、油酥面制品	面包、蛋糕、酥点、饼类	软柔、泡松、香、脆、酥色泽美观
	烙	把面坯放在烧热的铛或锅上加热使熟	水调面坯、发酵面坯、米粉面坯（包括粉浆）	大饼、煎饼、家常饼、酒酿饼	松软、爽滑
	炸	把食物放在大量的油里加热熟制	油酥面坯、矾碱盐面坯、米粉面坯、水余面坯制品	油酥面点、油条、麻花、麻团、炸糕、鸡冠炸饺、春卷	香酥、松脆、色泽美观
	煎	锅里放少量的油，加热后，把食物放进去，使表面变黄、成熟	油酥面坯、矾碱盐面坯、米粉面坯、水余面坯制品	锅贴、馅饼、水煎包	油煎法：两面金黄，口味香脆。 水油煎法：底部金黄，上部柔软，油色鲜明
复合加热		两种以上加热过程	各种面坯	油炸包、伊府面、烤馒头、蒸拌面、炒面、烩饼	香、脆、酥、松软、爽滑

注：铛是烙饼用的平底锅。

本章小结

我国面点的种类繁多，熟制方法多种多样。一般采用的方法有煮、蒸、煎、烤、烙等几种单一加热法以及为了适应特殊需要用2～3种单一加热法组合在一起的复合加热法，如先蒸或煮成半成品，再经过煎、炸、烤制成熟；或是通过蒸、烙成半成品，再经过煎、炸、烤制成熟；或是通过煮、烙成半成品，再加调料后烩制等。多种多样的熟制技术，构成了丰富多彩的美味面点。面点的熟制方法应根据面坯性质、形体特点及制品的特色要求而定，不管采用哪种熟制方法，其目的是使面点由生变熟。通过加热处理，使制品成为人们容易消化吸收的可食品。从而达到形态多、色泽美、口味好的合格面点，供人们享用。

练习题

（1）煮制成熟的技术要点是什么？
（2）蒸制的技术要点是什么？
（3）如何进行热油炸制？如何进行温油炸制？
（4）两种煎制法的特点和制法有什么不同？
（5）面点油炸的基本原理是什么？

第九章 面点的创新与开发

官庭名点、民间小吃，传承中华传统。
深入挖掘、广泛拓宽，贵在利用开发。
新观念、新思维，勇于推陈出新。
新原料、新工艺，贵在实践创新。

学习目标

了解面点创新的思路，掌握面点创新的方法，对有市场前景的面点有开发创新意识，并能根据市场需要确定创新方式。

了解功能性面点的含义及特点，掌握制作功能性面点的方法，并熟悉各类创新面点的特征及其保健作用。

必备知识

（1）面点品种的制作工艺。
（2）面点原料的品质鉴别。

选修知识

（1）面点成品标准鉴定。
（2）面点质量问题的分析。
（3）面点艺术与美化。

课前思考

(1) 什么是面点的创新？面点应从哪些方面创新？

(2) 什么是功能性面点？它和药膳、药品有什么联系和区别？

(3) 如何大力发展中国快餐面点？快餐面点应从哪几方面改进和提高？

面点的创新和开发，是指面点在原有的基础上推陈出新，它是源于传统而又高于传统的变革。面点开发与创新的方法很多，但从面点制作的规律来看，其创新方法主要有拓展新型原料、开发面点制作工具与设备和研究功能性面点品种等方面。

第一节　面点的创新

一、面点创新中应遵循的指导思想和基本方法

面点的创新是在原有面粉、米粉基础上，向讲究口味多变性及以杂粮、菜蔬、鱼虾为原料的食品方向发展，要求创制出既美观又可口，既营养又保健，既方便又卫生的面点食品。

指导思想：同一性与差异性并存，是面点既能继承又可创新的依据。面点如何创新，需要食品科技工作者创新观念，勇于实践。采用最新工艺和最新技术，古为今用，洋为中用，理论指导实践，实践发展理论，这应当成为面点食品创新的指导思想。

面点创新具有八个基本方法：

(1) 挖掘法：历史上记述烹饪的经史、地方志、医籍、农书、笔记、诗词、歌赋、食经等，将涉及到烹饪文化精髓的内涵挖掘出来，尤其是挖掘出一些失传品种，古为今用，用以丰富我们的餐桌。

(2) 借鉴法：借助西式面点和丰富中华面点，借助不同地域、不同民族饮食差异所产生的各具特色的面点品种，开发新的面点品种，通过借鉴可得到启发，触类旁通，移花接木。

(3) 移植法：将某个领域的原理、技术、方法，引用或渗透到其他领域，用以改造新的事物。

(4) 变换法：将现有的面点品种做适当的变换，如改变颜色、味道、形态等。变味法就是利用各地方、各菜系已有的调味成果，选择当地消费者能接受的味型来丰富面点品种，变色法、变形法也是如此，这是一条创新捷径。

(5) 变料法：它是一种以其他原料代替原本固有原料所制作面点的方法。

(6) 仿制法：仿制历史上有过的名点，将其重新变化，仿制的前题是要挖掘、改变，而不是照搬、照抄。

(7) 翻新法：它是把过去的大众所熟悉的面点结合现在人的饮食需要，进行改造一番，重新翻新出来，这同样是一种有效的办法。

(8) 立异法：所制作的面点是全新的品种，标新立异，与众不同，以奇巧的构思及制作，让人一见就觉得耳目一新。面点食品的标新立异虽然困难，但只要善于学习，勤于思索，勇于实践，就能做到的。

二、面点演进的规律

1. 承袭作用

任何一种面点的问世，受客观条件的制约，更有其自身的师承。古今面点的发展变化，都有一根红线串连。它突出表现在原料选配、工艺流程和风味特色的承袭上面。懂得了这一点就可以启发人们在创制新品种时如何去寻取借鉴。

2. 社会影响

中国面点的承袭，深受社会因素的影响，各个层次人们的需求为面点发展开辟了不同的方向。在古代，宫廷贵族讲究精美华贵、奢靡铺张，黎民百姓则粗茶淡饭、节衣缩食；现如今，经济实惠、美味可口的面食点心占据饮食市场。这说明中国面点的继承的发展，都应以社会的主要消费对象为转移。今天的面点制作重点放在营养、保健、方便、安全上，这是人民大众所期望的，同时也是面点业发展的要求。

3. 适时适地

中国面点在发展过程中，面点品种经受了历史选择和人工淘汰，适应者生存，不适应者消亡。能够保存下来的，大都是适应了当地人们的饮食习惯，不能保存下来的，大都是些华而不实、质劣味差的品种。由于面点是食用之品，没有使用价值就没有立足之地，故而在面点设计与制作时，应当防止唯美主义倾向。

4. 追求更新

人们不断地制作面点，也不断地研究面点和评价面点。几千百年来，中国面点的制作、创新一直没有停歇。那些前人肯定过的面点，后世大都能正确地预以取舍，并且确定应走的道路，而今，人们的审美观越来越高，对饮食的要求也越来越讲究，广大面点食品科技工作者和生产者有必要去研究并创制出新的适合于当今饮食特点的面点。

三、面点的发展趋势

随着人们生活水平的提高，人们对饮食和食品的需要也发生了重大的变化。面点制作要想在竞争中求生存，在开拓中觅路径，以新的内容来赢得新的消费者，就必须了解整个饮食业的发展趋势，有针对性的进行面点的创新。

面点的发展趋势，可以用16个字概括："讲究营养，重视保健，力求方便，绿色安全"。

(1) 讲究营养。面点不但要色、香、味俱全，口感好，讲究享受功能，而且更主要的具有营养价值，对人体有可靠的营养功能，才有生命力和竞争力。

(2) 重视保健。面点的保健是指面点不仅有营养功能，还必须有保健功能，具有益于健康、延年益寿的作用。

(3) 力求方便。面点必须方便化，便于携带，这是食品市场的发展方向和时代体现。

(4) 绿色安全。指面点食品自身无毒、无害，从原材料到餐桌整个过程无污染，确保食品安全。

四、面点创新的思路

中国面点的创新是在肯定传统风味的基础上，进行必要的改革，面点的创新需要有一个承先启后的过程，它需要围绕更换原料、变更工艺、改良面点生产条件、以对人体有营养价值等方面做文章，创新时还需考虑面点的自身特色：一是创新应以制作简便为主导；二是创新应突出携带方便的优势；三是应创新体现地域风味特色；四是创新应大力推出应时应节品种；五是创新应力求创作易于贮藏的品种；六是创新应拓展新型原料制作新品种。这样创新出来的新品种才会有强大的生命力。面点的创新思路可从以下三个方面着手。

(一) 拓展新型原料，创造新的面点品种

面点的创新是在原有的面粉、米粉为坯料的基础上，向杂粮、果蔬、功能保健因子为原料的方向发展，要求创新出既美观可口，又营养保健、方便卫生的面点品种。随着经济的发展和生活水平的提高，餐饮市场开始了历史性的转变，历史的进程和时代的新特征，要求不断地开发新产品。

(二) 开发面点制作工具与设备，改良面点生产条件

“工欲利其事，必先利其器”。中国面点的生产从生产手段看有：手工生产、印模生产、机器生产等，但从实际情况看，仍然以手工生产为主，这样便带来了生产效率低、产品质量不稳定等一系列的问题。所以，为推广发扬中国面点的优势，必须结合具体面点品种的特点，创新、改良面点的生产工具与设备，使机器设备生产出来的面点产品，能最大限度地达到手工面点产品的具体风味特征指标。现在食品机械厂已生产出和面机、面包分割机、上浆拌馅机、自动包子机、自动刀切馒头机、自动包馅机、月饼成型机、汤圆自动成型机、压面机等系列产品，这大大减低了劳动强度和提高了工作效率。

(三) 讲求营养科学，开发功能性面点品种

功能性面点的发展是面点品种创新的趋势。功能性面点的创新主要包括老人长寿、妇女健美、儿童益智、中年调养等四大类。例如，可以开发出具有减肥或轻身功效的减肥面点品种；具有软化血管、降低血压、血脂及血清胆固醇、减少血液凝聚等作用的降压面点品种；而且也可以开发出使老人延年益寿、使儿童益智的面点品种。

总之，面点创新是餐饮业永恒的主题之一。在社会生活飞速发展和餐饮业激烈竞争

的今天，面点的创新已显得越来越迫切。有创新才能生存，对于广大面点师来说，要做到面点创新，除了具备一定的主客观条件之外，还要科学思维遵循面点创新的思路，这样才能创作出独特的面点品种来。

五、面点创新的方法

（一）面点流派间的相互借鉴

中国面点有京式、广式、苏式三大流派，品种花样繁多，我国面点技术在长期发展中，创作了品类繁多、口味丰富、形色俱佳的面点制品。我们可以将这些流派进行相互借鉴，从选料、口味和制作方法上重新组配，运用嫁接的方式，通过取长补短，就能创造出新的、自成体系、独具风格的面点新品种。

（二）菜肴烹调方法的借鉴

我国疆域辽阔，各地气候、物产不同，菜系因地理、气候、习俗、特产的不同形成了不同的地方风味，这些菜肴风味口味丰富，菜肴烹调方法的千变万化。我们借鉴菜肴烹调方法，可以将菜肴烹调方法的特点运用于面点中，从形式上、内容上进行研讨和改变，总体来说菜肴烹调方法的借鉴有三个方面：一是装盘方式；二是调味与馅料制作；三是面臊的制作。由此丰富面点的创新。

（三）从原料和工艺入手进行创新

创新可从面点的选料和面点的制作工艺入手，具体方法是从面皮、馅料、外形三方面着手进行创新。

1. 主坯料的挖掘，能激励消费者的购买欲

中国面点品种花样繁多，传统面点品种的制作离不开传统的四大面团：水调面团、发酵面团、米粉面团和油酥面团。不管是有馅品种，还是无馅品种，面团是形成具体面点品种的基础。因此，从皮坯料着手，适当改换新型原料，创新新的面点品种，不失为一个绝好的途经。

创新从原料入手，在某一种面团中掺入其他新型原料，形成了多种多样的面点品种，这也是一种创新。在2004年中国（杭州）美食节的面点大赛中，创新成为大赛的主旋律，其中在面团的用料上，有了很大的创新和拓展，改变了昔日面点只用米或面做主料的状况，有许多选手用上玉米、红薯、南瓜等原料。例如，在发酵面团中，适当添加一定比例的牛奶、奶油、黄油，会使发酵面点在暄软膨松之中，更显得乳香滋润，不但口感变得更好了，而且也更富于营养。又如，在调制水调面团时，可以采用牛奶、鸡汤等代替水来和面，或掺入鸡蛋、干酪粉等原料制作，也使面团增加特色。调制油酥面团除了使用传统的猪油之外，也可以用黄油调制，来形成中国创新面点品种。

主料中添加其他原料同样是一种创新。其有四个特点：一是以粗粮、杂粮代替传统的米、面主坯料，达到平衡膳食的原则；二是在主坯料中添加蔬菜、水果泥或汁液，以

补充米面粉中缺乏的维生素、矿物质和纤维素的含量；三是主料中添加西点的原料，中西结合丰富面点品种；四是主料中添加营养保健的功能因子，满足当今膳食的需求。

（1）以粗粮、杂粮代替传统的米、面主坯料，达到平衡膳食的原则。

粗粮是相对我们平时吃的精米白面等细粮而言的粮食品，主要包括：谷物类：玉米、小米、红米、黑米、紫米、高粱、大麦、燕麦、荞麦、麦麸等。杂豆类：黄豆、绿豆、红豆、黑豆、青豆、芸豆、蚕豆、豌豆等。块茎类：红薯、山药、马铃薯等。三千多年前《黄帝内经》中“五谷为养，五果为助，五畜为益，五菜为充，气味合而服之，以补养精气”，已经提出健康饮食的合理结构。

由于加工简单，口感有些粗糙，但粗粮中保存了许多米、面粉中缺乏或相对不足的矿物质和膳食纤维，随着研究的深入，人们发现，粗杂粮除了与细粮一样有丰富的营养价值外，还有多种治病防病功能。现代人生活水平提高，饮食精细化，鱼、肉、蛋等在饮食结构中所占比例增加，导致饮食失调，疾病横生。因此，重建合理饮食对健康生活有相当意义。粗粮的种类丰富，不同的粗粮的营养成分也不尽相同：燕麦富含蛋白质；小米富含色氨酸、胡萝卜素；豆类富含优质蛋白；高粱含不饱和脂肪酸高，丰富的铁；薯类含胡萝卜素和维生素 C。对于粗粮，我们既要多吃，又要粗细搭配，才是科学的饮食原则。

用玉米、荞麦、高粱、薏米、黄豆、红豆、磨成的粉，制成面点制品。或在传统的面粉、米粉或澄粉中按比例添加杂粮，制成面点制品，如窝窝头、荞麦饼、红豆糕等。在广式点心中，特别擅长以根茎类为主料，制成各种小吃和代表点心，如萝卜糕、马蹄糕、山药寿桃包、牛蒡糕、南瓜饼等。

（2）在主坯料中添加蔬菜、水果泥或汁液，以补充米面粉中缺乏的维生素、矿物质和纤维素的含量。

蔬菜和水果是人体维生素和无机盐的重要来源。它们具有刺激食欲、促进消化的作用。一般野菜和野果的营养价值更高。

在面粉中添加蔬菜汁（青菜、菠菜、芹菜、胡萝卜）制成各种馒头和糕团，如青团子、芹菜馒头。在面粉中添加水果泥，制成香蕉蛋糕、木瓜蛋糕、火龙果蛋糕等。

（3）主料中添加西点的原料中西结合，丰富面点品种。随着与西方文化的不断交流，西方的饮食文化也被我们接受，西式糕点传入我国。西式面点简称“西点”，主要指来源于欧美国家的点心。它是以鸡蛋、糖、奶油、果酱和乳品为原料，辅以干鲜果品和调味料，经过调制成型、装饰等工艺过程而制成的具有一定色、香、味、形、质的营养食品。

由于西点的脂肪、蛋白质含量较高，味道香甜而不腻口，且色样美观，因而近年在我国在销售量逐年增加。我国广式点心很早就用了生产西点的原料，制作了布丁、泡芙、奶酪蛋糕、慕斯水果蛋糕、椰丝蛋挞等品种。

（4）主料中添加营养保健的功能因子，满足当今膳食的需求。当今的快节奏、高强度的生活环境使越来越多的现代人步入亚健康，医疗模式将由治疗型向预防保健型转变，保健食品最终将成为人们生活的必需品。在国内，已开发了 27 种保健食品，如抗衰老食品、减肥食品、降血脂食品、抗疲劳食品等。随着消费观念发生巨大的变化，保健产品在保健产业中的比重将不断加大。

如在主料中添加黑芝麻、红枣、人参、枸杞、杏仁、黑桃仁、螺旋藻等功能性因子成分，制成糕、粉、团等制品。具有益气补血、安神健脑、抗衰老作用，如枣泥拉糕、杏仁酥、芝麻包、桃仁包、螺旋藻面包等。

2. 馅心料的挖掘，能唤起消费者的味觉

中国面点中大部分品种属于有馅品种，因此馅心的变化，必然导致具体面点品种的部分创新。我国面点用料十分广泛，禽肉、畜肉等肉品，鲜鱼、虾、蟹、贝、参等水产品以及杂粮、蔬菜、水果、干果、蜜饯、鲜花等都能用于制馅。除此之外，咖啡、蛋片、干酪、炼乳、奶油、糖浆、果酱、鲜花、巧克力等新型原料，也可用于馅心，创新不同的面点品种。

例如，元祖食品推出的巧克力月饼、咖啡月饼、冰淇淋月饼等已经引领了国内面点馅心品种创新的潮流。而扬州的食品企业研究以仙人掌、芦荟等为馅心的包子，意在创新扬州包子，满足消费者新的需求。广东的酒店也推出水果月饼、鲜花月饼，改变了传统月饼重油重糖的馅心，很受消费者欢迎。

“食无定味，适口者珍”。除了用料变化之外，馅心的口味也有了很大的创新。传统的中国面点馅心口味主要分为咸味馅和甜味馅，咸味馅口味是鲜嫩爽口、咸淡合适；甜味馅是甜香适宜。在面点师的创新下，采用了新的调味料，把传统中餐的味型用在面点馅心的制作上，丰富了面点馅心的口味。目前主要有鱼香味、酱香味、酸甜味、咖喱味、椒盐味等。

例如，在2004年长三角面点大赛中，杭州新世纪大酒店的参赛面点是川味麻饼，馅心用上了鱼香肉丝，外香内鲜，余味十足；宁波凯利酒店的参赛作品之一是“龙井荔”，外观像红色的荔枝，馅心却用热带的火龙果，再加上其他调料，口味酸甜，耐人寻味；而江苏的作品“莲藕酥”采用了咖喱牛肉馅，则给人们带来了风靡东南亚的味觉享受。

3. 色、香、味、型、质的创新，能吸引消费者的青睐

色、香、味、型、质等风味特征历来是鉴定具体面点品种制作成功与否的关键指标；而面点品种的创新，也主要是在色、香、味、型、质等风味特征上最大限度地满足消费者的视觉、嗅觉、味觉、触觉等方面的需要。

在“色”方面，应坚持用色以淡为贵，熟练运用调色和配色原理，尽量不用化学合成色素，多用天然色素，选用原料本身的自然色。

例如，松糕底层以本色粉为主，糕面加一层可可粉，成熟后既达到了色彩美的效果，又避免了用色过重的弊端。

“香”的体现，主要表现了馅心采用新鲜质好的原理，并且巧妙运用挥发增香、吸附带香、扩散入香、酯化生香、中和除腥、添加香料等手段烹调入味成馅，以及采用煎、炸、烤等熟制方法生成香气。

“型”的变化种类繁多，不同的品种具有不同的造型，即使同一品种，不同地区、不同风味流派也会千变万化，造型逼真。具体的“型”主要有：几何形态、象形形态

（它可分为仿植物形和仿动物形）等。“型”的创新要求简洁自然、形象生动，可通过运用省略法、夸张法、变形法、添加法、几何法等手法，既创造出形象生动的面点，制作又简洁迅速。

例如，“金鱼饺”着重对金鱼的眼睛和尾巴进行夸张则更加形象；“四喜饺”和“一品饺”是通过叠捏的手法捏出空洞呈“品”字状而形象；“蝴蝶卷”则把蝴蝶身上复杂的图案处理成对称几何形等，既形象生动又简便易行。

“质”的创新主要在保持传统面点“质”的稳定性的同时，善于吸收其他食品的特殊的“质”。

六、面点创新的具体做法

（一）皮面的创新

面点中常用的面皮原料有四种：面粉面团；米粉面团；杂粮面团；其他面团（如豆类、薯类、澄粉类制成的面团），它们可根据制品的需要调制成水调面团、膨松面团、油酥面团和其他面团。

1. 各类面皮的换用

每块面团都有其特性：膨松面团质地柔软；层酥面团松化酥脆等，如果将其相互变换将会出现怎样的效果呢？视觉上将会呈现出不同的色泽，而吃起来又会感觉出似曾相识但又觉陌生的口感。例如，传统的椒盐核桃包，其皮料是用拌入可可粉（取其色）的层酥面团制作而成的，现将其外皮换成膨松面团，并不拌进可可粉，成熟后将是色泽洁白、口感松软的核桃包；淮扬面点中传统的花色蒸饺大都用水调面皮（温水皮）制作，虽成型较好，但成熟后色泽相对暗淡，而如将其改用为澄面皮，成熟后馅料通过水晶皮呈现出若隐若现的半透明效果，更会招徕不少的食客。

类似的例子很多，但也并不是款款变换都合适。

注意事项：

（1）面皮的换用还是要根据不同的馅心来选用最适合的，如选料不当，成熟后将会出现变形、塌陷、花纹模糊等情况。

（2）混用时尽可能去展示被套用面皮的优点，而不应是为生搬硬套凑合着做创新。

2. 面皮的调味调色

（1）调味。说起面皮的调味，一般而言大家都会想到在皮中加入盐、味精、糖、胡椒粉等一些基本调料，这里要说的是除此之外的另一些原料，如咖哩粉、大蒜粉、芥末、百里香、迷迭香、绿茶粉、芝士粉等。制作桃酥小饼的时候拌入适量的百里香碎（西餐常用香料），经高温烘培后所散发出的独特辛香味绝对刺激你的嗅觉；在千层酥皮的水油皮内加入芝士粉，那刚刚出炉时的香味足以让人食欲大开；又如，在海鲜蒸饺的外皮澄面内拌入大蒜粉，成熟后蒜粉赋予馅料乃至于整个蒸饺的香味会让人觉得满口鲜香（实践证明，蒜粉制熟后散发的是香味）。其实类似于这样的调味原料还有很多，若是多多尝试，就会有新的发现。

注意事项：

(1) 调味料应起到助味而不夺味的作用，即下料适当，不能用得过多。

(2) 注意其与所用馅料的搭配合理性，例如，蒜粉多与海鲜类搭配，以去腥味，如果是素菜馅就没必要用葱蒜了。

(3) 选用调味料时，应尽可能将其切（磨）得碎（小）一点，这样才能与面皮充分拌和均匀，如百里香、迷迭香。

(2) 调色。这里所说的调色当然不是指用食用人工色素去“染”色，而是用天然的可食用原料直接拌入皮内，或经榨汁后取汁入皮。例如，蔬菜蒸饺的皮可将菠菜直接榨汁后取汁与面粉搅拌在一起成为绿色的水调面皮，这样做出的蔬菜蒸饺是名副其实的绿色营养食品；再如，制作苹果酥时，为使其略带有苹果色，可在水油皮内调入适量的番茄酱，使成品色泽红润可爱。当然面皮的调色要忌讳过浓过深。

注意事项：

(1) 面皮调色宁浅勿深（浓），成品成熟后由于加热的原因其颜色会较生制品浓一些。

(2) 需取其汁的原料必须在榨汁后将汁水用纱布或细网筛过滤后方可使用。

(3) 并非每块面团经调色后都有理想效果，应该根据产品形状而定。

（二）馅料的创新

馅料是用来达到调节面点口味为目的的。口味有多变性，馅料有多样性，营养搭配要有合理性，这对于面点的创新与发展起着根本上的作用。

1. 口味的多变性

一般在做点心时最为常见的口味无非为甜、咸、香、鲜味，而人们通常可接受的口味远不止这些，试想可否让其也给点心制作带来新的“内涵”呢？以下列举一些可用于馅料制作的口味。

甜（糖、蜂蜜、蜜饯）、咸（盐、酱油、黄酱）、鲜（味精、鸡精）、香（酒、香料、茶叶）、酸（番茄酱、醋）、辣（胡椒、芥末、咖喱）、苦（陈皮、杏仁）、麻（花椒）、复合味等。

现就复合口味做一下说明。复合味即以两种或两种以上调味料所结合在一起的口味，即酸甜味，酸辣味等。而它的主体原（调）料却可以是蛋黄酱与芥末、苹果与肉桂粉、橘（釉子）皮与香蕉等，类似于以上这样的结合有很多。

口味的好与不好直接决定着点心的受欢迎程度，可以说它是决定性的因素，要认真地调好口味。

注意事项：

(1) 调制馅心时口味可略重些。

(2) 调制复合味时须注意两味间相互的协调性、平衡性。例如，茄松包子的酸甜味，即白糖、番茄酱、白醋这三者的调味要平衡，不能过酸或者过甜，而且调制时要因地制宜，这个点心如果移到北方做，就要减少糖的用量。

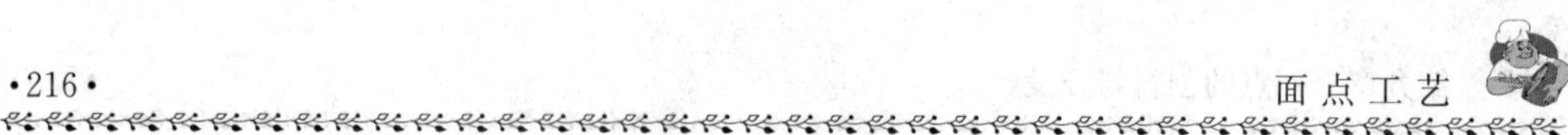

2. 馅料的多样性

目前人们所用到的可食原料，只要经适当地加工处理、烹饪调味、合理搭配都可成为被点心所用的馅料。从猪肉、牛肉到鹅肝、鲍鱼，从青菜、韭菜到菌菇、竹笋，从香蕉、苹果到甘蔗、柚子，从琼脂、皮冻到黄油、芝士等，只要你能想到就有被利用制作成馅的可能。各种原料的比例是相同的，任何一样比例过重都将会影响整体口味的偏向。

3. 营养的合理化

用野生菌（菇）做馅心现已不是什么新鲜事了，它的营养成分众所周知；用鲍鱼及鲍鱼汁做馅，其营养价值很高，每100g鲜品中含20余种氨基酸，但由于鲍鱼汁中胶原蛋白含量较高，中老年人尤其患有心血管疾病者应慎用。而如将其改用素鲍汁（或素高汤）搭配鲍鱼菇，有鲍鱼味而非真鲍鱼，是比较流行的用法；又如，以往的灌汤类制品（如灌汤煎堆）中的肉皮冻（经高温处理后溶解为汤汁，故称“灌汤”）一样，虽味鲜美但其油脂及脂肪含量较高，现在很多厨师都将其改为琼脂冻、啫喱冻等，这样一来不仅不失原貌，而且其适用性和可变性更为广泛。

4. 馅料特点

口味美、用料广、营养佳。

5. 工艺分析

（1）原料适当改刀。对所用原料进行适当的改刀处理，一般应将其制作得（颗粒）细小而（纤维组织）紧凑，例如，“酒香马兰头”，马兰头要剁碎剁细，组织才能紧密，否则包上酥皮容易松散。

（2）熟悉原料特性。要了解各种原料的特性（如需拌、需炒、需热食、需凉吃、需生加工、需熟加工等），需生加工的如鲜虾，面皮卷中的虾仁，是不经过熟处理的，而是制成虾胶后直接拌入葱油、韭黄，被包入皮中炸制的，假若将其做熟处理后会因无粘连性而难以再拌制入味，且口感不爽滑。又如，拌制茄松包中的原料，是先将调味料打成浓芡后再将过油的茄子等拌入，这样馅料就不会炒得发黏、不清爽。如同广式点心中叉烧包的做法。还有不必加工直接可使用的如罐装金枪鱼，也可将其作为春卷馅。

（3）原料合理搭配。各原料之间应注意合理搭配（包括主副料的搭配），例如，做蔬菜包的馅料全是蔬菜，没有油分，如果加点碎面筋或者油条进去，口感香软，但不可多放；白皮酥中芝麻、椰丝、糖冬瓜，这三原料组合在一起，具有用料广，口味香甜，营养佳。

（三）外形的创新

现在的饮食消费，讲究少而精，色、香、味、形、养俱全，因此面点的发展不但要在口味、营养上求变革，也不可忽视其在造型上创新，以达到给大众以视觉和味觉上的双重享受。面点的外形概括起来有以下几方面：

1. 变形法（长方形粽子、扁圆形汤圆）

几何形态是面点造型的基础，又可分为单体几何形和组合式几何形。

单体几何形如汤圆的圆形、粽子的三角形、千层糕的菱形等，其结构简单，可尝试着去将其变形，例如，粽子并非都需要做成三角形的，也可制作成方形（如广式的裹蒸粽）；例如，看习惯了椭圆形的萝卜丝酥饼，不防将其用排酥法制成三角形或枕形，这样一来至少在外形上会给人以耳目一新的感觉；又如，可将汤圆改头换面又会是怎样的效果呢？将其生制品搓圆按成扁圆形，底部配以芭蕉叶上笼蒸熟，外形来看就成了客家茶果的一种演变（当然在其面皮还需拌入澄面或者粳米粉，以使其成熟后不坍塌）；将煮熟的汤圆外部裹上碎花生或是绿豆粉，不就变成"雷沙圆子"了嘛。

组合式几何形即由几块大小不等的几何体组合而成。一般用于西式甜品的制作及各类巧克力装饰的较多，譬如，各类立体裱花蛋糕，在一圆形层面上用裱花造型制作成形态各异的花朵等几何单体。传统工艺制作的八宝饭也是如此，用镶嵌法将所需花纹用各类蜜饯排列在碗底而后倒扣在盘内，采用此法也可将一般的米粉类制品（如松糕），制成形后在其表面镶嵌蜜饯等，而后再成熟。

2. 仿真法（南瓜饼呈南瓜形、茄松包呈茄状）

象形形态可分为仿植物形及仿动物形，例如，仿植物形如水调面团中的白菜饺、兰花饺；油酥制品中的海棠酥、花生酥、核桃酥；膨松面团中的灯笼包、秋叶包等。试想，如果将一些有着传统工艺的点心再加以外形上的改进，肯定可以再完美一点；例如，将枣泥酥饼的外形制作成大红枣形，黄金南瓜饼制成南瓜形，把茄松包子制成茄子形，最为简单的，把葱油花卷制成玫瑰花形。这样一来在面点本身的外观形态上将会起到很大的变革。

如上所说，仿动物形也是如此，例如，水调面团中的知了饺、膨松面团中的刺猬包等。又如，鲍汁鳕鱼卷可制作成象形的鲍汁鳕鱼酥；蜜汁鲍鱼酥也可制作成鲍鱼形等。总之，只有你想不到的，没有做不到的。

3. 自然形态，体现意境

自然形态是采用较为简单的制作手法通过点心生制品成熟后自然形成的不规则形态，那么我们不妨利用其自身这一特殊性来创意、想象一番。例如，雀巢鹌鹑蛋：即以蜂巢蛋黄角的外皮将鹌鹑蛋一半包入其中，留一半露在外面，入油炸制而成，其形如雀巢，也能体现意境；又如，棉花包色白、松软，如在其蒸制前表面撒上若干葡萄干，成熟后不但香味扑鼻，而且就这几颗小小的葡萄干也为其增色不少。

4. 分析与讨论

（1）面点外形的变形应把握要准确。否则就不能达到创新的效果。例如，在面点外形的变形中做出的三角形没有棱角，做出的南瓜像圆子，这样给食客的入目感观很差，如其这样变形，还不如老老实实地做成老样子。

（2）面点的体积应把握小而精致。过去人们只为填饱肚子，面点需要量大量多，只怕少而吃不饱。现如今点心已成为改善生活、调节口味的一种食品，故如无特殊需要可将其制作得小而精致，刚好适口型。在西餐中常有被称之为 FINGER FOOD 的小点，意为手指食物，即强调其小，从字面上也可看出其惹人喜爱。一般其生制品的重量在35～45g 之间为好。

（3）面点不可一味强调其"象形"而忽视品种的味。面点的创新要顾及人的口感。

切不可为了强调其“象形”，而不惜用大量的外皮、较少量的馅心去装饰美化，使之成为××形，而忽略其口味及口感，最终成为了中看不中吃的象形品，失去了其本身的创新意义。这点尤为重要，是很多点心师在创新中易犯的错误。

总而言之，在外形创新上容易陷入一些误区，应加以注意和回避。

七、常见面点创新的案例

【案例9.1】茄松包子

（1）原料组配：

① 皮料：面粉500g，糖粉40g，依士粉5g，泡打粉6g，冷水220g，可可粉少许。

② 馅料：番茄酱80g，番茄沙司80g，水100g，白糖30g，白醋8g，玉米淀粉10g，松仁（熟）25g，虾仁120g，去皮茄子300g。

（2）制作程序：

① 将所有原料揉合成团，在压面机上来回压上几次。并取出一小块拌入少许可可粉。两块面团分别待用。

② 锅入水烧开下白糖、番茄酱、番茄沙司，用玉米淀粉打芡（比较稠），待凉。

③ 茄子切丁，过油至金黄色并焯一下水，虾仁切丁并焯水，两者用吸油纸压干水份。拌入以上番茄酱汁、白醋及松仁，成馅。

④ 白色面团搓条摘成每只为30g重的剂子，包入茄松馅15g，在收口处涂上鸡蛋清，并粘上用可可面团做成的茄子柄，然后将生胚捏成茄子型，静置醒发约40～50min（室温约20℃左右）后上笼蒸8min即可。

（3）成品特点：外皮柔软，酸甜适口，形如茄子。

（4）工艺分析：

① 创意源于传统“嵌花包子”的馅料，用茄子、虾仁来取代了原本用的糖冬瓜，在馅料中又增加了番茄酱的用量，并加入番茄沙司，使酸甜味更为浓重。不仅如此，对于馅料的搭配上也考虑了其营养价值：茄子味甘性凉，常吃可防止坏血病、高血压、动脉硬化等，而夏天吃又能清火；松子，其脂肪中主要成分为油酸脂及亚油酸脂，味甘性温，具润肺、润肠、通便之功效。

② 技术关键：茄子及虾仁焯水必须吸干其油分和水分，防止由于馅料渗水、油而难以成型，且影响酸甜口味；调制酸甜味时应注意酸甜味的平衡，口味可略浓一些；由于成品象形，且又是用膨松面团制作，应注意生坯的醒发勿过头。

③ 总结：面皮采用膨松面团，拌入可可粉为取其色。馅心采用酸甜复合口味，营养搭配合理。为突出强烈的酸甜味，制作时一般不放盐。外形上以象形的仿真植物形态。

【案例9.2】枣泥酥

（1）原料组配：

① 皮料：面粉500g，猪油175g，番茄沙司适量，可可粉少许。

② 馅料：红枣500g，白糖300g，植物油150g。

（2）制作程序：

① 将红枣洗净，用刀背将枣核剥去，然后温水浸泡1h，入蒸笼蒸40min至酥烂。用钢丝筛擦去枣皮，成泥状；锅入油，倒入枣泥及白糖用中小火翻炒，炒至水分收干，枣泥能推上劲即可。待凉。

② 面粉300g加猪油75g，水约120g左右，番茄沙司适量，擦成红色水油皮。再从中取出少许拌入可可粉，待用。其余原料擦成油酥。取红色水油皮200g，包油酥120g，叠三层擀开，然后切下宽为5cm的面片，叠起，按排酥法从右处切下宽为1cm的薄片，擀开，包馅12g，卷起，两头收口处涂上鸡蛋液，并在一端粘上可可面皮，成枣形，入150℃油慢火炸制熟即可。

（3）成品特点：外皮酥松，枣味香浓，形似红枣。

（4）工艺分析：

① 创新点在于对传统枣泥酥饼在外形上的改观，使之成为名副其实的“红枣”。并在面皮中拌入番茄沙司及可可粉，在色泽上更为接近红枣。

② 技术关键：

a. 炒制枣泥馅时火不可过大，将锅铲贴着锅底用中小火慢慢翻炒。

b. 包捏时手要轻，心要细，不可用大力，以免使面皮层次混淆，影响成品外观。

c. 刚下锅时需慢火浸炸，等层次出现时，需升温，最后需开大火，逼出内部油分，最终成品在口感上才会酥松。

③ 总结：

面皮：层酥面团，口感酥松。在面团中加入番茄沙司及可可粉可为其上色。

馅料：单一甜味，坚持自己制作馅料，使其更为香醇。

外形：以象形的仿植物形态。

【案例9.3】薄荷芸豆糕

（1）原料组配：白芸豆500g，白糖300g，碱1g，琼脂10g，水500g，薄荷香精少许。

（2）制作程序：

① 琼脂洗净泡透，加水500g，蒸化过筛备用（琼脂溶化后会有些小颗粒物的沉淀，影响点心成色，所以要用细筛筛掉）。

② 白芸豆加碱、水（以没过芸豆为好），蒸熟，去皮，抹碎成泥，将其放入锅内并加入白糖用中小火翻炒，炒至水分收干；再将琼脂液倒入锅中，继续炒制片刻即成豆泥，并滴入薄荷香精2滴。将豆泥倒入刷过油的方盒内冷却，面上盖入保鲜膜一张（以免表面结皮），放在通风口，凉后入冰箱，上桌切成菱形块即可。

（3）成品特点：爽滑清香，入口即化。

（4）工艺分析：

① 创意源于传统小吃“豌豆黄”。将芸豆代替豌豆，由于前者口味较为清淡，故制作时加入适当薄荷香精，使其更为适口，尤其适于在夏季食用。

② 技术关键：

a. 蒸豆时碱不宜加太多。

b. 将豆泥倒入方盒冷却时不可来回晃动，以免表面不平整。

③ 总结：

a. 面皮：此种面团属于其他面团类。

b. 馅料：以白芸豆为馅，这种豆类具有软糯、口味清香等特点。

c. 外形：属单体几何形，即菱形。

【案例 9.4】水晶蒸饺

（1）原料组配：

① 皮料：澄面 300g，生粉 120g，盐 5g，熟猪油 10g。

② 馅料：小青菜 500g，干香菇 12g，鲜蘑菇 30g，冬笋 200g，干黑木耳 10g；橄榄油 20g，香麻油 10g，豆油 10g，糖 15g，盐 10g，味精 5g，芝麻粉 30g。

（2）制作程序：

① 干香菇和干黑木耳分别用热水浸泡、发起后洗净，同鲜蘑菇、冬笋一起切成小粒，焯水后，锅入橄榄油 20g，下料煸炒，入少量鲜汤及盐、味精调味，勾芡后冷却待用。

② 小青菜焯水至变色后，入冷水漂清浸冷，斩成细末后挤干水分，同炒熟的素菜料及调味料拌和均匀，成素菜馅。

③ 澄面、生粉、盐及猪油拌匀后，加开水 400g 迅速搅拌均匀成澄粉面团，切为 15g 的面剂，用刀拍成直径为 10cm 的圆形面皮，入馅 7g，推捏成瓦楞形的月牙饺。旺火蒸 3min 至外皮透明即可。

（3）成品特点：水晶透明且略显绿色，口味清香爽口。

（4）工艺分析：

① 创意体现两个方面。

a. 馅料，取源于素菜包子的用料，并在其中加入芝麻粉，由于芝麻的特殊香味，使得其成熟后口味更香浓。

b. 面皮，一改传统月牙饺所采用的“死面”皮，而换用澄面皮，成熟后外观色泽更为明亮通透，且从中透出淡淡的绿色，更为可人。外皮富有弹性，且爽滑，口感更佳。

② 技术关键：

a. 制馅时菜泥需挤干水分，炒制素菜馅时要放点鲜汤使之略带湿润，这样在拌制加油时才不觉太干。

b. 蒸制时间不宜过长，以免成形坍塌。

③ 总结：

a. 面皮：采用澄粉面团，成品皮薄透明有弹性。

b. 馅料：单一的咸甜口味，为了增香并在馅料中拌入芝麻粉。

c. 外形：属单体几何形，即月牙形。

第二节　开发面点新种类

在我国，中式面点是饮食业重要的组成部分。过去，面点制品强调的是传统风格，是可口的、方便的早点或小吃。随着加入世界贸易组织之后，我国经济融入全球经济的一体化，食品行业的竞争环境处在一个激烈竞争的环境之中，促使人们更新观念、调整体制、转换机制、加速发展、促进和世界各国的交流与合作，消费趋势从“色、香、味、形”感官特性的要求逐渐转向具有保健功能的食品要求，这样加快了功能性食品发展的进程。功能性食品因此应运而生。

一、保健食品的开发

（一）保健食品的含义

现代科学研究认为，食品具有两项功能，一是营养功能，即用来提供人体所需的工作营养素；二是感官功能，以满足人们不同嗜好和要求。功能性食品也称为保健食品，功能性食品是强调其成分对人体能充分显示机体防御功能、调节生理节律、预防疾病和促进康复等功能的工业化食品。它必须符合下面四条要求。

（1）无毒、无害，符合应有的营养要求。

（2）其功能必须是明确的、具体的，而且经过科学验证是肯定的。同时，其功能不能取代人体正常的膳食摄入和对各类必需营养素的需要。

（3）功能性食品通常是针对需要调整某方面机体功能的特定人群而研制生产的。

（4）它不以治疗为目的，不能取代药物对病人的治疗作用。

综上所述，功能性食品指除了一般食品所具有的营养和感官外，还具有调节生理功能的作用。

经国家技术监督局批准，1997 年 5 月 1 日实施的《中华人民共和国保健（功能）食品通用标准》，进一步规范了保健（功能）食品的定义。该标准规定：“保健食品是食品的一个种类，具有一般食品的共性，能调节人体功能，适合特定人群食用，不以治疗疾病为目的”。可见它是不同于一般食品又有别于药品的一类特殊食品。

（二）功能性面点的概念

功能性面点的概念对食品的要求，首先是吃饱，然后是吃好，当这两个要求都被满足后，就希望所摄入食品对自身健康有促进作用，于是出现了功能性面点。根据以上所述，功能性面点可以从广义上定义为：“除具有一般面点的营养功能和感官功能（色、香、味、形）外，还具备一般面点没有或不强调的调节人体生理活动的功能。”

同时，作为功能性面点还应符合以下几方面的要求：由通常面点所使用的材料或成分加工，并以通常的形态和方法摄取，并标记有关的调节功能；含有已阐明化学结果的因子（或称有效成分），功能因子在面点中稳定存在；经口服摄取有效；安全性高，作为面点为消费者所接受。据此，添加非面点原料或非面点成分（如各种中草药或药液成分）而加工生产出的面点，不属于功能性面点的范畴。

依据以上所述，可知功能性面点是食品的一个种类，也是保健食品的一个种类。因此，保健食品的定义也适用于功能性面点。据此，功能性面点可以从狭义上定义为："指除具有大众面点所具备的安全功能、营养功能和感官功能（色、香、味、形）外，在制作时还加入一些具有保健功能的食物原料或者食药（按照传统既是食品又是药品的物品）原料，而制成的主食、小吃、点心等的膳食。其制品能调节人体功能，适于特定人群食用，不以治疗疾病为目的的面点。"功能性面点是既不同于一般面点又有别于药品、药膳的一类特殊膳食。功能性面点具有大众面点的基本属性，还具有调节机体功能的保健作用。与药品相比，保健面点可以作为一日三餐的主食或副食，以不追求疗效为目的；与药膳相比，保健面点不得加入药物（食药除外）。

（三）功能性面点与食疗、药膳的关系

中国饮食一向有着同医疗保健联系的传统，药食同源、医厨相通是中国饮食文化的显著特点之一。

食疗又称饮食疗法，指通过烹制食物以膳食方法来防治疾病和养生保健的方法。具有食疗作用的面点亦称食疗面点。

药膳是将药物和烹饪原料一起烹制而成的菜点。它具有药用和食用的双重作用。即食借药力，药助食威，相辅相成，以充分发挥食物的营养作用和药物的治疗作用，达到营养滋补、保健强身和防病、治病的目的。因而药膳不同于一般的中药方剂，有别于普通饮食，是一种兼有药物功效和食品美味的特殊膳食。

功能性面点与药膳相比较，根本性的区别是原料组成不同。药膳是以药物为主，如人参、当归等，其药物的药理功效对人体起作用。而功能性面点采用的原料是食物，同时还包括传统上既是食物又是药品的原料，如红枣、山楂等。通常的面点原料含有生物防御、生物节律调整、防治疾病、恢复健康等功能因素，对生物体具体明显调整作用。

食疗面点这个通俗称谓从未给过明确和严格的定义。汪福宝等主编的《中国饮食文化词典》中食疗词目中写道："食疗内容可以分为两大类，一为历代以来行之有效的方剂，一为提供辅助治疗的食饮。"另据《中国烹饪百科全书》中食疗词目中写道："应用食物保健和治病时，有两种情况，一是单独用食物制成，二是食物加药物后烹制成的食品。习惯称为药膳。"根据以上对食疗的解释，食疗面点包括膳食面点和功能性面点两部分内容。

（四）采用功能性面点

既然食疗面点包括功能性面点，为什么不采用"食疗面点"？而用"功能性面点"呢？这主要是有如下几方面的原因：

(1) 食疗面点中突出的是"疗"字，给部分消费者造成误解，认为食疗面点和药膳

面点一样，疗效是添加中草药的结果，而把功能性面点的内容完全忽略掉。

(2) 受到中医学“医食同源”、“食疗”、“食补”的影响。采用“食疗面点”，非常容易混淆食品与药品的本质，把食疗面点理解为加药面点或者是食品与药品的中间产物。食品与药品的本质区别之一体现在是否具有毒副作用，作为食品，在正常摄入范围内不能带来任何毒副作用，且要满足消费者的生理和心理要求。无需医生的处方，没有剂量的限制，可按机体的正常需要自由摄取。而作为药品，则允许一定程度的毒副作用存在。正如所说“七分药，三分毒”。所以药食应在医生指导下，因人施膳，食用量也要严格控制。

(3)“功能性面点”一词，适合21世纪中国食品工业的发展趋势。营养、益智、疗效、保健、延寿等是21世纪是中国食品和保健食品市场的发展方向。

(4) 突出原料本身具有保健功能，突出明确了保健面点不是药膳面点，更不是药品。

二、功能性面点的特点

根据面点的含义，我国功能性面点应当具有以下特点。

1. 功能性面点是食品

保健面点具有一般食品的共性，即营养性、安全性和感官特性。一般用对人体有营养作用的食品原料为配方材料；明文规定不能食用的物质或药物（药、食两用的物质除外）不能用做配方材料。保健面点应含有至少一种人体需要的营养素，食用后具有营养功能。保健面点应该是安全无害的，必须符合食品卫生要求：所选用的原料、辅料、食品添加剂等应符合相应的国家标准或行业标准规定，必须对人体不产生危害。功能性面点应具有类属食品所应具有的基本形态、色泽、气味、滋味、质地，不应有令人厌恶的气味或滋味。

2. 功能性面点应具有保健作用

功能性面点与大众面点不同之处在于：大众面点以供人们食用，满足人们从味觉到视觉饱口福的生理需要。而功能性面点至少应具有调节人体机能作用的某一种功能，如免疫调节功能、延缓衰老功能、改善记忆功能、促进生长发育功能、抗疲劳功能、减肥功能、抑制肿瘤功能、调节血脂功能、调节血糖功能、改善睡眠功能等。其功能必须经必要的动物或人群功能实验，证明其功能明确、可靠。功能不明确、不稳定的不能作为保健面点。

3. 功能性面点适于特定人群食用

保健面点与大众面点的不同之处在于：大众面点是提供给人们维持生命活动所需的各种营养素，是男女老幼皆不可少的。而保健面点由于具有调节人体的某个功能的作用，因而只有某个功能失调的人食用才有保健作用，那些该项功能良好的人食用这种保健食品就没有必要，甚至食用后会产生不良作用，不仅起不到保健作用，反而会有损于身体健康。如儿童绝不能食用抗衰老面点，高蛋白、高脂肪的动物性食物，其营养功能是显而易见的，但对心血管疾病和肥胖病人来说，不但没有保健功能，相反还有副作用。瘦人不能食用减肥面点，血糖正常的人不能食用降糖面点等。

4. 功能性面点的配方组成必须具有科学依据，具有明确的功效成分

功能性面点具有保健作用，是由其含有的功效成分所产生的。因此，功效成分是功能性面点功能物质基础。但是，一种功能可能是由多种功效成分产生的，不同的功效成分产生同一个功能的机理也可能不同，在人体内的代谢往往也不同，而对人体其他功能的影响也可能不一样。所以，只有明确了功效成分，才有可能根据不同人的具体情况选用适合自己的功能性面点，不然的话，也可能对身体造成不良影响。

功能性面点起源于我国，已为世界各国学者所公认，食疗面点是中国面点的宝贵遗产之一。《中国面点史》一书写道："食疗面点中的食药，本身就具有各种疗效，再与面粉配合制成各种面点后，便于人们食用，于不知不觉中治病，食疗面点确实是中国人的一个发明创造。"因此，要努力加以挖掘、整理，同时加强高新技术在功能性面点生产中的应用，采用现代高新技术，产品向多元化方向发展如生产烘焙、膨化、挤压类等面点，功能性面点将向多元化的方向发展；开展多学科的基础研究与创新性产品的开发，应用多学科的知识，采用现代科学仪器和实验手段，研究功能性面点的功效及功能因子的稳定性，开发出具有知识产权的功能性面点；实施名牌战略、名牌产品、明星企业，这对于一个产业的推动作用十分重要。在未来几年内，应着手组建和扶持一些功能性面点企业，使之成为该行业的龙头企业，以带动整个功能性食品行业健康发展。

总之，在大力发展中国特色的功能性面点的同时，应努力克服低水平产品重复现象、杜绝缺少诚信，过分夸大产品功效的现象。

三、功能性面点的开发方向

（一）日常功能性面点

它是根据各种不同的健康消费群（如幼儿、学生、孕妇、乳母和老年人等）的生理特点和营养需求而设计的，旨在促进生长发育、维持活力和精力，强调其成分能够充分显示身体防御功能和调节生理节律的工业化面点。它分为幼儿日常功能性面点、学生日常功能性面点和老年人日常功能性面点等。

1. 幼儿日常功能性面点

幼儿日常功能性面点应该充分符合幼儿迅速生长对各种营养素和微量活性物质的要求，促进幼儿健康生长。

2. 学生日常功能性面点

学生日常功能性面点应该能够促进学生的智力发育，促进大脑以旺盛的精力应付紧张的学习和生活。

3. 孕妇、乳母功能性面点

孕妇、乳母功能性面点应提供充足的热能、优质的蛋白质、足够的矿物质和维生素，以满足孕妇、乳母及婴儿的营养需求。

4. 老年人日常功能性面点

老年人日常功能性面点应该满足以下要求，即足够的蛋白质、足够的膳食纤维、足

够的维生素和足够的矿物元素，低糖、低脂肪、低胆固醇和低钠。

（二）特殊功能性面点

特殊功能性面点着眼于某些特殊消费群的身体状况，强调面点在预防疾病和促进康复方面的调节功能，如减肥功能性面点、提高免疫调节的功能性面点、抗衰老功能性面点和美容功能性面点等。

1. 健脑益智类

具有益智健脑作用的食物有茯苓、枸杞子、龙眼、百合、山药、黑芝麻、核桃、莲子、藕、黄豆、小麦、蜂蜜、牛奶、茶叶、黄花菜、葡萄干、橘子、苹果、鸡蛋、胡萝卜、菠菜、动物心脏、脑、髓以及各种鱼类、肉类等。

2. 延年益寿类

注重饮食，尤其采用食物及时预防、消除病因及潜在隐患，使机体功能协调运转，延缓衰老，达到所谓“延年益寿”的目的。中医学研究认为，对在生命过程中起着极其重要功能作用的肺、脾、肾三脏具有调理及营养成分的食物，即是抗老防衰食物。由此做出的面点，就是所谓的“延年益寿”面点。

具有抗老防衰、延年益寿功能的食物有：红薯、山药、玉米、大豆、荞麦、栗子、甘薯、花生、芝麻、葵花子油、蜂蜜、银耳、黑木耳、蘑菇、麦芽、芹菜、花菜、香菇、芦笋、西红柿、葡萄、山楂、大枣、植物油、胡萝卜、洋葱、鸡蛋、鱼类、海藻、海带、大蒜、生姜、蒲公英等。

3. 健肤美容类

营养学家通过科学实验研究，证实了许多食物具有健肤美容的功效，如大枣、蜂蜜、豌豆、竹笋、黄豆芽、发菜、白菜、冬瓜、白萝卜、胡萝卜、绿豆芽、山药、豆腐、牛奶、猪皮、花生、薏米仁、兔肉等。

4. 抗疲劳类

随着现代工作节奏的加快，人们的身心往往处于高度紧张状态之中，很容易产生疲劳，因此，尽快从疲劳状态中恢复过来，精神饱满地投入工作和保持健康就变得十分重要。抗疲劳面点有两大类，第一类是专为运动员食用的抗疲劳面点，人们将这类食品称为运动食品。目的是为运动员提供高强度运动所需要的营养物质及对各器官功能起保护和调节作用的物质，能够维持和提高运动能力，有助于维持高强度运动环境下的身体健康，并尽快促进体能的恢复。第二类抗疲劳面点食品主要是针对一般劳动者，使容易出现疲劳的人群和强体力劳动者尽快恢复体力的面点食品。

具有抗疲劳的食物有：动物内脏、肉类、蘑菇、酵母、青蒜、河蟹、蛋类、牛奶、大豆、豌豆、蚕豆、花生、紫菜、青辣椒、红辣椒、菜花、苦瓜、油菜、小白菜、酸枣、山楂、红果、草莓、蛇肉、黄鳝、甲鱼、乌龟、核桃、桂圆、芝麻、橘子、梨、苹果、茶、咖啡等。

四、食疗保健上创新案例

面点的创新品种可从利于人体健康、长寿方面入手，在食疗保健上的创新。其创新可从多方面考虑：巧用杂粮、水果制馅、功能保健等方面进行创新。下面是创新制作的实例，供大家参考。

（一）巧用杂粮，造型美观

【案例 9.5】奶香葡萄

（1）原料组配：红薯 250g，面粉 250g，奶粉 40g，白糖 45g，花生油 1000g（约耗100g），芹菜叶少许。

（2）制作程序：

① 将红薯洗净，去皮，用挖勺挖成葡萄大小的圆球；奶粉用开水溶化待用，将红薯球放入一盆中，加入白糖、面粉，倒入奶汁，加入少许水拌匀。

② 油锅放火上，烧六成热，将葡萄坯逐一下入炸成金黄色，边炸边捞，入盘摆成葡萄状，用少许芹菜叶点缀即可。

（3）成品特点：巧用杂粮，外酥内甜，营养丰富，造型美观。

【案例 9.6】金沙橘子

（1）原料组配：土豆 400g，腰果 100g，面包屑 100g，糯米粉、面粉各 100g，白糖 100g，熟芝麻 10g，熟猪油 1000g（耗 150g），五香牛肉干少许。

（2）制作程序：

① 将土豆去皮，洗净，切成厚片，入笼中用旺火蒸熟捣成蓉，加入糯米粉、面粉搅拌均匀待用。

② 将腰果放入四成热的油中，炸成金黄色，捞出，沥干油，剁成细末，加入熟芝麻和少许白糖拌匀，为腰果甜馅；牛肉干也入油锅中炸一下捞出。

③ 将土豆面团，分成若干个剂子，逐一包入腰果包心，做成橘子状，在其上滚一层面包屑，再按上一节牛肉干节做柄。

④ 锅放火上，下油烧五成热，将橘子放入漏勺中，放入油中炸成金黄色，整齐地摆入盘中即可。

（3）成品特点：色泽金黄，造型美观，外酥内嫩，香味浓郁。

（二）水果制馅，风味别样

【案例 9.7】八宝菠萝

（1）原料组配：糯米粉 500g，淀粉 100g，熟黑芝麻 20g，果珍粉 50g，菠萝 30g，火龙果丁 30g，鲜荔枝丁 30g，香瓜丁 30g，水蜜桃丁 30g，果脯丁 20g，绵白糖 50g，食用色素少许。

（2）制作程序：

① 将各种馅料加糖拌成馅待用。

② 糯米粉、淀粉、果珍粉拌匀用，沸水烫熟、揉匀搓成条，切成剂子，分别包入果馅做成菠萝形状。

③ 装上绿叶，用刀刻上数道印痕，粘上黑芝麻蒸熟即可。

(3) 成品特点：酷似菠萝，鲜甜果味，营养丰富。

(4) 工艺分析：馅心中的水果可以取当地的、季节性强的水果搭配。一般水果可直接食用或做配菜用，而此面点是把新鲜的水果制馅，不但口味特别，也改变了传统的馅心以鱼、肉、菜为主要原料的制作。

【案例 9.8】香蕉蛋糕

(1) 原料组配：香蕉 1000g，低筋粉 900g，细砂糖 500g，鸡蛋 550g，液态酥油 230g，牛奶 300g，小苏打 20g，泡打粉 10g。

(2) 制作程序：

① 香蕉加糖用中速打成泥，加入黄油、牛奶、鸡蛋继续搅打 2min。

② 加入面粉、发粉拌成香蕉糊状，倒入纸杯中，占纸杯体积的 2/3。

③ 入烤箱用 180℃炉温下烘烤约 40min。

(3) 成品特点：组织松软，色泽金黄，香蕉味突出。

(三) 增加功能保健因子

【案例 9.9】绿茶虾饺

(1) 原料组配：绿茶嫩叶 25g，澄粉 500g，清水 500g，猪油 10g，鲜虾肉 500g，胡萝卜 20g，小苏打 3g，盐、肥膘肉、生粉适量。

(2) 制作程序：

① 澄面过筛后装在盆中，放入精盐，将清水烧开放入绿茶嫩叶泡 5min，将茶叶水加入澄面中，用擀面杖快速搅拌成团，烫成熟澄面。随即倒在案板上，加入猪油再揉匀，成为绿茶虾饺皮，用半湿洁净的布盖上，备用。

② 用精盐 10g，食粉 3g，与鲜虾肉拌匀后，腌制 15～20min，然后用自来水轻轻冲洗虾肉，直至虾肉滑爽变白即可捞起。

③ 将捞起的虾肉用洁白的干毛巾吸干水分，肉身较大的切成两段；肥猪肉放水中煮开，切成细粒，胡萝卜切细丝，用猪油拌和，待用。

④ 虾肉与生粉拌和，加入各种调味品，再加入拌了猪油的胡萝卜丝拌和成虾饺馅。可放入冰箱冷冻一下再用。

⑤ 用拍皮刀将每块皮压薄成直径约 6.5cm 的圆皮，包入馅心，捏成弯梳形饺坯，用旺火蒸制 4～5min 即可。

(3) 成品特点：绿色透明，皮薄清香，馅味鲜美，诱人食欲。

(4) 功用分析：经营养分析绿茶内含化合物多达 500 种左右。这些化合物中有些是人体所必需的成分，如维生素类、蛋白质、氨基酸、类脂类、糖类及矿物质元素等（特别是维生素 C 含量较高），它们对人体有较高的营养价值。还有一部分化合物是对人体有保健和独特的功效成分，如茶多酚、咖啡碱、氨基酸。绿茶中富含类黄铜，其可减少

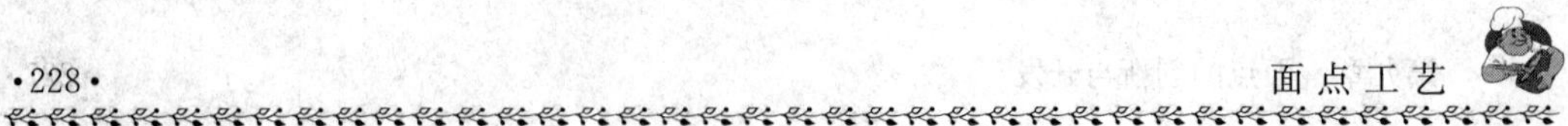

血板过度聚集，可防范脑血栓等。尤其是其具有抗癌、抗衰老等保健功能（该项功能红茶、乌龙茶等均无法与之相比）和生津止渴、醒脑提神等功效。而传统上我们常用茶叶泡茶饮水，现如今把富有保健功效的茶水加入粉中，不仅改善了饺子的风味，还提高其保健功能，真正称得上“色、香、味集营养保健于一体”的饺子了。

【案例 9.10】螺旋藻面条

（1）原料组配：面粉 500g，螺旋藻干粉 6g，盐 5g，水 210g。

（2）制作程序：

① 面粉和螺旋藻干粉拌匀过筛，开窝，加入清水揉合成团。

② 用湿毛巾盖上，静置醒面 10min，放入压面机压片。

③ 在面片上撒少量的干粉，用擀面杖擀压成薄片，叠成阶梯形，用刀切成细条，即成螺旋藻面条。

（3）成品特点：翡翠绿色，营养丰富。

（4）功用分析：螺旋藻蛋白质含量堪称之最，并含人体必需的八种氨基酸，其含量接近或超过 FAO 标准，被 FAO 推荐为人类 21 世纪最理想的食品。除此之外，螺旋藻还含有丰富的维生素，γ-亚麻酸及其他不饱和脂肪酸，多种人体必需的矿物质，尤其有机锗及硒的含量较高。螺旋藻除了具有较高的营养价值外，还兼具有多种奇特功能，如调节人体生理机能、增强人体免疫功能、促进细胞新陈代谢，对糖尿病、心血管系统疾病、肥胖症、消化道疾病等均有预防效果。

螺旋藻面条的制作不仅保留了螺旋藻本身的绝大多数营养成分，消除了螺旋藻的腥味，而且提高和丰富了面条本身的营养价值，尤其是增加了蛋白质和矿物质钙、铁、锌的含量，是一种高蛋白低脂肪的营养保健食品，符合现代人的高蛋白低脂肪的膳食要求，为广大人群尤其免疫力低下的人群提供强身健体的营养保健食品。此生产工艺还可广泛推广到大型工业化企业进行批量生产上市。

五、功能性面点的制作实例

（一）在米面粉中添加某些功能因子，制作功能性面点

【案例 9.11】螺旋藻蛋糕

（1）原料组配：面粉 250g，螺旋藻粉 10g，鸡蛋 500g，花生油 150g，白糖 250g，盐 3g，牛奶香粉 10g，泡打粉 5g。

（2）制作程序：

① 将鸡蛋、白糖砂糖用打蛋机高速搅打 2min 后加入面粉、螺旋藻粉、蛋糕油盐、牛奶香粉和泡打粉依然用高速打至起体积约原来的 4 倍高，面糊呈光亮。

② 加入色拉油用中速拌匀。

③ 装盘，入炉用面火 180℃，底火 160℃烤至表面上色后，面火调至 150℃，再烤约 30min。

（3）功用分析：螺旋藻是地球上最早出现的原始生物之一，含有丰富的蛋白质、氨

基酸、维生素、矿物质、藻多糖、β-胡萝卜素、叶绿素和亚麻酸等营养活性物质，是迄今为止发现的营养最丰富、最均衡的物种之一。螺旋藻是联合国粮农组织推荐的“21世纪最理想的食品”，世界卫生组织则称其为“21世纪人类最佳的保健品”。现以被广泛地开发利用。

螺旋藻中的多糖，有抗辐射的功能，并通过增强机体免疫力，间接抑制癌细胞的增生。另外螺旋藻多糖能提高血浆中的SOD的活性，减少脂质过氧化物的生成，有抗衰老的作用。螺旋藻具有一定的医疗功效。螺旋藻含有许多强肝因子，能促进健康的肝细胞再生，改善血液功能，使全身代谢顺利进行。螺旋藻有降低胆固醇和血脂的作用。螺旋藻含有促进乳酸菌产生的因子，能恢复肠内菌群平衡，能迅速修复肠胃黏膜、恢复肠胃功能。螺旋藻所含的甾醇类，具有增强机体免疫力，延缓细胞衰老，降低胆固醇等功效。

螺旋藻所含矿物质元素种类有50多种，含量丰富而且易于吸收利用，富含碘、钾、钠、铁，而且这些矿物质在藻体内以螯合状态存在，易于消化吸收，消化利用率高。螺旋藻的营养成分是作为人类优良保健品的物质基础。

目前，面粉在制造、加工过程中，很多营养素丢失。面粉中添加了螺旋藻粉制成螺旋藻蛋糕，以便把螺旋藻的营养成分转移添加到蛋糕中，不仅丰富了蛋糕的品种和口味，提高了营养价值，也为螺旋藻资源的综合开发利用提供了一条新途径。螺旋藻蛋糕具有抗衰老、降血脂的功效。

【案例9.12】无糖莲子茯苓包

（1）原料组配：莲子500g，茯苓500g，麦芽糖醇50g，面粉500，酵母5g，花生油100g。

（2）制作程序：

① 面粉过筛，加入酵母和清水，静置发酵2h。

② 将莲子去皮和心，蒸熟，加入茯苓、麦芽糖醇制成蓉。

③ 锅烧热，放油，加入蓉炒至棕红油亮。

④ 取发好的面团，摘剂，擀皮，包入馅心，上笼蒸15min即可。

（3）功效分析：在众多的功能性甜味料中，麦芽糖醇是制作功能性面点的首选，它口感极好，甜味纯正，且具有良好的保湿性，能延长食品的保存期；它还具有防龋齿的功效，食用后口腔内留有绵软的余香味；低能量、不刺激人体胰岛素的分泌，适应糖尿病患者、肥胖病人及喜爱身体苗条的广大女士；麦芽糖醇能增加人体内双歧杆菌的作用，可增强肠道内有益菌群活动，提高人体免疫力，对增强人体素质起一定的效果。

祖国医学一直把莲子作为养心安神、健脾强智之药食用。分析表明，莲子除含有多量淀粉外，还含有棉子糖、蛋白质、脂肪、天门冬素、钙、磷、铜、铁及维生素C、维生素B_1、维生素B_2、胡萝卜素等。

茯苓被广泛用做健脑延年的滋补食品，分析表明，其含有β-茯苓聚糖、乙酰茯苓酸、茯苓酸，还含有甲壳质、脂肪、蛋白质、卵磷脂、组氨酸、胆碱和铁、磷、钙、硒等。卵磷脂对增强和改善人脑机能有重要作用，人的大脑中存在着一种化学物质乙酰胆碱，它担负着神经系统传递信息的工作，乙酰胆碱含量多，传递工作就迅速，记忆功能也就好。卵磷脂被酶分解后，能产生丰富的乙酰胆碱，乙酰胆碱入血液，很快达到脑组织中，可增强记忆力。山药含有维生素C等物质，尤其是山药含有胆碱，胆碱与乙酰辅酶A体内可合成乙酰胆碱，而乙酰胆碱可促进记忆力提高。以上配以麦芽糖醇后，即成一种补脑长智的功能特性无糖保健甜点。

（二）以天然食物为原料，制作功能性面点

【案例9.13】蜂巢蛋糕

（1）原料组配：白糖350g，低筋粉400g，炼奶一瓶（250g），小苏打25g，清水350g，色拉油250g，鸡蛋12只，蜂蜜100g。

（2）制作程序：

① 白糖加水煮开，糖水置凉，加入全部原料拌匀，过筛，发酵约1h。

② 装入已抹上黄油的模具。

③ 上炉烤，上、下炉温分别是180℃、200℃，烤25min。

（3）风味特点：松软，香味浓郁，蛋糕内部空洞多而密，横切后的蛋糕呈蜂巢状。

（4）功用分析：蜂蜜是一种天然食品，一直作为滋补、抗衰老的食品。其所含的单糖，不需要经消化就可以被人体吸收。食用蜂蜜能迅速补充体力，解除疲劳，增强对疾病的抵抗力。对妇、幼特别是老人更具有良好的保健作用。它还含有丰富的矿物质，例如，有益身心的钾，起镇静作用的镁，强筋健骨的钙，增补血液的铁、铜，健脑的磷和有益身体的各种维生素，此外还含有氨基酸、酶和有机酸等。蜂蜜有强健全身，提高脑力，增加血红蛋白，改善心肌等重要的生理功用。

蜂蜜能改善血液的成分，促进心脏和血管功能，因此经常服用对于心血管病人很好处。蜂蜜对肝脏有保护作用，能促使肝细胞再生，对脂肪肝的形成有一定的抑制作用。便秘者长期服用蜂蜜，可润畅通便。

服用蜂蜜能明显增强人体对多种致病因子的抵抗力，促进脏腑组织的再生与修复，调整分泌及新陈代谢，还能有效地增进食欲，改善睡眠并质量，对人体有极强的保健功能和奇异的医疗效果。

此蛋糕具有润肠、通便、强身、消除疲劳的功效。

【案例9.14】山药芝麻寿桃包

（1）原料组配：鲜山药500g，糯米粉100g，芝麻250g，白糖60g，熟猪油60g，糖桂花3g。

（2）制作程序：

① 鲜山药洗净，刮去外皮，切成薄片，放入笼屉蒸熟，取出塌成泥，趁热和糯米粉拌匀，即成皮坯。

② 芝麻入烤箱（或锅中炒熟）烤熟，磨成细末。把锅烧热，加入熟猪油，烧至七成热时放入白糖，等其化开后，加入芝麻细末，迅速翻炒，盛起趁热拌入糖桂花，冷却待用。

③ 把剂子按扁，包入芝麻馅，捏成包子形，放入笼屉中用旺火蒸5min即可。

包子，用大火蒸15min即成。

（3）功用分析：山药含有淀粉、糖、蛋白质、胆碱、皂苷，还含有维生素C、多酚氧化酶及碘、磷、钙等物质。尤其是山药含有胆碱，胆碱与乙酰辅酶A在体内可合成乙酰胆碱，而乙酰胆碱可促进记忆力提高。

芝麻含有大量的不饱和脂肪酸，其中的亚油酸有调节胆固醇的作用，它对大脑和神经系统的发育具有极为重要的作用；芝麻中含有丰富的维生素E，能防止过氧化脂质对皮肤的危害，抵消或中和细胞内有害物质游离基的积聚，可使皮肤白皙润泽，并能防止各种皮肤炎症；另外芝麻还具有养血的功效，可以防治皮肤干枯、粗糙、令皮肤细腻光滑、红润光泽。尤其芝麻中还含有丰富的钙、磷、镁、锌、铁等，这些丰富的矿物质是平衡人体健康与延缓衰老的主要元素，因此芝麻被誉为食补佳品，是人类的一个重要营养源。诸食料合用，共成益智、养血、美容之佳品。

【案例9.15】枣泥酥饼

（1）原料组配：面粉500g，熟猪油150g，清水100g，枣泥馅500g。

（2）制作程序：

① 取面粉200g，熟猪油100g，擦成干油酥。另取面粉250g，加水100g，熟猪油50g，揉成水油面。留下的50g做干粉用。

② 将水油面包上干油酥，擀成厚片，叠三层擀薄再顺长卷成筒状，搓成长条，摘成20只剂子。每只剂子按扁，包入枣泥馅心，然后将收口朝下，按成圆饼状，刷上鸡蛋液，沾上芝麻。

③ 锅置火上，放入熟猪油，烧至四成熟时，下入生坯，养至膨大时，捞起待油温升至六成热，入锅复炸，沥去油即成。

（3）功用分析：大枣，天然维生素丸，现代医学研究认为，大枣营养丰富，内含糖、蛋白质、脂肪、淀粉、多种维生素和钙、磷、铁等矿物质和有机酸。鲜枣中的维生素C最多，居鲜果之首，为鲜桂圆的16倍、鲜荔枝的26倍、苹果的82倍。民间谚语说：“一天吃三枣，一辈子不显老”。

此酥饼养颜、补血、益气，适合一般人食用。

【案例9.16】人参汤圆

（1）原料组配：糯米粉250g，人参5g，熟鸡肉30g，玫瑰蜜、面粉各15g，黑芝麻30g，樱桃蜜20g，白糖150g，糯米粉500g。

（2）制作程序：

① 人参用水浸软，切成薄片，再用微火烘脆，碾成细粉；熟鸡肉斩成肉泥，面粉炒黄，黑芝麻炒香碾碎。以上各料混合均匀，备用。

② 制作时，取玫瑰蜜、樱桃蜜用擀面杖压成泥状，加入白糖，撒上人参粉等，滴进鸡油少量，揉压均匀，即成汤圆馅。

③ 糯米粉烫熟，做成12g左右1只的汤圆，包上馅，下入沸水，用小火煮，待汤圆浮出水面2～3min即可食用。

（3）功用分析：人参，早在《神农本草经》就有记载：“主补五脏，安精神，定魂魄，止惊悸，除邪气，明目，开心益智，久服轻身延年。”人参能滋补，同时还能养生。

人参是体质壮实之体，儿童、孕妇等均应慎用人参。

补脑益智。适用于身体虚弱或久病之后智力减退者。

六、中国特色快餐面点的开发

随着中国中小城市的迅速崛起以及居民消费水平的显著提高，肯德基、麦当劳、必胜客这些“洋快餐”占据了我们餐饮业很大的市场，从一开始的大中等城市拓展到市县级的连锁店，大大提高了在中国市场的覆盖率和渗透率。其发展势头之猛，速度之迅速令人惊讶。虽屡屡遭受营养学家的质疑，被称为“垃圾食品”，但它仍然受到青年人和中小学生的偏爱。究其原因，其餐馆设施、服务态度、送餐速度、产品规格、就餐环境等等相比国内拥挤吵杂的饮食环境、出菜效率低等其竞争力不言而喻。洋快餐还提供一种免费的、轻松年轻的心情。还积极推出儿童套餐和运动风格事物以争得青少年的市场。不可否认，这些洋快餐在中国的经营算是成功的。作为中式快餐的开发者，应学习其经营模式，创办出更加符合国人口味的中式快餐。

（一）开发现代快餐面点的必要性

“快餐”是为消费者提供日常生活需求服务的大众化餐饮。它具有以下特点：制售快捷、食用便利、质量标准、营养均衡、服务简便。快餐面点指适合做快餐的面点，指适合快餐的各种特点，且在快餐中占主导地位的面食制品。

当今快节奏的生活方式，要求为日常生活的人们最大程度地节省了时间。人们要求在最快或最短的时间吃上营养合理的面点快餐食品。近年来，以解决大众基本生活需要为目的的快餐发展迅猛，传统面点在发展面点快餐中前景广阔。

（二）开发快餐面点的要求

1. 所开发的快餐面点应具有独特特色

面点的风味特色是指面点本身所具有的、适合人们的口味、区别于其他制品的特殊性。有风味特色的面点所组成的快餐在竞争中有较大的优势。此类面点可在流行的大众化面点中去选择，也可发挥创造性思维创新而得，总之此类面点应在销售中得到顾客的青睐。如“蒙自源”云南米线体现了快餐的特点，厨房先把米粉煮熟，捞起，各种肉切成很薄的片（备用），待顾客点好不同口味的米线，服务员立即端上一个大陶瓷碗，里面盛有煮沸的鸡汤（鸡油层起保温和调味作用）和装有配料的小碟（肉片和易烫熟的生菜、香菜），先把配料倒入大碗搅拌一下至熟，再倒入已煮熟的米线即可。做到客人到位，米线上桌，既有地方特色，用餐速度又快。

2. 所开发的快餐面点应适合标准化、机械化的生产

一种面点能否形成快餐面点，就看它能否适应标准化、工业化的生产。标准化的生产是同一口味、统一分量、统一质量的保证，它将传统面点制作的随意性改变成现代面点制作的规范性，从而能使面点品种的质量保持稳定，顾客随时来买，随时都可以得到质量上乘、口感一致的品种。面点机械化的生产是指在面点生产中，大

量采用一些机械设备进行批量生产，有些面点制品可以大部分甚至全部用机械设备来进行生产，此加工手段，降低了劳动强度和生产成本，提高了生产效率，因此，此类面点符合了快餐面点的“制售快捷、价格低廉”的特点，是开发的重点。目前面点制品没有规范可依，多数店家各自为政，导致“同样产品，不同口味”现象的出现，影响了小吃的规范性与公信力；甚至个别商家趁机掺杂掺假、偷工减料、粗制滥造，违背了小吃的选材、制作工艺以及器皿等，给快餐小吃品牌带来了潜在的不利影响。

3. 所开发的快餐面点应注重质量

快餐面点作为一个产品，质量主要包含两个方面。一是产品本身的质量，主要指原料新鲜程度、口味是否正宗、外观是否到位等；二是服务质量，主要指服务是否规范、解说是否准确等。此外，还要设置行业门槛，要以行业协会名义根据店面规模、经营档次、服务质量等进行分类授牌，给广大消费者提供分类消费。

七、速冻面点的开发

随着社会经济和科学的发展，面点中的一些品种已经从手工作坊式的生产转向了机械化生产，产量猛增，但人们对面点的日需求量是有限的，因此，急需一种保藏方法来进行调配，速冻面点的产生打破了传统面点之现做现卖的格局，使人们的生活能跟上时代的快节奏，且又不失新鲜面点的风味。

速冻面点有便于储存、便于运输的特点，因此，一些具有地方特色的面点能通过运输进入千家万户，南方人可以吃到正宗的北方馍，北方人又可品尝到南方的粉果，东方城市能见到地道的叶儿粑，西部地区能看到船点的风采。

我国面点的速冻工程刚刚起步，适合速冻的面点不多，主要有水调面团、发酵面团、米及米粉面团等，其中，有的适合生冻，而有的适合熟冻。

水调面团速冻品种有（适合生冻）：水饺类、面条类、春卷类、烧卖类等。

发酵面团速冻品种有（适合熟冻）：各种包类、花卷类、馒头类、发面糕类等。

米及米粉面团速冻品种（适合生冻或熟冻）：各种汤圆、元宵类（生冻）、粽子（适合熟冻）、八宝饭（适合熟冻）等。

中国面点具有独特的东方风味和浓郁的中国饮食文化特色，在国外享有很高的声誉，速冻面点的出现，使中国面点打入国际市场成为现实。目前我国著名的速冻面点品种有：河北好口福手工面业有限公司生产的手工空心面，浙江五芳斋实业股份有限公司温州分公司生产的蛋黄粽，上海叶茂食品销售有限公司生产的芋包，东西南北熟食面点小吃生产的寿桃、黄金大饼，天津食友食品有限公司生产速冻春卷、菜卷、烤鸭饼、咖喱角已在全国各大超市销售。扬州富春茶社在日本开设了分店，而扬州速冻包子也批量出口东南亚、日本等地，受到了广泛好评。郑州三全食品有限公司生产的速冻汤圆、水饺、粽子等产品已销往北美、欧洲、亚洲的部分国家；天津粮油出口公司制作的速冻春卷，出口年创外汇百万元；青岛诚阳食品加工厂生产的春卷、小笼包、水饺等三个系列50多个品种和规格的速冻食品，已经销往东南亚、欧洲、北美等20多个国家和地区，

成为国内速冻面点的最大出口基地，出口国外市场。开发特色面点，面点的崭新天地需要我们去开创。

本章小结

本章重点介绍了面点创新的方法和功能性面点的制作，阐述了功能性面点与食疗面点、药膳面点的区别。在此基础上阐述了功能性面点的分类，并介绍了功能性面点的制作方法。

本章通过对面点创新思路、方法和案例、面点新种类开发方向的阐述，目的是启发学生开阔思路，运用所学知识，勇于进行面点创新开发。

在学习面点创新的基本方法后，可以举一反三，不仅从原料的改变、口味的改变还是造型、成熟方法的变化都可用在面点制作中，在掌握了一定的理论基础和熟练的技能后，可以挑战传统的名点工艺配方，如广式月饼多属于重油重糖型的，不太适合时尚的、健康的饮食需求，是否用其他的甜味剂代替？传统的扬州千层油糕是用糖猪油丁铺在面团里，现在人们可以用水果代替猪油丁，这样既营养而热量又不高。你准备好了吗？同样，功能性面点的制作也可以多角度的、多方位的思考，我们可以制作运动员保健面点、宇航员保健面点等。

练习题

（1）面点主坯料的挖掘创新包括哪几个方面？

（2）食品中具有生理活性的物质有几大类？

（3）功能性面点具有哪些特点和作用？

（4）面点创新包括哪几方面？应注意哪些问题？

（5）开发快餐面点应具有要求是什么？

（6）适合制作保健面点的原料有哪些？请列举之。

（7）具有抗疲劳的原料有哪些？请列举之。

（8）根据老师的工作特点，请为老师设计一种功能性面点（包括所用的原料、制作过程及保健作用）。

第十章　不同面团制作面点的实例

水调掌握水温度，调理面团软硬度，冷热温沸各有别；
膨松需要发酵面，酵面膨胀又膨松，制品色白面暄软；
层酥制得松酥脆，烘烤油炸香诱人，酥层清晰味道美；
米粉制品黏糯松，油炸外脆里面嫩，水煮绵软爽又滑；
杂粮选用谷薯豆，多种食材巧配制，营养丰富益养生。

学习目标

通过本章的学习，了解面点不同种类和特点，懂得不同面团制作的基本原理，熟悉水调面团、膨松面团、层酥面团、米粉面团、杂粮面团等不同面团制作，学习不同面点的实例的制作和制作关键，最后达到掌握其制作的目的。

必备知识

(1) 面点品种的制作工艺。
(2) 面点原料的品质鉴别。
(3) 面点成品标准鉴定。
(4) 面点质量问题的分析。

选修知识

(1) 餐饮组织与管理。

(2) 面点主要设备与器具的使用。

(3) 面点装盘技巧。

课前思考

(1) 冷水面团调制时注意什么？

(2) 烧卖皮的制作方法及烧卖制作采用了哪种成型方法？

(3) 鸳鸯饺成型时需注意哪些问题？

(4) 冠顶饺应采用何种馅心比较合适？它为什么要采用沸水面团？还可以用哪种面团替代？效果如何？

(5) 鲜酵母膨松的面团和面肥发酵的面团区别在哪？鲜酵母膨松面团制作时需注意哪些问题？

(6) 酱肉包子能否采用面肥发酵的面团？

(7) 秋叶包制作时采用酵母膨松面团中的哪种面团效果更好？

第一节 水调面团制品

一、珍珠烧卖

1. 品种简介

珍珠烧卖是湖南名点。烧卖是用水调面皮包馅，上部拢细收腰成形后蒸制而成，因地区不同，又称稍卖、烧梅、稍梅、纱帽、寿迈等。

2. 原料组配

富强粉 200g，糯米 380g，猪肥膘肉 80g，酱油 60g，白胡椒粉 4g。

3. 制作程序

(1) 将糯米淘洗干净，泡透，捞出，沥水。蒸锅中加水烧沸，放上铺有屉布的笼屉，将糯米入笼蒸熟。蒸至约 40min 时，揭开笼盖，用刷帚蘸开水朝饭上洒，再蒸 20min。将猪肥膘肉切成小丁。炒锅置中火上，放入肥膘丁炒至七成熟时，出锅。将蒸好的糯米饭倒入，趁热加酱油、白胡椒粉拌匀成糯米肉馅。

(2) 将面粉置于案板上，加清水 80g 和匀揉光，搓成长条，揪成 20 个面剂，撒上

干面粉，用橄榄形走槌将面剂擀成直径约10cm、边沿薄而起褶的圆皮，逐个挑入馅心，用右手虎口收拢边口，使烧卖包口处呈圆形张开。

（3）蒸锅加水烧沸，将烧卖生坯摆入铺有屉布的笼屉内，上锅用旺火蒸15min成熟即成。

4. 工艺教程图解（图10.1）

①拌馅　②下剂　③擀皮

④上馅　⑤上笼蒸制　⑥成熟

图10.1　珍珠烧卖制作

5. 成品特点

面皮薄而光亮，白中带黄，馅心软滑，滋糯油亮，口味咸鲜，具有胡椒香味。

6. 注意事项

（1）糯米浸泡要适度，即要泡透，又不能泡过，一般夏季浸泡3～4h，其他季节浸泡7～8h即可。

（2）擀制烧卖皮要形似“金钱底，荷叶边”。

（3）包制烧卖时，烧卖的颈部应细而紧，防止蒸熟时坍塌而变形。

（4）蒸制时间不易过长，防止青菜变黄。

二、鸳鸯饺

1. 品种简介

鸳鸯饺主要是根据制品的形状和特点进行命名的。

2. 原料组配

面粉250g，猪肉馅250g，葱花25g，姜末5g，胡萝卜100g，菠菜100g，料酒20g，味精5g，精盐5g，胡椒粉2g，香油2.5g，猪油50g，上汤50g，湿淀粉适量。

3. 制作程序

（1）面粉过筛，置于案板上冲入沸水搅拌均匀，揉成光滑的面团即可，将面团下成

75个小剂，擀成中间稍厚、四周边稍薄的面皮即成。

（2）将炒锅置旺火上，放猪油烧热，将猪肉馅原料倒入锅内煸炒，烹入料酒，加入各种调味料、上汤煮沸，最后勾芡即成馅心。将胡萝卜、菠菜分别放入沸水锅中焯水，分别剁碎，加入精盐、味精、香油拌匀即可。

（3）将圆皮中间放上馅心，对折坯皮，用大拇指和食指将坯皮对称捏紧成两个相同的圆筒，在圆边上推捏成花纹，对称的规则的孔洞中分别加入拌好的胡萝卜末和菠菜末，即鸳鸯饺生坯。

（4）把鸳鸯饺生坯放入笼屉内，上旺火蒸5min即可，取下装盘。

4. 工艺教程图解（图10.2）

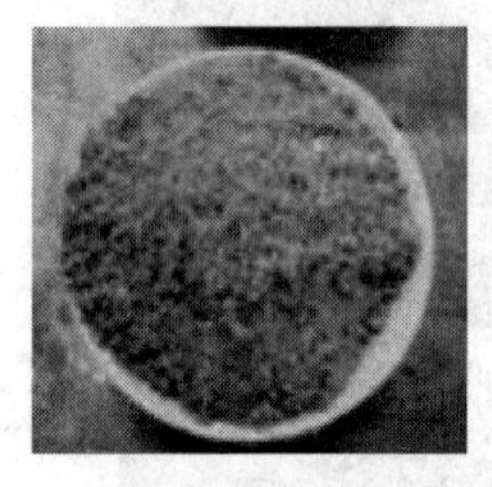
①胡萝卜馅

②菠菜馅

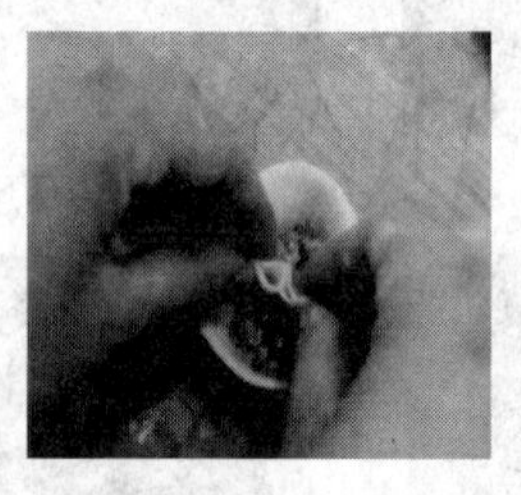
③对折捏成圆筒

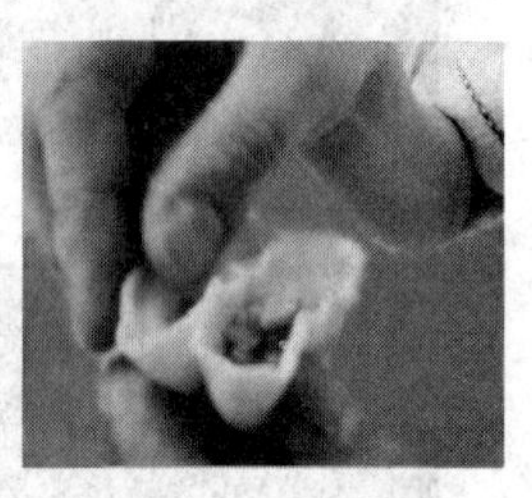
④对称捏紧

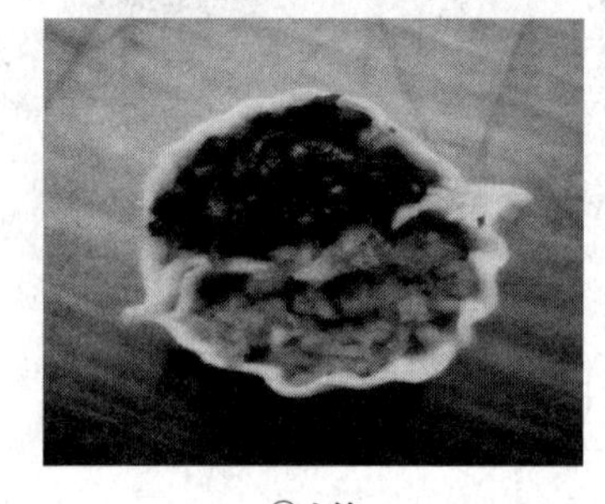
⑤上馅

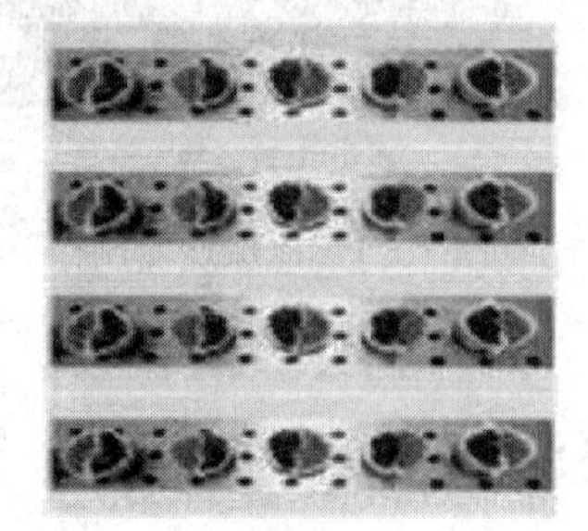
⑥上笼蒸熟

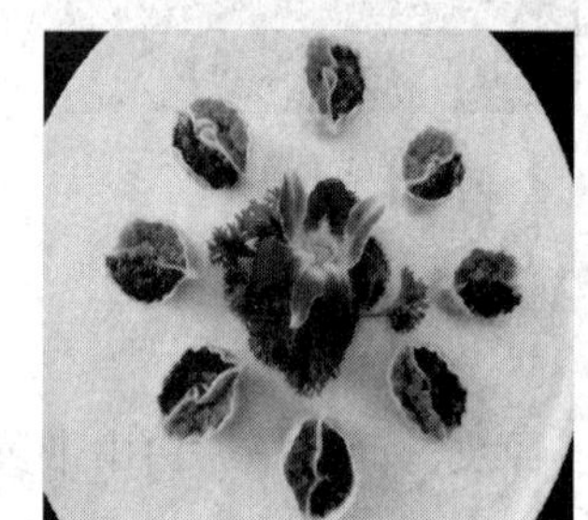
⑦成品装盘

图10.2　鸳鸯饺

5. 成品特点

色彩鲜艳，造型美观，质软嫩滑，滋味鲜美。

6. 注意事项

（1）煸馅时要急火快炒，避免出汤过多。

（2）上笼蒸时饺子要放平，不能歪斜，以防走形。

（3）蒸制时间不宜过长，否则影响制品色泽和形状。

三、冠顶饺

1. 品种简介

冠顶饺因其形状似古时的战盔而得名，又称“金盔饺”。该品种造型美观，鲜香适口。也可采用澄粉面团制作，形状美观，晶莹剔透。

2. 原料组配

精粉500g，肉馅350g，鸡蛋2个，水发海米25g，葱花50g，姜末10g，色拉油15g，酱油25g，花椒面、味精适量，干淀粉25g，芝麻油10g。

3. 制作程序

（1）把精粉用开水烫好，揉成面团。

（2）把勺中加油烧热，放入肉馅加花椒面、酱油、姜末煸炒成熟勾芡倒出。鸡蛋炒成蛋花，和炒熟的肉馅合在一起加葱花、芝麻油、味精拌匀。

（3）把面团揉匀搓成条，下成五十个剂子，按扁，擀成圆形皮，叠成三角形翻过来，包入馅，三条边涂上蛋清，然后将两两直边对捏，捏成立式三角形，每角边部粘干淀粉，推捻成九条花纹。

（4）用拇指和食指在每条边上捻捏出左右对称的双波花纹，将反面原折起的边轻轻翻出，在底端捏一下，在顶端放一红色的樱桃点缀，即成冠顶饺生坯。

（5）把生坯摆入屉中，放入蒸锅用旺火蒸七八分钟成熟即成。

4. 工艺教程图解（图10.3）

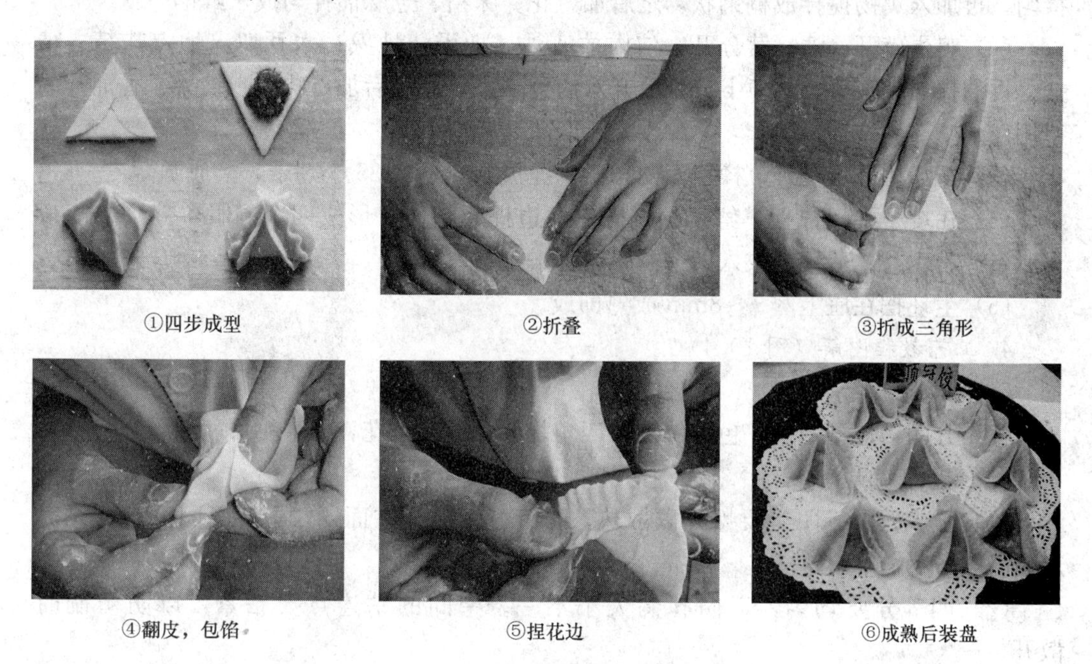

①四步成型　②折叠　③折成三角形

④翻皮，包馅　⑤捏花边　⑥成熟后装盘

图10.3　冠项饺

5. 成品特点

色泽青白，形似金盔，鲜香清淡。

6. 注意事项

（1）煸馅时要急火快炒，避免出汤多。

（2）上笼蒸时饺子要放平，不能歪斜，以防走形。

（3）蒸制时间不宜过长，否则影响制品色泽和形状。

四、四喜饺

1. 品种简介

四喜饺是用水调面团中的温水制皮，运用不同的包捏手法制作而成的蒸饺。常用做宴席点心，因其外形美观、精致而受人们的喜爱。

四喜饺因其上面用四种不同颜色的馅心装饰点缀，形似一个喜字而得名。该品种采用三鲜馅制作，味道鲜美，造型美观，颜色喜庆。

2. 原料组配

精粉250g，猪肉150g，水发海参50g，虾仁50g，鸡蛋2个，胡萝卜25g，水发木耳25g，菠菜叶50g，猪油25g，酱油50g，葱花25g，姜末5g，花椒面1g，芝麻油25g，味精3g，鸡汤100g。

3. 制作程序

(1) 将猪肉剁成馅，大虾、海参切成小丁放入肉馅中加酱油、姜末、花椒面、猪油拌匀，再加入鸡汤搅拌成稠粥状，之后加葱花、味精、芝麻油拌匀成三鲜馅。

(2) 鸡蛋磕开，清、黄分开，勺内放底油，把蛋清炒熟；木耳切碎加点味精、精盐、香油拌匀；菠菜、胡萝卜分别放开水内烫一下，剁碎后加点味精、精盐、香油拌匀待用。

(3) 精粉用开水烫好，揉成面团，揉匀搓成条，下成25个剂子，擀成圆薄皮。

(4) 在皮子中间抹上三鲜馅，再把皮四边提起粘住，形成四个洞眼，分别将胡萝卜、蛋清、木耳、菠菜末放入四个洞眼内形成生坯。

(5) 生坯摆在屉上蒸7～8min成熟即成。

4. 工艺教程图解（图10.4）

5. 成品特点

色泽分明，造型美观，色彩鲜艳。四角均匀，像朵鲜花，滋味鲜香。

6. 注意事项

(1) 温水面团成团后要摊开以散热，以免热气郁集在面团中，使面团的表面结壳起皮。

(2) 四等分要均匀，以防孔洞大小不一。中间的粘连点要粘紧，以防蒸制时散开。

(3) 四种装饰的馅料要填平、填紧，特别是叶菜类要填紧实，以防蒸制成熟凹陷，影响美观。

五、月牙饺

1. 品种简介

月牙饺是用水调面团制成的面皮，包入馅心制成月牙形蒸制而成的。因其皮薄味香，形状美观，包入不同的馅心形成不同的风味，令人越吃越想吃。

①皮中抹三鲜馅四边粘住

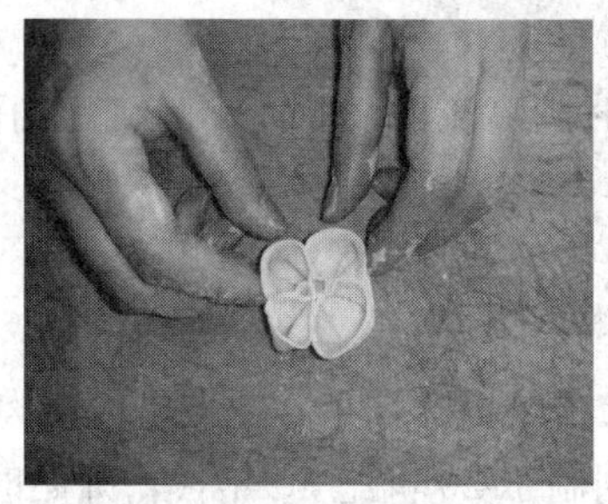

②捏皮成四口形

③上馅

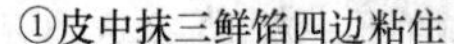

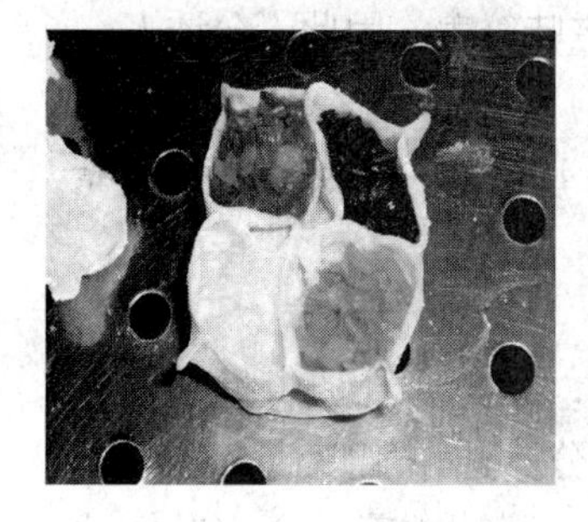

④蒸制

⑤成熟

⑥装盘

图 10.4　四喜饺

2. 原料组配

面粉 800g，肥牛肉 500g，西葫芦 2500g，香油 100g，大葱 250g，保府酱 5.5g，盐 10g，鲜姜 15g，豆油 150g，由花椒、桂皮、肉桂、三柰、丁香、小茴香、白芷等煮好的香料水 250g。

3. 制作程序

(1) 将西葫芦擦成丝加盐刹去水分，将牛肉绞成肉馅，加香料水、盐搅拌上劲，加葱花、姜末、保府酱、豆油、香油拌匀，加入西葫芦丝拌匀成馅。

(2) 将面粉加沸水拌匀调成面团，和好的面稍醒。

(3) 将面团搓成条，揪成剂子、擀成皮、包入馅心，制成月牙形饺子，入笼蒸约 15min 即成。

4. 工艺教程图解（图 10.5）

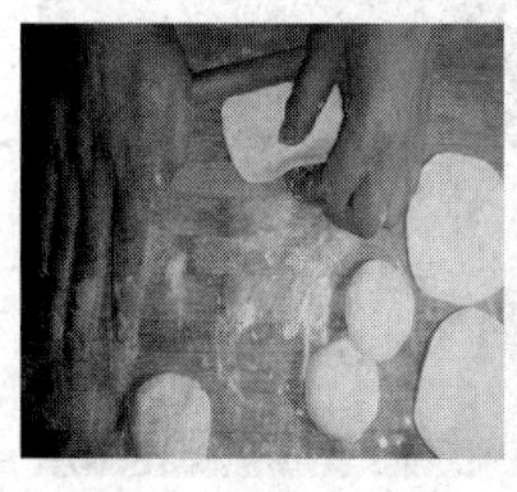

①擀皮

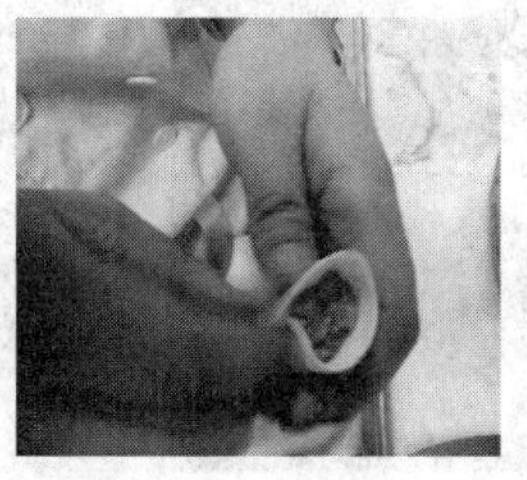

②包馅

③成形

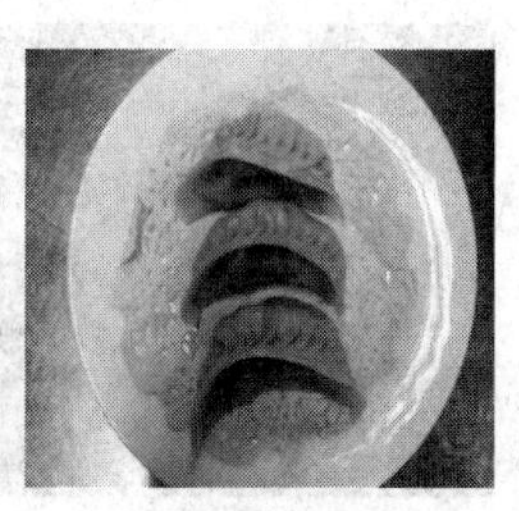

④蒸熟

图 10.5　月牙饺

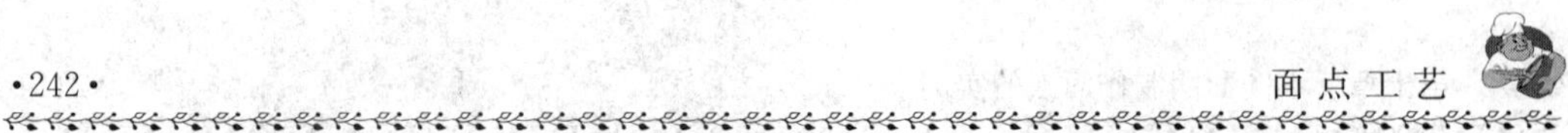

5. 成品特点

皮薄、馅大、味鲜香，吃时满嘴流油，肥而不腻，配山西陈醋食用味道更佳。

六、王麻子锅贴

1. 品种简介

王麻子锅贴是辽宁省大连市传统风味名点。此点是以猪肉、木耳、海米、红方为馅制成的。它由山东福山人王树茂创制于20世纪40年代，开始时用手推车装上炉具、原料、碗筷及佐料，或临街搭棚，或走街串巷，或赶集庙会，当众制作。由于王树茂本人面有微麻，故群众戏称“王麻子锅贴”。王麻子锅贴制作方法独特，滋味鲜美，因此十分诱人。

2. 原料组配

面粉500g，鲜猪五花肉500g，水发木耳10g，水发海米40g，汤200g，青菜500g，红方1.5g，精盐、酱油、味精、葱姜末、豆油适量。

3. 制作程序

(1) 水发木耳摘净老根，清洗干净，沥净水分，剁成末；红方腐乳加少量水化开，成红方腐乳汁；青菜摘洗干净，沥净水，剁成碎末，挤去水分。选用肥瘦比为4∶6的新鲜猪五花肉，用绞肉机绞成颗粒状，放入盆中，加骨头汤、酱油顺着一个方向搅动，直搅到呈黏糊状时，加红方腐乳汁、精盐、味精、葱姜末调拌均匀，再加木耳末、海米拌匀，成为馅料。

(2) 面粉放入盆内，加入清水和成面坯，揉匀揉透醒一会，搓成长条，按每500g面下80个剂子，再擀成面皮。按面与馅1∶1的比例，将擀好的面皮加入馅料，抹平，再用左手四个手指略拢，右手三个手指抓住皮边，捏成中间紧合、两头见馅的长条形生坯。

(3) 平锅置火上，先淋上一薄层豆油，再逐个成行地摆入生坯，在生坯间浇水，以生坯间能见到水为宜，加盖焖煎3～4min，敞开锅盖，再淋第二次水，水量约为第一次用水的1/3，加盖焖3～4min。开盖淋豆油于锅贴间，随即用铲起动锅贴，使油进入底部，随即用平铲取出，底部朝上摆在盘中即成。

掌握面馅比例1∶1。

4. 工艺教程图解（图10.6）

①拌馅料

②上馅

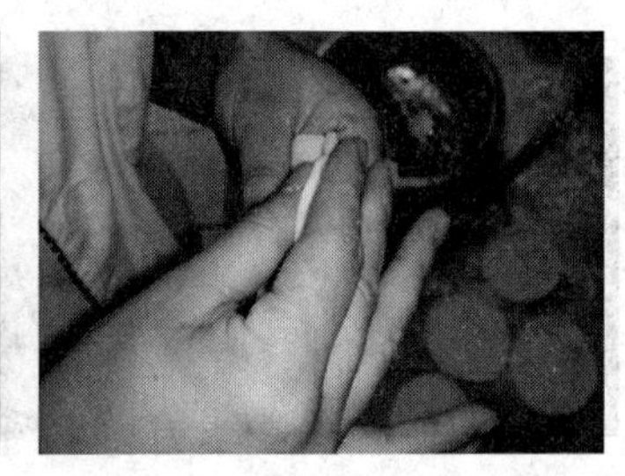

③捏拢

图10.6　王麻子锅贴

④生坯

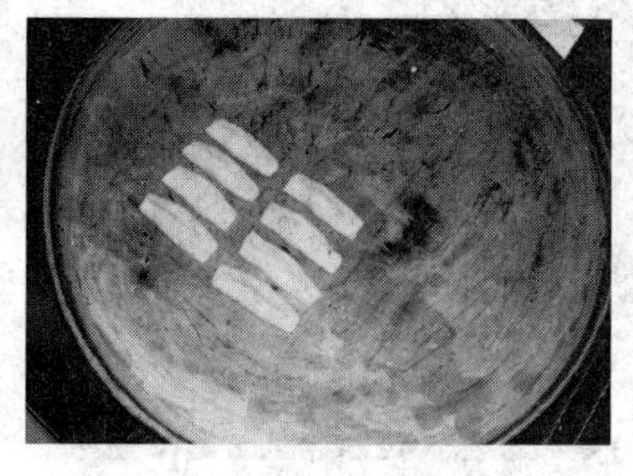
⑤加盖焖煎

⑥成熟

图 10.6　王麻子锅贴（续）

5. 成品特点

形状狭长，造型美观，底部焦脆，入口焦嫩，滋味鲜美。

第二节　膨松面团制品

一、三丁包子

1. 品种简介

三丁包子属于麦粉膨松面坯中的发酵面坯制品，以其馅多松散、味浓不腻，受到广大食客的喜爱。三丁包子是江苏扬州富春茶庄的传统风味之一，具有制作精巧、咸甜适中、外形美观等特点，深受人们的喜爱。1983 年 11 月在全国烹饪名师技术鉴定会上，富春茶社的董德安厨师表演制作了这款美点，深得同行们的赞赏，富春三丁包子一时名扬天下。

2. 原料组配

面粉 500g，酵种 150g，温水 250g，碱 3.5g 熟猪肉 300g，熟鸡肉 150g，熟冬笋 100g，酱油 10g，精盐 2g，白糖 10g，味精 3g，料酒 25g，鸡汤 350g，虾子 5g，植物油 25g，淀粉 10g。

3. 制作程序

（1）将面粉、酵种用 250g 温水调匀，揉成面坯，盖上湿布，静置发酵。

（2）将熟猪肉、鸡肉、冬笋切成丁。大勺上火加油，将“三丁”放入勺内煸炒，加入酱油、料酒、虾子、精盐、白糖、鸡汤，用旺火烧沸，用小火收浓汤汁，加味精、勾芡制成馅心。

（3）将发好的面坯加碱揉匀、搓条，下成 30 个剂子，分别将每个剂子擀成圆形皮子，包上馅，提褶，收口捏拢即成生坯。

（4）将包子摆在屉上醒一会儿，然后放入沸水锅内蒸 10min 左右成熟即可。

4. 工艺教程图解（图 10.7）

①下剂子

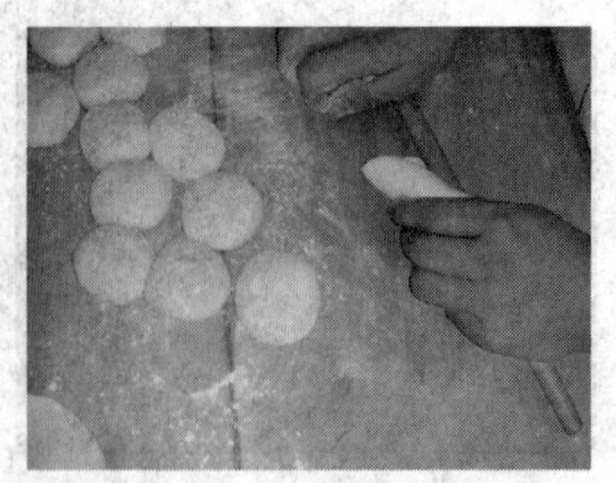

②擀皮

③提褶

④上笼

⑤成熟装盘

图 10.7　三丁包子

5. 成品特点

色泽洁白，形状美观，提褶均匀，馅多松散，味浓不腻。

6. 注意事项

（1）制作三丁馅时，合理掌握三丁的大小，要求鸡肉丁要大于猪肉丁，猪肉丁要大于笋丁，成熟悉后三丁的大小要基本一致。

（2）掌握馅心芡汁的稠稀度，芡汁太稠，吃口过于浓厚，不清淡，芡汁太稀，不便于包捏成形。

（3）酵种发酵的面坯对碱要匀正。碱大碱小都会严重影响制品的质量。

（4）提褶要匀，保持形态美观。

二、聊城灌汤包

1. 品种简介

聊城灌汤包系山东省聊城地方传统风味小吃，是由聊城孟继海于 1900 年所创制。这种灌汤包弥补了“水打馅”和“掺冻馅”包子无嚼头、腻口和馅不丰富的缺点，同时也避免了“肉片馅”皮大口感不适、肥瘦不匀的缺陷。

2. 原料组配

面粉 500g，带皮带骨鲜猪肉 450g，皮冻 150g，酱油 100g，葱白 100g，甜酱 10g，姜末 1g，香油 25g，香料面 2g，鲜酵母适量。

3. 制作程序

（1）带皮带骨鲜猪肉用清水洗净，去皮剔骨后，切成 0.6cm 的方丁；葱白切成葱花；剔下的猪皮、猪骨，放入锅中，加清水上火煮至皮熟肉烂，倒入盆中，捞出肉皮，去掉骨头，将汤汁沉淀，弃掉淀渣。净锅置文火上，放入猪皮和澄清的汤汁，熬至化成清汁，倒入盆中晾凉成皮冻，切成30块待用；甜酱放入碗中加入香油10g，搅匀成香油酱；葱花放入净碗中加香油15g拌匀成香油葱，再加入香料面拌匀成调味料。猪肉丁放入净盆内，先加入酱油，再加入香油酱、姜末一起拌匀，用馅前再加入调味料，调拌均匀成馅料。

(2) 取部分面粉放入净盆里，加入清水调成水调面团，将余下的面粉用鲜酵母调成发酵面坯。然后将两块面揉揣好后搓成长条，揪成30个面剂，再擀成边薄中心厚的圆面皮，将馅料放在面皮中间，再放上一块皮冻，提边捏褶，成菊花顶状，醒一会。

(3) 将生坯上屉急火沸水蒸15min左右成熟即可。

4. 工艺教程图解（图10.8）

①下剂

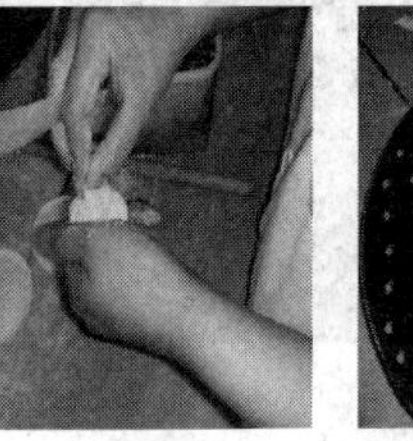

②提边捏褶

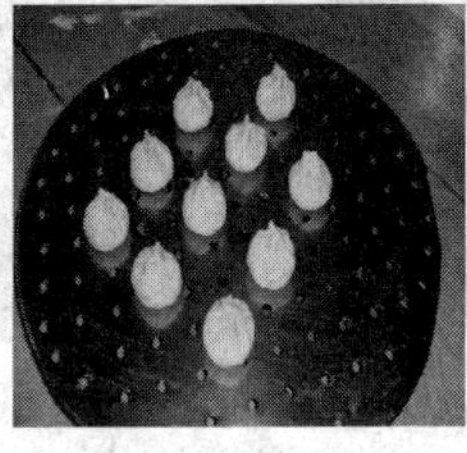

③上笼

④成熟装盘

图10.8　聊城灌汤包

5. 成品特点

皮薄馅大，汁多味美，鲜香不腻。

香料面：系由花丁、砂仁、宫桂、陈皮、肉蔻、八角、花椒、小茴香按1∶1∶1∶1∶1∶3∶10∶10之重量比混合轧成的细面，须密封存放。

三、酱肉包子

1. 品种简介

“味必居”酱肉包子是武汉地区著名的传统风味小吃之一。“味必居”创办于20世纪20年代，当时的老板姓尹，是武昌人。尹老板开始在武昌临街的一个茅草棚里经营，后来迁到汉口的福建街。由于味必居的包子用料讲究，操作严格，赢得了广大顾客的喜爱，生意越做越红火。为了进一步扩大经营，尹老板又将“味必居”迁到汉口人和街(原名戏子街）经营，直到“三反”、“五反”运动时才停业。1976年，为了挖掘祖国的传统饮食，经武汉市饮食公司批准，由“味必居”的最后一个徒弟纪福亮同志领衔操作，在汉口黄陵街86号恢复了传统的“味必居”包子馆。

2. 原料组配

精粉500g，猪夹心肉500g，酱油、甜面酱、白糖、精盐、味精、酵母各适量，葱、姜、花椒、大料、桂皮、山奈等适量。

3. 制作程序

(1) 将面粉加入少许的糖、加酵母用水调匀发酵。

（2）将肉洗净切成大块，放入锅中加入酱油、白糖、葱、姜、花椒、大料、桂皮、山奈等一起煮制成熟，捞出切碎待用。

（3）锅中下油，待油温七成热是下肉末炒散，然后放入甜酱、白糖、一点盐和少许鸡精翻炒一会，然后放入黄葱稍微炒一下盛出备用。

（4）将发酵好的面团取出揉匀揉实排出空气，搓成条分成一个个的小剂子。

（5）将面团擀成面皮后包入肉馅，收口后放入蒸锅，冷水上屉开大火蒸至水开后转中火蒸10min即可出锅。

4. 工艺教程图解（图10.9）

①制馅　②打碱　③下剂

④擀皮　⑤包馅　⑥成熟

图10.9　酱肉包子

5. 成品特点

皮面色白，膨松暄软，馅心鲜香不腻，风味独特。

6. 注意事项

（1）选料较严格，可以选用猪瘦肉，也可将肉直接加工成肉泥。

（2）包子面中要加入“皮糖”（白糖），不能将面发过或不足（发酵时间太短）。

（3）制馅时馅肉必须透味，要先将馅肉切成块状，放入酱油中浸渍4h后、再放入卤锅中卤制，待取出晾干后，切成肉丁，再回锅中烩炒成馅。

（4）从程序上规定，包子上笼前必须进烘箱烘烤，使之定型。

四、秋叶包

1. 品种简介

秋叶包属于麦粉类的膨松面团中的生物膨松面团制品，以其形似秋叶、膨松暄软而深受人们的喜爱。

2. 原料组配

面粉500g（包括酵面150g），食碱3g，青菜末250g，水发粉丝150g，豆腐干100g，水发香菇25g，香菜末50g，芝麻油50g，植物油25g，精盐3g，味精1g，花椒面1g。

3. 制作程序

（1）将面粉放在案板上，中间扒一坑，加入面肥和温水揉匀发酵。

（2）粉丝、香菇、豆腐干均洗净，分别切成豆粒大小的丁，放入盆内加花椒面、精盐、味精、芝麻油、植物油和挤去菜汁的青菜拌和均匀，撒上香菜末即为馅心。

（3）将发好的面团加碱揉匀，搓成长条下成20个剂子，按扁擀成圆皮，包上馅心，先用左手拇指在坯皮的一边向馅心捏成一个角，再将坯皮两边提向中间，右手拇指与食指交叉推捏提褶，捏成一条长缝（从叶柄捏到叶尖），形成一头圆鼓、一头细尖的叶状，长缝两边的褶印有如人字形叶脉（如褶印不清，还可用花钳钳出花纹），即成秋叶包生坯。

（4）将秋叶包生坯间隔均匀地码入屉内，放在滚开水、冒大气的锅上，用旺火沸水足气蒸12min左右成熟即可。

4. 工艺教程图解（图10.10）

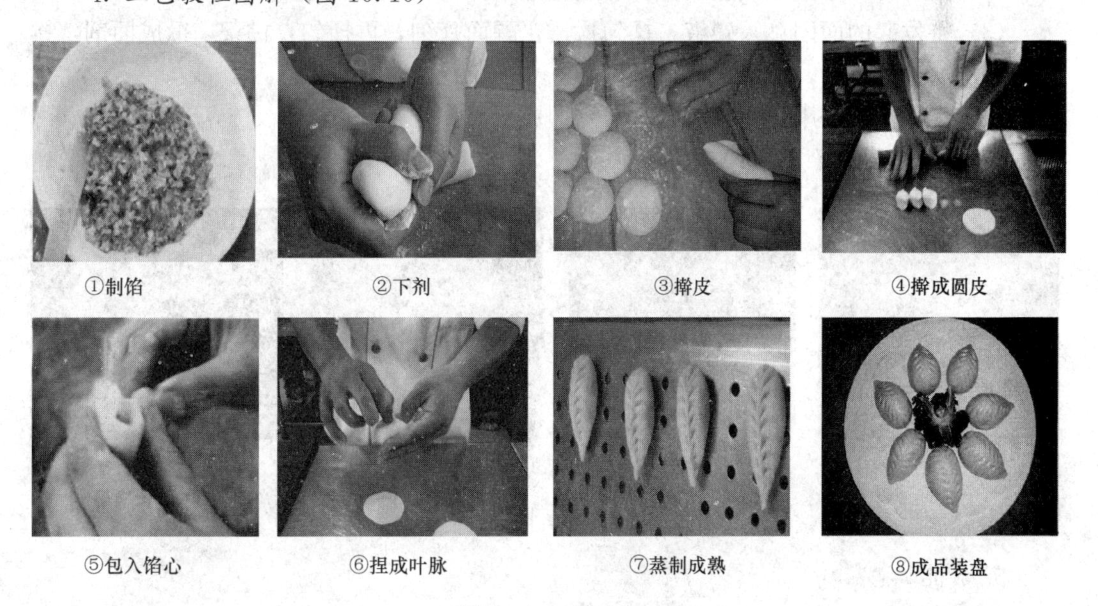

①制馅　②下剂　③擀皮　④擀成圆皮

⑤包入馅心　⑥捏成叶脉　⑦蒸制成熟　⑧成品装盘

图10.10　秋叶包

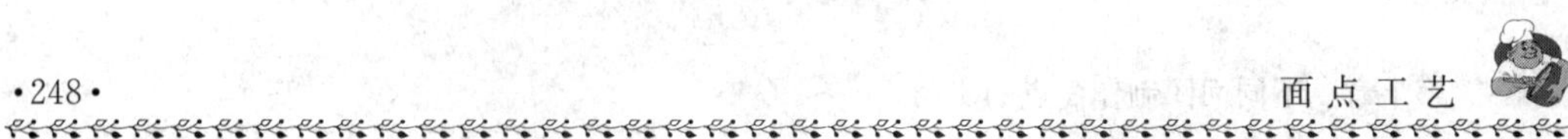

5. 成品特点

色泽洁白，叶脉清晰，形似秋叶，味鲜可口。

6. 注意事项

（1）秋叶包采用面肥发酵的大嫩面制作，发面要足，成品质量较好。

（2）面粉要过筛，防止粉粒粘结现象，也可增加吸水力。

（3）馅心的制作可以根据个人的口味改变。

（4）秋叶包的包捏方法，要求饱满，包捏时褶印要清晰。中间的叶脉要清晰分明，一端饱满一头渐细。

五、怪味包子

1. 品种简介

本品系云南名厨李清所创制。目前，包子种类虽多，但口味一般可分甜、咸两种。怪味包子立意在于变味，以其五香怪味、咸甜辛辣麻等而使其风味独树一帜。

2. 原料组配

面粉1000g，酵种300g，火腿150g，芝麻10g，熟面粉80g，白糖700g，猪油150g，肉桂粉2g，橘皮粉5g，丁香粉2g，砂仁粉2g，花椒粉2g，胡椒面10g，碱10g。

3. 制作程序

（1）火腿蒸熟，切成小丁；芝麻用微小火炒香。火腿丁放入盆内，加入炒芝麻、肉桂粉、橘皮粉、丁香粉、砂仁粉、花椒粉、胡椒面、猪油、白糖，一起搅拌均匀，即为馅料。

（2）面粉放入净盆中，加入酵种和适量温水拌匀，和成面坯放置发酵。

（3）将发起的面团兑入碱液，揉匀揉透，醒面片刻，再揉匀，搓条，揪成面剂，擀成圆面皮，包入馅料，捏成提褶包子生坯。

（4）生坯摆入屉中，用旺火沸水蒸熟即成。

4. 工艺教程图解（图10.11）

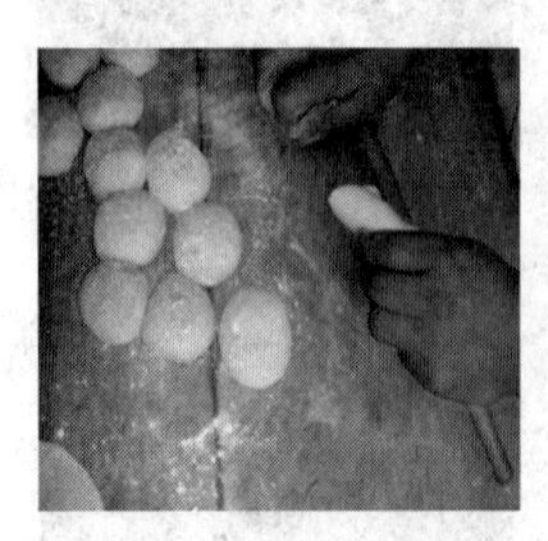
①擀皮

②包馅

③上笼蒸制

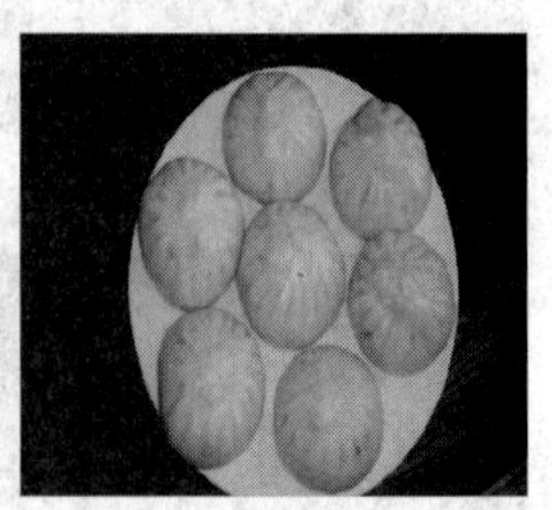
④成熟装盘

图10.11 怪味包子

5. 成品特点

膨松暄软，甜咸辛辣麻，甜香适口。

六、香菇鲜肉包

1. 品种简介

本品系湖南省长沙市传统风味名食，德园有香菇鲜肉包、玫瑰白糖包、冰糖盐菜包、麻蓉包、水晶包、叉烧包、瑶柱鲜肉包、金钩鲜肉包八大名包。香菇鲜肉包为德园八大名包之一。

2. 原料组配

大酵面750g，猪半肥瘦肉175g，熟笋100g，水发香菇20g，白糖25g，纯碱5～7g，精盐、酱油、味精、麻油、胡椒粉各适量。

3. 制作程序

(1) 将猪肉绞成肉泥，水发香菇、熟笋均切成小粒。猪肉泥加精盐、酱油拌匀，再加味精，用温水75g分3次加入，顺着一个方向慢慢搅动，搅成稠粥状，然后加入香菇粒、熟笋粒、麻油、胡椒粉调拌均匀，静置15min即可。

(2) 将大酵面加入纯碱水，加入白糖反复揉至面坯光滑，搓条，揪成10个剂子，拍成直径8cm的圆皮，每个包入馅料22.5g，用左右手同时叉起圆边向上收呈十字，再拧四边收上，去掉面蒂，即成四个眼芝麻头形包子生坯。

(3) 包子生坯放在木板上，放进100℃左右的灶下或烘箱内，烤约2～3min，生坯表皮成一层光洁的软薄面壳，取出放在常温下摆放10min左右，再摆入屉中，用旺火沸水蒸15min即成。

4. 工艺教程图解（图10.12）

①制馅

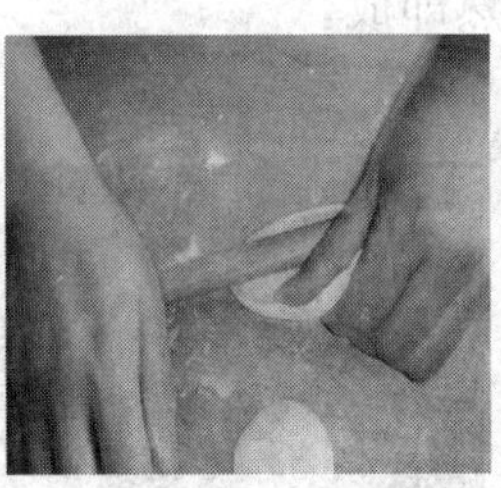

②擀皮

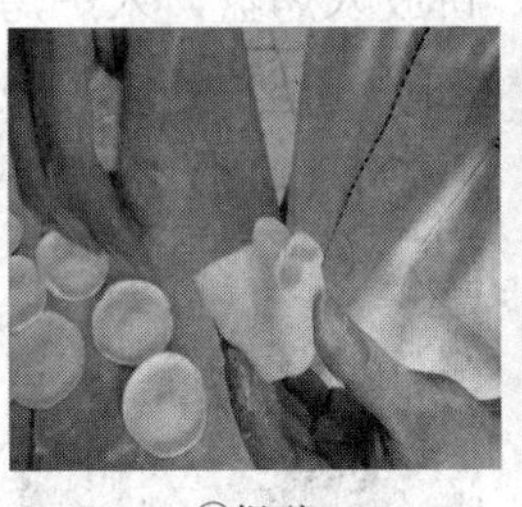

③捏型

④成熟

图10.12　香菇鲜肉包

5. 成品特点

皮薄馅美，色白光洁，面暄松软。

6. 注意事项

(1) 发面采用大酵面，面粉应选择筋性强的，胀发后柔软、膨松性强。

(2) 加碱时同时加入3%左右的白糖或饴糖，从而增加面团的膨松力。

(3) 馅心选料时要选用瘦中有肥的猪肉，肉要搅碎，打水要分次加入，水量要足，搅动要用力。

(4) 该品种成型后采用醒、吐方法，这是湖南发面制作的一大特点。醒，包子生坯放进100℃左右的灶下或烘箱内，烤约2～3min，生坯表皮成一层光洁的软薄面壳，即取出。吐，将醒好的包子生坯放在常温下摆放10min左右，让包子生坯重新产生足量气体，使整个包子软绵胀发饱满。蒸，在火旺、水足、气足的蒸气中一气呵成。

第三节　层酥面团制品

一、豆沙菊花酥

1. 品种简介

本产品是用油酥面皮包入豆沙馅，制成菊花酥生坯，经烤制而成。因花形似菊花，故而得名。

2. 原料组配

精粉500g，猪油（色拉油）150g，豆沙馅250g。

3. 制作程序

（1）将200g精粉加100g猪油擦成干油酥面，再将300g精粉加50g猪油用温水和成水油面醒一会儿。

（2）用水油面包进干油酥按扁，擀成长方形薄片，由前向里卷起来抻长，下成同样大小的20个剂子，逐个按扁包入豆沙馅（12.5g），擀成直径6～7cm的圆饼。

（3）用刀在饼面上对角直切十六刀，刀口六分长，再把每刀口小块翻起朝上，露出馅成饼坯。

（4）烤盘刷层油，饼放入烤盘，入炉烤熟即成。

4. 工艺教程图解（图10.13）

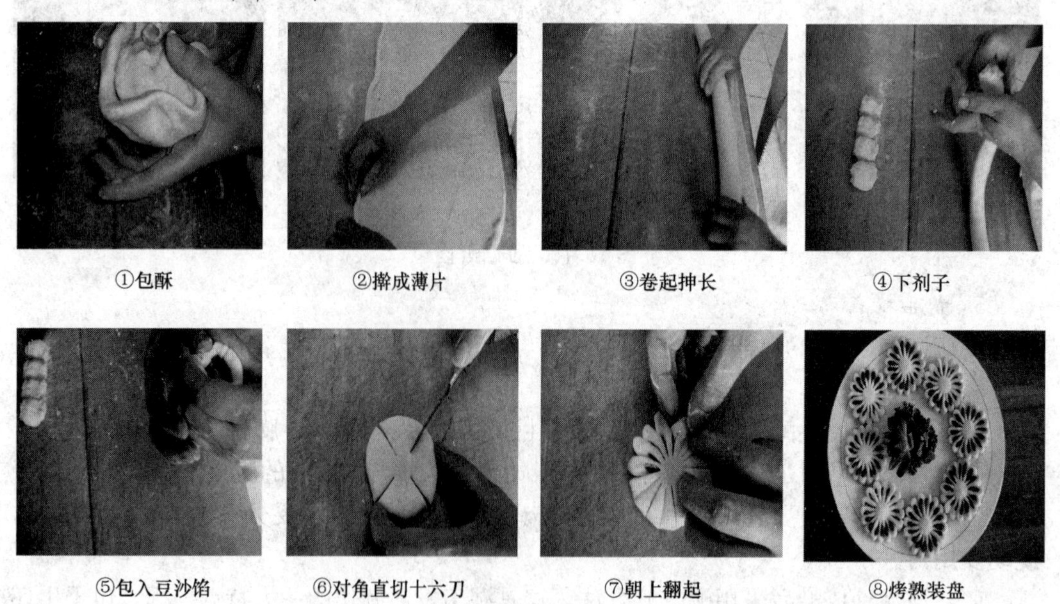

①包酥　②擀成薄片　③卷起抻长　④下剂子

⑤包入豆沙馅　⑥对角直切十六刀　⑦朝上翻起　⑧烤熟装盘

图10.13　豆沙菊花酥

5. 成品特点

色黑白相间，似菊花，甜酥适口。

6. 注意事项

（1）水油酥与干油酥的比例必须适当，软硬度必须一致。

（2）将干油酥包入水油酥时，应注意使用水油酥皮子四周厚薄均匀，防止按坯擀皮后两种油酥分布不均匀。

（3）包馅时要包匀、包正，确保菊花瓣的馅均匀。

（4）擀时饼稍厚一些，保持花瓣一平，切时刀要快些。

（5）烤时炉温在220℃左右。

二、椰蓉眉毛酥

1. 品种简介

椰蓉眉毛酥属于麦粉类层酥面坯中的水油面皮层酥制品，以其形态宛如一弯秀眉而得名。

2. 原料组配

面粉150g，猪油87.5g，清水60g，椰蓉28g，花生28g，芝麻28g，砂糖84g，色拉油20g，色拉油750g。

3. 制作程序

（1）取100g面粉加入猪油50g，擦匀擦透成干油酥；将余下的150g面粉加入37.5g猪油、清水60g拌匀，揉成光润的水油面，盖上湿布稍醒。

（2）将花生炒熟去皮擀碎，芝麻洗净炒香擀碎，然后将花生碎、芝麻碎、椰蓉、砂糖、色拉油一起拌成馅待用。

（3）用水油面包上干油酥，擀成长方形的大片，折成三层，再擀成厚约0.4cm的长方形薄片，卷起成直径约3cm的圆柱形长条，横切成20个剂子。剂子酥层断面朝上，贴上一个小面皮，用手按扁，擀成直径约4.5cm左右的圆形皮子，放入椰蓉馅，把皮子对折成半圆，一角向内塞进一小段，再将边对齐捏严，用右手拇指和食指在半圆上捏成绞绳形花边，即成眉毛酥生坯。

（4）勺中加油烧到三至四成热时，下入生坯，慢慢浸炸，待生坯浮起、酥层分明时提高油温炸至成熟捞出即可。

4. 工艺教程图解（图10.14）

5. 成品特点

层次清晰均匀，外形美观，色泽一致，酥香味甜。

6. 注意事项

（1）水油面和干油酥的软硬度要一致。

（2）包酥要均匀，卷时要卷紧。切剂时刀要锋利，保持刀面花纹清晰。

（3）擀皮时应从中间向外擀，防止酥层压向一侧影响层次。

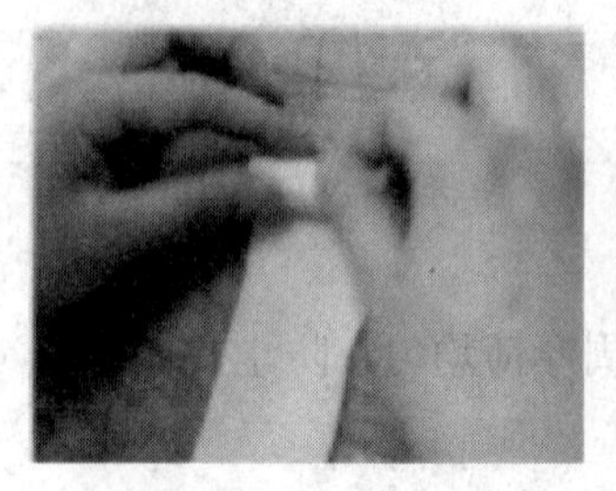

①酥面卷成筒

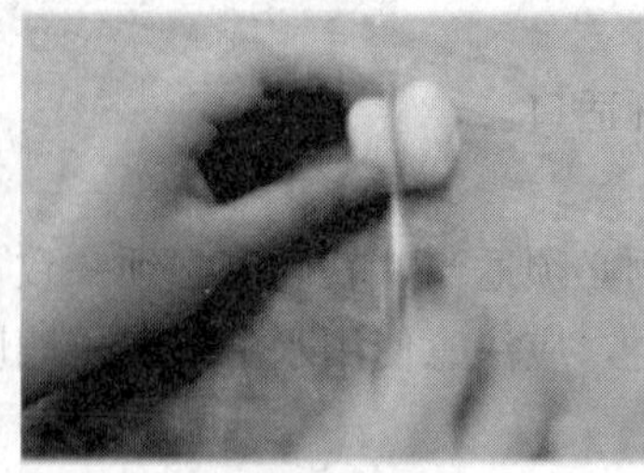

②圆柱体切成剂子

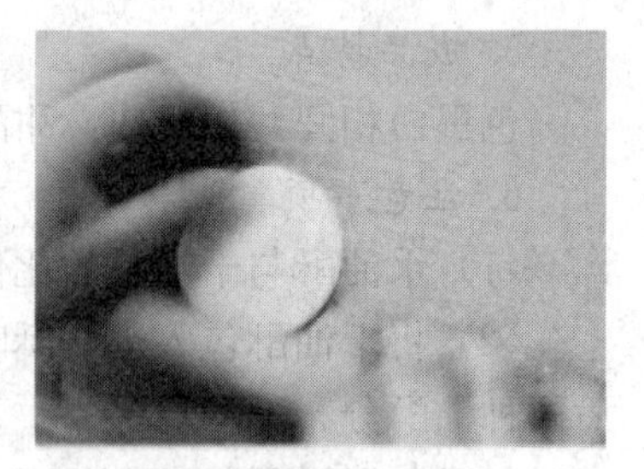

③断面朝上，贴上小面皮

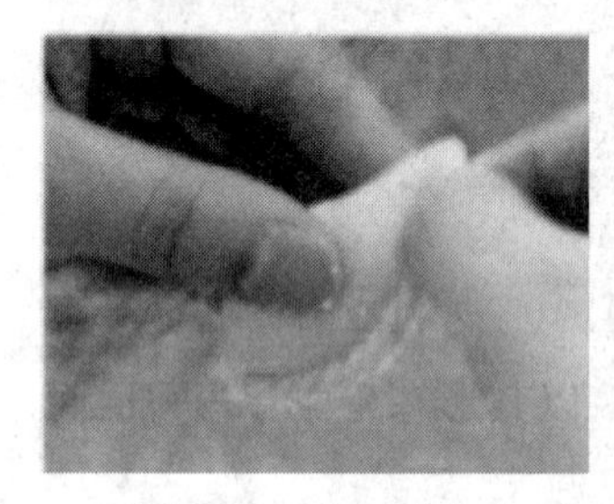

④放入馅，对折皮成半圆

⑤捏成绞绳形花边，炸制

⑥成熟装盘

图 10.14　椰蓉眉毛酥

(4) 包捏时注意不要碰破酥层。锁花边要清晰、均匀。

(5) 炸制时要控制好油温和火候。生坯下锅时油温要低，待层次张开后提高油温，以免成品窝油。

三、枣泥百合酥

1. 品种简介

枣泥百合酥属于麦粉类层酥面坯中的水油面皮层酥制品，以其形状美观、口味酥脆甜香而受人们的喜爱。

2. 原料组配

面粉 500g，猪油 150g，枣泥馅 200g，色拉油 750g。

3. 制作程序

(1) 将 200g 面粉加入 100g 猪油擦成干油酥面。另将 300g 面粉加入 50g 猪油拌匀，加温水和成水油面，醒置待用。

(2) 将醒好的水油面包上干油酥，擀成长方形的大片叠起，再擀成长方形的片，由外向里卷起，下成 20 个剂子，分别将每个剂子按扁包入枣泥馅，收口向下成馒头状，用快刀在顶部切五刀成五瓣（现有里外分切制成形似八瓣的）即为生坯。

(3) 勺内加油烧至三至四成热时，将百合酥逐个下勺油炸，见花瓣张开，浮出油面，色泽浅黄，成熟捞出。

4. 工艺教程图解（图 10.15）

5. 成品特点

层次清晰，形似百合花，花瓣均匀整齐，不破碎，不掉瓣，不浸油，色泽浅黄，香

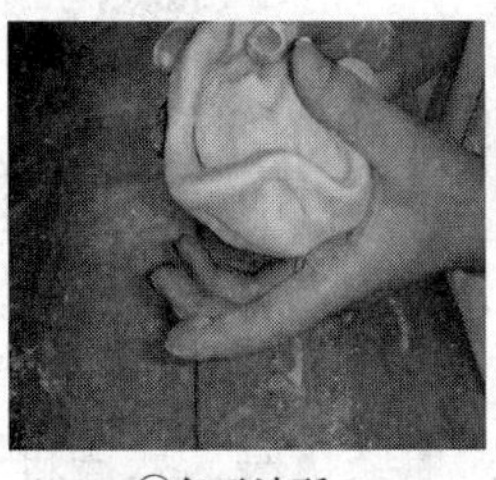
①包干油酥

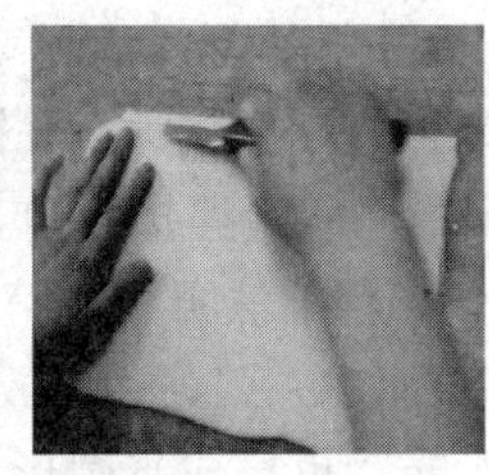
②切酥面边

③卷酥面

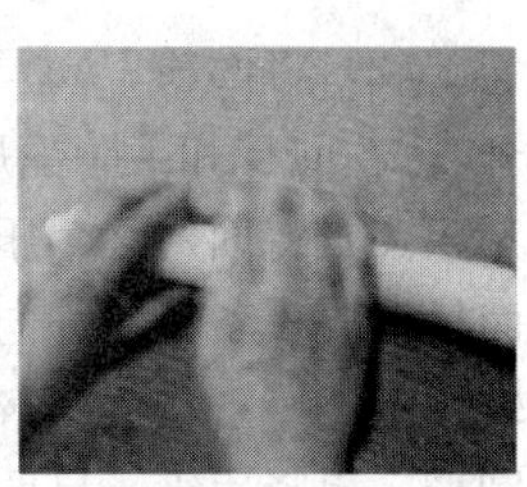
④酥面卷成筒

⑤切酥面剂子

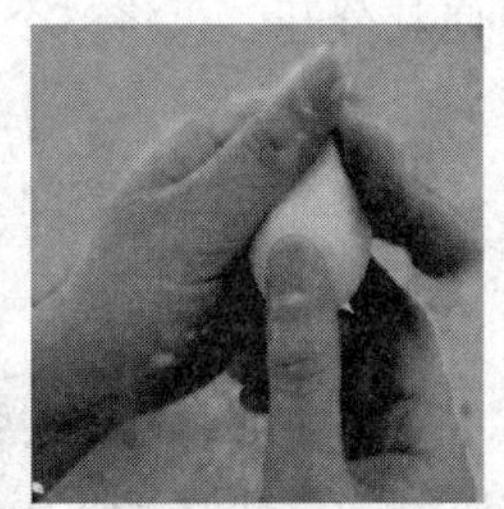
⑥包馅，收口向下

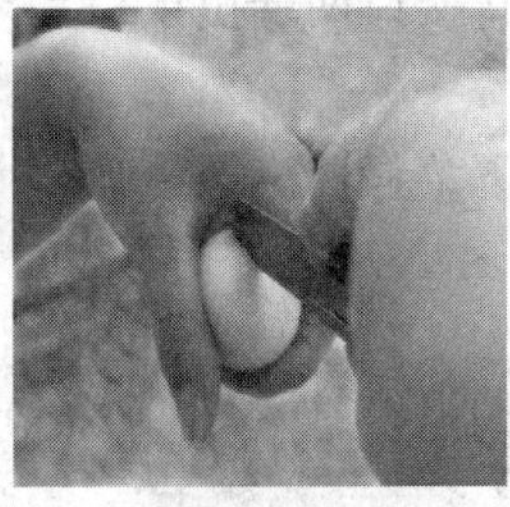
⑦顶部切五刀成五瓣

⑧油炸，见花瓣张开

图 10.15　枣泥百合酥

脆甜酥。

6. 注意事项

（1）水油面和干油酥的软硬要一致，包酥时要包匀包正，也可采用小包酥方法制作。

（2）包馅要匀正。

（3）刀具要锋利，切时不要切漏馅，透过薄薄的一层面皮能看到里面的馅，刀口不要太深。

（4）炸制时油温要低。为防止生坯沉底糊底，最好将生坯放入漏勺中浸到油里炸制，待花瓣层次张开时，改用热油炸制，防止浸油。

（5）炸时一次下入数量不可过多，防止花瓣张开时挤碎。

四、鸳鸯酥

1. 品种简介

鸳鸯酥是湖南名点。它用两张油酥面皮分别包入糖馅和肉馅，互相抱合形成太极图案，油炸而成。因有甜咸双味，命名鸳鸯酥。

2. 原料组配

面粉 650g，猪肉（肥三瘦七）300g，姜末 25g，精盐 0.5g，酱油 25g，白胡椒粉 0.5g，味精 0.5g，葱花 50g，香油 15g，饼干 20g，绵白糖 125g，冰糖 30g，糖桂花 10g，橘饼 15g，熟猪油 150g，菜籽油 2500g。

3. 制作程序

（1）将猪肉剁蓉，炒锅置中火上，下肉蓉、姜末煸香，加盐、酱油、味精、胡椒、葱花炒匀，淋上香油即成肉馅。饼干、绵白糖用走槌碾成粉末，冰糖碾成米粒状，糖桂花、橘饼切碎，将这些原料一起拌匀，即成糖馅。

（2）将面粉150g蒸熟过筛，加猪油100g擦成干油酥。面粉500g加猪油50g，用开水200g拌和，晾凉后再淋冷开水100g，揉匀揉透，搓成圆条并揪成40个剂子。

（3）将面剂逐个压扁，按成圆皮，包入干油酥6g，捏拢收口，使封口朝下，用擀面杖擀成长条，自外向内卷成筒形，再擀成长条，依前法再卷成筒，用刀切齐竖起，轻轻用手按一下，逐个擀成直径6.6cm的面皮。取面皮一张，中间放糖馅10g，对折成半圆形，捏紧边缘；另取面皮一张，放入肉馅12.5g，也折成半圆形，捏紧边缘，然后将两个合在一起，右手先将接口两端拉拢捏紧，使其分开，再将整个面皮的边缘朝上捏成绳状花边。

（4）锅置中火上，下菜籽油烧至120℃时，放入生坯炸至两面金黄即成。

4. 工艺教程图解（图10.16）

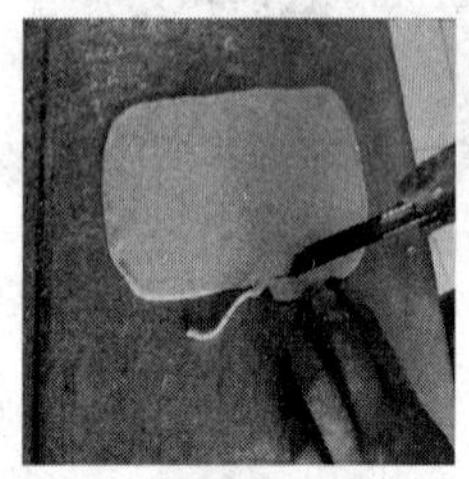
①切酥面边

②酥面卷成筒

③圆柱体切成剂子

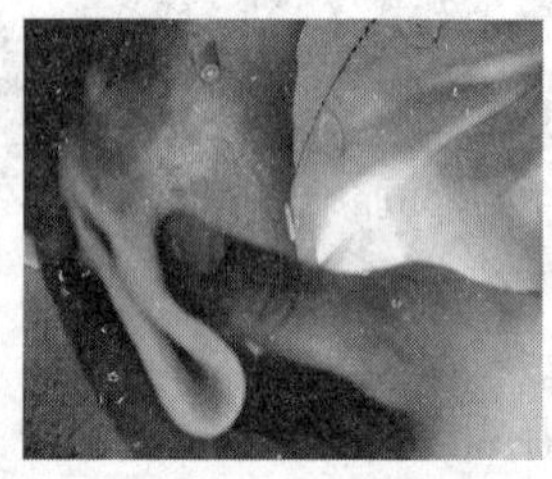
④断面贴面皮，放馅对折成半圆

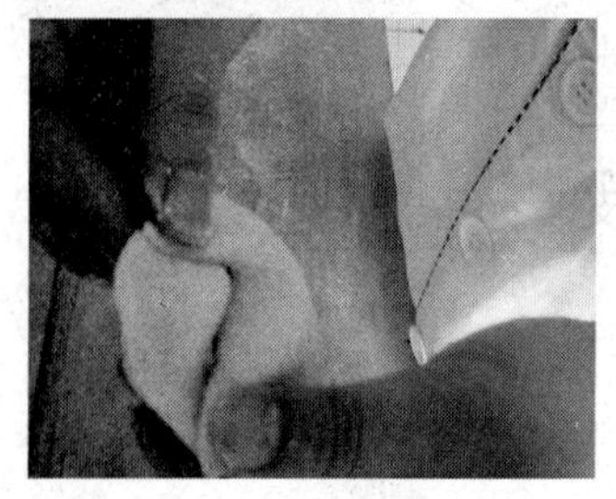
⑤另一皮面，肉馅对折成半圆

⑥两个合一，边缘捏花边

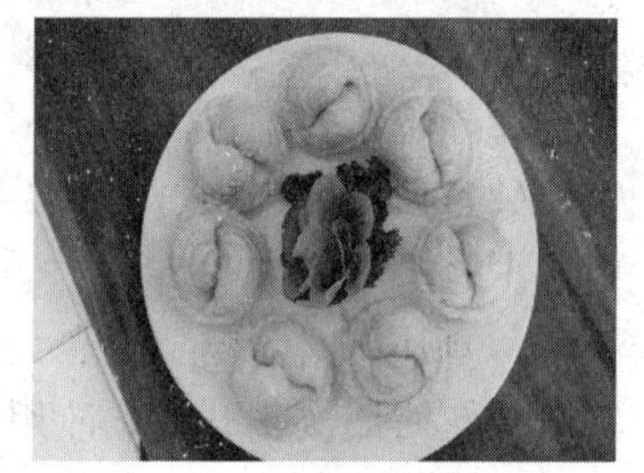
⑦炸制成熟，装盘

图10.16　鸳鸯酥

5. 成品特点

酥层清晰美观，糖馅甜香，肉馅细嫩味鲜。

6. 注意事项

（1）干油酥与水油酥软硬要一致。

（2）油酥面皮应擀得厚薄均匀，花纹要捏得美观一致。

（3）炸制时火不宜过旺，油温不宜过高。

五、荷花酥

1. 品种简介

荷花酥是山东风味名点。此点是以油酥面团做皮，以豆沙、枣泥或莲蓉馅为馅心制作而成的，因其形似荷花，故而得名。其制品具有造型优雅、酥层分明、口味酥香、甜爽适口等风味特点，是深受人们喜爱的酥面制品之一。

2. 原料组配

面粉 250g，猪油 75g，枣泥馅 100g，白糖 25g，植物油 750g，食用红色素少许。

3. 制作程序

（1）用 150g 面粉加猪油 25g、温水 50g 和成水油面，盖上湿布稍醒。将 100g 面粉加 50g 猪油擦成干油酥面团待用。

（2）将水油面和干油酥分别下成 10 个剂子，然后用水油面小剂包上干油酥，用面杖擀成圆形薄片，再叠起来成三角形，把角窝在里面，包上枣泥馅，收口处向下成馒头形状，入冰箱稍冻，取出用锋利的刀在表面交叉划三刀（从顶部圆心划至圆坯的 2/3 处），即成六瓣，刀口不能太深，不能划裂馅心即为生坯。

（3）将大勺中放入植物油，烧至三成热左右时，把生坯放入漏勺中浸入油中慢慢炸制，见花瓣张开，升高油温，待制品浮出油面，呈浅黄色捞出。把白糖放点红色素，搓成粉红色，撒在花瓣上装盘即可。

4. 工艺教程图解（图 10.17）

①小包酥剂子　②反复擀皮　③包上枣泥馅　④顶部交叉划三刀

⑤炸制　⑥成品撒糖点缀　⑦装盘

图 10.17　菊花酥

5. 成品特点

色泽微黄，形如荷花，酥松香甜。

6. 注意事项

（1）水油面和干油酥的比例要掌握好，软硬度要一致。

（2）包酥时要包匀，包馅要匀正。

（3）划刀口时，刀要锋利，刀口要均匀，并且刀口不能太深，不能划裂馅心，否则炸时跑馅。

(4) 掌握好炸制的温度，要采用低温浸炸，炸制时油温不宜过高，加温速度不宜过快。否则花瓣粘连不易张开。

六、兰花酥

1. 品种简介

兰花酥属于麦粉类层酥面坯中的水油面皮层酥制品，因其形似兰花而得名。

2. 原料组配

面粉 150g，熟面粉 100g，猪油 75g，豆沙馅 50g，白糖，红色素少许，色拉油 750g。

3. 制作程序

(1) 将 100g 熟面粉加入 50g 猪油擦成干油酥。取面粉 125g 加猪油 25g、温水和成水油面醒置一会儿。

(2) 将醒好的水油面包上干油酥擀成长方形的大片，横折叠三层，再擀成长方形薄片，再横叠四层，用快刀切齐边沿，再切成 5cm 见方的小方块。将每个小方块的三个角沿对角线从顶端向交叉点切进 2/3，在另外一只角的两边各切一刀，共切了五刀，将切开的前面两只长角提起捏紧，再将后面两只短角提起捏紧，然后把前后粘紧处并起来捏紧即成生坯。

(3) 勺内放油烧到三至四成热时，分次下入生坯，炸至层次张开再升温炸熟即可。搓一小豆沙馅条放在兰花酥中间做花蕊，再撒上用白糖和红色素搓成的粉红色糖即可。

4. 工艺教程图解（图 10.18）

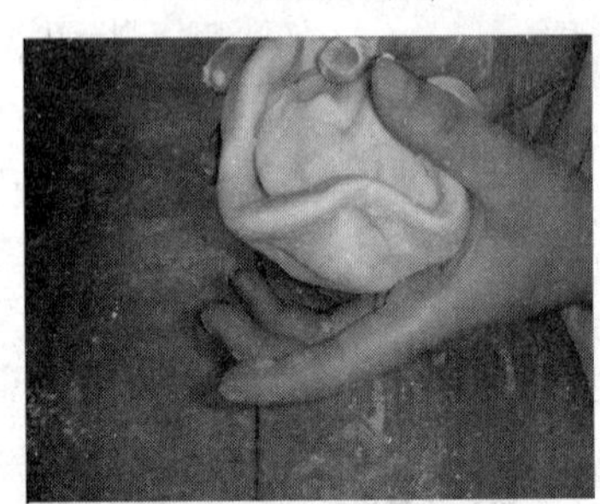
①皮面包酥面

②擀面

③折叠再擀，反复三次

④面角切五刀，短角捏紧

⑤制炸

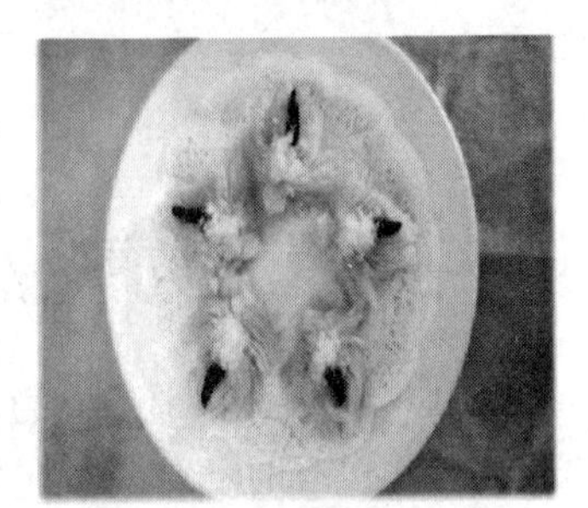
⑥成熟装盘

图 10.18　兰花酥

5. 成品特点

酥层清晰，层薄如纸，形似兰花，造型美观，酥松香脆，色泽浅黄。

6. 注意事项

(1) 水油面和干油酥软硬度要一致，包酥要均匀。

(2) 擀片时，撒补面不易过多，叠时应叠的边线整齐，擀片厚度要均匀一致。

(3) 切时刀要锋利，刀口要整齐。

(4) 捏制时捏紧，防止炸时散碎。

(5) 生坯下锅时油温要低，待炸熟出锅时油温要高些。

(6) 装饰点缀时，红色素不能多用。

七、莲蓉风车酥

1. 品种简介

莲蓉风车酥是广东风味名点。此点为清酥品种，是以酥面作皮，以莲蓉做馅，经过成形、烤制后形成的一道甜味点心。其制品质地酥松，形象逼真，香甜可口，是早晚茶及筵席中的常备点心。

2. 原料组配

中筋粉 500g，奶油 500g，净鸡蛋 125g，白莲 250g，白糖 400g，猪油 75g，生油 37.5g。

3. 制作程序

(1) 取奶油 50g、面粉 300g、白糖 25g、鸡蛋 75g、清水 150g 一起揉成面团，成为酥皮。

(2) 取奶油 450g、面粉 200g 拌和擦匀成团，成为酥心。

(3) 将酥皮、酥心两种面团装进酥盘中进冰箱冷藏，待酥心凝固后取出。酥心、酥皮均擀成长方形，酥皮放在酥心上面，折叠四层，再入冰箱冷藏，如此反复三次，掰酥皮即制成。

(4) 将白莲洗净、煮料、搅成蓉，压去水分。将莲蓉与白糖放入铜锅中，用大火煮沸，再改用小火炒制，边炒边加入猪油，生油，直炒至不粘锅即可。

(5) 将酥皮开薄切成重约 30g 的正方形面片，再用刀在四角的对角线约 2/5 处各切一刀即可。取酥皮一张，上馅 20g 于酥皮正中，然后将相间隔的角向中间馅上叠起，在相连处扫上蛋液，盖上一圆形酥皮，再扫上蛋液即可。

(6) 将制品生坯放在已扫过油的烤盘中，先用 180℃的炉温烤至酥层出来后，再用 150℃的温度将制品生坯烤熟即成。

4. 工艺教程图解（图 10.19）

5. 成品特点

形似风车，层次分明，质地酥松，口味香甜。

6. 注意事项

(1) 起酥时清酥品种可以皮包酥也可酥包皮。

(2) 起酥时用力要均匀，保证酥层均匀一致。

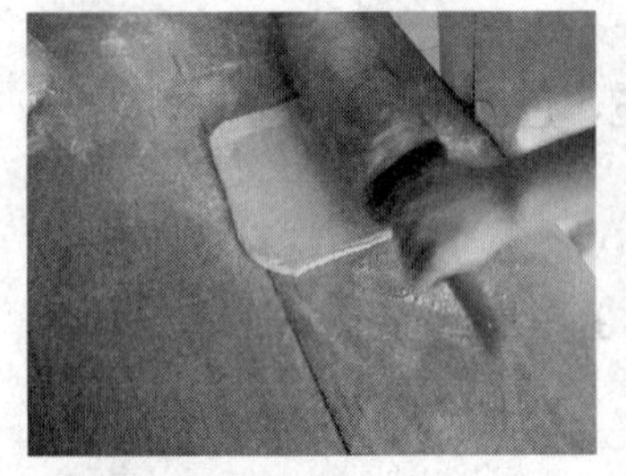

①擀酥面

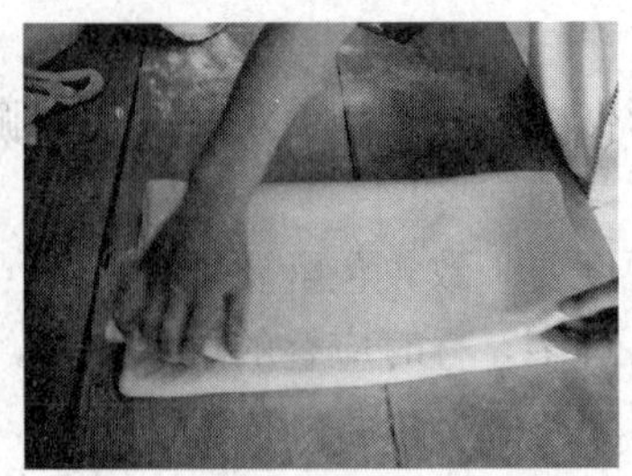

②折叠再擀，反复三次

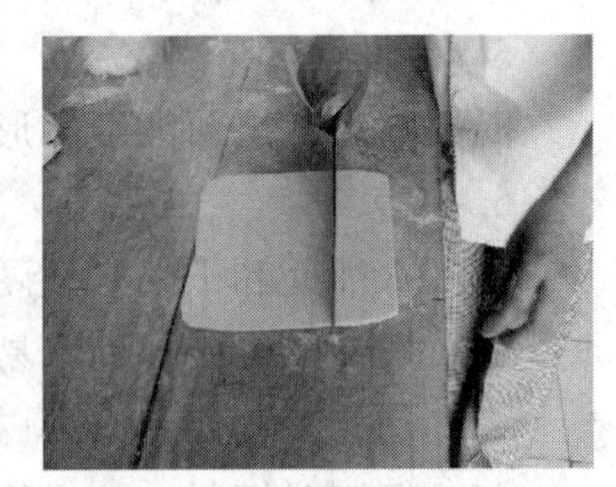

③切面片

④切成正方形

⑤间隔角向中间叠起

⑥炸制成熟，装盘

图 10.19　莲蓉风车酥

（3）切皮时需用薄而锋利的刀，包馅时切忌碰伤边角，否则影响层次。

（4）烤制时注意炉温的火力调节。

第四节　米粉面团制品

一、棉花糕

1. 品种简介

汾宁白糖棉花糕是继承发扬解放前“佛山广记”大发糕制作技艺创制的，是一种已有一百多年历史的传统小吃，棉花糕又名大发崧糕，是人们过年、喜庆的必备食品，有取其发财吉祥的意思，历久深受群众欢迎。它制作起来工序繁琐，选料严格，从选择大米、磨浆、落种发酵等，还要讲究气温变化，蒸时要掌握好火候和时间。蒸熟的白糖棉花糕色泽雪白，质感细腻，香滑松软，有弹性，不粘牙，网眼均匀。

白糖棉花糕 1997 年参加杭州考评被中国烹协认定为中华名小吃；2002 年参加广州考评被广东烹协认定为广东名小吃。

2. 原料组配

大米 1000g，白糖 400g，发酵粉 20g，面肥 200g，鸡蛋清 200g，清水 500g，碱少许。

3. 制作程序

（1）将大米洗净（至水清不浑为止），用清水泡约 2h（天冷时适当延长），捞出沥干水分。

（2）把泡透的大米磨成细浆，用箩过一遍，使其细滑，然后装入布袋内压干水分，便成湿粉团。

（3）取100g粉团加入100g清水搅匀成米浆，再取200g水倒入勺内上火烧开，将米浆倒入勺内搅匀，煮成熟糊，冷却备用。

（4）将剩余的粉团、煮熟的米浆糊及面肥倒入盆内，添加200g清水，搅至软滑，静置发酵，即成糕肥。

（5）将糕肥加入白糖搅匀，待糖溶化后加入少量碱液和发酵粉搅匀，最后将鸡蛋清打起倒入再搅匀，便成糕浆。

（6）将糕浆注入小碗或小纸碗（均抹油），上屉用大火蒸约10min成熟即可。

4. 工艺教程图解（图10.20）

①搅米浆，煮成熟糊

②糕浆入模具蒸制

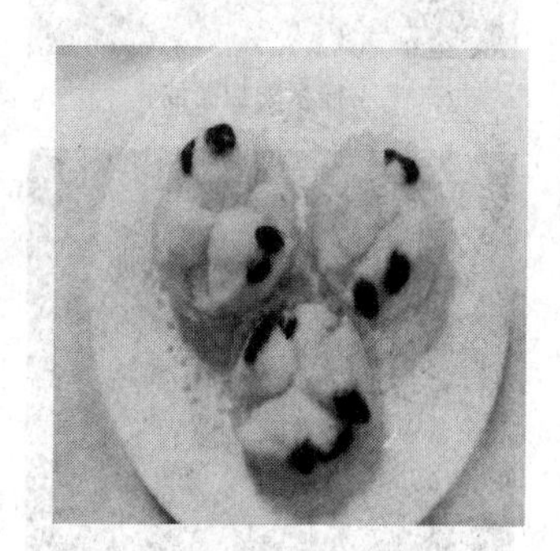
③成熟装盘

图10.20　棉花糕

5. 成品特点

形似棉花，绵软，甜香，爽滑。

6. 注意事项

（1）大米泡到米粒松胖，一捻即碎为好。

（2）掌握好熟糊和生粉的比例。

二、麻团

1. 品种简介

麻团全国各地均有制作，但广东顺德的龙江镇所制作的最为有名，故称龙江煎堆。麻团色泽金黄，口感香甜、松脆，深受人们的喜爱。

2. 原料组配

米粉500g，白糖50g，豆沙馅200g或白糖馅200g，白芝麻100g，色拉油750g。

3. 制作程序

1）将糯米粉加少许的糖，加冷水250g、色拉油或猪油20g调成稍硬一点的粉团醒一会。

2）将糯米粉团分成20个小剂子，分别包上豆沙馅或白糖馅收好口，收口捏紧，搓圆后放入白芝麻中滚沾均匀即为麻团生坯。

3）勺中麻团生坯，放入色拉油烧至三至四成热时下入生坯炸制，养炸5min。待外壳发硬，待麻团慢慢浮起，把油锅移至大火，用漏勺不断地压坯，使其空气跑出，待麻团复圆，重复两次，见麻球全部膨胀成圆球浮起时，用锅铲不停地翻动。约 5min，见麻球变成金黄色、外壳发硬起脆时，捞起滤去油，装入盘中即成。

4. 工艺教程图解（图 10.21）

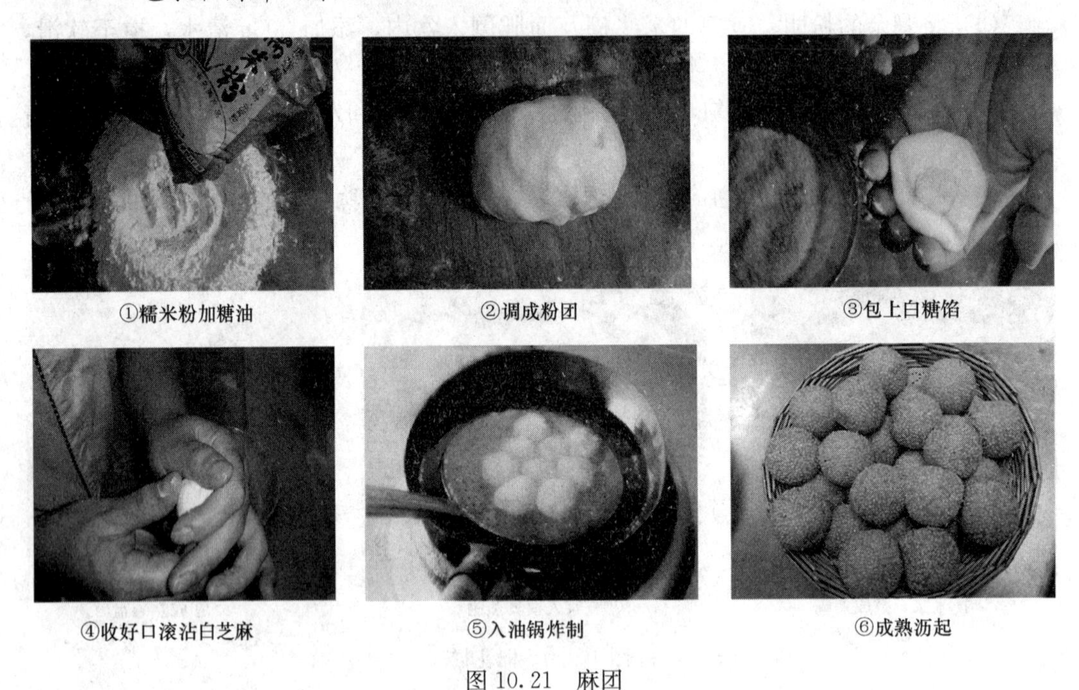

①糯米粉加糖油　②调成粉团　③包上白糖馅

④收好口滚沾白芝麻　⑤入油锅炸制　⑥成熟沥起

图 10.21　麻团

5. 成品特点

个圆形整，芝麻蘸匀，色泽金黄，香脆甜糯。

6. 注意事项

（1）糯米粉黏性太强，可加入少许的面粉。

（2）馅心要包匀包正，并要包紧。否则易爆裂、易炸出阴阳色，影响制品的感官形状。

（3）芝麻要沾均匀。

（4）炸制时，将麻团放在漏勺中防止沉底，并要控制好油温，防止麻团爆裂伤手。先是 3～4 成油温放入生坯，待慢慢浮起，再升油温六成左右，并且要排气，使其蓬松得更大更圆。

三、桂花汤团

1. 品种简介

汤团又名汤圆、元宵，含吉祥、团圆之意，是农历正月十五佳节之美食，按古代风俗，这天晚上人们都要吃圆子，以取家庭团圆幸福之意，后来遂称圆子为元宵、汤团，以其软糯细腻、香甜油润而深受群众喜爱。

2. 原料组配

水磨糯米粉 300g，桂花酱 15g，净板油 80g，绵白糖 80g，粳米粉 10g，青红丝少许。

3. 制作程序

（1）取 1/3 水磨粉加适量冷水揉成团，入沸水锅煮成粉芡，晾凉，与其他干粉一起揉和至光滑不沾手即成粉团。

（2）将净板油切成细粒，青、红丝切碎，与白糖、粳米粉、桂花酱搓匀成馅。

（3）将粉团搓条，揪成 20 个剂子，搓圆按扁，左手托住，右手拇指和食指将坯料边捏边转，捏成边缘厚均匀的酒盅形皮子，加入馅心，将口收拢，顶部略尖，揿平、搓圆即成生坯。

（4）大勺加水烧沸，汤团沿锅边放入，用手勺略推，至水再次沸腾时，适当加些冷水保持微沸，待汤团浮起，表面膨胀呈玉色发软时，放入碗中。

4. 工艺教程图解（图 10.22）

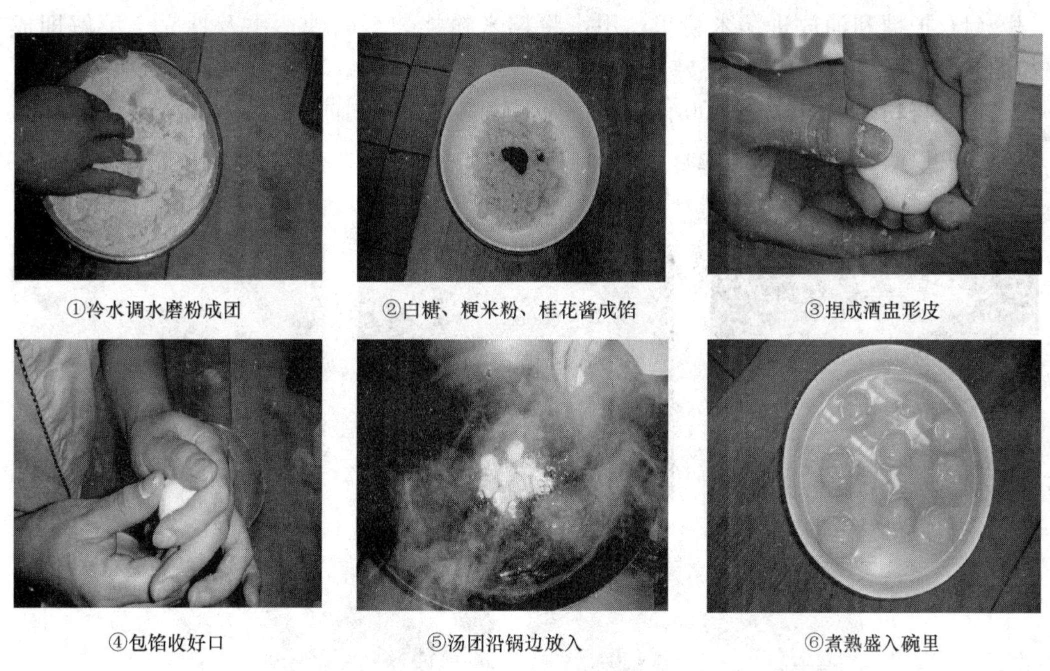

①冷水调水磨粉成团　②白糖、粳米粉、桂花酱成馅　③捏成酒盅形皮

④包馅收好口　⑤汤团沿锅边放入　⑥煮熟盛入碗里

图 10.22 桂花汤圆

5. 成品特点

洁白细腻，用筷子夹住，汤团皮能自动下垂，糯而不粘，皮薄馅香甜。

6. 注意事项

（1）粉芡要煮透，粉芡量要合适。如果是干粉也可采用泡心法制作粉团。调制生粉团时是将部分米粉烫熟或煮熟，使淀粉发生膨胀糊化而产生黏性，然后再和其他米粉一起加入冷水揉和成粉团。

（2）包馅时，坯皮要捏成酒盅形，边缘厚薄均匀，中间略厚，收口要牢，不能包进气体。

（3）煮制时需沸水下锅，待生坯下锅后，水沸腾时需加少许冷水，保持微沸状态，防止水沸腾时压力过大，造成制品破皮漏馅。

（4）生坯下锅时，用手勺轻轻推动，防止粘底和相互粘连。

（5）出锅时，连汤一起出锅，否则易变形。

四、椰蓉软糯糍

1. 品种简介

椰蓉软糯糍可以用生粉团制作，也可用熟粉团制作，以其软糯细腻、香甜油润而深受群众喜爱。

2. 原料组配

糯米粉500g，糖100g，椰蓉100g，色拉油50g，红豆蓉或绿豆蓉250g。

3. 制作程序

（1）把糖和油放进糯米粉里，用水将糯米粉拌匀至软硬适中及糖完全溶解即成粉团。

（2）将粉团平均分成约50份，每份包上馅料，放在刷油的蒸盆或盘上，隔水用猛火蒸15min，取出时把椰丝沾在糯米糍上即可。

4. 工艺教程图解（图10.23）

①糖油入糯米粉，拌成团

②包馅隔水，猛火蒸

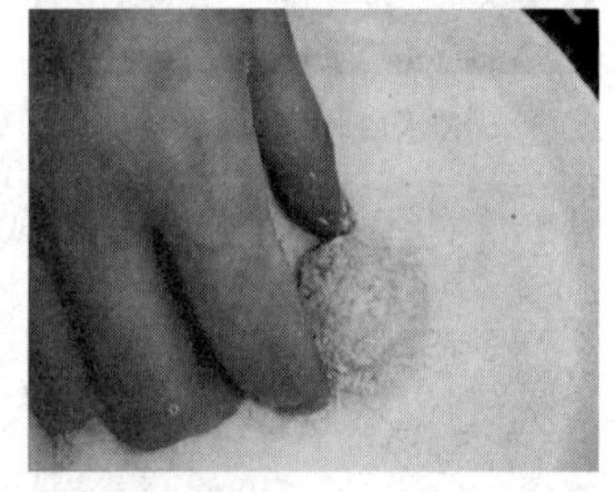
③熟后取出，沾椰丝

④成品外表，椰丝衣

⑤成品装盘

图10.23　椰蓉软糯糍

5. 成品特点

色泽洁白，软糯细腻，香甜油润。

6. 注意事项

(1) 椰蓉软糯糍包好后不能放锅中煮制。

(2) 粉团中放油的作用。

五、荷叶包饭

1. 品种简介

该品种是以荷叶包裹米饭、馅心蒸制而成的。其制品具有外形整齐、包裹匀称、咸鲜滋糯、清香适口而备受人们喜爱。

2. 原料组配

上籼稻米500g，烧鸭肉200g，虾仁、叉烧、湿冬菇、白酱油、绍酒、麻油、味精、胡椒粉适量，鸡蛋1个，上汤750g，鲜荷叶15片，清水1250g。

3. 制作程序

(1) 将米洗净沥干，入猪油拌匀，蒸笼内垫湿布，入米蒸熟。取出降温后，摊成五份。

(2) 叉烧、烧鸭、虾仁、湿冬菇切成粒，鸡蛋打入碗内搅匀，用生油煎成蛋皮切丝。以上各料一同入盆，加盐、麻油、绍酒、味精各5g，胡椒粉2.5g一起拌成馅，分成五份。

(3) 鲜荷叶入沸水烫软后取出，两片相叠作底，一片垫中。将熟饭1份分成两半，先放半份于荷叶上摊开，入馅料于饭中间，再加半份熟饭盖上馅料。用荷叶包裹成方形，用水草扎紧，入笼蒸20min即熟。

4. 成品特点

咸鲜滋糯，清香味美。

5. 注意事项

(1) 在制作各种荷叶包饭时，用荷叶卷制饭坯应注意不宜裹得太紧，以免上笼蒸制时爆裂，影响成形效果。

(2) 馅心可以变换调味。

第五节　杂粮面团制品

一、南瓜饼

1. 品种简介

南瓜营养丰富，能补中益气，化痰排脓，驱蛔虫，能有效防治糖尿病、高血压，预防癌症，增强肝肾细胞的再生能力，被日本妇女称为“最佳美容食品”。红小豆为利水解毒养生食品，日常食之可利小便、解热毒、瘦肥人，适于暑期炎热时食用。

2. 原料组配

南瓜300g，糯米粉150g，豆沙馅100g，油75g。

3. 制作程序

(1) 将南瓜切块，蒸熟去皮，擦成细泥后掺入糯米粉拌成粉团。

(2) 将粉团压成饼状上笼蒸熟，取出放在油案上，冷却后揉透、搓条，揪成剂子，逐个按扁后包入豆类沙馅收口，用掌根按成饼形。

(3) 将平锅预热后加入油，把生坯依次摆入锅中，用中火煎制，当两面成金黄色成熟取出即可。

4. 工艺教程图解（图10.24）

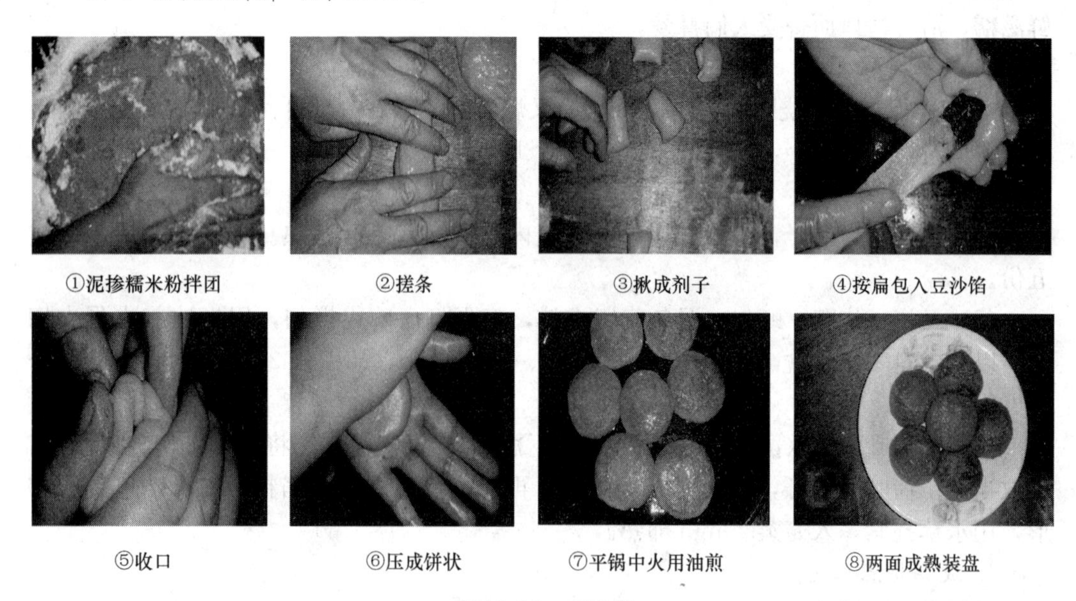
①泥掺糯米粉拌团　②搓条　③揪成剂子　④按扁包入豆沙馅
⑤收口　⑥压成饼状　⑦平锅中火用油煎　⑧两面成熟装盘

图10.24　南瓜饼

5. 成品特点

色泽金黄，外脆里嫩，香甜可口。

6. 注意事项

(1) 南瓜蒸制时，必须熟透，然后擦成细泥。

(2) 包馅时，馅要包匀、包正。

(3) 煎制时，正确掌握火候。温度低，水分蒸发多，煎出的饼干硬；温度高，易焦糊。

(4) 面坯掺粉的比例要根据南瓜的具体情况酌情掌握。

二、象生雪梨果

1. 品种简介

象生雪梨果是广东风味名点，此点是以马铃薯、干澄面做皮，以熟肉馅为馅心，经包捏造型后炸制而成的一款象形细点。其制品造型生动形象，口味香醇爽口，是筵席中的常备点心，在各地广为流传。

2. 原料组配

去皮马铃薯500g，干澄面100g，熟咸蛋黄2只，食盐7.5g，白糖15g，味精5g，胡椒粉 1.5g，香油 5g，猪油 25g，火腿 50g，熟肉馅 250g，熟鸡肉粒 50g，花生油 2000g。

3. 制作程序

（1）将熟鸡肉粒与熟肉馅拌匀即可。

（2）将马铃薯切片、蒸熟、制成蓉状。再将干澄粉面、熟咸蛋黄、食盐、白糖、味精、香油、胡椒粉与薯蓉一起搓揉成薯蓉面团，最后加入猪油和匀即成。

（3）将火腿切成长约 4cm 的条 20 根。将薯面团分成约 30g 重的小剂子 20 个，每个包入熟肉馅 15g，捏成雪梨状，插上一根火腿条做蒂即成。

（4）用锅将花生油烧至约 170℃，雪梨果生坯放入笊篱中摆好，下入油锅内炸至色泽黄亮即可出锅装盘。

4. 工艺教程图解（图 10.25）

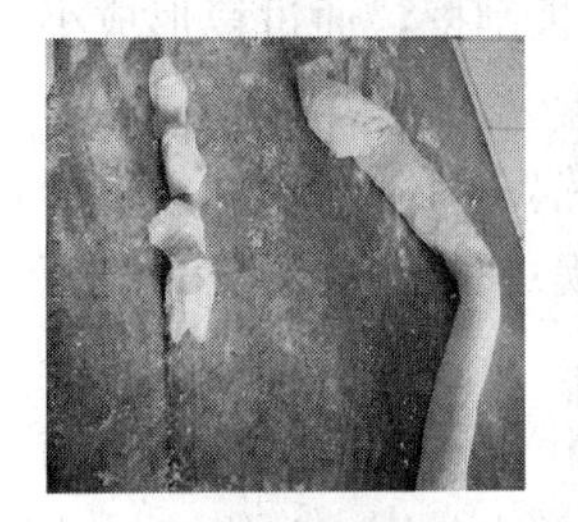
①薯面团下剂

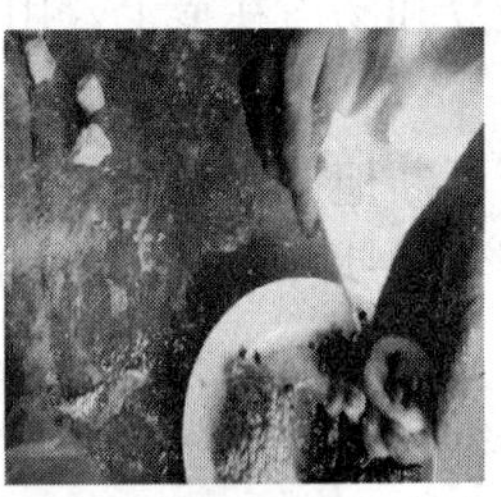
②包入熟肉馅

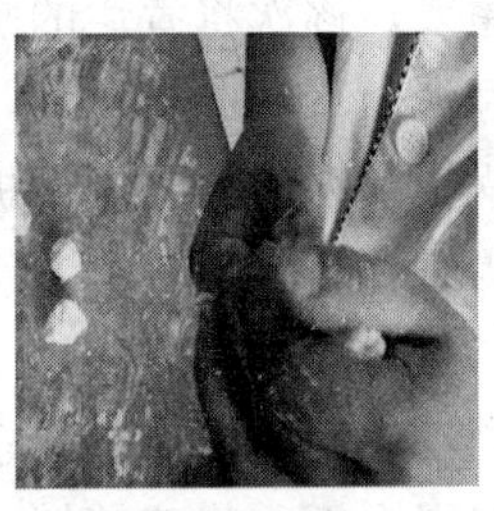
③捏成雪梨状

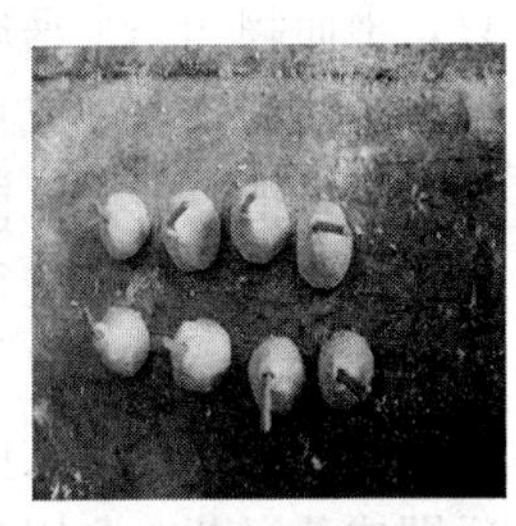
④插火腿条作蒂

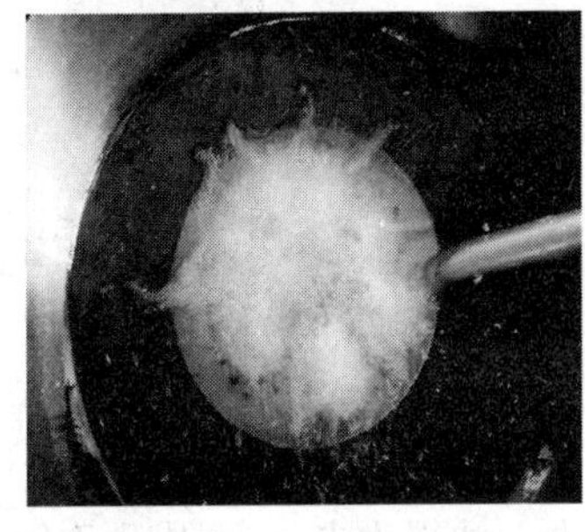
⑤油锅内炸

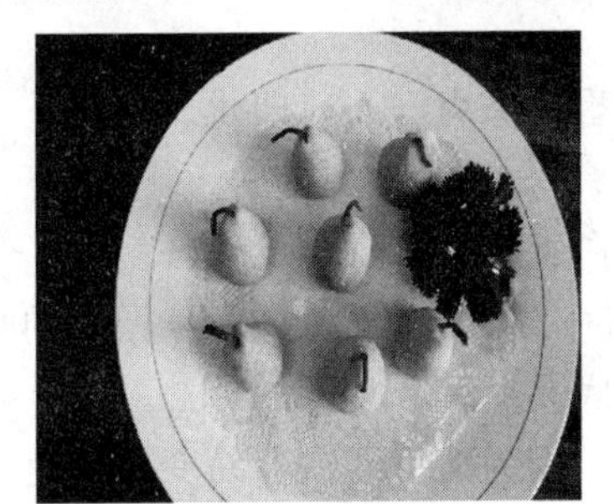
⑥成品

⑦装盘

图 10.25 象生雪梨果

5. 成品特点

形似雪梨，外酥脆里鲜嫩。

6. 注意事项

（1）薯蓉皮制蓉时越细越好，不可有生粒。

（2）薯蓉和澄粉的比例要掌握好。

（3）利用澄粉制作品种时，一定将澄粉烫匀烫透。

（4）炸制时火力不宜过大，以中小火为宜。

三、豌豆黄

1. 品种简介

豌豆黄是北京名点。它为宫廷风味，是用豌豆制作的春季应时佳品，北京有农历三月初三上巳节食豌豆黄的习俗。制作豌豆黄最有名的是1925年开业的仿膳饭庄，该饭庄继承清宫御膳房的传统做法，选料严格，工艺精细。

2. 原料组配

白豌豆500g，白糖350g，碱面1g。

3. 制作程序

(1) 将豌豆磨碎、去皮、洗净。铝锅或铜锅内倒入凉水1500g，用旺火烧开，下入碱面烧沸后改用微火煮2h。当豌豆煮成稀粥状时，下入白糖搅匀，将锅端下，取瓷盆1只，上面翻扣一个马尾箩，逐次将煮烂的豌豆和汤舀在箩上，用板刮擦，通过箩形成小细丝，落到瓷盆中成豆泥。

(2) 把豆泥倒入锅里，在旺火上用木板不断地搅抄，勿使糊锅。可随时用木板捞起试验，如豆泥往下流得很慢，流下的豆泥形成一堆，并逐渐与锅中的豆泥融合时即可起锅。

(3) 将豆泥倒入白铁模子内摊平，用净纸盖在上面，晾5～6h，再放入冰箱内凝结后即成豌豆黄。食用时揭去纸，将豌黄切成小方块或其他形状，摆入盘中。

4. 成品特点

颜色浅黄，细腻纯净，香甜凉爽，入口即化。

5. 注意事项

(1) 制作豌豆黄讲究用白豌豆。

(2) 碎豆瓣在锅中煮沸时，需要将浮沫撇净，做出的豌豆黄颜色才纯正。煮豆时最好不用勺搅动，以免豆沙沉底易糊。

(3) 煮豌豆不宜用铁锅，因为豌豆遇铁器易变成黑色。

(4) 豆泥要炒至老嫩适中。炒得太嫩，凝固后不易切成块；炒得太老，凝固后又会产生裂纹。

四、绿豆煎饼

1. 品种简介

绿豆煎饼是安徽风味名点。此点是以绿豆磨糊烙制成薄饼，然后再以蒜泥、辣椒酱、香油、精盐调制的调料抹于饼上制作而成。其制品色泽浅黄，皮薄透亮，清香味美，咸辣可口，是皖北地区的特色风味食品。

2. 原料组配

绿豆2000g，蒜瓣250g，精盐50g，辣椒酱50g，香油50g，豆油50g。

3. 制作程序

(1) 将蒜瓣捣成泥状，放入碗内，加入精盐、辣椒酱、香油调匀即成味料。

（2）将绿豆择洗干净、晾干，磨成粗粒，放入盆中加清水浸泡 4h，捞起后搓掉豆皮，用清水漂去，然后另加清水 2000g 磨成豆糊即可。

（3）将铁鏊子放在小火上烧热，刷上一层豆油后，舀上豆糊 100g，倒于中间，然后手拿竹片刮子将豆糊在鏊子上抹成圆饼形，待饼坯凝固时，用平铲翻过来烙制。当烙至饼坯两面呈浅黄色时即成。

（4）将烙好的饼坯摊平，抹上味料后卷成筒状即成。

4. 成品特点

色泽浅黄、均匀，皮薄有劲，咸香辛辣，美味可口。

5. 注意事项

（1）绿豆糊的用水量不宜过多，否则饼坯柔韧性差。

（2）鏊子上刷油不可过多，制饼坯时火力不宜过大。

（3）制饼坯时，刮子应先蘸水后再刮豆糊。饼坯厚的地方在烙制时可用平铲拍打，以利成熟。

五、红薯饼

1. 品种简介

红薯为补益强壮养生食品，适用于气虚脾胃虚弱，病后虚弱，日常食之起到益气力、肥五脏、益肺气、和血脉、御风寒、益容颜的作用。糯米有“脾之果”之称，为补益强壮食品，日常食之可补脾益肺、温暖五脏、强壮身体。

2. 原料组配

红薯 500g，豆沙 100g，糯米粉 100g，蜜桂花 10g，蜜橘饼 25g，冬瓜糖 25g，白糖 100g，色拉油 100g。

3. 制作程序

（1）将红薯洗净蒸熟，去皮，捏碎成泥，加糯米粉揉匀成团。蜜橘饼、冬瓜糖剁碎，加蜜桂花、豆沙、白糖混合一起拌匀成馅。

（2）将红薯粉团下成 24 个剂子，逐个包入馅料，按成直径约 7cm 的红薯饼坯。

（3）平锅烧热，放入饼坯，翻个刷油烙成金黄色，成熟取出即可。

4. 工艺教程图解（图 10.26）

5. 成品特点

色泽金黄，质地外酥内软，甜润爽口。

6. 注意事项

（1）红薯应蒸至熟烂，捏薯泥时把薯中坏质部分及粗纤维拣除，并与糯米粉和均匀，可使质感显得细腻。

（2）制作此点需将白糖和糯米粉趁热掺入薯蓉中，后加大油。利用番薯蓉皮可制作多种不同形状、不同馅心的点心，如薯蓉饼、炸薯丸等。

（3）用红薯泥皮包馅料时，应包紧，防止漏馅。

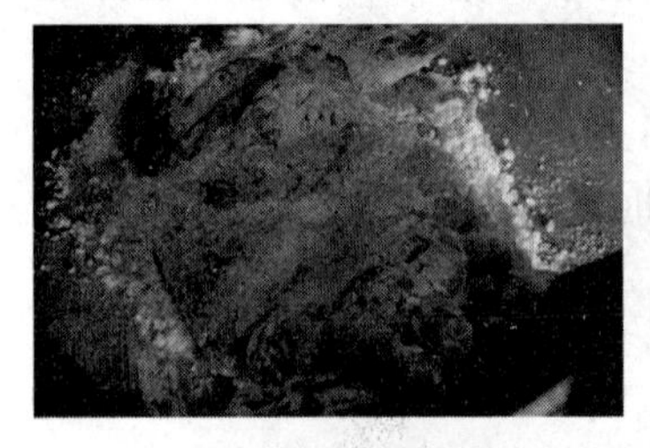
①红薯泥加糯米粉

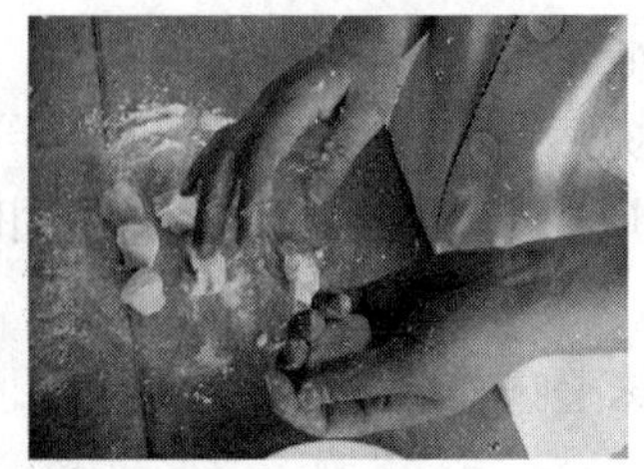
②红薯粉团下剂

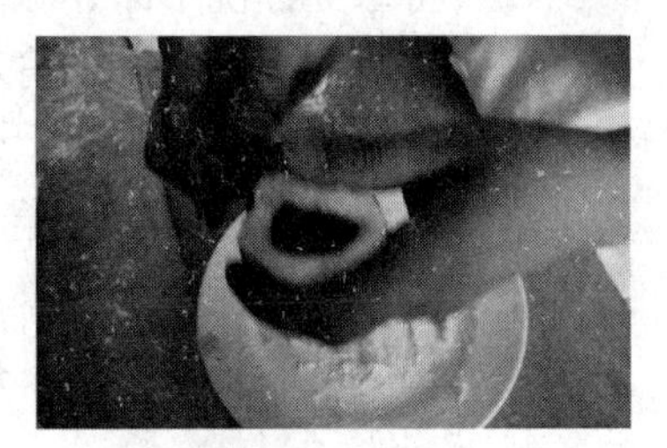
③包入馅料

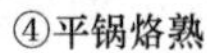
④平锅烙熟

⑤成熟装盘

图 10.26 红薯饼

六、珍珠薯蓉蛋

1. 品种简介

珍珠薯蓉蛋是根茎类面坯中的薯类面坯制品，成品软糯适宜，滋味甘美，爽口。

2. 原料组配

土豆 500g，澄粉 100g，猪油 25g，精盐 7g，胡椒粉 0.5g，芝麻油 10g，白糖 10g，沸水 150g。牛肉 150g，洋葱 25g，咖喱粉 7.5g，精盐 3g，味精 1g，植物油脂 25g，鸡汤 75g，湿淀粉 20g，干淀粉 100g，鸡蛋 100g，馒头渣或面包糠或白芝麻 100g，色拉油 1000g。

3. 制作程序

(1) 将土豆洗净蒸烂，趁热去皮，用力压烂成蓉，澄粉加入开水烫熟，加入土豆蓉搓擦均匀待用。

(2) 在搓好的薯蓉中加入猪油、白糖、精盐、胡椒粉、味精、芝麻油一起搓匀形成薯蓉面坯。

(3) 将牛肉剁成肉末，洋葱切粒。在勺中加入油脂，用旺火烧热，加入牛肉末炒散，加入洋葱炒香，加入咖喱粉煸炒，然后加少许鸡蛋、精盐、味精等调好味，勾芡盛出晾凉待用。

(4) 将薯蓉面坯搓成长条，下成 40 个剂子，用手按皮，分别包入咖喱馅，收好口制成椭圆形，沾上干淀粉，拖上蛋液，再沾满馒头渣或面包糠，即成生坯。

(5) 勺中加油烧至六成热左右，下入生坯，炸至呈金黄色熟透即可。

4. 工艺教程图解（图 10.27）

①薯茸面加调料

②包入咖喱馅

③收好口搓成椭圆形

④拖蛋液沾馒头渣

⑤入油锅炸制

⑥成熟装盘

图 10.27　珍珠薯蓉蛋

5. 成品特点

外焦里嫩，口感松软，色泽金黄，外形美观整齐，咖喱香味浓郁。

6. 注意事项

（1）掌握好土豆与澄粉的比例。澄粉一定要用沸水烫匀烫透，搓匀后再和土豆泥搓到一起。

（2）淀粉加热后淀粉膨胀糊化产生粘性，经搓擦形成粘性较强的蓉；澄粉中的淀粉经水烫后也发生膨胀糊化产生粘性。所以薯蓉面坯能成团主要是淀粉膨胀糊化的作用。

（3）包制时要封好口，馅心要包匀，避免炸时漏馅。

（4）掌握好油温，一般为六成热左右。

本章小结

本章是面点技能实习教学课程，通过学习不同面团制作的基本原理，学生从中学习不同面团制作。

在水调面团的制作中，介绍了珍珠烧卖、鸳鸯饺、冠顶饺、四喜饺、月牙饺、王麻子锅贴等名点制作工艺。在膨松面团的制作中，介绍了三丁包子、聊城灌汤包、酱肉包子、秋叶包、怪味包子、香菇鲜肉包等名点制作工艺。在层酥面团制品中，介绍了豆沙

菊花酥、椰蓉眉毛酥、枣泥百合酥、鸳鸯酥、荷花酥、兰花酥、莲蓉风车酥等名点的制作工艺。在米粉面团制品中，介绍了棉花糕、麻团、桂花汤团、椰蓉软糯糍、荷叶包饭等品种的制作工艺。在杂粮面团制品中，介绍了南瓜饼、像生雪梨果、豌豆黄、绿豆煎饼、红薯饼、珍珠薯蓉蛋等名点的工艺制作。

本章中的工艺教程图解，深化章节的内容，增加教材的感染力，给予学生示范演示和理论指导，使学生能在操作实践中，增强模仿性，逐渐缩小与品种正宗风味的距离。

练习题

（1）明酥制品制作时应注意些什么？鸳鸯酥制作时采用大包酥还是小包酥好？鸳鸯酥造型时应注意什么问题？

（2）兰花酥炸制时为什么用先低温后高温的方法？如果炸制油温过高、火过旺，会对制品产生什么影响？

（3）炸制荷花酥应注意哪些方面的问题？荷花酥的制作关键是什么？

（4）制作风车酥应注意什么问题？如何掌握风车酥的烘烤温度？

（5）汤团制作时，粉团的调制能否和麻团一样？汤团成型时，采用哪种制皮方法、成型方法？制作汤团时需注意些什么？

（6）南瓜能否单独制成面点制品？南瓜可以和哪些粉料搭配在一起制作成品？南瓜和糯米粉的比例应如何掌握？南瓜饼制作中掺粉前，南瓜压烂成泥，为什么一定要过罗？

（7）绿豆煎饼制作特点是什么？绿豆和清水的比例是多少？

（8）薯类的面团调制时注意什么？薯类面坯还可如何加工？薯类面团包馅时注意什么？

（9）蒸红薯的时间为什么不能太长？时间长了会怎样？

第十一章　各地特色面点制作实例

京式料广品种全，制作精湛技艺高；独特馅有“水打馅”，柔软松嫩鲜咸香。
苏式地处鱼米乡，品种繁多重调味；味厚色深带甜味，掺冻汁多味肥美。
广式博采各地长，吸取西点蛋油糖；色艳形多美诱人，味道清香营养高。

学习目标

通过本章的学习，了解京式、苏式、广式特色面点品种制作技能，学习京式、苏式、广式特色面点品种制作实例，让学生熟悉其制作的特点和制作关键，能独立完成各式面点品种的制作，最后达到掌握其制品的制作的目的。

必备知识

（1）面点品种的制作工艺。
（2）面点原料的品质鉴别。
（3）面点成品标准鉴定。
（4）面点质量问题的分析。

选修知识

（1）餐饮组织与管理。

（2）面点主要设备与器具的使用。

（3）面点装盘技巧。

课前思考

（1）开水面团调制时注意什么？烧卖皮的制作采用了哪种成型方法？

（2）包烧卖时，收口为什么不要太紧？烧卖蒸过头了对成品质量有何影响？

（3）枣泥酥饼制作是哪种面团？制作枣泥酥饼有何特点？为什么说枣泥酥饼在油炸时油温不要太高，以浸炸为宜？

（4）春卷皮是用怎样的水调制而成的？春卷馅料制作是怎样的？

（5）马蹄粉质量优劣与工艺制作关系如何？调制马蹄糕浆有哪些技术要点？蒸制的时间有何要求？

第一节 京式特色面点品种制作

一、一品烧饼

1. 品种简介

一品烧饼是北京风味名点。此点是以油酥面作皮，以白糖、果仁蜜饯为馅制作而成的。其制品色泽金黄，外酥里香，层次分明，香甜爽口，是烧饼中的上品，深受广大食者的喜爱。

2. 原料组配

面粉1000g，花生油2500g（约耗500g），小苏打2g，白糖300g，核桃仁25g，青梅25g，糖桂花25g，香油25g，芝麻100g。

3. 制作程序

（1）取面粉300g放入盆中，将花生油250g烧至200℃后倒入面粉中搅拌均匀呈浅黄色晾凉即成炸酥面。

（2）将小苏打放入盆中，用温水化开后，加入面粉625g和成光滑柔软的面团待用。

（3）将核桃仁、青梅切成小丁后，加入面粉50g、白糖、糖桂花、香油一同拌匀即成馅。另取面粉25g加凉水50g调成稀糊待用。

（4）在案板上刷上花生油10g，将温水面揉匀，擀成0.6cm厚的长方片，再在面片上抹上炸酥面，卷成筒状，揪成40个小剂，用手按成圆形面皮，包上糖馅收好口，在光面抹上面糊沾上芝麻即成饼坯。

（5）将花生油倒入锅中烧至180℃时，分批下入饼坯，炸制约8min左右，色泽呈金黄色时成熟出锅即成。

4. 工艺教程图解（图11.1）

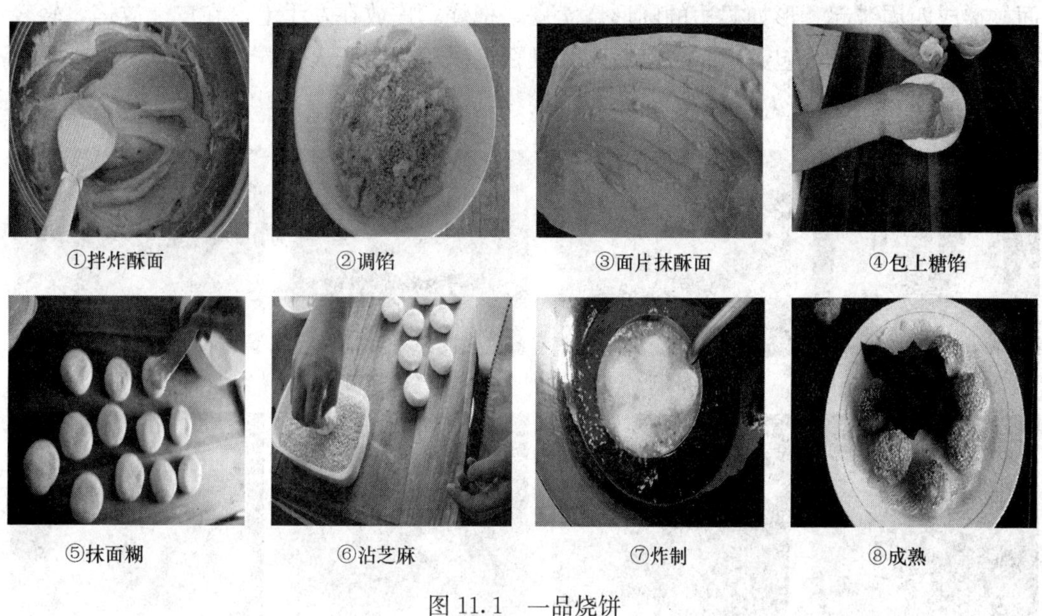

①拌炸酥面 ②调馅 ③面片抹酥面 ④包上糖馅

⑤抹面糊 ⑥沾芝麻 ⑦炸制 ⑧成熟

图11.1 一品烧饼

5. 成品特点

色泽金黄，层次清晰，酥松香甜。

6. 注意事项

（1）温水面应揉匀揉透，炸酥面油温不宜过高。

（2）饼坯成形后收口一定要向下，光面沾芝麻。

（3）炸制时应将制品生坏在锅中晃动，以免糊底。

二、三鲜烧卖

1. 品种简介

三鲜烧卖是北京名点。它是用烫面包裹猪肉、海参、虾肉等制成的馅蒸制而成。北京前门外“都一处”饭馆所制的烧卖最为有名，传说“都一处”的虎头花边匾为乾隆皇帝钦赐。

2. 原料组配

面粉750g，酱油60g，黄酱30g，香油60g，去皮猪肉500g，对虾（或鸡蛋）100g，绍酒12.5g，味精1g，水发海参150g，姜末6.5g，精盐6.5g。

3. 制作程序

(1) 将猪肉绞成碎末，水发海参切成0.66cm见方的丁。对虾去头、皮和沙线，切成0.33cm见方的丁（如用鸡蛋，应先用油炒熟，再剁成小丁）。将猪肉末、海参丁、虾仁肉丁一起放在盆中，加酱油、黄酱、精盐、姜末、绍酒、味精和凉水125～200g拌匀，再加入香油55g。

(2) 将面粉600g放在盆中，加开水240g和成面团。揉好后搓成圆条，再揪成60个小面剂，在面剂上刷上一层香油。

(3) 将面粉150g上笼蒸熟，晾凉后过筛，铺撒在案板上，将面剂放在上面，用擀面杖擀成四周皱起、形如裙边的圆形烧卖皮。把烧卖皮放在左手上，在皮上放馅，轻轻合拢皮的边缘，把馅包起来。包完后逐个摆在笼屉里，用旺火蒸5～6min即成。

4. 工艺教程图解（图11.2）

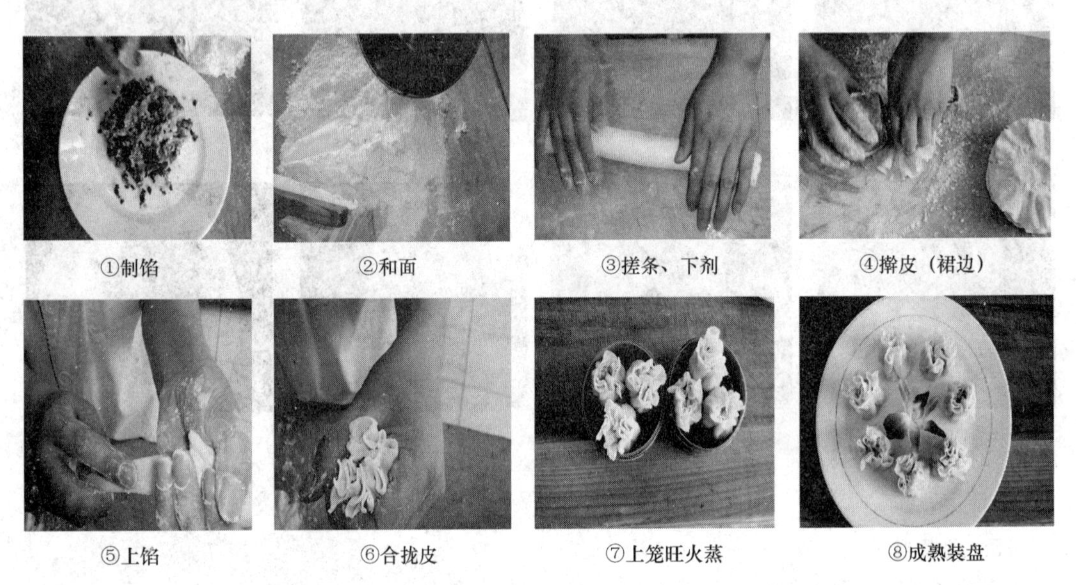

①制馅 ②和面 ③搓条、下剂 ④擀皮（裙边）

⑤上馅 ⑥合拢皮 ⑦上笼旺火蒸 ⑧成熟装盘

图11.2 三鲜烧卖

5. 成品特点

成品色白，皮薄，馅嫩爽，味鲜咸。

6. 注意事项

(1) 馅料需用力搅拌上劲，制出的烧卖方显嫩爽。加水量需灵活掌握，如夏季用125g，冬季用200g左右。

(2) 包烧卖时，收口不要太紧，可露一点馅，与皮边粘在一起即可。

(3) 锅中水烧沸再上笼蒸制，掌握好蒸制时间。

三、墩饽饽

1. 品种简介

墩饽饽是北京名点，为混糖发酵面食。饽饽是北方方言，指馒头和糕点之类的食品。清代著名的满洲糕点即称饽饽，糕点铺称为饽饽铺。墩饽饽即源自满洲糕点，后为北京人喜爱的食品。

2. 原料组配

面粉700g，老酵（面肥）450g，白糖250g，碱面7g，糖桂花10g，花生油5g。

3. 制作程序

（1）将老酵、白糖、碱面一起放入盆内，加350g凉水（冬天用360g温水）搅成稀糊状。再加糖桂花搅匀，然后倒入面粉和成面团，盖上湿布醒10min。

（2）将面团置案板上，反复按揉，待面团光润时，搓成直径约5cm的圆条，刷上少许花生油，揪成40个面剂。每个面剂断面朝上放好，用手按成中间略薄、周围稍厚的圆饼。

（3）把饼坯放在饼铛上烙至微黄后，放入烤炉中烤，直至圆饼暄起并呈白黄色即成。

4. 工艺教程图解（图11.3）

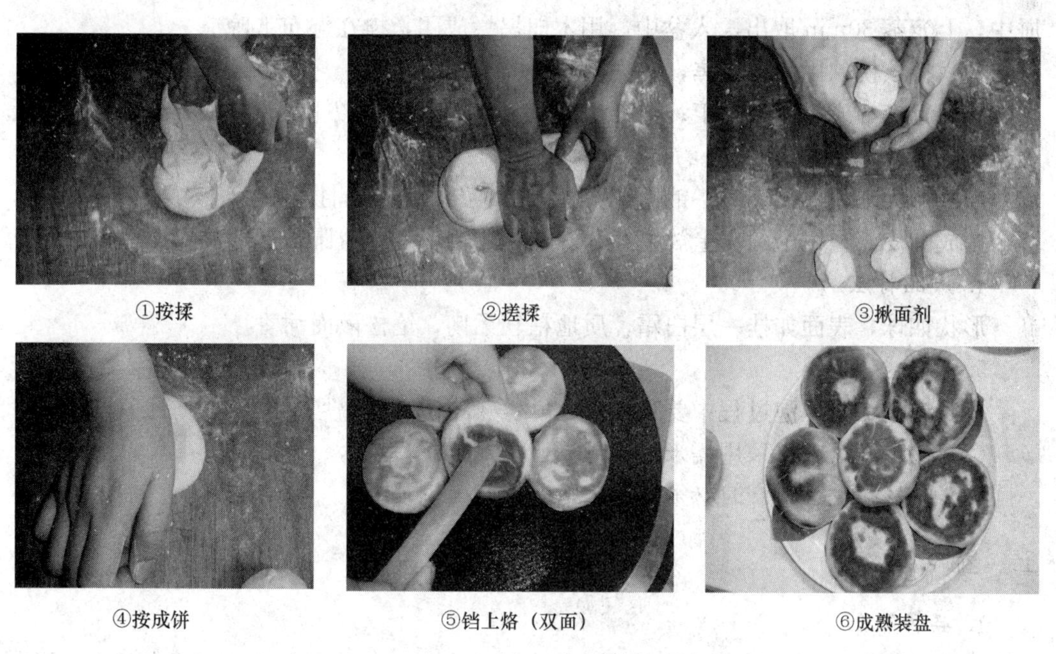

①按揉 ②搓揉 ③揪面剂

④按成饼 ⑤铛上烙（双面） ⑥成熟装盘

图11.3 墩饽饽

5. 成品特点

颜色白黄，状如圆墩，质松软而有弹性，味道香甜。

6. 注意事项

（1）面团要揉匀，醒放时间要适中。

（2）烙锅必须刷干净，使用小火烙、烤。

（3）勤移动或翻动制品，使其受热均匀。

四、艾窝窝

1. 品种简介

艾窝窝是北京名点。明万历年间（1573～1620年）内监刘若愚所著《酌中志》载："以糯米饭夹芝麻糖为凉糕，丸而馅之为窝窝。"自清代即习称窝窝，一直沿袭至今。此点属春夏季凉食之一，形状如球，色白如霜，惹人喜爱。曾有人描绘道"白黏江米入蒸锅，什锦馅儿粉面搓。浑似汤圆不待煮，清真唤作艾窝窝。"

2. 原料组配

糯米2250g，大米粉250g，白糖1000g，青梅150g，芝麻500g，核桃仁100g，瓜子仁50g，冰糖150g，糖桂花50g，金糕250g。

3. 制作程序

（1）将糯米淘洗干净，用凉水浸泡6h，沥净水，上笼用旺火蒸1h，取出放入盆中，浇入开水2000g，盖上盆盖，浸泡15min，使糯米吸饱水分（俗称吃浆）。再将米捞入屉中，上笼蒸30min取出，入盆中，用木槌捣烂成团，摊在湿布上晾凉。

（2）将核桃仁用微火焙焦，搓去皮，切成黄豆大的丁；芝麻用微火焙黄擀碎；瓜子仁洗净；青梅切成绿豆大的丁；金糕切成黄豆大的丁。将以上原料连同白糖、冰糖渣、糖桂花合在一起拌成馅。

（3）将大米粉蒸熟晾凉，铺撒在案板上，再放上糯米团揉匀后，揪成100个小剂，逐个按成圆皮，在每个圆皮上放上约22g左右的馅料，包成圆球形即成。

4. 成品特点

形状如球，表面如挂一层白霜，质地粘软柔韧，馅松散而甜香。

5. 注意事项

（1）糯米在蒸、泡过程中要吸足水分，蒸熟的糯米需捣烂。

（2）该品种可直接采用糯米粉制作。

（3）焙核桃仁、芝麻时必须用微火，防止产生糊苦味。

五、盆糕

1. 品种简介

盆糕是北京名点。它是以糯米为主料蒸制而成，一般为冬季食用。盆糕枣红面白，层次分明，风味独特。隆冬腊月，寒风刺骨，来上一块刚出锅的盆糕，一般暖意便会油然而生。

2. 原料组配

糯米4000g，白芸豆1000g，小枣1250g，白糖500g。

3. 制作程序

（1）将糯米淘洗干净，用凉水浸泡6h，沥净水，半小时后碾成面，过细筛。芸豆用开水煮至用手一捻即碎，但还未成粉面时捞出，与糯米一起拌匀。将小枣洗净泡1h，其中的一半蒸熟。

（2）将生枣放入糕点盆里铺平，置沸水锅上。取一半糯米面平铺在小枣上，盖上盆盖，用旺火蒸30min后将熟枣和糯米面按上述方法分别平铺在已蒸过的盆糕上，再蒸30min。当手按糕面觉有弹性时，淋洒些凉水再蒸；当手按糕面感觉无弹性，可用筷子在糕面上斜着扎些小孔，使其冒气后再蒸。

（3）将蒸熟的盆糕翻扣在湿案板上，切成小块，撒上白糖，趁热食用。

4. 成品特点

枣红面白，层次分明，粘软耐嚼，味道香甜，具浓郁枣香。

5. 注意事项

（1）糕盆底要与水面相距6.7cm，盆与锅的接合处需用湿布塞严，以防漏气。

（2）视情况给糕洒凉水、扎孔。如发现一处或二处跑气，也要扎些小孔，以使蒸气流通均匀，便于蒸熟。

六、开花小馍

1. 品种简介

开花小馍是山东名点，又名开花馒头，是一种顶部裂成数瓣、形似花朵的馒头。其开头美观，口味香甜，是山东民间节日和宴席中的常用点心。

2. 原料组配

精粉500g，酵面250g，白糖150g，碱面2.5g。

3. 制作程序

（1）将面粉加适量的水及酵面揉匀，使其充分发酵，再加入碱水、白糖，和匀成面团，然后搓成长条。

（2）锅置旺火上，下水烧沸，放上笼屉，铺上屉布，左手拿起面条，右手做剂，用力快速做好，捏口朝上，平放在笼布上。共做30个剂子，随即盖上笼盖，用旺火蒸熟。

4. 工艺教程图解（图11.4）

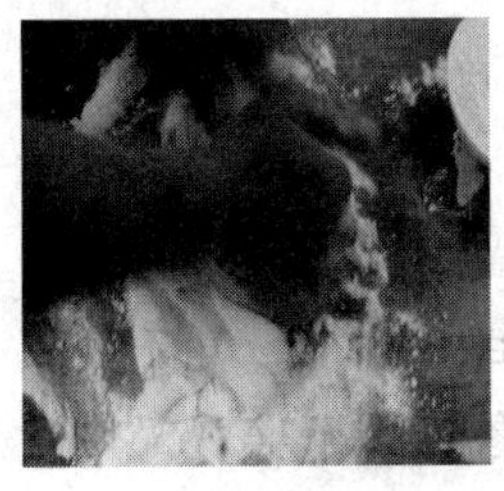
①酵面揉匀

②搓成长条

③做剂

④旺火蒸熟

图11.4　开花小馍

5. 成品特点

馍顶裂成四瓣，形如花朵，香甜柔软，没有咬劲。

6. 注意事项

（1）酵面的用量较大，要求发足发透，并加碱加糖制作。

(2) 手揪出的馒头直接上笼，捏口朝上，用旺火沸水蒸制。

(3) 手揪出的馒头应放在干屉布上或包底纸上。

七、老二位饺子

1. 品种简介

老二位饺子是河北名点，属清真风味。它是用温水面团制成的面皮包入牛肉馅蒸制而成。此面点已有百年历史。清末，创始人杨利廷带领两个儿子在山海关南门里八条胡同开办了杨家饺子馆，后因该馆跑堂（服务员）杨绍曾谈吐诙谐，而且有“二位里边坐”的口头语，在顾客的建议下更名为“老二位”。1949 年老二位饺子馆由山海关迁到秦皇岛市。

2. 原料组配

精粉 1000g，牛腰窝肉 1000g，葱 240g，姜 30g，自制盘酱 100g，味精 10g，香油 250g，精盐、酱油、花椒水各适量。

3. 制作程序

(1) 将牛肉剔去筋、皮后绞成肉馅，葱、姜切末，一起入盆内加酱油、精盐、自制盘酱、味精、花椒水搅成牛肉馅。

(2) 面粉先用 70℃的水搅烫，再用 40℃的水和成面团，醒 20～30min 即成。

(3) 将面团揉光搓条，揪成 80 个面剂，擀成薄厚均匀的皮，再填馅包成蒸饺，上笼屉用旺火蒸 10～20min 即成。

4. 成品特点

皮薄、馅大，肉馅不腥不膻，油多而不腻，鲜香适口。

5. 注意事项

(1) 牛肉馅要用力顺一个方向搅拌上劲。吃水多少要视牛肉的肥瘦而定。

(2) 调制面团的温度不宜过高，加水后搅拌要迅速。

(3) 蒸锅水烧开后再将饺子入笼蒸制。

八、蜜麻花

1. 品种简介

蜜麻花是北京名点，为回民风味。因其大小、形状均与人的耳朵相似，又称糖耳朵。蜜麻花多流行于秋、冬、春季。因夏季炎热，易发生落糖现象，既不美观又难食用，大失其风味。

2. 原料组配

面粉 1875g，老酵 187.5g，饴糖 500g，糖桂花 12.5g，白糖 250g，小苏打 7.5g，花生油 2500g。

3. 制作程序

(1) 将老酵撕碎放入盆中，用 500g 凉水调稀，加入面粉 1250g 和成面团，盖上静置 3～4h（冬季 7～8h）使其发酵。面发好后，加入小苏打及花生油 125g 一起揉进面团里，揉至面团光润不粘手为止。

（2）将面粉500g加入饴糖375g和成糖面。

（3）案板上铺撒面粉125g，取一半发面放在上面，擀成约2cm厚的长方形大片，再将糖面也擀成同样的片，覆盖在发面片上。然后，将一半发面也擀成同样的片，覆盖在糖面片上。用刀沿着面的一侧，切下约6～7cm宽的一条，横放在案板上捋直。用手掌将长条的前半部按成约1cm厚，并将后半部翻起压在前半部上，用刀每隔1.3cm切入一刀，第一刀只切入长条宽度的4/5（不切断），第二刀才切断。切完后将切好的段打开，把较薄的一端从中间的切口内穿过翻到一边，再把较厚的一端往上略抻一下翻叠在切口的边缘上，即成猫耳形生坯，共做80个。

（4）将饴糖倒入锅内，加白糖、糖桂花搅匀，上火烧沸，移至一边待用。锅置小火上，下花生油烧至150℃时，将生坏分批放入油里炸，约炸6min，呈金黄色时捞出沥油，趁热放入温热的饴糖中泡1min，使其浸透饴糖，捞在盘内晾凉即成。

4. 成品特点

颜色金黄油亮，质地松软绵润，味道甜香如蜜。

5. 注意事项

（1）面团发酵的要老一些，即酸味较重，面内有绿豆大的蜂窝才好，加碱水后需反复揉匀。

（2）注意生坯成形中各操作步骤的先后顺序和基本要求。

（3）油炸蜜麻花的温度要适中，火不可太大，油温不能高，因面团中含糖较高，高温炸制会使成品色深、发苦。

第二节　苏式特色面点品种制作

一、生煎鸡肉馒头

1. 品种简介

生煎鸡肉馒头是上海风味名点。此点早在20世纪20年代就盛行于上海。它是以酵面作皮，以鲜肉及熟鸡肉为馅制作而成。其制品具有底部金黄、脆香、面皮柔软、馅味鲜香的风味特点，是深受广大食客喜爱的上海最著名的特色点心。

2. 原料组配

精粉600g，酵面225g，食碱10g，猪夹心肉500g，肉皮冻125g，熟鸡肉150g，鸡汤110g，精盐10g，酱油40g，白糖25g，味精5g，葱末50g，姜末15g，白芝麻50g，花生油50g。

3. 制作程序

（1）鲜猪肉剁碎，加入精盐、酱油、白糖、味精、绍酒、葱末、姜末等调料搅打上劲后，然后再分次加入鸡汤110g搅打上劲，最后加入搅碎的肉皮冻拌匀即成。

（2）将熟鸡肉切成 0.6cm 见方的小丁待用。

（3）取面粉 600g 加沸水 200g 先烫成雪花状的面团稍晾，然后再入酵面 225g、清水 100g 揉至面团光滑，醒发 30min 后，加入适量碱水反复揉匀揉透即成。

（4）将已兑好碱的酵面搓条、下成 60 个面剂，逐个按成中间稍厚、边缘稍薄的圆形面皮。取制好的面皮一张，挑入鲜肉馅 13g、鸡丁 2.5g，包捏成有 15 条折的小包，最后在包子顶部粘上白芝麻即成。

（5）将小包生坯置于平底锅内，加水、加油煎至成熟即可。

4. 成品特点

上皮松软，底部香脆，皮薄馅重，鲜美爽口。

5. 注意事项

（1）生坯煎制前，应先将平锅烧热，并用油将平锅滑好，然后再装锅进行煎制。

（2）煎制时火不宜过大，当加水煎制水分快干时，应及时加入油脂，并将平锅边缘在火上不断转动煎制。

（3）煎制过程中应加盖，当嗅到有香味时，如包底已煎至金黄即可离开。

二、淮安茶馓

1. 品种简介

淮安茶馓是江苏淮安风味名点。相传此点是在清咸丰五年，由淮安人岳文广将家传茶馓改制而成。因其多用于非正餐且与茶同食，故有茶馓之称。淮安茶馓是以面粉、精盐、黑芝麻为原料制作而成的。其制品细如麻线、松脆无比的品质特点备受人们喜爱。

2. 原料组配

精粉 1250g，黑芝麻 37.5g，精盐 25g，香油 2500g。

3. 制作程序

（1）将面粉过筛，与黑芝麻、精盐、清水一同拌匀后揉和成面团，用湿布盖好醒放 30min。

（2）将醒好的面团开条后搓成约 2cm 的粗条，盘旋放入面盆中，每盘一层抹上一次香油。间隔约 1h 后，将面条再搓成 0.7～0.8cm 粗的中条，盘于面盆中，用香油浸泡。

（3）将香油倒入锅中，用中火将油烧至 200℃左右，将搓好的条绕在伸开的四指上，先用双手将条抻至 24cm 长，上筷，然后再用竹筷将条抻至 33cm 即下入锅中，绷紧竹筷，让条在锅中抖散，条基本定型后，将两只竹筷交错折叠，使面条叠错成扇形，抽出竹筷，将馓子炸至金黄色即成。

4. 成品特点

色泽金黄，粗细均匀，香脆可口。

5. 注意事项

（1）面团软硬程度、面条的醒制时间应根据气候变化灵活掌握。

（2）搓条时双手用力应均匀，条的粗细应一致。

（3）炸制时火力不宜过大。

三、蟹黄汤包

1. 品种简介

蟹黄汤包是江苏靖江著名的特色面点。此点是以酵面、面粉加水调制后作皮，以鲜肉、蟹肉、肉皮冻拌制后作馅制作而成的。其制品皮薄馅大，蟹油外溢映黄、美观悦目，鲜肉香嫩、汤多、蟹味浓，是一款色、香、味、形俱佳的名点。此点有制作“绝”、形态“美”、吃法“奇”的独特个性，以数百年的悠久历史名闻遐迩。此点的制作原料十分讲究，馅为蟹黄和蟹肉，汤为原味鸡汤，制作工艺精妙绝伦。吃法有口诀：“轻轻提，慢慢移。先开窗，后吸汤”。一般移至碟上，碟中已备有醋和姜丝，衬托出蟹味之鲜。“汤清不腻，稠而不油，味道鲜美”的蟹黄汤包，每年的8月至次年3月，是品尝“蟹黄汤包”的最佳时节。

2. 原料组配

精粉750g，酵面350g，蟹油250g，净猪肋条肉950g，鲜猪肉皮500g，猪腿骨500g，绵白糖50g，酱油150g，绍酒25g，精盐40g，味精1g，生姜50g，香葱100g，葱末25g，食碱10g，葱姜汁50g，白胡椒粉1.5g，熟猪油250g，香油75g。

3. 制作程序

（1）将猪肉皮去毛、去肥膘并刮洗干净，与猪腿骨同入沸水锅中稍烫，捞出，控干水分。取锅放入肉皮、腿骨，舀入清水2000g，加香葱、生姜煮至肉皮酥烂、猪腿骨汁溶出，取出猪腿骨，肉皮搅蓉备用。另取锅加入原骨汤750g、绍酒25g、酱油50g、绵白糖25g、精盐25g、白胡椒粉1g，倒入肉皮蓉，熬至汤汁粘稠即可。待皮冻汤凝结后搅成碎粒即成。

（2）将猪肉搅成蓉，加酱油100g、精盐15g、绵白糖25g、香油25g、白胡椒粉0.5g搅拌上劲即成。

（3）取馅盆一只，放入蟹油、熟猪油、味精、香油50g及葱姜汁，再放入皮冻、肉馅拌匀即成馅。

（4）取面粉650g，酵面350g、清水350g、食碱一同调制成柔软光滑的面团。

（5）将调制好的面团搓条后，下成小面剂100个，然后按成直径约5cm的圆形面皮。取面皮一张，包入馅心25g，捏成20～24道花纹、收口似鲫鱼嘴状的包坯即成。

（6）将汤包生坯置于已扫油的笼屉中，用旺火沸水锅蒸7～8min即成。

4. 成品特点

皮薄馅大，汤浓味鲜。

5. 注意事项

（1）肉皮冻的掺水量应根据肉皮的品质优劣及气候的变化灵活。

（2）面皮的制作也应根据气候变化来灵活掌握水温、用水量及用碱量。

四、笑口枣

1. 品种简介

笑口枣经油炸裂一大口，形如开口大笑，又名开口笑。其制品是用油和面粉一起调制而成的油酥制品，成品酥松香脆。

2. 原料组配

低筋面粉500g，糖粉275g，臭粉2.5g，生油30g，清水150g，鸡蛋一个，红腐乳1块，白芝麻125g。

3. 制作程序

（1）面粉过筛，在案板上开窝，加入糖粉、清水擦至糖全部溶解，再加入鸡蛋、腐乳拌匀，最后与面粉一起拌匀，用折叠的手法拌成面团。

（2）将面团搓成长条，摘成重约15g的面剂，搓成圆球形，在外面蘸上一层芝麻。

（3）将油锅烧热（140℃），放入生坯，待慢慢浮起，将油温升至220℃炸至金黄色即可。

4. 工艺教程图解（图11.5）

①面粉内加入鸡蛋、南乳等　②将其搅拌匀均　③用折叠法制成半成品

④切成均匀的小球放入芝麻中　⑤双手搓圆待炸　⑥先文火待表面炸硬后再升温

⑦将要裂开的半成品　⑧已裂开的半成品　⑨成品装盘

图11.5　笑口枣

5. 成品特点

自然开裂，色泽金黄，外脆内酥，香甜可口。

6. 注意事项

（1）糖粉可以用白糖代替，但要煮溶糖水冷却待用。

（2）溴粉也可以用小苏打替代，在成熟时，要控制好油温，开始下锅时，若油温过高，剂坯不能裂开，油温过低，剂坯易散碎。

五、素什锦包

1. 品种简介

素咸馅中的什锦馅，是全部用植物性原料烹制的素馅，此馅口味清爽、风味独特，是制作素点心的高级馅。

2. 原料组配

面粉500g，酵母10g，水发发菜、水发香菇、笋尖、蘑菇各100g，调味料花生油、麻油、胡椒、盐、味精、白糖、生抽适量。

3. 制作程序

（1）香菇、笋尖、蘑菇切丁，发菜切短，笋丁焯水挤干。

（2）炒锅放入花生油，入葱姜炸出香味，倒入各料爆炒。

（3）加入盐、生抽、白糖，炒匀勾芡，再加入麻油、胡椒出锅。

（4）将发好的面团搓成长条，揪成面剂，包入馅心，捏成细的皱褶，上笼蒸10min即可。

4. 成品特点

口味清爽、风味独特。

5. 注意事项

（1）素什锦可根据原料情况及点心的规格档次灵活选用。如青菜、金针菜、云耳等原料，都可用于调制素馅。

（2）素馅应用素油，切忌用动物性烹制，勾芡一定要薄（爽口）。

六、五丁包子

1. 品种简介

五丁包子是几种鲜料搭配而炒制的熟馅，此馅在点心中使用较为广泛。

2. 原料组配

面粉1000g，酵面20g，熟鸡脯肉200g，熟夹心肉300g，水发海参150g，虾仁150g，冬笋600g，油500g，糖100g，盐20g，酒75g，味精15g，葱姜末适量，水淀粉100g，酱油1g。

3. 制作程序

（1）将鸡与肉煮熟，去骨切丁，冬笋去皮焯水切丁（鸡丁1cm、猪肉0.7cm、竹笋0.5cm），水发海参切丁，虾仁上浆。

（2）炒锅加油先将虾仁滑油，然后将五丁倒入锅中煸炒，再加入调味与鲜汤，勾芡出锅。

（3）将发好的面团搓成长条，揪成面剂，包入馅心，捏成细的皱褶，旺火蒸 10min 即可。

4. 成品特点

馅鲜滑爽，营养丰富。

5. 注意事项

（1）馅心中去掉虾仁与海参，即为三丁馅，制法类同。

（2）芡不能太厚，粒子要清，味要浓醇，要有湿润感。

（3）硬性原料丁宜小，软性原料丁宜大。

七、文楼汤包

1. 品种简介

文楼汤包是江苏省淮安地方的传统风味名点。在清朝道光年间就已闻名，因创制于淮安河下镇的文楼面馆而得名。此制品是以发酵面团作皮，馅心掺入皮冻，以馅心多卤汁，工艺精细，味道鲜美，而深受人们所青睐。

2. 原料组配

面粉 500g，老酵面 50g，清水 275g，小苏打 5g，白糖 25g，猪前夹肉 350g，猪皮冻 300g，葱姜水 150g，芝麻油 10g，精盐 5g，酱油 40g，鲜汤适量。

3. 制作程序

（1）面粉加老酵面、清水调成面团，盖上湿布发酵成嫩酵面。

（2）将发好的面团加入小苏打、白糖扎成正碱反复揉匀，用湿布盖好醒面 10min。

（3）猪肉剁成蓉，放入调味品拌匀，再将葱、姜水分 2 次加入，每加一次都要顺一个方向用力搅拌，使水分被肉馅充分吸收，最后加入皮冻拌匀即成。

（4）面团调制后制皮，取一张直径 4.5cm 的圆皮，放入馅心 100g，捏成细皱褶的花纹收口，用旺火上笼蒸 8min 即可。

4. 成品特点

皮薄汁多，馅嫩味美。

5. 注意事项

（1）面团发酵时间不易过长，一般冬天 1h 左右，夏天 20min，一方面避免汤汁被皮坯吸收造成塌底漏馅，另一方面会影响口感。

（2）制作皮冻要小火熬制，焖制酥烂。

（3）皮冻的制法：将新鲜的 1 斤肉皮洗净，去毛、去肥膘肉，放入 3 斤的清水锅中用大火煮沸，撇去浮沫，加入葱姜、料酒、胡椒粉、精盐、改用小火焖至酥烂，起锅倒入盆内，待冷却凝固后，用刀或者绞肉机绞碎，放冰箱待用。

八、六凤居葱油饼

1. 品种简介

六凤居葱油饼是江苏风味点心。此点是南京夫子庙的六凤居小吃馆所创制，至今已有六七十年的历史。它是以面粉、香葱、花生油及食盐为原料制作而成的。其制品松酥油润，香味扑鼻，是深受人们喜爱的精美的面食。

2. 原料组配

精粉 400g，葱末 120g，花生油 80g，精盐 20g。

3. 制作程序

（1）将面粉置于盆中，加入花生油、清水拌和均匀后，揉和成光滑的面团，醒放后待用。

（2）取面团 400g 置于油案上，按扁后用面杖擀成直径 40cm 的圆形面皮，然后在面皮上均匀撒上精盐 20g、葱末 120g，先卷成长条形，再直卷成团形待用。

（3）另取剩余面团 240g，先擀成直径约 19cm 的圆形面皮，再将有葱面团置于其中，包捏成馒头状，再按并擀成直径约 40cm 的饼坯即成。

（4）将平锅置于炉上，放入花生油 1000g，烧至约 150℃，将饼坯下入油锅中，炸至两面金黄、中间层次出来即可出锅沥油。

4. 成品特点

色泽金黄，层次清晰，酥松油润。

5. 注意事项

（1）调制面团的水温应根据气温高低灵活掌握。

（2）饼坯炸制时，宜用中小火。饼坯中间应留一小洞，以防溅油，饼坯在锅中应不断转动，使其受热均匀。

九、雪笋包

1. 品种简介

雪笋包是江苏扬州风味特色名点。此点是选用碧绿的雪里蕻、冬笋、猪肉作馅料，以发酵面团作皮坯制作而成。其制品具有雪里蕻独特的香味，且馅料脆嫩香醇，油润可口。此点原为冬季小吃佳品，现在常年有售。

2. 原料组配

精粉 2250g，酵面 350g，雪里蕻 1500g，净冬笋 300g，净猪肋条肉 100g，绵白糖 200g，酱油 150g，虾子 10g，绍酒 10g，葱花 25g，姜末 25g，熟猪油 900g，食碱 25g。

3. 制作程序

（1）将猪肋条肉先在沸水锅中焯水，然后洗净，换清水煮至七成熟出锅，切成 0.4cm 见方的丁。冬笋也焯水后切成 0.4cm 见方的丁。雪里蕻洗干净、剁碎、拧干水分备用。

（2）炒锅滑好后，下猪油 50g、葱花、姜末略炒，然后下入冬笋丁、肉丁煸炒几

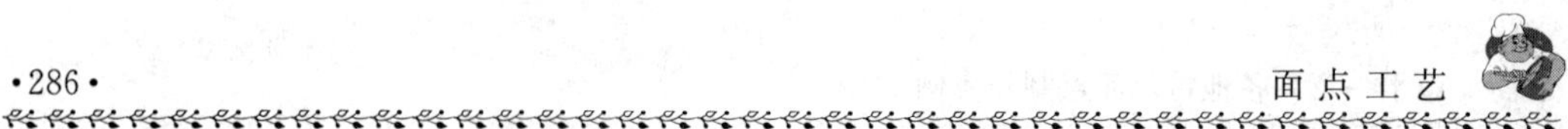

下，再下绍酒、绵白糖、虾子及清水 250g 煮沸，最后下入雪里蕻末、熟猪油 850g，用小火煮 5min 离火冷却即成。

（3）取面粉 2250g、酵面 350g、清水 1100g 和成光滑的面团发酵，待面团发酵成熟后下纯碱，揉匀揉透即成。

（4）将调制好的面团下面剂 100 个，按扁后呈直径约为 10cm 的圆形面皮。取面皮一张，包入馅心 30g，捏成提花包形状即成。

（5）将生坯放于已刷油的笼屉中，用旺火沸水锅蒸 10min 左右成熟即成。

4. 成品特点

洁白光亮，馅心鲜嫩脆爽，口味鲜甜香醇。

5. 注意事项

（1）肉丁、笋丁刀工处理时应均匀一致。

（2）煮馅时间不宜过长，以馅料入味为宜

（3）注意制品生坯的醒置时间。

（4）蒸制时应火大汽足，一气呵成。

十、宁波汤圆

1. 品种简介

宁波汤圆是浙江风味名点。此点是以糯米粉团制皮，以芝麻、猪板油、白糖作馅制作而成。其制品具有色白光亮、皮软馅多、入口流馅、香甜可口、油而不腻的风味特点，是宁波地区的传统风味名食。

2. 原料组配

上白糯米 1000g，猪板油 215g，白糖 925g，黑芝麻 600g，糖桂花 2.5g。

3. 制作程序

（1）将黑芝麻淘洗干净、沥干、炒熟后碾成粉末，用筛子筛取黑芝麻末 500g 备用。

（2）猪板油去膜，剁成蓉，加入白糖 425g、黑芝麻末 500g 拌匀搓透即成馅。分成 100 个小剂待用。

（3）将糯米 1000g 淘洗干净，浸泡至米粒松胖时，加水磨制成米浆，装入布袋后压干待用。将压干粉浆加清水 100g，揉匀揉透后下成 100 个小剂子待用。

（4）取小剂一个，用手捏成酒盅形，填入馅心 10g 收口后搓成光滑的圆球形即可。

（5）取水锅置于旺火上，加水烧沸，下入制品生坯，煮至上浮后，点 2～3 次清水煮至成熟即可起锅装碗。

4. 成品特点

色白光亮，皮薄馅大，入口流馅，油而不腻，香甜可口。

5. 注意事项

（1）糯米应泡至用手一捻即碎为好，磨制的米浆越细越好。

（2）煮制汤团应注意先将水搅动后再下汤团生坯，以免汤团粘住锅底。

十一、猫耳朵

1. 品种简介

猫耳朵是浙江杭州传统风味名点。它是一种面条，因形似猫的耳朵，故名。据传，清乾隆皇帝下江南，一次微服乘小舟赏玩西湖。游得兴致勃勃时，天忽然下起了小雨，众人连忙避雨于小舟船舱内。大家等啊等，可是雨越下越大，下了许久都不见停。几个时辰过去了，乾隆皇帝又饥又饿，忍不住问老渔翁有否有吃食。老渔翁告诉乾隆有面但没有擀面杖，做不成面条。正发愁之际，老渔翁的小孙女抱着一只小花猫走来说："没有擀面杖，我来用手捻。"于是小姑娘动手将面捻成块，状似小花猫的耳朵，小巧可爱。她把这形状怪怪的面条下锅煮熟后再浇上鱼虾卤汁端给乾隆吃。乾隆见面条不同寻常的模样，玲珑别致，吃后更觉得回味无穷，赶忙问小姑娘这叫什么面，小姑娘回答说是猫耳朵。乾隆非常喜欢这道点心，回京后即召小姑娘为其做"猫耳朵"。自此"猫耳朵"成了一道名点。此点是以精白面制成的形如猫耳朵的面片，用鸡汤和呈鲜原料煮制而成。其制品具有色白美观、配料多样、汤鲜多美的特点，是杭州著名老店知味观的传统风味名食。

2. 原料组配

精粉500g，熟鸡脯肉125g，浆虾仁100g，熟干贝50g，水发冬菇150g，熟瘦火腿125g，冬笋丁50g，绿叶鲜菜50g，鸡汤1500g，精盐10g，味精15g，熟鸡脯肉125g。

3. 制作程序

(1) 把上浆虾仁用猪油滑过，与鸡脯肉、火腿肉、水发冬菇一同切成指片大小；干贝撕成丝状备用。

(2) 取面粉450g加水清水200g揉匀揉透，醒放15min后，搓成直径为0.8cm的长条，用刀切成0.66cm长的面剂约900个；将面剂用干面粉50g拌匀，剂口向上，用大拇指推捏成极小的猫耳朵状的面片，分为10份。

(3) 将制品生坯按份投入沸入锅中氽约10s捞出。

(4) 将炒锅置火上，按份加入鸡汤煮沸，投入虾仁、鸡脯、火腿、香菇、笋丁、干贝各一份，汤沸时下入猫耳朵煮制约20秒，待其上浮时，加入盐1g、味精1g、绿叶菜5g，淋上鸡油10g，随即装碗即可。

4. 成品特点

色泽美观，制作精细，汤鲜味美。

5. 注意事项

(1) 猫耳朵面片在锅中不宜多煮。

(2) 注意各种配料的搭配及下料顺序。

十二、凤尾烧卖

1. 品种简介

凤尾烧卖是上海风味名点。因其开口处馅心饱满、色泽鲜艳，四周皱褶清晰美观，形如凤尾，故而得名。此点是以烫面作皮，鲜肉为馅制作成形，然后再用虾仁、火腿、

青菜、蛋末装饰点缀蒸制而成。其制品形美、色艳、味鲜，是深受食客喜受的精美。

2. 原料组配

精粉500g，猪夹心肉600g，河虾仁40只，青菜200g，火腿50g，鸡蛋1个，白糖10g，味精10g，精盐20g，生姜10g，花生油50g。

3. 制作程序

(1) 鸡蛋磕入碗中打散，在锅内摊成蛋皮，拿出切成末待用；猪夹腿切末，青菜洗净也切成末。虾仁洗净、沥干，加味精2g拌匀即可；猪夹心肉洗净、剁蓉，放入馅盆中加入精盐、白糖、味精8g、姜汁水搅打上劲，然后再分次加入清水200g，继续搅打至粘稠即成。

(2) 取面粉350g，加沸水175g烫匀，然后揉和成光滑面团即可。

(3) 将面团搓条后下小面剂40个，用走槌擀成直径7cm的中间稍厚、边缘呈荷叶状的圆形面皮。

(4) 取面皮一张，包入馅心15g，左手五指收拢并在面皮2/3高度捏紧，使生坯呈青菜形，最后在开口处分别放上青菜末、火腿末、蛋末及一个虾仁即成。

(5) 将生坯上笼，置于旺火沸水锅中蒸5min左右，揭笼盖喷洒清水后再加盖蒸制2～3min即成。

4. 成品特点

皮呈玉色半透明，花形清晰，皮薄爽口，馅重、汁多、味鲜。

5. 注意事项

(1) 面团应烫匀揉透，不粘手为好。

(2) 馅料加水应分次加入，并逐次搅打上劲。

十三、炸糍粑

1. 品种简介

糍粑，有些地方也叫年糕、粑糍。用糯米制作而成，是我国南方一些地区流行的美食，在南方许多地区，人们习惯于在春节前制作，春节期间和春节之后食用。人们常说："年糕，年糕，年丰寿高"。

相传春秋战国时期，楚国的臣子伍子胥为报父仇投奔了吴国，他实现了自己的宏愿。此后，伍子胥受封申地。有一次吴王令他率人修建了著名的"阖闾大城"，以防侵略。伍子胥在建城时将大批糯米蒸熟压成砖块放凉后，作为城墙的基石储备下来的备荒粮。当国家有难，百姓受饥时成为国难时充饥的食物。我国人民吃的年糕有南式、北式之分，苏州年糕是南式年糕中很受欢迎的名特产品。

2. 原料组配

糯米2000g，精盐25g，色拉油2000g。

3. 制作程序

(1) 将糯米淘洗干净，浸泡4h，捞起沥干水分。锅内烧开水700g，加入精盐25g，至溶化，倒入糯米，搅拌均匀，煮至七成熟离火。

(2) 取木圆笼一只，笼内垫上湿纱布，纱布面积应比框底面积大2倍以上。将蒸熟的糯米饭装入木框用纱布盖上，并用重物压平。待其冷却，饭已发硬，从木框中取出，用快刀切成20块10cm长、4cm宽、1cm高的长方块。

(3) 锅置火上，倒入色拉油，待油温烧至八成热时，将糍粑生坯投入油锅内炸制，炸成金黄色时，捞出装入盘中即成。

4. 成品特点

糍粑香脆，糯米清香。香甜可口，食用方便，是招待客人、馈赠亲友的上等佳品。

5. 注意事项

(1) 蒸熟的糯米饭要压紧压实，用刀切时，刀口蘸点水，以防粘连。

(2) 食时可切条蒸食、炸食、烤食、煮食、炒食、煨食均可，其味细腻香甜。

(3) 做糍粑讲究糯米的质量、水质以及制作的季节。一般在冬季制作为好。以湖北鄂州华容一带的糍粑最为出色。

十四、松子枣泥拉糕

1. 品种简介

松子枣泥拉糕是用糯米或糯米粉制成的糕、团点心，其成品糯而细软，吃时枣香浓郁，细腻软糯，呈酱褐色，缀以淡白色的松子仁，色彩分明，枣香扑鼻，软润可口。冬可蒸食，夏可冷食，是营养丰富的面食。此糕携带方便，还可作为馈赠之品。

2. 原料组配

糯米粉750g，粳米粉500g，小红枣750g，熟猪油300g，白糖750g，松子仁50g。

3. 制作程序

(1) 将小红枣洗净，放在容器内加清水入笼中用旺火蒸至烂熟，取出，去核。再将熟枣子用网筛擦出枣泥。

(2) 锅中放入150g猪油，加白糖250g，烧热后倒入枣泥，用手勺不停的翻抄，至枣泥上色后，倒入余下的熟猪油、白糖和枣汤，烧沸后离火，待冷却后将糯米粉、粳米粉一起入锅和成糊状。

(3) 取铝盘一只，抹上一层熟猪油，将拌匀的枣泥糊倒入盘内铺平，在上面撒上松子仁，置笼中用旺火蒸35min至熟，取出冷却，再切成菱形小块，即可食用。若一次食不完，再食时可装盘蒸熟。

4. 成品特点

糕色棕红，枣香浓郁，细腻软糯，冬可蒸食，夏可冷食，营养丰富。

5. 注意事项

(1) 红枣去核浸泡，使枣内吸足水分，便于擦制成泥。红枣去核后可煮至酥烂，枣汤留置熬枣泥浆用；或将红枣放盆内加适量清水蒸至酥烂，枣汤留置备用。

(2) 熬枣泥浆时水量要适当。水少枣泥浆过于浓稠，拌出的枣泥粉浆会过干，蒸制的成品口感粗糙。若加水过多，枣泥浆过稀，拌出的泥粉浆过于稀软，蒸制的成品软黏，形态差。

(3) 泥拉糕也可用吊浆米粉制作，糯米与粳米按 8∶2 的比例搭配。

(4) 成形时，也可用长方形瓷盘装粉浆，蒸制成熟后取出切成菱形或长方形小块。

十五、枣泥酥饼

1. 品种简介

枣泥酥饼是上海著名的四季常用特色点心。上海许多点心店都有此点，尤以城隍庙绿波廊餐厅制作的最为著名。枣泥酥饼是用油酥面作皮，黑枣泥为馅，经油炸成熟的面食。其色泽金黄，小巧玲珑，外皮酥松，馅香甜可口，深受港澳同胞及日本旅游者欢迎。

2. 原料组配

面粉 500g，熟猪油 150g，清水 100g，枣泥馅 500g。

3. 制作程序

(1) 取面粉 200g、熟猪油 100g 擦成干油酥。取面粉 250g 加温水 100g、熟猪油 50g，揉成水油面。留下的 50g 做干粉用。

(2) 将水油面包上干油酥，擀成厚片，叠三层擀薄再顺长卷成筒状，搓成长条，摘成 20 只剂子。每只剂子按扁，包入馅心，然后将收口朝下，按成圆饼状，刷上鸡蛋液，粘上芝麻。

(3) 用面火 180℃、底火 200℃的炉温烤制 15min 即可。

4. 成品特点

色泽黄亮、质地酥软、口味甜香。

5. 注意事项

(1) 干油酥与水油面比例要正确，软硬要适当，包制要均匀，擀制时才能酥层均匀。起酥后擀叠次数不宜过多，一般两至三次擀叠即可，卷成圆筒形，摘成大小均匀的剂子。

(2) 包制时，馅心不漏不破，在两面涂抹上鸡蛋清，便于沾牢芝麻。可用油炸制，也可用烤箱烤制成熟。用油炸制需掌握油温，油温过低，制品含油量大，食用时口感会油腻不爽口；油温过高，易使制品炸焦，一般控制油温在 180℃。

十六、菊花酥饼

1. 品种简介

菊花酥饼系用水油酥皮包豆沙馅，刀切翻花，使酥纹外翻，烘烤而成。造型美观，甜香油润，入口酥散。

2. 原料组配

面粉 1000g，清水 300g，猪油 350g，豆沙馅 800g。

3. 制作程序

(1) 取 400g 面粉，加 200g 猪油擦制成干油酥面团，再用 600g 面粉与 150g 猪油和清水调制成团，反复揉匀成水油面。

(2) 用水油面作皮，干油酥作心。把干油酥包入水油面内，擀薄成长方形，折叠成三层，再擀薄，由外向内卷成圆筒，搓成长条，用刀切成一个个面剂，把剂子按扁成圆形，包入馅心，收口处向下，按成圆饼状，约0.6cm厚。

(3) 用快刀顺圆饼的外围，离圆饼直径2/3处间隔均匀地切成菊花形，再将刀口面轻轻地向上翻转，用掌跟轻压成饼坯，即成菊花饼坯。

(4) 在饼面上刷上一层蛋黄液，用面火180℃、底火200℃炉温烘烤15min，至饼面金黄、酥硬即可。

4. 成品特点

形似菊花，层次分明，酥松香甜，形状美观。

5. 注意事项

(1) 水油面和干油酥的软硬度要一致，否则不易擀开，影响酥层。

(2) 刀口的间距要均匀，长短要一致，否则影响美观。

(3) 烘烤时注意炉温，温度过高影响色泽。

十七、黄桥烧饼

1. 品种简介

黄桥烧饼是江苏传统名点。据说1940年，新四军东进开辟抗日根据地，在江苏苏北泰兴黄桥镇打下一仗，成为著名的黄桥战役。新四军日夜坚持战斗，顾不上吃饭。黄桥的老百姓，用黄桥烧饼慰劳新四军。这种烧饼其制品外酥里松，油润不腻。新四军吃后打仗更勇猛，最终取得了胜利。从此，黄桥烧饼就更加出名了。现人们对它的制作方法作了改进，这种烧饼是用油酥和面，中间包入馅心，馅是用火腿馅或猪油拌香葱馅或豆沙馅做成。

2. 原料组配

面粉1000g，温水230g，酵母10g，猪油250g，猪板油250g，小葱200g，精盐30g，芝麻70g，蛋液100g。

3. 制作程序

(1) 取面粉500g，加入10g酵母，用温水和成团，静置发酵3h；另取500g面粉加入猪油擦制成油酥面团。

(2) 芝麻淘洗干净，用小火炒至芝麻鼓起呈金黄色，备用。将猪板油去筋皮，切成小丁；小葱切碎，把猪油丁、小葱、精盐一起拌匀制成葱油丁馅。

(3) 将发好的面团搓成长条，揪成面剂40个（每个重约20g)。用小包酥的手法逐个包上油酥面（每个约重15g)，擀成10cm×6.5cm的薄片，对折后再擀薄，然后由外向内卷起，按成直径8cm的圆皮，包上葱油丁馅，收口向下包成圆饼状，表面刷上一层蛋液，粘上芝麻，即成黄桥烧饼生坯。

(4) 用面火180℃、底火200℃炉温烘烤15min，至饼面金黄、酥硬即可。

4. 成品特点

色泽金黄，外脆内酥，层次分明，形状饱满。

5. 注意事项

(1) 传统用老酵发酵法，但由于时间过长，且发好的面团要兑碱，故现用酵母发酵法代替。

(2) 开酥时擀皮要厚薄均匀，使成品层次分明。

(3) 以防口味单一，可以包入甜馅或者肉馅，皮坯可以做成椭圆形以区分馅心的不同。

(4) 烘烤时注意炉温的温度和时间。

十八、春卷

1. 品种简介

春卷皮是水调面团中的冷水调制而成的，皮有筋力和弹性。

春卷，作为一种传统的点心菜式，以其皮脆、馅香、爽口等特点深受人们的欢迎而经久不衰。而经人们的挖掘，更新调制，制作工艺的改进和馅料的精益求精，更令这一传统点心益显“推陈出新”。

包春卷时也要注意包得“内紧外松”，然后入镬中火油炸，这样才会皮松脆而馅料不散不油，香气四溢，回味无穷。

2. 原料组配

面粉500g，清水450g，精盐5g，猪肉500g，韭黄250g，绿豆芽500g，冬笋250g，料酒25g，酱油25g，精盐15g，菜油50g，芝麻油10g，味精、胡椒粉适量。

3. 制作程序

(1) 面粉、精盐放入盆内，慢慢加入清水，用手顺着一个方向不断地搅拌，使面粉与水混合均匀，然后抓起稀软面团在案板上摔打，以增加面团的筋力。

(2) 铁板加热，用少量的油脂先擦一下，右手取一块小面团在手中反复不停地甩动，边甩边将手中的面团在铁板上轻轻地一按一揉，粘上一张薄的圆皮，再将面团提起不断地甩动，等面皮成熟揭起，再烙下一张面皮。

(3) 将猪肉洗净切成丝；冬笋切成丝；韭黄切成2cm的段，豆芽绰水捞出。锅置中火上加菜油烧至五成热，下猪肉抄散后加料酒、酱油、冬笋微抄出锅，加入绿豆芽、味精、芝麻油、胡椒粉拌匀即成春卷馅。

(4) 取春卷皮一张平摊案板上，放入馅心，先将一边折拢，再将两端向中间叠起，然后卷起，用面糊或蛋清封住皮口，即成春卷坯。

(5) 用旺火将植物油烧至八成热时，放入生坯炸制，并不停地翻动，炸制皮色金黄，酥脆即成。

4. 成品特点

色泽金黄，外脆馅嫩。香而松脆，肉馅鲜嫩，甜馅味美。

5. 注意事项

(1) 和面时水要慢慢加入，搅面团时应顺一个方向搅动。

(2) 铁板上油不能太多，否则粘不住面皮。

(3) 饼皮应揉成圆形，用力要均匀，面皮不能有气眼。

(4) 馅料制作时，要讲究色、香、味俱佳的优选搭配，馅料包括：西葫芦丝、大白菜丝、冬菇丝、红萝卜丝、木耳丝、沙葛丝、笋丝等多种配料。

十九、翡翠白菜饺

1. 品种简介

古训说“春早韭，秋晚菘”（早春的韭菜，晚秋的白菜，都是上乘美味），翡翠白菜饺在面皮和造型上求变。和面的时候用小白菜汁调色，并且包捏成白菜型，绝对的形神兼备，以貌“取”人的像形面点。

2. 原料组配

面粉500g，温水225g，猪腿肉400g，味精2g，胡椒粉1g，猪油200g，料酒10g，芝麻油5g，酱油10g，葱花30g，精盐5g。

3. 制作程序

(1) 一张圆皮，中间放入馅心，四周涂上蛋清，将圆皮五等分向上向中间捏拢，两两边对捏，呈五条直边。

(2) 用右手的大拇指和食指自上而下分别在每条边上捻动，推捏出波浪形花纹，把每条边的下端捏上来，用蛋清粘在相邻的一片菜叶的边上，即成青菜饺生坯。

(3) 用旺火蒸5min即可。

4. 成品特点

形似白菜，造型生动，适合筵席点心。

5. 注意事项

(1) 如果鲜肉馅没处理好，在捏饺子花瓣时馅心会露出来不好操作。

(2) 应该将鲜肉馅制成熟馅后，放入冰箱冷冻一会再拿出来制作，这样就不会出现以上述问题。

二十、一品饺

1. 品种简介

一品饺是根据饺子的形状得名的，一品饺三个大孔洞呈“品”字状，在三个大孔洞分别填上香菇末、火腿末、青菜末即成一品饺生坯。包一品饺的工序少，但是个考手艺的活，包不好就有可能走形。一品饺色彩鲜艳，营养丰富，造型美观，诱人食欲。

2. 原料组配

面粉500g，温水225g，猪腿肉400g，虾仁150g，味精2g，胡椒粉1g，猪油200g，料酒10g，芝麻油5g，酱油10g，葱花30g，精盐5g，香菇末100g，火腿末100g，青菜末500g，精盐5g。

3. 制作程序

(1) 将猪肉剁碎放入盐、味精、色拉油、葱姜汁顺一个方向搅匀。

(2) 面粉用开水烫成烫面皮。

(3) 取一张圆皮，中间放入馅心，把皮子的1/3点捏紧成一点，取皮子2/3的中间点向粘连点捏紧，这样就有三个大孔洞出现。

(4) 把两两直边对捏，形成中间三个小孔洞。外围三个大孔洞的“品”字状，在三

个大孔洞分别填上香菇末、火腿末、青菜末即成一品饺生坯。

(5) 用旺火蒸 5min 即可。

4. 成品特点

色彩鲜艳，营养丰富，造型美观，呈“品”字状。

5. 注意事项

(1) 虾仁在拌馅时常有脱水现象，所以虾仁在拌味前应剁细后用少量油爆炒一下。

(2) 起锅后沥干水分，再调入各种味料和辅料，这样制出的馅就不会有脱水现象。

二十一、知了饺

1. 品种简介

知了饺子是根据饺子的形状得名的，因其制作和摆盘都是以知了为原形，包知了饺的工序虽然不多，但是个考手艺的活，包不好就有可能走形。知了饺外观晶莹透明，让人增食欲。

2. 原料组配

面粉 500g，温水 225g，猪腿肉 400g，味精 2g，胡椒粉 1g，猪油 200g，料酒 10g，芝麻油 5g，酱油 10g，葱花 30g，精盐 5g，香菇末 100g。

3. 制作程序

(1) 在圆皮的一面拍上干粉折叠呈“人字形”，反过来放入馅心，把“人”字的两边向顶端折起，对捏成两条直边，成知了饺的翅膀生坯。

(2) 取余下皮子的中点捏一小尖向中间推进，中间形成两个孔洞，即成知了饺的眼睛，在知了饺的翅膀直边上，用拇指和食指在皮子的边沿上捻捏出左右对称的波浪形花纹，将反面原折起的边翻出，在两个圆形孔洞中填上香菇末，即成知了饺的生坯。

(3) 用旺火蒸 5min 即可。

4. 成品特点

造型逼真，小巧可爱，适合筵席点心。

5. 注意事项

(1) 知了饺子属于蒸饺的一种，馅料主要包括虾仁和冬菇，味道鲜咸适中。

(2) 知了饺子是水调面团中的温水调制而成的，面皮有韧性和可塑性。

第三节　广式特色面点品种制作

一、蔗汁马蹄糕

1. 品种简介

蔗汁马蹄糕，是广西风味名点。桂林特产个大、皮薄、肉质细嫩、松脆香甜的马蹄肉。此点是以糖水拌和马蹄粉蒸制而成。有的在粉上面撒上一层薄的鲜马蹄片。蔗汁马

蹄糕其色茶黄，呈半透明，脆、滑、爽、韧兼备，味香甜。其制品具有晶莹通透、清甜爽滑的风味特点。

2. 原料组配

马蹄粉 600g，白糖 1250g，色拉油 150g，鲜荸荠 150g。

3. 制作程序

(1) 将马蹄粉放入盆中，加入清水 2000g，搅匀，至粉质沉淀后，倒去浮面的杂质和表面的清水。

(2) 锅置火上，放入色拉油、白糖 250g，用小火慢熬，至色呈金黄色时，倒入清水 2000g，烧沸至糖溶化。

(3) 将经过处理的马蹄粉，加清水 1000g，用铁勺浇入沸水里，煮成稀熟马蹄粉糊，把锅离火，边搅边浇，全部搅入后，加入色拉油 50g 搅匀，倒在事先涂上一层油的四方铁蒸盘内，上笼蒸 25min 取出，糕凉后，随意切成各种形状，食用前先加热。

4. 工艺教程图解（图 11.6）

①煮糖胶　②将马蹄粉与水混合过筛　③-④马蹄粉与糖胶混合
⑤镶出马蹄粒　⑥待蒸制的马蹄糕　⑦蒸熟　⑧成熟切块

图 11.6　蔗汁马蹄糕

5. 成品特点

色泽金黄，晶莹光亮，爽滑清甜，带有蔗糖汁之香味。

6. 注意事项

(1) 马蹄糕浆的用水量、调制方法应根据马蹄粉的质量灵活掌握。

(2) 熬糖时要注意火候的掌握，不能熬焦，一般用中小火熬制。

(3) 马蹄糕蒸制的时间不宜过长，否则制品不爽口。

二、腊味萝卜糕

1. 品种简介

腊味萝卜糕是广东风味名点，此点是先以籼米磨浆，再与白萝卜、腊肉制成半成品后煎制而成。其制品清淡软滑，内外洁白，咸鲜爽口，油而不腻，口味独特，冬令时吃更佳。

2. 原料组配

刮净萝卜 2000g，红萝卜 150g，粘米粉 1250g，澄面 100g，虾米 50g，腊肉 150g，白糖 75g，味精 17.5g，猪油 100g，胡椒粉 10g，生油 25g，清水 1750g。

3. 制作程序

（1）白萝卜和红萝卜刨成丝状，腊肉、虾米切成小粒，米粉用 750g 清水拌和成稀粉浆置盆中，待用。

（2）萝卜丝与清水 1000g 放在锅中同煮，煮至萝卜全部熟透变软时连水一起倒入调好的稀粉浆，并搅拌均匀，把稀浆烫成半熟的糊状，随即加入各种调味料，拌和后加入猪油，拌至均匀时全部倒在 32cm×32cm×5cm 不绣钢方盘中，在上面洒上腊肉丁和虾米丁，放在蒸笼用旺火蒸约 1h 即可。

（3）取出待凉透，用刀切成长方形块，可冷食，可在平锅中煎至两面金黄上桌。

4. 工艺教程图解（图 11.7）

①白萝卜切成大丝　②腊肉切片　③切好的腊肉小粒

④虾米切成茸　⑤白萝卜煮熟　⑥煮熟萝卜丝与黏米粉混合

⑦加入虾米腊肉粒待蒸制的萝卜糕　⑧入蒸笼用旺火蒸熟　⑨成熟切块

图 11.7　腊味萝卜糕

5. 成品特点

清淡软滑，内外洁白，口味独特，冬令更佳。

6. 注意事项

（1）黏米粉应选用当年的大米磨成的粉，否则萝卜糕失去胶粘性。

（2）煮熟的萝卜连同开水倒入稀粉浆中，要快速搅拌，使淀粉糊化的速度一致。

（3）煮制糕坯时水分不宜过多，煮制不宜过头，否则制品口感不爽。

（4）蒸制时要旺火。检验糕是否成熟时，可用一根细竹签插入糕中，提起，看竹签四周是否粘有糕粉；竹签四周光滑，说明糕已成熟。

（5）糕坯煮好后应冷却凉透后再切。

三、五香芋头糕

1. 品种简介

芋头里最好吃的数荔浦芋，它肉质细腻，具有特殊的风味。荔浦芋因产于桂林的荔浦县而得名。芋肉白色、个头大、质松软者品质上等。

芋头糕是有名的广式糕点，喝茶的时候最喜欢吃萝卜糕、芋头糕，煎的香香的，非常好吃。挑选芋头时，要选用粉质多一点的。削完芋头后如果感觉手特别痒，可洒点盐或抹点醋在手上，再在火上稍稍地烤一下就好了。芋头营养丰富，含有粗蛋白、淀粉、多种维生素、较高的钙和无机盐等多种成份，具有补气养肾、健脾胃、强身健体之功效，既是制作饮食点心、佳肴的上乘原料，又是滋补身体的营养佳品。

2. 原料组配

去皮芋头 2100g，黏米粉 1000g，精盐 50g，白糖 25g，五香粉 5g，

胡椒粉 6g，生油 100g，腊肉 100g，虾米 50g，清水 1500g。

3. 制作程序

（1）芋头切成 2cm 见方的丁，腊肉、虾米切成细粒，32cm×32cm×5cm 不锈钢方盘涂上生油少许待用。

（2）粘米粉用清水拌和成稀浆，加入少量的精盐、白糖、生油拌匀，待用。

（3）芋头过油，与其余的调味品拌和后，加入 1/4 稀浆及 75g 生油与芋头合拌，拌匀后倒在方盘上摊平，用旺火蒸至 7～8min，再加入 2/4 稀浆并分布在芋头周围，继续蒸约 20min，再把剩余稀浆全部倒放在芋头上，最上面撒上腊肉和虾米，蒸约 25min，即成芋头糕。

（4）待糕完全冷却后，用刀切成长方形块，可煎食。

4. 工艺教程图解（图 11.8）

5. 成品特点

芋味香浓，清淡可口。

6. 注意事项

（1）芋头中含有较多的淀粉，故制作芋头糕时不加澄面，这是和萝卜糕有所区别的。

（2）切块时需等糕完全冷冻下来，否则易碎，影响成型。

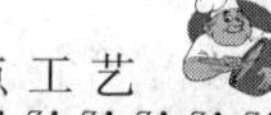

①芋头削皮

②芋头切大丁

③将芋头炸熟

④将炸熟的芋头与糖胶黏米粉混合

⑤入盘蒸熟

⑥冷却后，切成长方形块

图 11.8　五香芋头糕

四、广东炸油条

1. 品种简介

油条是一种在全国广为流传的点心，因形似棒槌，又称为棒槌油条。油炸桧（即油条前身）源于南宋，因秦桧卖国，国人恨之入骨，将面作成人形而炸之，因而得名。这里介绍广东的制作方法。

2. 原料组配

高筋面粉 500g，小苏打 4～5g，泡打粉 5g，臭粉 4g，盐 6g，白糖 15g，花生油 15g，清水 300g，鸡蛋 2 个。

3. 制作程序

（1）将面粉和泡打粉过筛，放在案板上开窝。

（2）将其他原料放在窝中拌匀，白糖擦溶后，放入打蛋机搅打，最后再摔打片刻，盖上湿布静置 20min。

（3）将面团擀成 0.5cm 左右厚的长方形面坯，轻轻按压一头，慢慢拉长另一头，切条约 10cm×3cm×0.3cm 条，用筷子沾水后在一条面坯中间轻压，再盖上另一片面坯，然后用刀背在中间压使两条粘紧。

（4）锅中放大量油烧至约 170℃，将压好的油条生坯，两手拉两头，轻轻抻拉长、拉直放入油锅中炸至金黄色即可。

4. 工艺教程图解（图 11.9）

5. 成品特点

色泽金黄，外香脆，里软韧。

①开窝 　②原料放在窝中拌匀 　③打蛋机中搅打

④静置20分钟 　⑤擀成面片 　⑥切条

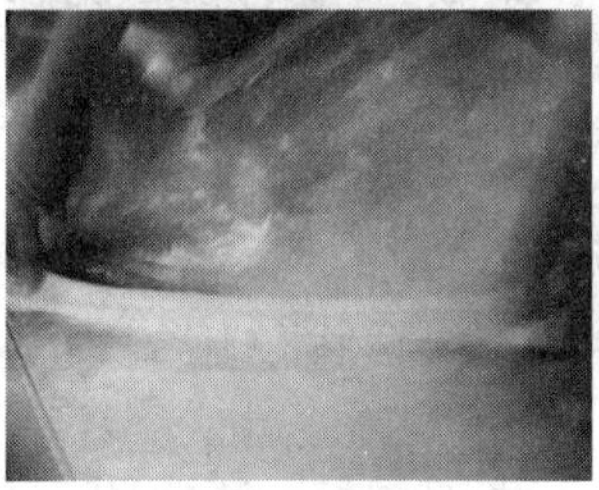

⑦抻拉 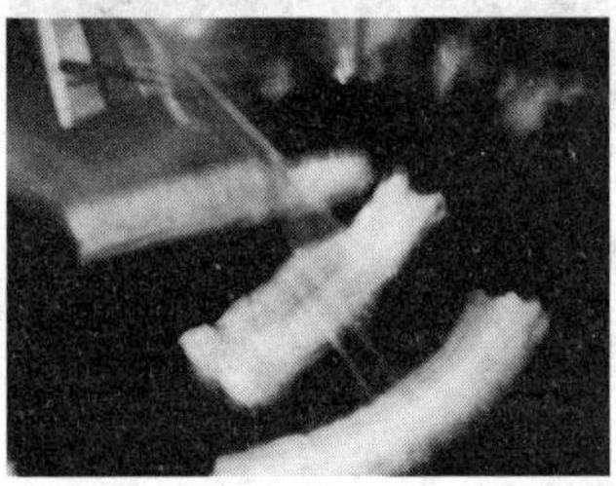　⑧放入油锅中炸 　⑨炸制成金黄色即可

图 11.9　广东炸油条

6. 注意事项

(1) 制作油条应注意以下几点：一是面团的筋韧度。如果边擀边收缩，则筋度太大，应将面团静置一段时间。二是面团的软度。面团的软硬度会影响油条的质量。三是碱性。碱大会抑制膨松，偏酸则疏发不透，上色不妥当，制作油条的关键是要酸碱必须平衡。筋度要合适，两者缺一不可。

(2) 和面团时先把糖充分溶解（糖主要起上色作用），捽打充分，和好的面团应稀软而有筋力。

(3) 擀制薄的面片时要厚薄均匀，切条大小适宜。

(4) 炸制时注意油温，翻动油条使其上色均匀。

五、莲蓉甘露酥

1. 品种简介

莲蓉甘露酥是广式一种多糖、多油、少蛋的酥饼。此点是以膨松面团作皮，莲蓉作馅心，经烤制而成，色泽金黄、油润、香滑松化可口。

2. 原料组配

低筋粉500g，白糖275g，鲜蛋2枚，牛油110g，猪油100g，小苏打3g，发酵粉7.5g，臭粉2.5g，奶粉25g，吉士粉25g，糖浆10g，柠檬黄色素适量。

3. 制作程序

(1) 将面粉、发酵粉过筛，在案板上开窝；把苏打粉均匀洒在面粉上，中间放入清水、臭粉、奶粉、吉士粉、白糖、糖浆、猪油、牛油、鸡蛋，用手擦匀至白糖6成溶解。

(2) 拌入面粉和匀，以复叠手法叠2～3次左右，即成甘露酥皮。

(3) 以酥皮包莲蓉馅，皮与馅的比例为2∶1，包成椭圆形，放进饼盘，扫第一次蛋液，待干后再扫一次蛋液入炉。

(4) 用面火200℃、底火170℃炉温烤至金黄色，饼面有裂纹，即成莲蓉甘露酥。

4. 工艺教程图解（图11.10）

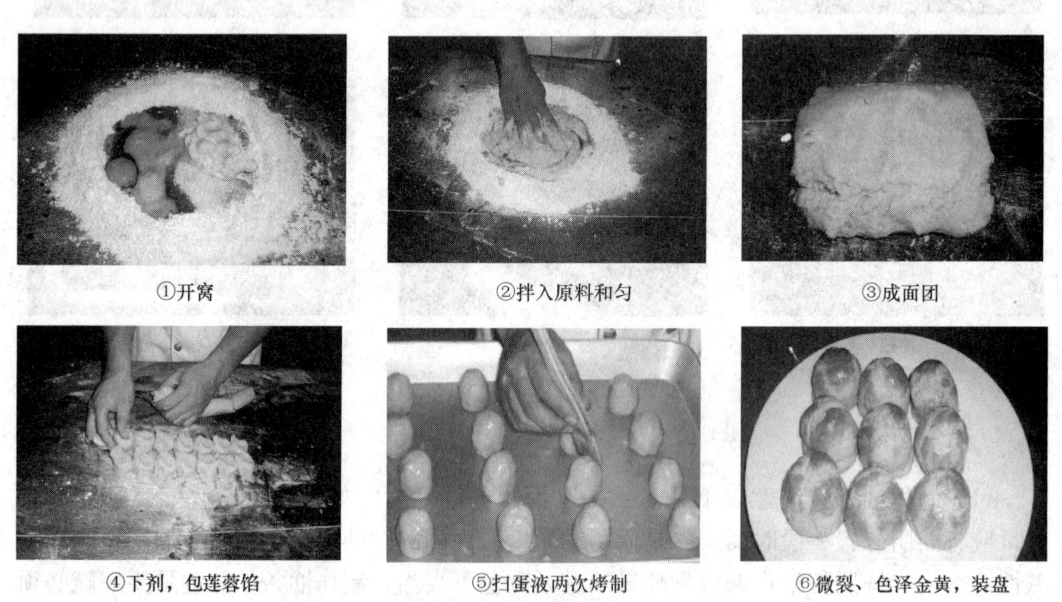

①开窝　②拌入原料和匀　③成面团

④下剂，包莲蓉馅　⑤扫蛋液两次烤制　⑥微裂、色泽金黄，装盘

图11.10　莲蓉甘露酥

5. 成品特点

色泽金黄、饼呈锥形，入口油润、香滑、松化可口，莲蓉味浓。

6. 注意事项

(1) 面粉加入发酵粉后一定要过筛，使发酵粉分布均匀。

(2) 苏打粉和面粉要充分拌匀，以免在溶料过程产生二氧化碳气体散失，影响成品疏松膨胀。

(3) 臭粉和色素粉必须用水溶解后才能使用，否则成品局部出现黄色斑点有苦味。

(4) 将面粉拌入时，不能搓揉，防止面团起筋。

(5) 面粉窝中的其他原料要充分搅拌均匀，才能将面粉拌入采用堆叠的方法调制成团。

六、老婆饼

1. 品种简介

老婆饼是广东传统饼食，在香港、台湾亦可见到，是价廉物美的食品。老婆饼呈圆形，表面是一层酥皮，里面则是冬瓜蓉，外面香脆，馅料香滑而不腻，新鲜出炉更佳。

老婆饼的起源有多个传说，传说一，从前，有个老婆因为公公生病了，家里没钱替公公治病，所以自愿卖身为奴，深爱老婆的老公为赎回妻子，努力研发了一种美味可口的饼，并且靠卖饼的钱将妻子赎回，于是，后来的人们将这种饼称为老婆饼。传说二，老婆饼由广州莲香楼首创，早年莲香楼聘请了一位来自潮州的点心师傅，他把老婆在家乡自制的冬瓜饼带给酒楼其他师傅尝试，其他师傅觉得好吃，于是莲香楼便将之改良并推出，由于这是潮州师傅的老婆制作，便把它名为“老婆饼”。

2. 原料组配

馅料：三羊糕粉500g，白糖500g，冬瓜蓉（或用椰丝）250g，熟白芝麻100g，猪油250g，沸水750g。

酥皮：中筋面粉500g，猪油250g。

水皮：低筋面粉500g，猪油175g，清水200g，白糖25g。

3. 制作程序

（1）水皮的制作：将面粉过筛，开窝，加入其余的原料，搓至溶解，再揉入面粉，搓至成条，然后下剂。

（2）油酥心的制作：将面粉过筛，混全均匀，开窝，加入猪油，搓至均匀，再搓入面粉，用复叠的方法将其压成块状，用刀切条，然后下剂。

（3）水皮包油酥心，捏好接口，搓圆。压擀开，卷起，叠酥层。再将酥层擀开，擀成中间厚、周边簿的圆皮。

（4）煮开水，把所有馅料拌匀即可。

（5）将制好的酥皮包入馅心，收口向下，擀成圆形的饼状。在饼面上轻轻划两刀见两口，在上面扫上蛋液即可。将面坯入炉烤，上火170℃，下火190℃，15min后，烤至表面呈金黄色泽、熟透即可取出。

4. 工艺教程图解（图11.11）

5. 成品特点

色泽金黄，饼皮酥松，馅心滋润，口感软滑香甜。

6. 注意事项

（1）传统原料采用冬瓜糖，也可用椰丝作馅料。若用椰丝馅心调制时，糖与水需煮沸，这样有助于椰丝吸入糖汁、油脂，使椰丝馅口感滋润肥美。

（2）在饼面烤之前要扫两次蛋液，这样烤出的色泽一致，否则颜色不够金黄。

（3）在饼面上轻划两刀，以防成熟中间体积膨大，影响美观。

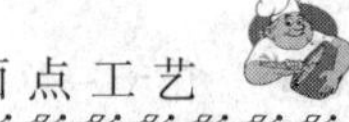

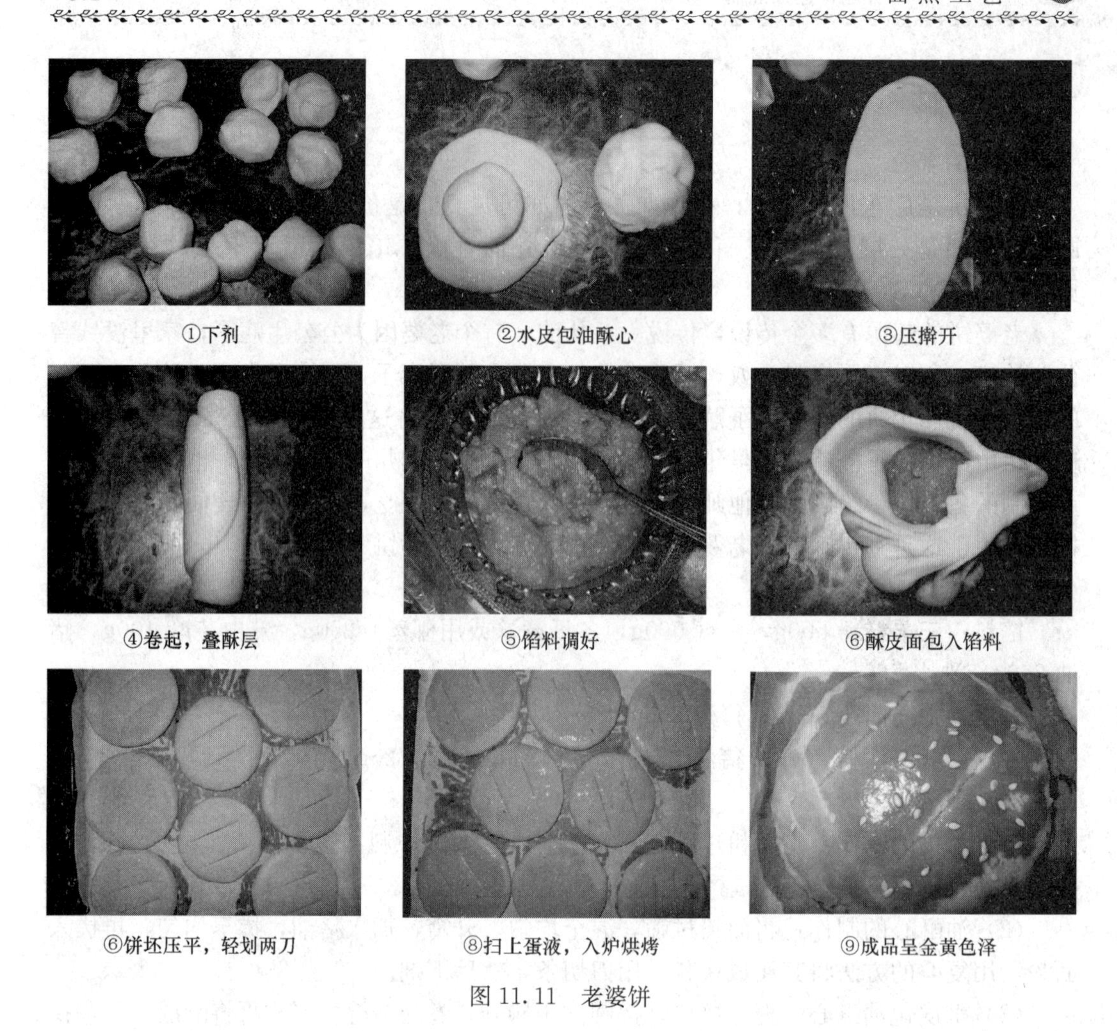

①下剂　②水皮包油酥心　③压擀开

④卷起，叠酥层　⑤馅料调好　⑥酥皮面包入馅料

⑥饼坯压平，轻划两刀　⑧扫上蛋液，入炉烘烤　⑨成品呈金黄色泽

图 11.11　老婆饼

七、叉烧包

1. 品种简介

叉烧包是广东人饮茶时必备的点心。它是广式代表性的点心之一，是粤式早茶的“四大天王（虾饺、干蒸烧卖、叉烧包、蛋挞）”之一。以切成小块的叉烧，加入蚝油等调味成为馅料，外面以面粉包裹，放在蒸笼内蒸熟而成。外形花开 3～4 瓣。

2. 原料组配

面粉 1000g，酵面 20g，瘦猪肉 1000g，盐 20g，白糖 60g，酱油 20g，酒 20g，臭粉适量，面捞芡 750g、葱姜适量。

3. 制作程序

（1）猪肉切长 10cm、厚 3cm 的长条。

（2）放盐、糖、酒、姜、酱油等腌制 2～3hr，放烘箱烤至熟透（250℃），切丁或指甲状。

（3）拌上面捞芡，即成叉烧馅。

（4）取发好的酵面，搓条，摘剂，按扁，包入馅心，将包皮合拢捏成圆球形，上笼旺火蒸 10min 至熟。蒸叉烧包时要洒上水以令包面平滑。

4. 工艺教程图解（图 11.12）

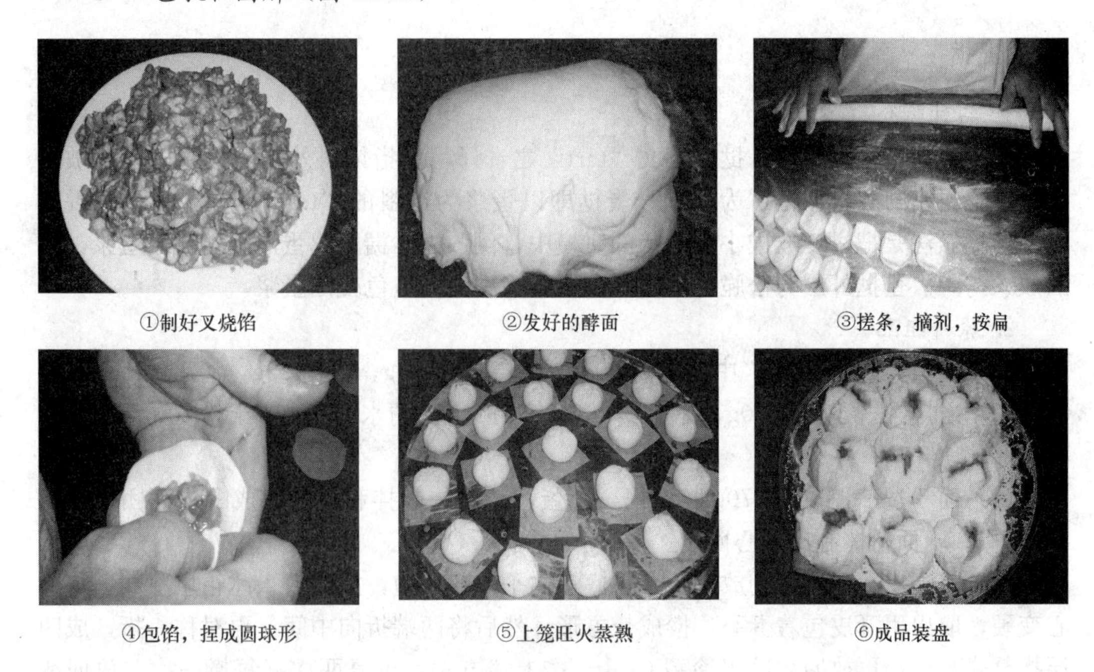

①制好叉烧馅 ②发好的酵面 ③搓条，摘剂，按扁

④包馅，捏成圆球形 ⑤上笼旺火蒸熟 ⑥成品装盘

图 11.12 叉烧包

5. 面捞芡制法

（1）用料：粟粉 40g，生粉 30g，面粉 30g，深色酱油 20g，浅色酱油 40g，白糖 130g，蚝油 75g，精盐 10g，麻油 10g，生油 50g，洋葱 15g，清水 500g。

（2）制法：

① 粟粉、生粉、面粉一齐过筛，用清水 200g 拌成稀粉浆，洋葱切碎待用。

② 生油烧热，将洋葱炸香捞起，成为葱油。将葱油一半留在锅中，加入剩余的清水和各种调味品，混合煮沸时，将锅离火，把稀粉浆加入锅中，并不停地搅拌，稀粉浆投放完后，再将锅放回火位上继续再煮，边煮边搅拌并加入剩余葱油、煮至沸透即可起锅，待冷却凝成膏状即成面捞芡。

6. 成品特点

皮色洁白、包面含笑而不露馅，内馅香滑有汁、松软、馅味浓郁、爽滑。甜咸适口，滋味鲜美。

7. 注意事项

（1）叉烧包开花是因臭粉遇热后，产生大量的气体，形成 3～4 个花瓣。

（2）猪肉切条时最好顺着肉的纹路直切，以免烤时断裂。

（3）叉烧馅也可先煎后煮制成。如用煮法成熟应注意腌制时少放糖，待将起锅时再放糖上色，煮时须用锅盖盖严以防酒香气散失，待叉烧卤汁收干颜色红亮即可起锅。

(4) 叉烧包一般大小约为直径五公分左右，一笼通常为三或四个。好的叉烧包采用肥瘦适中的叉烧作馅，包皮蒸熟后软滑刚好，稍微裂开露出叉烧馅料，渗发出阵阵叉烧的香味。

八、蛋挞

1. 品种简介

蛋挞，台湾称为蛋塔，挞为英文“tart”之音译，意指馅料外露的馅饼（表面被饼皮覆盖馅料密封之批派馅饼为 pie）；蛋挞即以蛋浆为馅料的“tart”。香港酒楼茶餐茶点。蛋挞做法是把饼皮放进小圆盆状的饼模中，倒入由砂糖及鸡蛋混合而成之蛋浆，然后放入烤炉。蛋挞外层为松脆之挞皮，内层则为香甜的黄色凝固蛋浆。

2. 原料组配

(1) 皮料：奶油 500g，中筋面粉 400g，去壳鸡蛋 75g，白糖 25g，清水约 125g。

(2) 馅料：去壳鸡蛋 500g，白糖 450g，淡鲜奶 500g，清水 250g，吉士粉 20g，粟粉 5g。

3. 制作程序

(1) 面粉过筛，取用 270g 与白糖，鸡蛋、清水一起拌和均匀，成酥皮面团。奶油与余下 130g 面粉擦制成酥心面团。

(2) 将酥皮、酥心分别放在一个平底盘内平铺各一边，加盖放入冰箱里冷藏，待酥心变硬，取出用酥皮包着酥心，擀成长方形，然后将两端折向中间，再对称一折，成四层折叠式酥皮，再放回冰箱里冷藏 0.5h，按上述方法，重复两次（每擀一次，放回冰箱冷冻），即成擘酥面团，待用。

(3) 鲜奶放入锅中煮沸即取起。白糖、粟粉、吉士粉拌和成混合糖。另清水煮沸，将混合糖徐徐放入沸水中，边放边搅拌，以防结团，糖溶后稍煮至刚开（一滚）端离火位，待凉后与鲜奶混合，成奶糖水。鸡蛋搅拌成蛋液，与奶糖水混合，再用密萝筛过滤，即成蛋挞水。

将酥面团从冰箱里取出来，稍静置片刻，用通心槌将酥面团擀薄约 4mm 的厚度，用圆形模具压成直径 8cm 的圆皮，每块约重 25g，即成蛋挞皮。每块挞皮放在挞模内，捏成边圆形挞坯盏。

(4) 挞坯盏排放在烘烤盘内，蛋挞水盛在小茶壶内，分别倒入蛋挞坯中，成蛋挞生坯，用面火 180℃、底火 200℃炉温将蛋盏烘至成熟即可。

4. 工艺教程图解（图 11.13）

5. 成品特点

滑润香酥，入口即化，酥层清晰，诱人食欲。

6. 注意事项

(1) 擘酥皮用的油脂较多，所以要放在冰箱冷冻才易于操作。

(2) 蛋挞皮放在模具内，一定要紧贴模具、捏紧捏实，否则烤熟时皮和模具分离，影响美观。

①酥皮拌和均匀

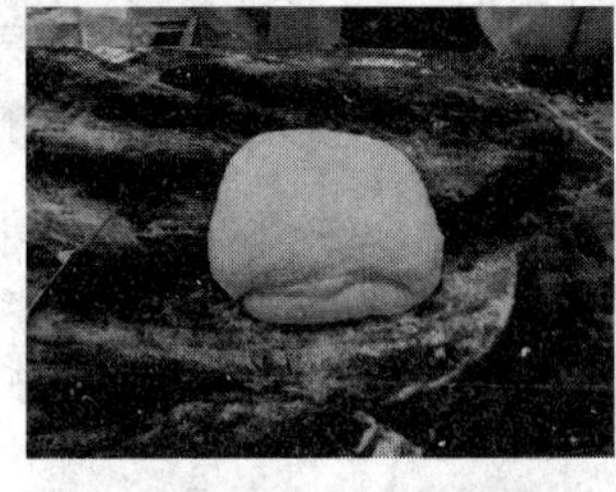

②酥皮，冰箱里冷藏

③酥心面团，冰箱里冷藏变硬

④取出，用酥皮包着酥心

⑤擀成长方形

⑥两端折向中间，再对称一折

⑦四层折叠式酥皮

⑧圆皮压在挞模内，挞坯盏中放入蛋挞水，烘至成熟

⑨装盘

图 11.13　蛋挞

（3）调制蛋挞水时，蛋液需等混合液冷却再加入。

（4）蛋挞水的分量装为坯内壁九成满。

九、鲜虾饺

1. 品种简介

鲜虾饺是一款广东名点，采用澄粉面团作皮，鲜虾肉作馅，蒸熟后皮薄馅透明，味美。鲜虾饺成品皮薄馅多，透明晶莹，味鲜可口，制作精巧，有一定难度。一般饺皮需用普通面粉，鲜虾饺改用澄面，以增大成品的透明度。与此同时加入一定淀粉，出面团起劲大，擀不开，后来用刀子横摊，于是迎刃而解，终于创制成功。

2. 原料组配

澄粉 365g，生粉 110g，栗粉 25g，猪油 20g，精盐 5g，沸水 700g，鲜虾肉 500g，肥猪肉 100g，熟笋肉 200g，胡椒粉 1.5g，精盐 10g，味精 12.5g，白糖 15g，生粉 5g，猪油 75g。

3. 制作程序

（1）澄面、栗粉一起过筛后装在盆中，放入精盐，并将沸水一次性加入澄面

中，用擀面杖快速搅拌成团，烫成熟澄面。随即倒在案板上，待凉加入生粉，揉成光滑的粉团，最后加入猪油再揉匀，成为虾饺皮粉团后，用半湿洁净的布盖上，备用。

（2）用精盐10g，食粉3g，与鲜虾肉拌匀后，腌制15～20min（腌制虾肉用的精盐、食粉用量不列入馅料内），然后用自来水轻轻冲洗虾肉，直至虾肉滑爽变白即可捞起。

（3）将捞起的虾肉用洁白的干毛巾吸干水分，肉身较大的切成两段；肥猪肉放水中煮开，切成细粒，竹笋切细粒或细丝，焯水捞出压干水分，用猪油拌和，待用。

（4）虾肉与生粉拌和，加入各种调味品，再加入拌了猪油的笋丝拌和成虾饺馅。可放入冰箱冷冻一下再用。

（5）将虾饺馅和虾饺皮各分成80份，用拍皮刀将每块皮压薄成直径约6.5cm的圆皮，包入馅心，捏成弯梳形饺坯，用旺火蒸制4～5min即可。

4. 工艺教程图解（图11.14）

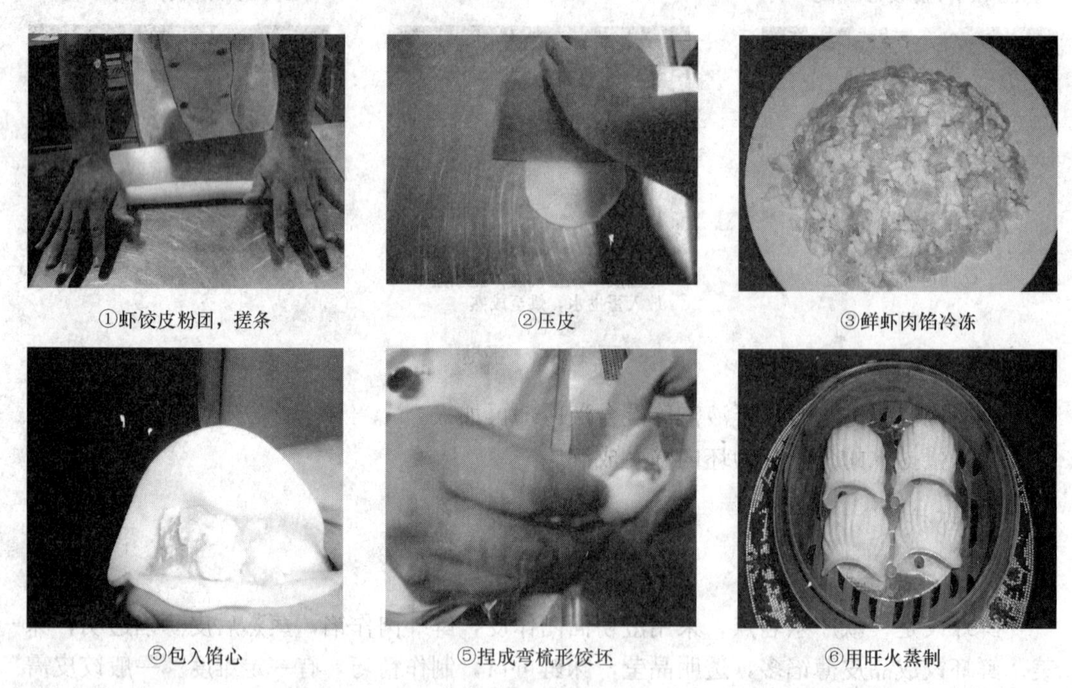

①虾饺皮粉团，搓条　②压皮　③鲜虾肉馅冷冻

⑤包入馅心　⑤捏成弯梳形饺坯　⑥用旺火蒸制

图11.14　鲜虾饺

5. 成品特点

皮薄馅多，晶莹透明，形状美观，馅鲜湿润，味鲜可口，滑中夹爽。

6. 注意事项

（1）一般饺皮需用普通面粉，鲜虾饺改用澄面，以增大成品的透明度。与此同时加入一定淀粉，出面团起劲大，擀不开，后来用刀子横摊，于是迎刃而解，终于创制成功。

（2）用刀压皮时，压皮的一面要拖油布一次。

（3）包捏时，两手配合，每个饺子的皱褶在11~12个。

十、广式月饼

1. 品种简介

相传我国古代，帝王就有春天祭日、秋天祭月的礼制。在民间，每逢八月中秋，也有左右拜月或祭月的风俗。月饼最初是用来祭奉月神的祭品，后来人们逐渐把中秋赏月与品尝月饼，作为家人团圆的象征，慢慢月饼也就成了节日的礼品。

月饼发展到今日，品种更加繁多，风味因地各异。其中京式、苏式、广式、潮式等月饼广为我国南北各地的人们所喜食。

月饼象征着团圆，是中秋佳节必食之品。在节日之夜，祈祝家人生活美满、甜蜜、平安。

2. 原料组配

1）月饼皮

糖浆500g，月饼专用粉700g，花生油125～150g，枧水20～25g，吉士粉25g。

制法：（1）把已过筛的面粉中间开窝，中间放入糖浆，加入花生油拌匀。

（2）加入吉士粉拌匀，放置3h左右，便成月饼皮了。

质量要求：皮质柔软，软硬适度。

2）月饼馅心的制作

（1）五仁馅：

原料组配：杏仁5000g，榄仁6000g，合桃仁4000g，瓜仁6000g，白麻仁4000g，生冰肉10000g，糖冬瓜4000g，生油3000g，曲酒1000g，玫瑰糖1000g，橘饼2000g，砂糖8000g，糕粉9000g，水8000g。

制法：①先将水用器具盛载，加入白砂糖搅拌至溶解。

② 桔饼、糖冬瓜等用刀切成小粒备用。

③ 将所有原料拌匀。

④ 将馅心制作成每100g的小球。

（2）肉松馅：

原料组配：五花肉5000g，白糖150g，盐75g，汾酒75g，生抽110g，味粉150g，胡粉15g，硝40g，红色素少许。

制法：①将肉切成片，加硝拌匀，加入汾酒，再加其他原料拌匀，腌制2h。

② 将腌制好的肉块，放在蒸笼内，晒干水分（约2天）。若天气不好，用烘炉慢火烘（50℃）。（注：不能用高温，否则不能拆开）

③ 将晒干的肉片置蒸笼内蒸1h（不蒸也可以），取出放在案板上，用饼印打散，拆开成肉松即成。

（3）叉烧馅：

原料组配：猪前夹肉5000g，白糖225g，盐60g，生油100g，曲酒15g，香料粉

20g，南乳5块、生葱150g，麻油25g，老抽50g。

制法：① 将肉切长条，用曲酒拌匀，再加入其他配料，腌制1～2h。

② 将腌制的肉条均匀放在烘盘里，用280℃的炉温烘烤15min即成。

（4）白莲蓉蛋黄馅：

原料组配：白莲蓉80g，咸蛋黄一个。

制法：① 将咸鸭蛋洗灰去壳，然后除去蛋清风干再用花生油洗一下（不能用水洗），晾干后，喷白酒，去其腥味。

② 放入烘炉烘熟，包入白莲蓉内，即成莲蓉蛋黄馅。

3. 制作程序

1）月饼制作

（1）选取25g月饼皮、100g的馅心。

（2）取一张月饼皮，包入馅心。包制时让皮紧贴馅心，以保证月饼烤熟后皮馅不分离。月饼模型中刷一层薄薄的油，包好的月饼表皮可轻轻的抹一层干面粉，把月饼球放入模型中，轻轻压平压实。然后上下左右都敲一下，就可以轻松脱模了。

2）工艺过程

（1）月饼成型→表面喷水→第一次烘烤用高温炉烘烤至表面金黄色→出炉→表面降温（5min左右）→扫蛋水2遍→第二次烘烤（入炉用高炉温）→待表面先上色→用低炉温焗至月饼呈腰鼓状→出炉→3～5天月饼回软，14天左右会回油。

（2）扫蛋水：四个蛋黄，一个全蛋，盐少许（打匀，过筛），加入香橙色香油，炉温：高炉温，面火230～250℃，底火170～180℃。低炉温：面火160℃，底火150℃。

（3）烘烤：月饼烘灶要经过两次烘烤制熟完成。

① 初烤：去掉饼面上的干粉，表面喷上水，进行烘烤。温度：上火230℃，下火180℃，烘烤时间为5min。

② 复烤：将初烤稍上色的饼坯取出降温，刷上全蛋液，调整烤箱温度后，继续进炉烘烤至定型。上火210℃，下火170℃，烘烤时间为10～15min。

4. 工艺教程图解（图11.15）

5. 成品特点

色泽棕黄，图纹清晰，腰边起鼓，柔软香甜。

6. 注意事项

（1）制作糖浆皮最适宜用低筋面粉或月饼专用面粉。面粉湿面筋含量在22%～24%为佳。中筋面粉可适量使用，高筋面粉则不宜使用，因面粉筋力过高面团的韧性和弹性大，这样就容易出现面团变硬，可塑性差，酥性不够，烘烤后饼皮不够松软和细腻，影响成品质量。

（2）制作糖浆皮，一定要选用优质花生油，最好选用近年一些企业生产的月饼专用油。其原因是：生油含有大量的不饱和脂肪酸，营养价值高，制成的月饼滋润，回油快，色泽鲜明，口感有清香味。

①面粉加入糖浆，拌匀

②冰糖肉切丁，拌成五仁馅

③伍仁馅心捏成团（制作伍仁馅）

④莲蓉包入烤熟的咸蛋黄
（制作莲茸蛋黄馅）

⑤压月饼皮包入馅料

⑥放入模型中，压平压实

⑦脱模

⑧复烤前扫两次蛋水

⑨进炉烘烤

图 11.15　广式月饼

（3）和面时加入适量的碱水，其作用主要有：

① 中和转化糖浆中的酸，防止月饼产生酸味和影响口味。

② 控制回油的速度，调节饼皮软硬度。

③ 使月饼的碱度（pH）达到易于上色的程度。

④ 枧水和酸中和时产生 CO_2 气体可使月饼适度膨胀，口感疏松。但如果碱水放得过多，会使成品色泽显得暗瘀，易焦黑，烘熟后饼皮霉烂，影响回油。而碱水放得过少，烘烤时饼坯难上色，熟后饼边出现乳白点或皱纹，外观欠佳。

（4）饼皮加枧水的目的：一是为了上色，二是中和糖浆的酸性。没有碱水就用等量的小苏打和水代替。

（5）饼馅的制作与关键。月饼的馅不能太稀，否则成熟时会露馅。烤制时温度过高，表面的花纹不清晰，所以一定要低温烘焙。广式月饼的皮一定要薄，厚了制品花纹也没有了。

饼皮和面过软，则容易粘饼模，如果使之容易脱模，必须使用过多的粉焙，粉焙过多，容易引起饼面有白点或离壳，光润度差。若饼皮过硬，包馅时容易爆裂、露馅，烘熟后成品有皮现象，回油差，冷却后饼皮整块脱落，饼形呆板，胀润度差。

十一、冰花鸡蛋馓

1. 品种简介

冰花鸡蛋馓是广西风味名点。在广东、香港也很盛行。此点是以面粉、鸡蛋、清水及化学膨松剂制作的坯皮，经过油炸后再淋上一层糖浆而制成的一道甜点。此制品酥脆可口，香甜味美；不油不腻，清甜松化，是深受人们喜爱的茶点之一。

2. 原料组配

主料：高筋面粉 500g，净蛋 350g，臭粉 20g，泡打粉 5g，猪油 5g。

糖浆：白糖 1000g，清水 350g，柠檬酸 1g。

3. 制作程序

（1）将面粉过筛，放在案板上开窝，将鸡蛋、溴粉放进窝中擦透；拌入面粉，搓至纯滑有筋，再加入猪油，用洁净布盖着静置 20min。

（2）将面团擀成厚约 2mm 的长方形薄片，切成宽 4cm，长 10cm 的长条，对叠在一起，折起后中间顺切三刀，一端打开向内翻一下即成生坯。

（3）锅洗净，放入水和糖，煮至糖完全溶化，滴入柠檬酸便制成糖胶。

（4）将油用中上火烧至约 160℃，将生坯入油中炸成金黄，捞起控油，淋上糖胶拌匀即可。

4. 工艺教程图解（图 11.16）

5. 成品特点

酥脆可口，香甜味美；不油不腻，清甜松化。

6. 注意事项

（1）在擀皮的时候要用生粉。

（2）刀口要切齐。

（3）煮糖胶的时候柠檬酸不能放太早，否则会使糖胶变黑。

（4）挂浆时要快速，以免糖浆变冷硬化。

十二、掰酥鸡粒角

1. 品种简介

掰酥鸡粒角是广东风味名点，以掰酥面团作皮，以熟制的鸡粒作馅料制作而成。掰酥又叫千层酥或多层酥，由于它所含油脂量较多，起发膨松的程度比一般酥皮都大，各层的张开距离比其他酥皮要宽而分明，且层次较多，因而有“千层酥”之称。掰酥鸡粒角具有色泽黄亮，层次分明，酥松香醇、咸鲜爽口的风味特点，是广式茶楼饭店中常备的点心。因其味道咸香，口感酥松，故深受人们的喜爱，在粤港澳地区甚为流行。

2. 原料组配

（1）掰酥皮：奶油 500g，中筋面粉 500g，去壳鸡蛋 75g，清水 150g，白糖 25g。

（2）馅心：鸡肉 125g，鲜虾肉 100g，笋肉 25g，鸡肝 50g，湿冬菇 25g，绍酒 7.5g，

①调制面团

②面团调好后，静置

③擀面

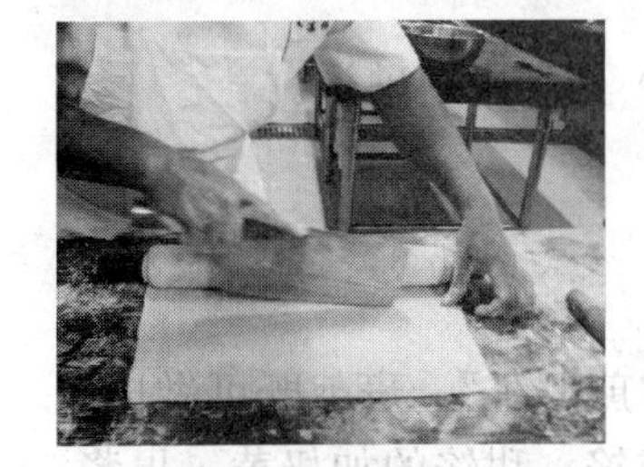

④切面片

⑤码切成六条

⑥顺切三刀

⑦一端打开向内翻

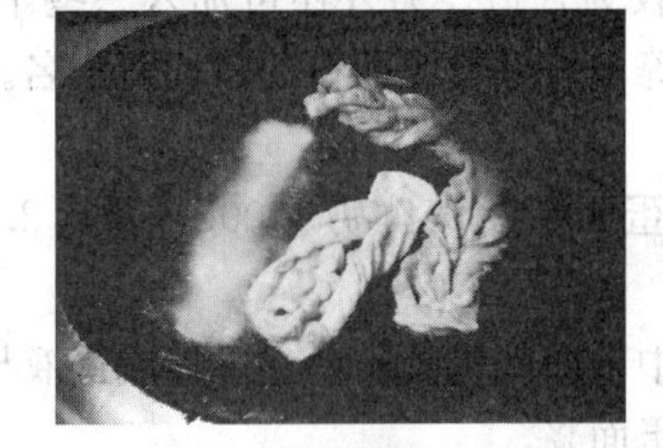

⑧炸制成熟

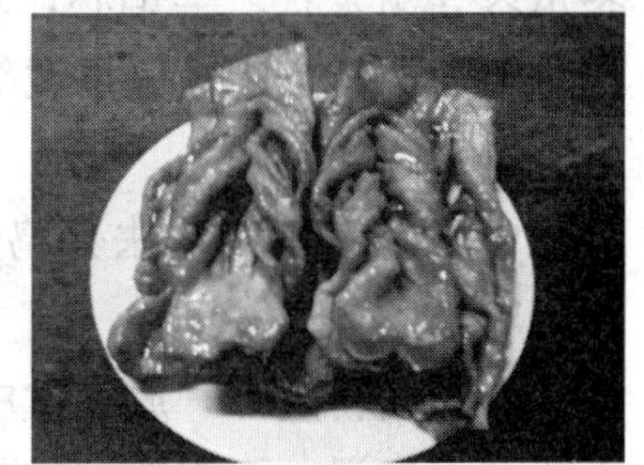

⑨淋上糖胶，装盘

图 11.16　冰花鸡蛋馓

马蹄粉 17.5g，清水 75g，生油 250g，盐、味精适量。

3. 制作程序

（1）取奶油 50g，与面粉 300g，白糖、鸡蛋、清水一同拌和成团，成酥皮；余下的奶油与面粉拌和成油粉团，成酥心。

（2）将酥皮、酥心分别放在一个平底盘内，放到冰箱里冷藏，待酥心凝固，取出用酥皮包酥心的方法将粉团擀成长方形，然后将头、尾两端折向正中部位，再对折一下，成四层折叠式酥皮，再放回冰箱冷藏，按此方法重复两次，成为掰酥皮，待用。

（3）马蹄粉另用少量清水拌成湿粉浆；鸡肝用沸水泡熟，晾凉后与鸡肉、湿冬菇、笋肉切成小粒；鸡肉、鲜虾肉用湿粉浆少许拌匀。

（4）生油烧 3～4 成热，将鸡肉、虾肉放进油中过油，捞出。锅中留底油，放进全部原料略炒，加各种调味品炒匀用水淀粉勾芡起锅，成鸡粒馅。

（5）将鸡粒馅分作 26 份，掰酥皮擀薄，用光身铁质印模印出酥皮 26 块（每块重约 35g），每块酥皮包入鸡粒馅 1 份，捏成角形，排放在烤盘中，用面火 180℃，底火 200℃炉温烤熟即可。

4. 成品特点

色泽金黄，层次分明，酥松香酥，咸鲜爽口。

5. 注意事项

（1）最好选用凝结有韧性的板猪油或牛油，而且酥皮与酥心既不能冻得太硬，也不能太软，两者的软硬度要一致，才能使成品的起酥层次良好。

（2）开酥时手法一定要轻巧，用力要均匀，否则影响层次。

（3）成形时角边不能捏死，将馅心包紧即可。

（4）注意烤制时的炉温不能过高，要用中火（约180℃）烤至上色熟透。

十三、椰子酱班戟（广东西点）

1. 品种简介

班戟原是西餐中的甜品。从中文译意理解，班戟意为“煎薄饼”。班戟既可做成咸味，也可做成甜味。咸味的如鸡丝、火腿丝、鲜三丝等熟咸馅；甜馅的如奶黄、果酱、冬瓜蓉等糊浆状之类馅心，较为合适。另外还可加入一些干果或果干，如杏仁、核桃仁、葡萄干、芝麻及鲜果泥等。按果子或配料的名称而定名。

2. 原料组配

中筋面粉500g，去壳鸡蛋400g，淡鲜奶1000g，精盐2.5g，椰子酱1000g。

3. 制作程序

（1）面粉过筛，放在盆中，加入精盐；鸡蛋搅拌成蛋液与鲜奶放进面粉中调拌，将面粉调成匀滑、不夹粉粒的蛋面浆。

（2）平锅烧热，用毛刷涂上少许花生油在锅内，用铁勺舀上蛋面浆30g倒进平锅内，把蛋面浆在平锅内摊平，用中小火煎至面浆离锅边时可翻转再煎另一面，当面浆成形能拉动时，即已成熟，成班戟皮。

（3）椰子酱用筛过滤，椰酱分作60份，每块皮包入椰酱一份，折成长方形班戟。

（4）平底锅烧热，把少量生油放到锅内，将班戟坯分批放到煎锅中，用中小火煎至两面金黄即可。

4. 成品特点

蛋色味浓，甜香软滑。

5. 注意事项

（1）蛋液与鲜奶放入面粉调拌后，切不能拌成夹粉粒的蛋面浆。

（2）煎制时不要用大火，防止煎糊煎焦。

十四、娥姐粉果

1. 品种简介

娥姐粉果是广东的名小吃。传说娥姐是一官僚的女佣，聪明漂亮，能做几种细点。她把晒干的大米饭磨成粉，用开水和面做皮，以炒熟的猪肉、虾、冬菇、竹笋末做馅，包好上笼蒸熟，称为“娥姐粉果”。后传入酒楼，被各酒楼茶室纷纷仿制，娥姐粉果越传越广。

现在此点是用澄面和生粉做皮，用猪肉、叉烧、冬菇、笋肉、生虾肉、白糖、酱油、精盐、味精、白酒、胡椒粉做馅。每个粉果包馅六钱，要包得满而不实，形如榄核，可蒸可煎。

2. 原料组配

（1）皮料：生粉350g，澄粉150g，清水725g，猪油20g，精盐5g，味精5g。

（2）馅料：瘦猪肉140g，肥猪肉60g，湿冬菇25g，马蹄肉50g，虾米50g，芫荽25g，芫荽叶60片、胡椒粉15g，精盐6g，生油50g，浅色酱油10g，绍酒15g，麻油5g，白糖12g，清水125g，生粉适量。

3. 制作程序

（1）将瘦猪肉、肥猪肉、马蹄肉、湿冬菇分别洗净，切成细粒；虾米浸泡后切粒；芫荽洗净切碎。

（2）生粉用少许清水稀释成粉浆，备用。炒锅放进少许生油将虾米略煸炒，装起。炒锅加入生油将瘦猪肉、肥猪肉略炒下绍酒炒香，并放入马蹄肉、冬菇、虾米、清水和各种味料一同炒匀，最后用生粉勾芡起锅，待稍凉放入芫荽与馅料拌和成粉果馅。

（3）将澄粉、生粉和匀过筛，和盐一起装在钢锅里，将煮沸的清水立即倒入盆内，并用面杖搅拌，加盖焖5min即可。取出放在案板上揉匀，最后加入猪油再搓匀即成粉果皮。

（4）将不绣钢底板放入蒸笼内，在底板上涂上一层薄薄的生油，待用。

（5）将粉果馅和粉果皮各分成60份，用擀面杖擀成圆形薄皮，粉皮直径在7.5cm。

（6）每块粉皮的前端放上芫荽叶1片，然后放上粉果馅两边对折捏成角形（头尾两端要够尖，像平面榄核），成为粉果坯，用平底锅煎至两面金黄。

4. 成品特点

皮薄透明，白里透绿。馅料干湿适中，鲜味可口。

5. 注意事项

（1）调制粉果皮加入沸水时，搅拌的速度要快，以便糊化程度一致。

（2）包捏时在皮子的四周可涂少量的蛋液，成形时可用小剪刀剪去边角作适当的修饰。

十五、椰丝凤凰球

1. 品种简介

椰丝凤凰球是广东风味名点，是由西式点心中的虾堆皮演变而来的。成品若不装入椰丝，只在表面筛上糖粉，就是雪花凤凰球。其制品具有品质酥松、色泽黄亮、蛋香浓郁、口感香甜的特点。是筵席和茶市中的常备点心。

2. 原料组配

皮料：中筋面粉500g，牛油75g，清水600g，净蛋850g。

馅料：糖椰丝1000g，糖粉300g，炼奶250g，鲜奶油、奶黄、椰蓉适量。

3. 制作程序

(1) 清水与牛油放在锅中，加热煮沸，将面粉倒进沸水中搅拌至均滑，煮至完全成熟。

(2) 随即将熟面团放进搅拌器中，逐个加入鸡蛋，边加边擦至匀滑，成为蛋面团。

(3) 牛油烧至120℃，拉离火位，将蛋面团捏成小球状分别投放入油中炸至完全成熟（体积比原来大3倍）。

(4) 将蛋球胚横剪开口，把糖椰从开口酿入蛋球坯内，糖粉洒在蛋球表面即可。

4. 成品特点

色泽金黄，造型特别，口感脆爽，蛋香浓郁，椰丝清新香甜，创新性强。

5. 注意事项

(1) 面粉在沸水中搅拌均匀，利于成熟。

(2) 鸡蛋要逐个加入搅打，才能使鸡蛋与面粉充分融合。

(3) 当油温为120℃左右，将球坯放入油中浸炸20min。

(4) 注意炸制时的油温，使其完全成熟膨胀，油温太高易使鸡蛋炸焦。

(5) 蛋球开口适中，可放入馅料即可。馅料可更改创新，制作不同口味。

十六、泡芙

1. 品种简介

泡芙是一种源自意大利的甜食。蓬松张孔的奶油面皮中包裹掼奶油、巧克力乃至冰淇淋。我国称之为“哈斗”、“气鼓”、“虾堆”。

泡芙在制作时，首先使用水、奶油、面和蛋做成空心包裹，呈鼓状。这个面质包裹里所含的蛋在烤的过程中形成一个空洞。泡芙里面包裹的淇淋（馅料）是通过挤注或者将表面顶部撕破后加进去的。在泡芙的包裹的表面还可以撒上糖、糖冻、果实或者巧克力。

2. 原料组配

(1) 外壳原料：

面粉60g，无盐黄油50g，水1/2杯，盐1/4小勺，砂糖1小勺，鸡蛋2个。

(2) 填充用奶油原料：

面粉40g，砂糖50g，蛋黄4个，牛奶1杯，奶油香精数滴，鲜奶油1/2杯。

3. 制作程序

(1) 准备阶段：

① 烤箱设定到200℃的温度，预热。

② 外壳和填充用奶油的面粉都分别过筛2次，备用。

(2) 制作外壳：

① 在锅内放入黄油和水、盐，砂糖加热，并用打蛋器搅拌，黄油全部融化后，转小火加入面粉，呈面糊。

② 用力搅拌面糊大约5min左右，锅底有薄膜出现时关火。

③ 趁锅内还有余热时，放入 1/3 打散的鸡蛋，用打蛋器迅速搅拌，搅拌均匀之后，将剩余的鸡蛋液全部投入锅内，并搅拌均匀。

④ 搅拌至糊状时，即可放入裱花袋，在垫有白纸的烤盘上挤压成若干个圆球状生坯。

⑤ 用烤箱 200℃烤 20min 接着用 160℃烤 15min 即可。取出，待凉。

(3) 用奶油填充：

① 在锅内放入黄油、砂糖、蛋黄和 2 大勺牛奶，用打蛋器搅拌均匀后加入剩余的牛奶和奶油香精。

② 用中火加热，并不停的搅拌，至成厚糊状为止。

③ 趁还有余热时，用力搅拌上劲。然后在锅底垫上冷水毛巾，在锅内分几次徐徐加入鲜奶油，迅速搅拌成光洁的奶油状即可。

④ 将做好的奶油放入容器，盖上保鲜膜，待凉。

⑤ 将填充用奶油放入裱花袋装上 1.5cm 口径的裱花头。用刀剖开外壳，在里面注满奶油即可。

4. 工艺教程图解（图 11.17～图 11.19）

①～④制作泡芙外壳步骤

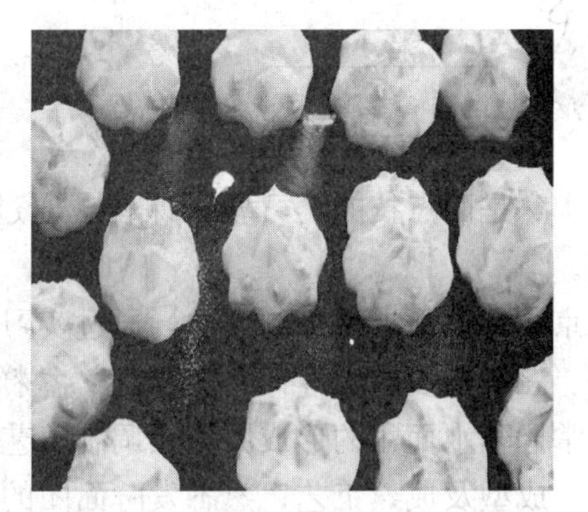
⑤泡芙成品

图 11.17　泡芙制作流程

①裱制月季花

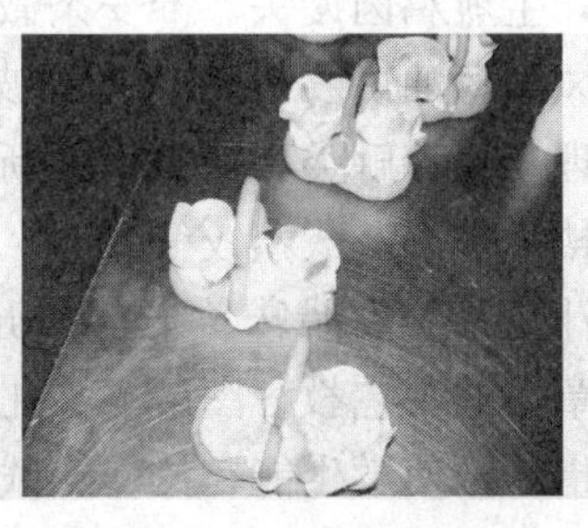
②装入花提篮中

③装盘

图 11.18　花篮泡芙

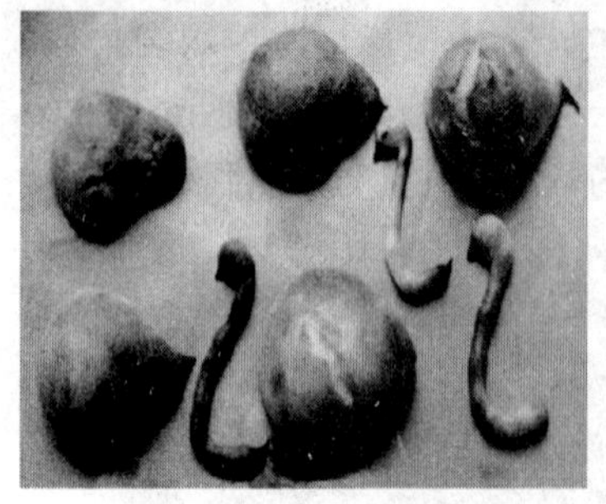
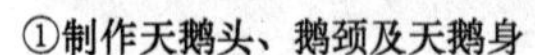
①制作天鹅头、鹅颈及天鹅身

②粘连成型

③装盘

图 11.19　天鹅泡芙

5. 成品特点

规格一致，色泽深黄，内质空泡，不收缩，不变形，甜而不腻。

6. 注意事项

(1) 面粉必须烫熟，蛋浆的稀稠度要适中；

(2) 烘烤的时间及生熟度比较重要，要掌握准确。

本章小结

本章是面点技能实习教学课程，通过对本章学习，让学生了解各地特色面点制作实例。

京式特色面点品种制作中，通过实习，使学生熟悉油酥面团的形成原理，掌握一品烧饼、三鲜烧卖、墩饽饽、艾窝窝、盆糕、开花小馍、老二位饺子、蜜麻花的制作方法；掌握开水面团的形成原理及调制工艺，把理论和实践紧密结合，掌握烧卖的制皮、制馅、成型及成熟工艺；熟悉发酵面团的形成原理及调制工艺，掌握混糖发酵面团的调制；熟悉米粉面团的形成原理，掌握艾窝窝糯米粉团的制作及要领；熟悉酵母膨松面团的形成原理，掌握开花小馍制作方法。

苏式特色面点品种制作中，生煎鸡肉馒头、淮安茶馓、蟹黄汤包、笑口枣、素什锦包、五丁包子、文楼汤包、六凤居葱油饼、雪笋包、宁波汤圆、猫耳朵、凤尾烧卖等。使学生熟悉发酵面团的形成原理，能够触类旁通制作创新品种；了解烫面的调制工艺及关键，会做麻团、蟹粉包、文楼汤包、花式蒸饺等。

广式面点品种中，掌握蔗汁马蹄糕、腊味萝卜糕、五香芋头糕、鲜虾饺、老婆饼、广式月饼等广式面点品种。本章中的工艺教程图解，深化章节的内容，增加教材的感染力，给予学生示范演示和理论指导，使学生能在操作实践中，增强模仿性，逐渐缩小与品种正宗风味的距离。

（1）烧卖皮应如何擀制？其质量要求是什么？烧卖熟制过程中喷洒清水有什么作用？

（2）松子枣泥拉糕是选用什么原料制成的？在冬夏季的吃法相同吗？为什么？

（3）制作三鲜烧卖的馅料应注意什么问题？

（4）淮安茶馓面团调制时的如何掌握吃水量？制作时应注意的问题是什么？

（5）蟹黄汤包制作上有何特点？蟹黄汤包最好采用何种面团能更大限度地包裹汤汁？

（6）芋头糕和萝卜糕有所区别的？在制作芋头糕时为什么不加澄面？

（7）制作油条时膨松、疏发不透、上色不妥当是怎样一回事？应如何解决？

（8）老婆饼是种什么样的酥饼？为什么取这个名字？

（9）叉烧包开花是怎样形成的？蒸叉烧包时为什么要洒上水？

（10）广式月饼的制作工艺有何特点？饼皮加枧水的目的是什么？制作糖浆皮有哪些关键？

（11）泡夫是怎样的面点？在泡夫制作时有哪些制作步骤？

主要参考文献

陈忠明. 2008. 面点工艺学 [M]. 北京：中国纺织出版社.
黄剑，高道勤，帅业义. 2010. 科学运用面点色泽之我见 [J]. 武汉：武汉商业服务学院学报，2：87.
黄剑，鲁永超，丁玉勇. 2010. 对特色面点馅心的分析与研究 [J]. 太原：烹调知识，7：41～.
黄剑，帅业义，丁玉勇. 2010. 面点馅心调制与效用 [J]. 太原：烹调知识，7：10～11.
黄剑. 1993. 哈斗制作及技术关键 [J]. 北京：中国烹饪，5.
黄剑. 1995. 装饰蛋糕的构图与配色 [J]. 北京：中国食品，9.
黄剑. 1996. 裱花的规则、要领与技巧 [J]. 北京：中国烹饪，10.
黄剑. 2003. 面点的油脂机理与油脂变化 [J]. 太原：烹调知识，2：4～5.
黄剑. 2003. 面点在烘焙中的变化原理 [J]. 北京：中国烹饪，2：72～73.
黄剑. 2004. 点心色泽的形成与效用 [J]. 太原：烹调知识，10：6～7.
黄剑. 2005. 裱花蛋糕的设计 [J]. 武汉：武汉商业服务学院学报，2：45～46.
黄剑. 2005. 功能性面点开发的思考 [J]. 太原：烹调知识，5：33～34.
季鸿崑，周旺. 2005. 面点工艺学 [M]. 北京：中国轻工业出版社.
李文卿. 2003. 面点工艺学 [M]. 北京：高等教育出版社.
潘俊龙. 1996. 面点创新 点点动心 [J]. 济南：中国大厨.
祁可斌，等. 2007. 中式面点师（初、中级）国家职业资格证书取证问答 [M]. 北京：机械工业出版社.
秦辉，林小岗. 2004. 面点制作技术 [M]. 北京：旅游教育出版社.
王宏，何秋菊. 2007. 螺旋藻保健面条的开发和研制 [J]. 北京：食品粮油科技，1.
王美，等. 1995. 中式面点师 [M]. 北京：中国劳动出版社.
韦正代. 1999. 名厨韦正代点心围边集锦. 上海：上海文化出版社. .
徐永珍. 2000. 淮扬面点与小吃. 南京：江苏科学技术出版社.
杨铭铎. 2003. 中式面点制作 [M]. 大连：东北财经大学出版社.
钟耀广. 2004. 功能性食品 [M]. 北京：化学工业出版.
钟志惠. 2007. 面点制作工艺 [M]. 南京：东南大学出版社.
周旺. 2003. 中国名点 [M]. 北京：高等教育出版社.